Electronic Control Unit

자동차 미케닉을 위한

자동차
전자제어
시스템

자동차 시스템 제어 Ⅱ

정태균 지음

 성안당
www.cyber.co.kr

■ 도서 A/S 안내

성안당에서 발행하는 모든 도서는 저자와 출판사, 그리고 독자가 함께 만들어 나갑니다.

좋은 책을 펴내기 위해 많은 노력을 기울이고 있습니다. 혹시라도 내용상의 오류나 오탈자 등이 발견되면 "좋은 책은 나라의 보배"로서 우리 모두가 함께 만들어 간다는 마음으로 연락주시기 바랍니다. 수정 보완하여 더 나은 책이 되도록 최선을 다하겠습니다.

성안당은 늘 독자 여러분들의 소중한 의견을 기다리고 있습니다. 좋은 의견을 보내주시는 분께는 성안당 쇼핑몰의 포인트(3,000포인트)를 적립해 드립니다.

잘못 만들어진 책이나 부록 등이 파손된 경우에는 교환해 드립니다.

저자 문의 e-mail : tgjung@kopo.ac.kr

본서 기획자 e-mail : coh@cyber.co.kr(최옥현)

홈페이지 : http://www.cyber.co.kr   전화 : 031) 950-6300

Preface

이제부터 우리는 지능형 자동차 전자제어기술을 이해하기 위해 기존 방식에서 벗어나 새로운 방식으로 자동차를 이해해 보려고 한다.

과거에는 자동차 전자제어 시스템을 이해하기 위해 먼저 엔진, 변속기 등 자동차 기계장치들을 중심으로 이해한 후, 그 다음에 이들을 제어하는 전자제어 장치인 ECU(Electronic Control Unit)를 이해하기 위해 노력하였다. 그러다보니 현재 지능형 자동차에서 가장 중요하고 핵심적인 역할을 하는 ECU를 중심으로 한 자동차 전자제어 시스템에 대한 이해의 폭을 넓히기가 매우 어려웠다.

이러한 문제점들을 극복하기 위해서는 먼저 우리가 지금까지 가장 중요하게 여기던 엔진이나 변속기 등은 단지 ECU가 제어하는 액추에이터일 뿐이라는 것을 인식하여야 한다.

따라서 먼저 지능형 자동차에서 ECU의 기능, 전자제어 회로, 알고리즘 및 프로그램(C언어) 등을 이해한 후에 ECU의 제어 대상으로 엔진이나 변속기 등의 자동차 기계 시스템들에 접근한다면, 현재 백여 개의 ECU가 장착된 지능형 자동차에 적용되고 있는 전자제어 회로, 제어 알고리즘, 제어 프로그램 기술 등의 응용 전자제어 기술을 보다 더 쉽게 이해할 수 있어, 현장에서 발생되고 있는 지능형 자동차의 전자제어 시스템의 고장 분석과 진단 및 전자제어 시스템 개발에 큰 도움이 될 것으로 생각된다.

자동차에서 가장 중요한 ECU 제어 기술을 단지, 전자나 제어를 전공한 전문가가 해야 할 일이라고 생각한다면 그것은 큰 오산이다. 그 이유는 가까운 미래에 곧 자동차 네트워크 통신 시스템에 의해 제어되는 플러그-인 하이브리드 자동차, 전기 자동차 등의 지능형 자동차가 도로를 가득 채울 것이고, 현장실무자인 우리 앞에 바짝 다가와 있을 것이기 때문이다.

이제 우리에게는 오래된 기술을 이해하는 데 시간을 헛되이 낭비하는 것보다는 새롭게 다가오는 지능형 자동차 전자제어 기술을 정복하기 위해 노력하는 적극적이고 도전적인 자세가 필요하다.

따라서 이 책은 철저하게 전자제어 ECU의 이해 중심으로 내용을 전개하였으며, 진취적인 사고를 가지고 자동차를 이해하려고 노력하는 독자들을 위해 조금이나마 도움이 될 수 있도록 자동차 전자제어 ECU를 이해하는 데 필요한 기본 및 응용 사항으로 그 내용을 꾸몄다.

또한, 제1권 자동차 미케닉을 위한 '자동차 ECU 제어 기초' 편이 자동차 ECU 제어의 기초를 다루었다면, 제2권 자동차 미케닉을 위한 '자동차 전자제어 시스템' 편은 자동차 ECU 제어의 결정판으로서, 자동차 미케닉이라면 반드시 읽어야 할 내용이라 할 수 있다.

우리가 다룰 이 책의 내용은 크게 세 부분으로 나눌 수 있다.

- 제1장 자동차 BCM 제어는 ATmega8535를 이용하여 자동차 응용 제어(자동차 편의장치 제어, 에탁스 제어)에 대해 다양한 예제 프로그램으로 알기 쉽게 설명하였다.
- 제2장 자동차 ECM 제어는 자동차 엔진을 제어하기 위한 전자 회로, 제어 알고리즘, 제어 프로그램을 알기 쉽게 설명하였다.
- 제3장 자동차 네트워크 시스템 제어는 CAN, LIN, FlexRay 통신에 대한 구조와 작동 원리, 자동차 적용에 대해 알기 쉽게 설명하였다.

끝으로, 이 책이 세상에 나올 수 있도록 도와주신 성안당 이종춘 회장님, 최옥현 부장님, 그리고 편집부 여러분께 감사를 드린다.

또한, 많은 시간 떨어져 있는 나를 가장 잘 이해해 준 아내, 어려운 고비를 잘 참고 이겨내 결국 원하는 것을 성취할 아들, 딸에게 미안한 마음으로 이 책을 바친다.

2011년 5월   정 태 균

자동차 전자제어 시스템의
지혜로운 학습 방법

제1권 '자동차 ECU 제어 기초'의 내용은 자동차 전자제어 기초편으로서, 제2권에서 필요한 기본적인 전자 회로, C언어 기초, ATmega8535 마이크로컨트롤러의 이해 등이 잘 설명되어 있으므로, 제2권 '자동차 전자제어 시스템'을 학습하기 전에 반드시 정독하여 이해하면 좋다.

자동차 전자제어 시스템의 고장을 진단하고 그 원인을 정확하게 분석하기 위해서는 자동차 BCM과 ECM 및 자동차 통신을 정확하게 이해하는 것이 필수이므로, 반드시 다음 사항을 실천하도록 한다.

1 각 시스템의 전자 회로와 제어 프로그램을 정확하게 이해한다.

2 만능기판을 사용하여 자작 ECU를 직접 만들어 본다.

3 제어 프로그램을 직접 설계하고 만능기판을 이용한 자작 ECU로 그 작동을 확인한다.

4 실습용 시뮬레이터에 연결하여 자작 ECU의 작동을 확인한다.

5 이제는 회로기판을 사용해 직접 전자부품을 납땜하여 자작 ECU를 완성한다.

6 내가 만든 자작 ECU를 실습용 자동차에 연결하여 실제 자동차의 작동과 유사하게 제어해 본다.

　저자의 허락 없이 실제 도로를 주행하는 자동차에 자작 ECU를 연결하여 마음대로 운행해서는 안 된다.
　또한, 반드시 자동차 시스템 전문가의 검증을 거친 후 전문가의 책임하에 실차에 적용하여야 한다.

＊이 책을 읽다가 이해되지 않는 부분이 있을 경우, 다음 카페나 메일 주소로 글을 남겨주세요.
http://cafe.daum.net/tgjung, tgjung@kopo.ac.kr, tgjung0264@naver.com

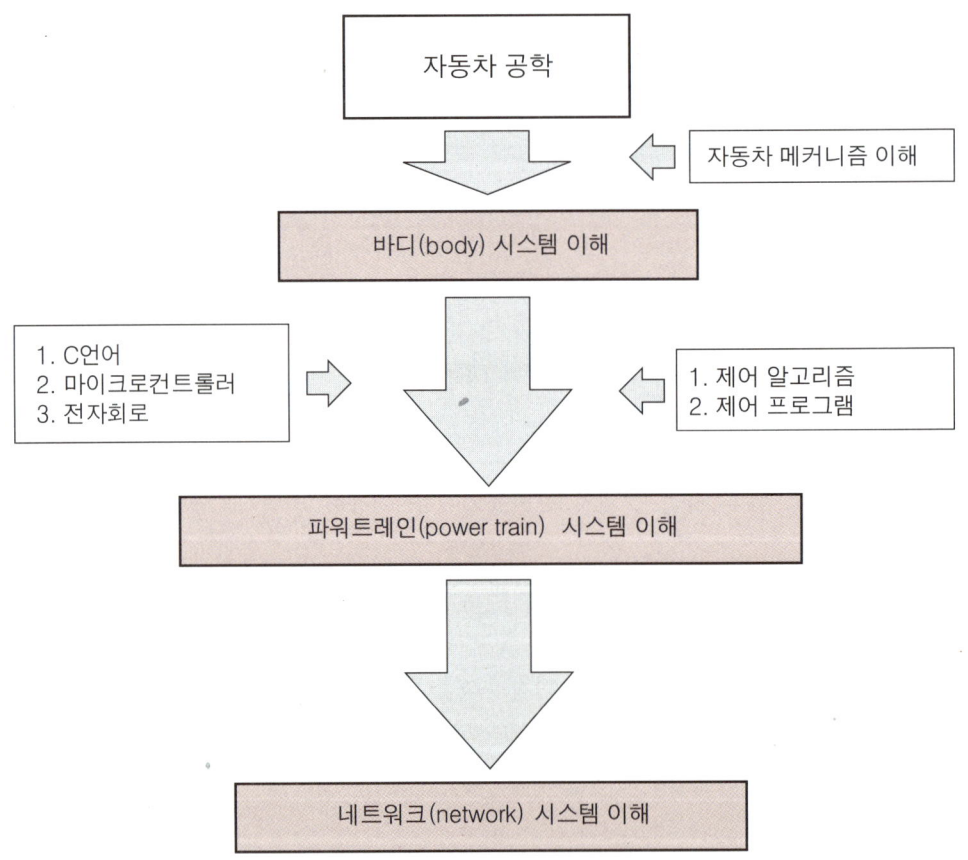

이 책과 함께 반드시 준비해야 할 참고 서적

- ATmega8535 마이크로컨트롤러 관련 서적
- C언어 관련 서적
- 자동차 회로도

Contents

제3장 자동차 네트워크 시스템 제어

Chapter

자동차
BCM 제어

1.1.1 BCM(Body Control Module)의 의미

각종 타이머 기능과 알람 기능을 집중적으로 제어하는 시스템을 일컫는다.

타이머 기능 및 경보 기능을 가진 모든 장치에 각 시스템마다 타이머와 알람을 설치하면 가격이나 설치 장소에 어려움이 있다. 따라서 BCM에서는 이들 장치의 타이머 및 경보 기능에 관한 제어를 하나의 모듈로 제어할 수 있도록 하고 있다. 비교적 단순한 여러 가지 기능들을 종합적으로 제어할 수 있기 때문에 여러 곳에서 경보가 필요할 때는 우선순위에 의해 출력 신호를 보낸다. 그림 1-1은 BCM의 내부 회로를 나타낸다.

|그림 1-1. BCM 회로 내부|

1.1.2 BCM의 기본 원리

BCM은 그림 1-2와 같이 전압으로 출력되는 각종 스위치 입력 신호를 디지털 신호('1' 또는 '0')에 의해 ON/OFF를 판정하고, 미리 정해진 기능의 작동 조건이 되면 제어 프로그램에 의해 각종 릴레이 또는 램프 등을 작동한다.

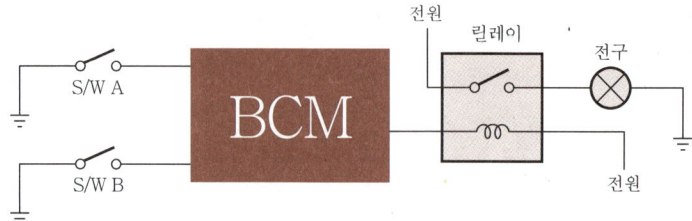

| 그림 1-2. BCM의 기본 원리 |

1.1.3 ▷ BCM 입·출력

| 그림 1-3. BCM 입·출력 요소 |

그림 1-3과 같이 BCM은 엔진 ECU와 같이 각종 센서나 스위치로부터 신호를 입력받아 릴레이나 램프, 버저 등을 제어할 수 있는 신호를 출력한다.

1.1.4 ▷ ATmega8535 마이크로컨트롤러의 적용

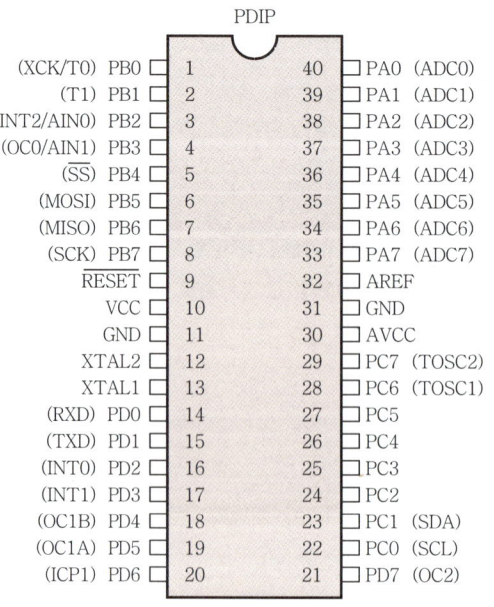

| 그림 1-4. ATmega8535의 단자 구성도 |

그림 1-4와 같은 마이크로컨트롤러를 사용하여 BCM의 회로를 구성하고, 실제 자동차에 연결하여 액추에이터를 작동하도록 한다.

그림 1-5에서 PORTA는 '아날로그 신호를 입력받아 ADC를 거쳐 디지털 신호를 변환하기 위한 포트', PORTC는 '액추에이터 출력을 위한 포트', PORTD는 '스위치 등 디지털 신호를 입력받기 위한 포트'로서 사용한다.

1.1.5 BCM을 제어하기 위한 입·출력 구성도

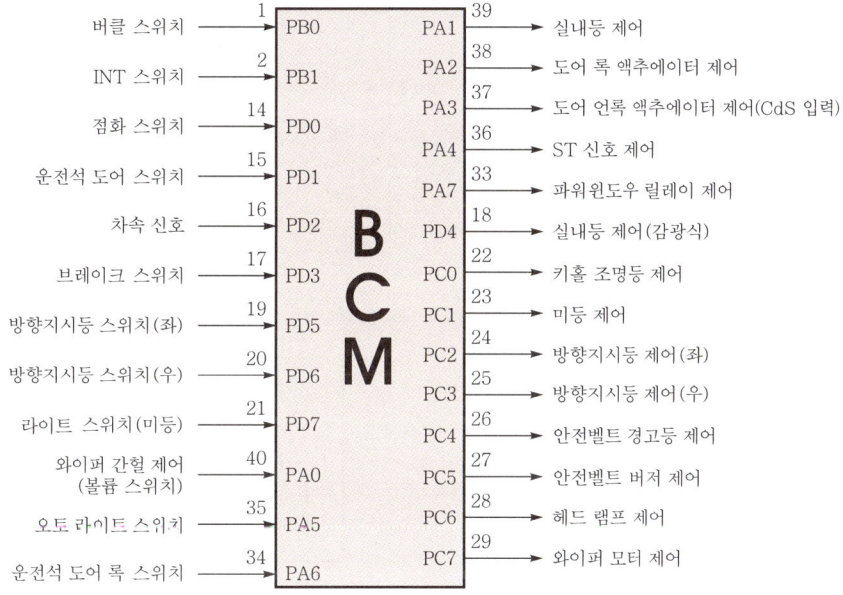

| 그림 1-5. BCM 제어 입·출력 구성도 |

우리가 다룰 BCM 제어의 입·출력은 ATmega8535에서 그림 1-5와 같은 입·출력 시스템으로 이루어져 있다. 여기서 스위치나 램프, 릴레이 등의 작동을 위한 전원은 12V를 입력하는 것으로 한다. 그러나 실차에 적용할 때에는 배터리 전압이 약 15V까지 상승하는 것을 고려하여 회로를 설계하여야 한다.

1.1.6 ISP 커넥터 연결

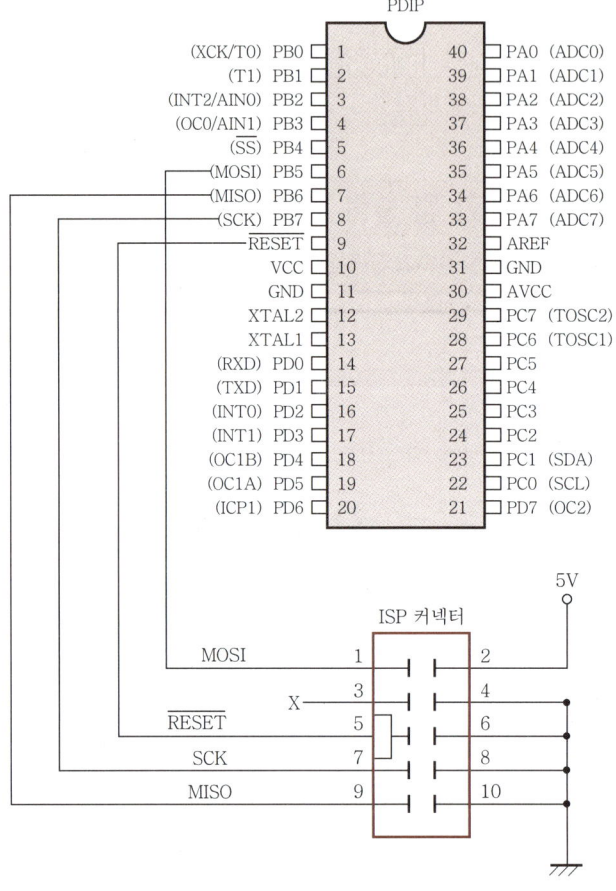

|그림 1-6. ISP 커넥터 연결 회로|

컴퓨터에서 작성한 제어 프로그램을 ATmega8535로 다운로드를 하기 위한 ISP 커넥터
(10핀 헤드 사용)를 그림 1-6과 같이 연결하여야 한다.

실제 만능기판에 연결하기 위해서는 그림 1-7과 같이 직접 제작하여 사용할 수도 있고,
그림 1-8과 같이 시중에서 판매되는 박스 헤드를 구입하여 사용할 수도 있다.

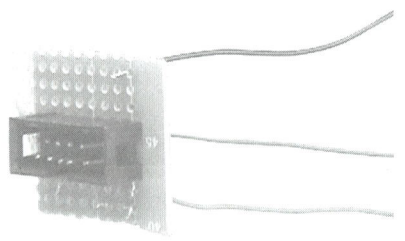

|그림 1-7. 기판 조각을 이용한 ISP 커넥터 제작|

|그림 1-8. 프로그램을 다운로드하기 위한 ISP 박스헤드|

|그림 1-9. 만능기판에 ISP 커넥터를 연결한 상태|

1.1.7 제어 프로그램 작성 시 유의 사항

C언어로 프로그램 작성 시 2진수, 10진수, 16진수는 다음과 같이 표시한다.

① 2진수 : 0b00001111

② 10진수 : 15

③ 16진수 : 0x0F

숫자 '0'과 알파벳 소문자 'b'

2진수 표시 : 00001111

숫자 '0'과 알파벳 소문자 'x'

16진수 표시 : 0F

④ 진수의 변환

2진수인 '00001111' 을 16진수로 바꾸면 'OF' 로 표시할 수 있으며, 10진수로는 '15' 로 나타낼 수 있다.

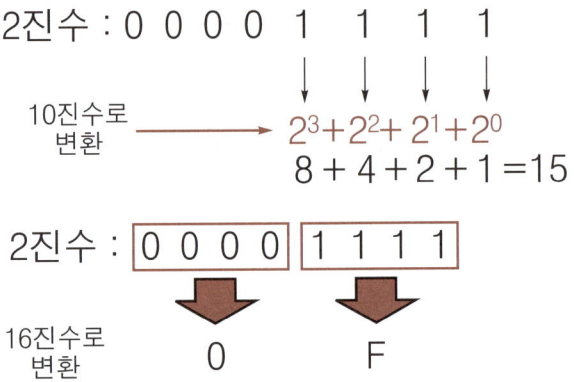

$$2진수 : 0\ 0\ 0\ 0\ 1\ 1\ 1\ 1$$

10진수로 변환 → $2^3 + 2^2 + 2^1 + 2^0$

$$8 + 4 + 2 + 1 = 15$$

$$2진수 : \boxed{0\ 0\ 0\ 0}\ \boxed{1\ 1\ 1\ 1}$$

16진수로 변환   0   F

1.1.8 BCM 제어 실습 요령

각각의 제어별로 브레드보드(만능기판)에 회로를 연결하여 제어 프로그램에 의한 작동을 확인해 본다.

그림 1-5의 ATmega8535 입·출력 단자의 선택은 필요에 따라 가장 효율적인 자작 ECU 가 제작될 수 있도록 재설계한다.

1.2.1 점화 키 OFF 제어

(1) 작동 설명

점화 키 스위치를 OFF(탈거)하면 도어 언록 릴레이가 작동하여 모든 도어가 언록(unlock)되도록 제어해 보자.

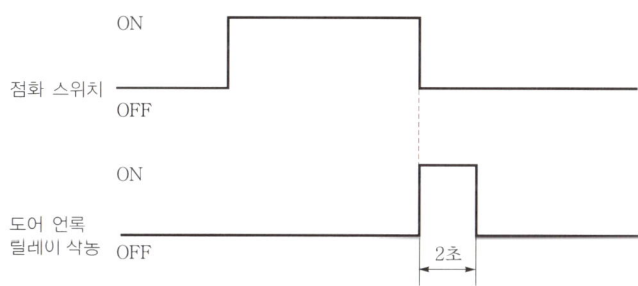

|그림 1-10. 점화 키 오프 제어 타임차트|

그림 1-10에서와 같이 운전자가 점화 스위치를 OFF(탈거)하면 도어가 언록되어 운전자가 별도의 조작 없이 도어를 열고 차에서 내릴 수 있도록 제어 프로그램을 설계한다.

(2) 제어 알고리즘

① 점화 스위치를 OFF하면 PA3(37번) 단자로 출력 신호를 2초간 출력한다.
② 도어 언록 릴레이를 통해 도어 언록 액추에이터를 작동함으로써 도어를 언록한다.

(3) 제어 회로도

실습용 차량에 적용하여 실습할 경우에는 대상 차량의 회로도를 참고하여 회로를 구성한다. 점화 키 OFF 제어에서 입력은 점화 스위치 신호, 출력은 도어 언록 액추에이터를 제어하기 위한 도어 언록 신호이다.

그림 1-11은 점화 키 OFF 제어 회로도를 나타낸다. 회로도에서 릴레이를 작동하기 위한 전류를 증폭시키기 위해 달링턴 연결로서 트랜지스터 C1213 2개를 사용하도록 한다.

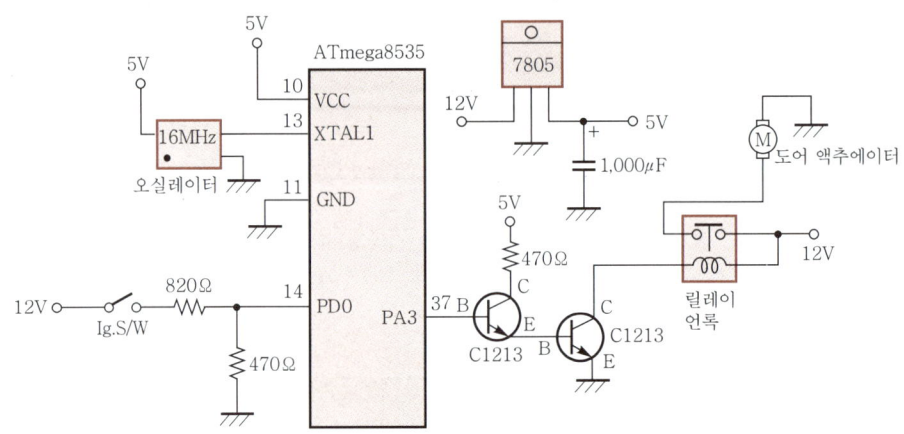

|그림 1-11. 점화 키 OFF 제어 회로도|

(4) 입·출력 특성

그림 1-11의 입력 회로와 표 1-1을 참고로 하면, 점화 스위치가 ON 시 BCM의 입력 전압은 12V이지만 ATmega8535 PD0의 입력 전압은 5V가 되는 것을 알 수 있다.

|표 1-1. 입·출력 특성|

입·출력		전압 변화
점화 스위치	ON	12V(PD0 입력은 5V)
	OFF	0V
도어 언록 릴레이	작동	12V(PA3 출력은 5V)
	비작동	0V

(5) 제어 프로그램

```
//＊＊점화 키 OFF 제어＊＊//
#include⟨mega8535.h⟩
unsigned int k=0;
```

```
//*타이머/카운터0 오버플로 인터럽트 서브루틴*//
interrupt[TIM0_OVF] void timer_int0(void)
{
    k++;
    if(k==122){
                TIMSK=0x00;//타이머/카운터0 오버플로 인터럽트 디스에이블
                PORTA=0b00000000;
                k=0;
                }
}


void main(void)
{
  DDRD=0x00;//PORTD 모든 핀 입력으로 설정
  DDRA=0b00001000;//PORTA.3핀 출력으로 설정

  //**타이머/카운터0 초기화**//
  TCCR0=0x05;//일반 모드, 프리스케일=CLK/1024
  TIMSK=0x00;//타이머/카운터0 오버플로 인터럽트 디스에이블(불허)
  SREG=0x80;//전역 인터럽트 인에이블(허용)

  while(1){
          while((PIND & 0b00000001)==0);//상승 에지 감지
          while(PIND & 0b00000001);//하강 에지 감지
          TIMSK=0x01;//타이머/카운터0 오버플로 인터럽트 인에이블(허용)
          TCNT0=0;
          PORTA=0b00001000;
          }
}
```

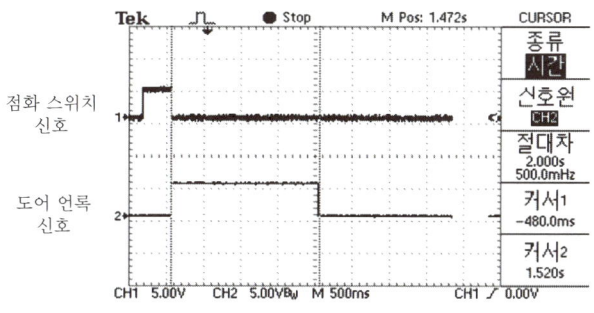

| 그림 1-12. 점화 키 OFF 제어 파형 |

그림 1-12는 점화 키 OFF 시 PA3(37번) 단자로 출력되는 도어 언록 제어 신호를 나타낸다. 그림 1-13은 점화 키 OFF 제어 과정을 나타낸다.

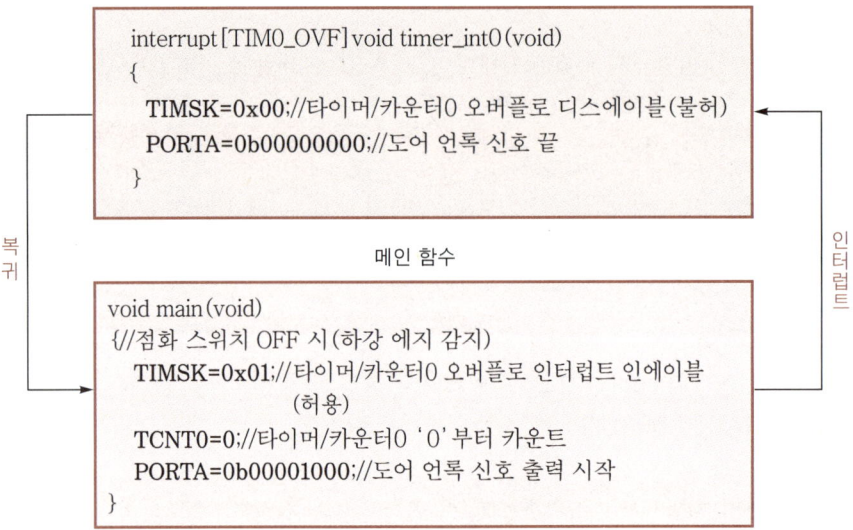

타이머/카운터0 오버플로 인터럽트 서브루틴

```
interrupt [TIM0_OVF] void timer_int0 (void)
{
    TIMSK=0x00;//타이머/카운터0 오버플로 디스에이블(불허)
    PORTA=0b00000000;//도어 언록 신호 끝
}
```

메인 함수

```
void main (void)
{//점화 스위치 OFF 시 (하강 에지 감지)
    TIMSK=0x01;//타이머/카운터0 오버플로 인터럽트 인에이블
             (허용)
    TCNT0=0;//타이머/카운터0 '0' 부터 카운트
    PORTA=0b00001000;//도어 언록 신호 출력 시작
}
```

복귀

인터럽트

| 그림 1-13. 점화 키 OFF 제어도 |

앞의 점화 키 OFF 제어 프로그램에 대해 살펴보자.

① while((PIND & 0b00000001)==0);은 상승 에지를 감지하기 위한 것으로 점화 스위치가 OFF에서 ON되면 전압이 0V(0)에서 5V(1)로 변화되므로 이를 감지하게 되면 다음 문장으로 실행이 옮겨간다.

즉, 점화 스위치를 ON하면 다음 문장으로 이동하고, OFF이면 계속 제자리에서 반복하여 실행하게 된다.

② while(PIND & 0b00000001);은 PORTD의 '0' 번째 비트 단자(PD0)에 연결된 점화 스위치가 OFF(탈거)되면 PD0의 입력 전압은 5V(1)에서 0V(0)로 바뀌므로, 이 값을 감지하여 점화 스위치가 OFF되면 다음 문장으로 실행을 옮긴다.

점화 스위치가 ON 상태이면 계속 제자리에서 반복적으로 실행한다.

③ PORTA=0b00001000;는 그림 1-14에서 도어 언록 액추에이터가 연결되어 있는 PA3(37번 핀)으로 '1'(5V)을 출력하여 PA3에 연결되어 있는 회로만 작동되도록 하기 위해서이다.

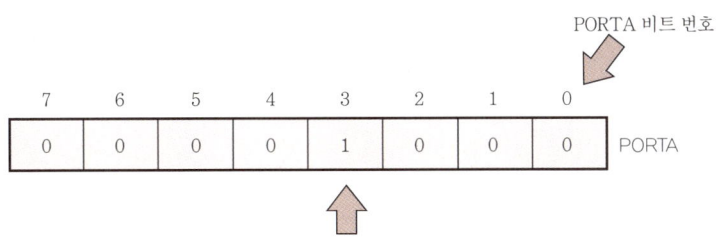

|그림 1-14. PA3 단자로 '1' 출력|

④ PD0(입력)와 PA3(출력) 단자에 오실로스코프를 연결하면 그림 1-12와 같은 파형을 얻을 수 있다.

⑤ 2초 제어 시간은 다음과 같이 계산할 수 있다.

타이머/카운터0, 1024분주 시 1count=64μs가 된다.

따라서 2s, 즉 2,000,000μs는 2,000,000/64=3,125count가 된다.

여기서, 타이머/카운터0 '1회 오버플로' 되기 위한 카운트 수는 256카운트이므로 3,125/256=122가 되어 타이머/카운터0 오버플로 인터럽트를 122회 반복하면 2초가 된다.

(6) 작동 확인

만능기판을 이용하여 그림 1-11의 점화 키 OFF 제어 회로를 꾸며보자.

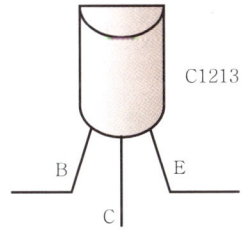

|그림 1-15. C1213 단자|

그림 1-15에서 C1213은 베이스(B)에 ATmega8535 37번 핀을, 컬렉터(C)에 액추에이터인 도어 언록 액추에이터를, 이미터(E)에는 접지를 연결한다.

또한, 회로에 흐르는 전류를 증폭시켜 도어 액추에이터를 작동시키기 위해 C1213 2개를 그림 1-16과 같이 연결한다.

만능기판을 이용한 회로의 구성은 다음과 같다.

① 12V 배터리 전압을 이용하여 정전압 5V를 얻기 위해 '7805'를 사용한다.

② ATmega8535 마이크로컨트롤러의 전원(10번)과 접지(11번)를 연결한다.

③ 16MHz 오실레이터를 연결한다.

④ 입력회로(PD0)를 연결한다.

⑤ 출력회로(PA3)를 연결한다.

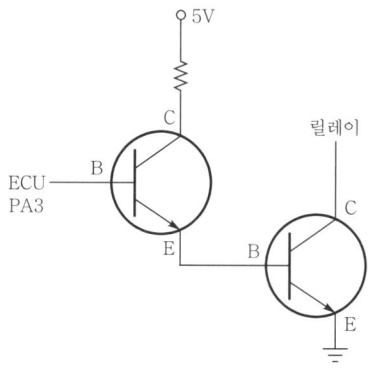

|그림 1-16. C1213의 달링턴 연결|

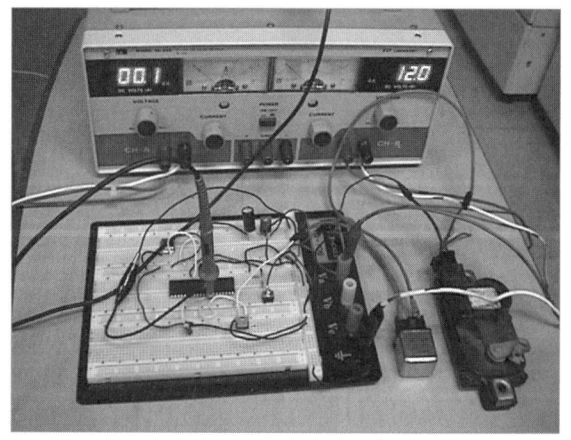

|그림 1-17. 만능기판을 이용한 점화 키 OFF 제어 회로 작동|

그림 1-17에서 점화 키 OFF 제어 회로에 도어 언록 릴레이와 액추에이터를 연결해 작동을 확인하고, 그림 1-18과 같이 오실로스코프를 이용하여 제어 파형을 측정한다.

|그림 1-18. 오실로스코프를 통한 출력 파형의 측정|

(7) 릴레이의 기능

큰 전류를 필요로 하는 회로에서 ON/OFF 작동을 하기 위해서는 그림 1-19와 같이 흐르는 전류의 크기에 알맞은 큰 용량의 스위치가 필요하다.

그러나 그림 1-20과 같이 릴레이를 설치하면 작은 용량의 스위치를 설치하더라도 큰 전류를 제어할 수 있어 스위치의 내구성을 높여준다.

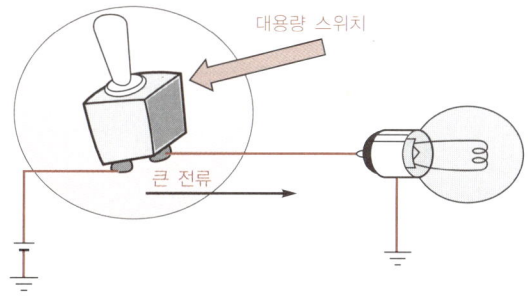

|그림 1-19. 릴레이가 없을 때 스위치 용량|

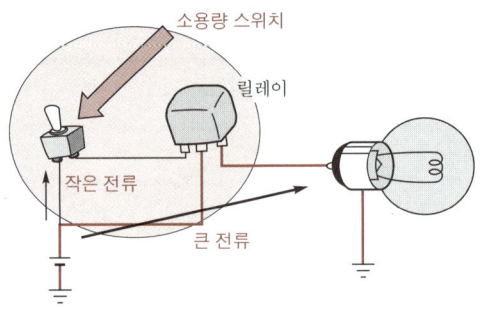

|그림 1-20. 릴레이 설치 시 스위치 용량|

(8) 점화 스위치 작동 시의 PD0 단자의 입력 변화

점화 스위치가 ON되면 그림 1-21과 같이 PD0 단자로 5V 전압이 입력된다.

이것을 PORTD의 각 비트 입력으로 나타내면 0bxxxxxxx1이 되어 ATmega8535의 PD0단자로 '1'이 입력된다.

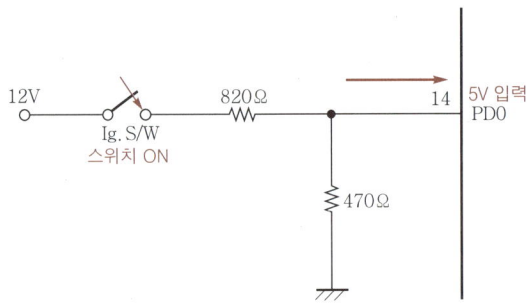

|그림 1-21. 점화 스위치가 ON 시 PD0 입력|

점화 스위치가 OFF되면 그림 1-22와 같이 PD0 단자로 0V 전압이 입력된다.

이것을 PORTD의 각 비트 입력으로 나타내면 0bxxxxxxx0이 된다.

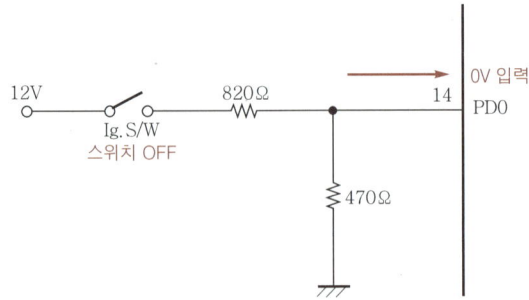

|그림 1-22. 점화 스위치 OFF 시 PD0 입력|

(9) 도어 액추에이터를 작동하기 위한 PA3 단자의 출력 변화

PA3 단자의 출력값이 0bxxxx1xxx이면 5V가 출력되어 C1213 트랜지스터가 작동하므로, 결국 도어 언록 릴레이가 작동하여 도어 액추에이터로 전원(12V)을 공급하게 되어 그림 1-23에서처럼 도어 액추에이터가 작동하게 된다.

PA3 단자의 출력값이 0bxxxx0xxx이면 0V(접지)가 되므로 C1213이 작동하지 않아 결국 그림 1-24에서와 같이 도어 액추에이터가 작동하지 않는다.

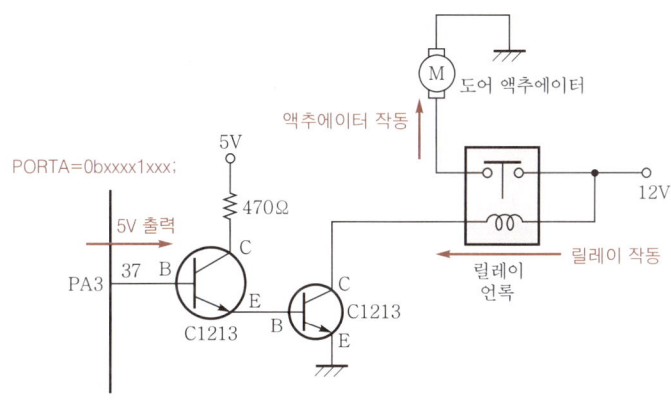

│그림 1-23. PA3 단자의 출력이 '1'일 때│

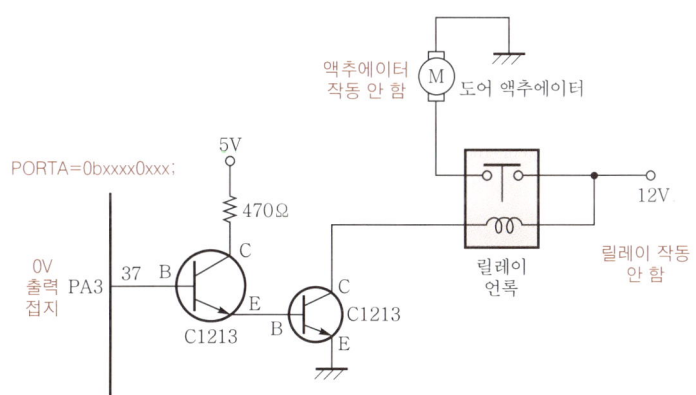

│그림 1-24. PA3 단자의 출력이 '0'일 때│

1.2.2 ▶ 스마트 키 시동 제어　　　　　　　　　　

(1) 작동 설명

그림 1-25와 같이 점화 스위치(회로도에서는 시동용 푸시 버튼 스위치, 스타트 스위치)를 1회 작동시켜 입력 신호를 주면 ECU에서 스타팅 모터(starting motor)를 구동하기 위한 ST 신호를 5초 동안 주어 엔진 시동이 가능하도록 제어한다.

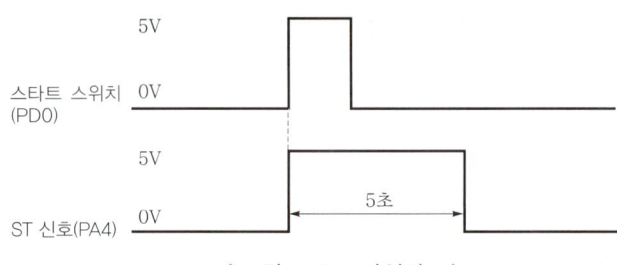

| 그림 1-25. 타임차트 |

(2) 제어 알고리즘

① PD0(14번 핀)로부터 점화 스위치(스타트 스위치) 신호를 입력받는다.

② 입력 신호의 상승 에지에서 ST 신호(PA4, 36번 핀)를 출력한다.

③ 출력 신호는 5초간 유지하며, 타임차트는 그림 1-25와 같다.

④ 스타트 스위치 ON 시 PD0 단자로 5V가 입력된다.

(3) 단순 제어도

그림 1-26은 스마트 키 시동을 제어하기 위한 단순 입·출력 제어도이다.

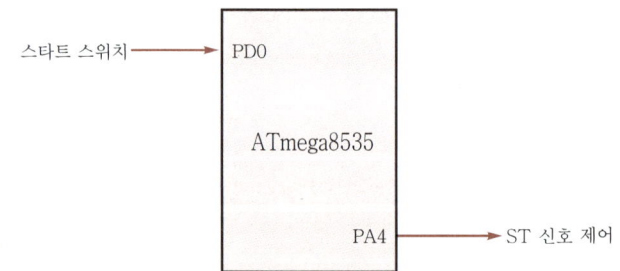

| 그림 1-26. 단순 제어도 |

(4) 회로도

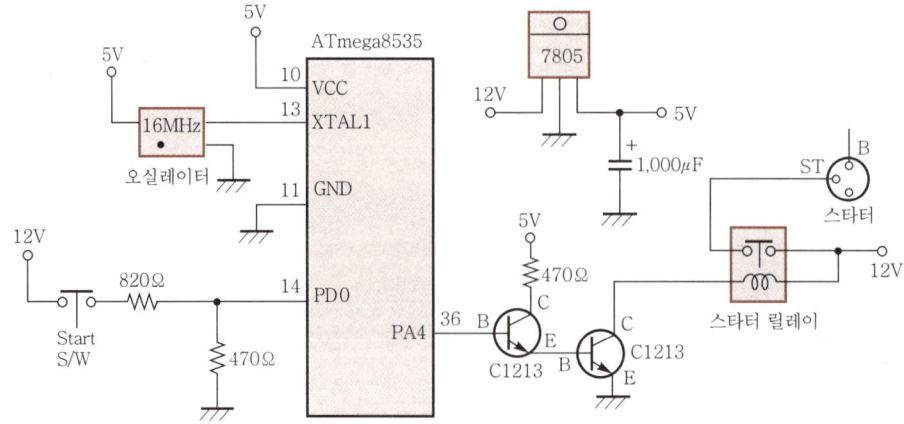

| 그림 1-27. 스마트 키 제어 회로도 |

그림 1-27은 스마트 키 시동을 제어하기 위한 회로도를 나타낸다.

(5) 입·출력 특성

표 1-2에서와 같이 점화 스위치를 작동하면 스타터 릴레이가 작동하도록 회로를 구성한다.

|표 1-2. 입·출력 특성|

입·출력	전압 변화	
스타트 스위치	ON	12V(PD0 입력은 5V)
(버튼)	OFF	0V
스타터	작동	12V
릴레이	비작동	0V

(6) 제어 프로그램

```
//＊＊스마트 키 시동 제어＊＊//
#include〈mega8535.h〉
unsigned int k=0;

//＊타이머/카운터0 오버플로 인터럽트 서브루틴＊//
interrupt[TIM0_OVF]void timer_int0(void)
 { //인터럽트 횟수, 5초 제어
   k++;
   if(k==305){
             TIMSK=0x00;
             PORTA=0b00000000;
             k=0;
           }
 }

void main(void)
{
  DDRD=0x00;//PORTD 모든 핀 입력으로 설정
  DDRA=0b00010000;//PORTA.4핀 출력으로 설정
  //＊＊타이머/카운터0 초기화＊＊//
  TCCR0=0x05;//일반 모드, 프리스케일러=CLK/1024
  TIMSK=0x00;
```

```
SREG=0x80;//전역 인터럽트 이에이블(허용)
;
while(1){
        while(PIND & 0b00000001);//PD0가 '0'이면 탈출, 하강 에지 감지
        while((PIND & 0b00000001)==0);//PD0가 '1'이면 탈출, 상승 에지 감지
        TIMSK=0x01;
        TCNT0=0;
        PORTA=0b00010000;
        }
}
```

위 프로그램에 대해 살펴보자.

① 점화 키 OFF 제어와 유사하며 출력 단자(PORTA.4핀)만 차이가 있다.

② 일반 모드, 1024분주, 타이머/카운터0를 사용하여 제어한다.

③ 5초 제어 시간은 다음과 같이 계산할 수 있다.

　타이머/카운터0, 1024분주 시 1count＝64μs가 된다.

　따라서 5s, 즉 5,000,000μs는 5,000,000/64＝78,125count가 된다.

　여기서, 타이머/카운터0 '1회 오버플로' 되기 위한 카운트 수는 256카운트이므로 78,125/256＝305가 되어, 타이머/카운터0 오버플로 인터럽트를 305회 반복하면 5초가 된다.

④ 위의 프로그램은 단순하게 PD0로부터 시동 신호를 입력받아 PA4로 스타팅 모터 구동 신호를 출력하는 프로그램이다.

⑤ 다른 제어 요소를 추가하여 실차에 가까운 제어를 구성할 수도 있다.

그림 1-28은 만능기판에 스마트 키 시동 회로를 꾸며본 것이다. 편의상 스타팅 모터 대신에 12V 전구를 사용하여 회로의 정상적인 작동 여부를 확인한다.

|그림 1-28. 스마트 키 시동 제어 회로|

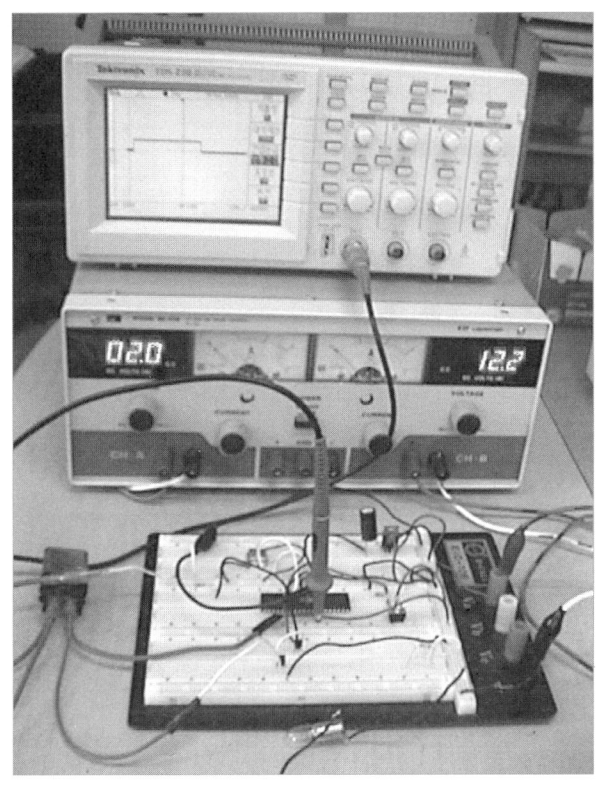

|그림 1-29. 스마트 키 회로 및 출력 파형|

그림 1-29는 만능기판을 사용하여 만든 스마트 키 회로이며, 그 작동을 확인하기 위해 오실로스코프에 연결하여 출력되는 파형을 확인한다.

만약 회로가 불안정하다면 C1213 대신에 IRF540을 사용하여 제어하도록 한다.

(7) 응용 제어 프로그램

이전 프로그램을 변형시켜 요즘 전자제어 장치를 많이 사용함으로써 발생할 수도 있는 급가속에 의한 급발진 사고를 방지하기 위해 운전자가 브레이크를 밟지 않으면 시동이 걸리지 않도록 제어한다.

그림 1-30의 회로에서 브레이크 페달을 밟으면 브레이크 스위치가 OFF된다.

그림 1-31에서는 스마트 키 작동을 위한 타임차트를 나타낸다.

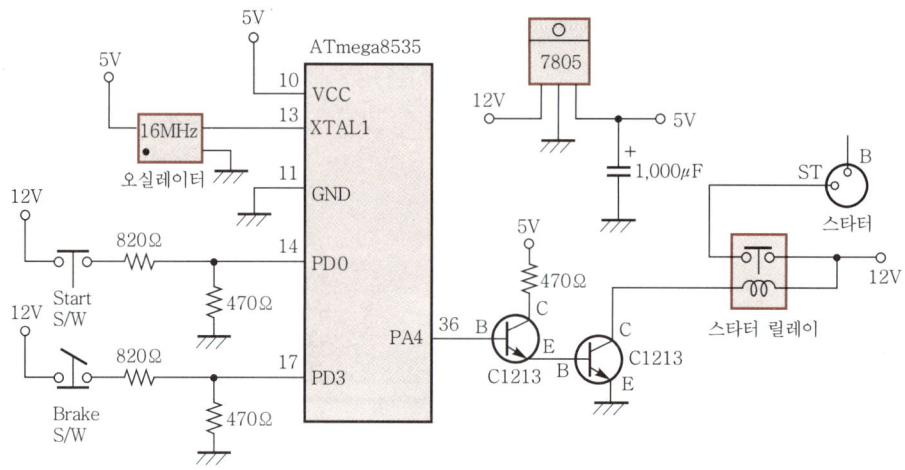

|그림 1-30. 스마트키 제어 응용 회로도|

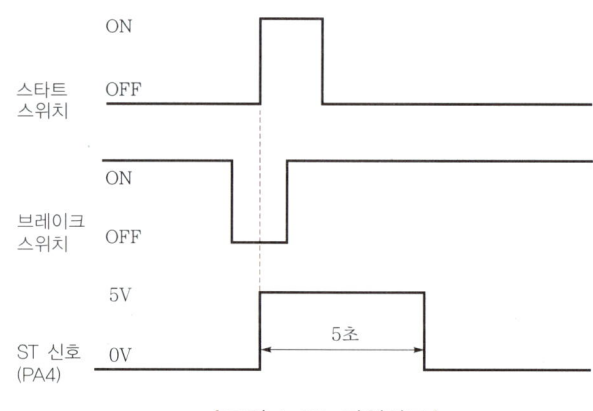

|그림 1-31. 타임차트|

```
//**스마트 키 시동 응용 제어**//
#include〈mega8535.h〉

unsigned int k=0, a=0, i=1;
//*타이머/카운터0 오버플로 인터럽트 서브루틴*//
interrupt[TIM0_OVF]void timer_int0(void)
  {
   k++;
   if(k==305){
            TIMSK=0x00;
            PORTA=0b00000000;
```

```
                 k=0;
                 a=0;
                 i=1;
             }
     }

 void main(void)
 {
   DDRD=0x00;//PORTD 모든 핀 입력으로 설정
   DDRA=0b00010000;//PORTA.4핀 출력으로 설정
   //＊＊타이머/카운터0 초기화＊＊//
   TCCR0=0x05;//일반 모드, 프리스케일=CLK/1024
   TIMSK=0x00;
   SREG=0x80;//전역 인터럽트 인에이블(허용)

   while(1){
           if((PIND.0==1) && (PIND.3==0))a=1;
           if((a==1) && (i==1)){//브레이크 페달 밟고, 점화 스위치 ON이고, 처음 작동
                             이면
                       TIMSK=0x01;//타이머/카운터0 오버플로 인터럽트
                                  인에이블
                       TCNT0=0;//타이머/카운터0 '0' 부터 카운트
                       PORTA=0b00010000;
                       i=0;
                       }
         }
 }
```

위 프로그램을 살펴보자.

① if((PIND.0==1) && (PIND.3==0))a=1;에서 브레이크 페달을 밟고 스타트 스위치(버튼)를 ON하면 a＝1로 설정한다.

② i는 if((a==1) && (i==1)){ } 문의 반복 실행을 방지하기 위해 사용한다.

if문에서 i=0를 설정하지 않으면 5초 제어 시간 동안 계속 if문을 수행하게 되어 PA4 단자로 계속 '1'을 출력하게 된다.

③ PORTA=0b00010000;는 스타팅 모터를 구동하기 위해 PA4 단자로 'ST 신호'(1)을 5초간 출력한다.

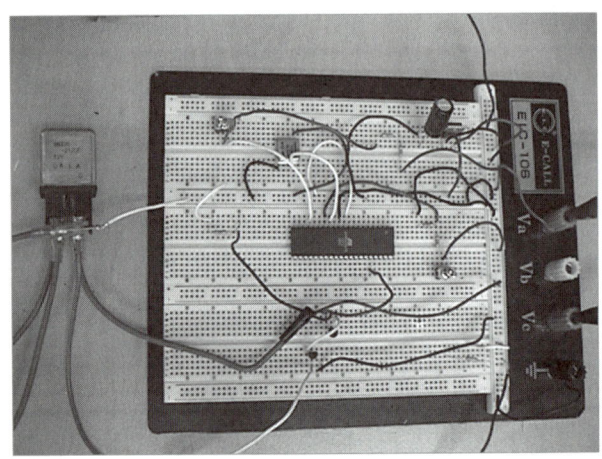

|그림 1-32. 스마트 키 시동 응용 제어 회로|

그림 1-32는 만능기판을 이용하여 브레이크 페달을 밟아야만 시동이 가능한 스마트 키 시동 응용 회로를 만든 것이다.

타이머/카운터0 오버플로 인터럽트 서브루틴

```
interrupt[TIM0_OVF] void timer_int0(void)
{
    if(n==305) {//5초 제어
            TIMSK=0x00;//타이머/카운터0 오버플로 디스에이블
                       (불허)
            PORTA=0b00000000;//ST 신호 끝
            }
}
```

복귀

인터럽트

메인 함수

```
void main(void)
{
    while(1) {
            /*브레이크 페달을 밟고, 점화 스위치가 ON이면*/
            TIMSK=0x01;//타이머/카운터0 오버플로 인터럽트 인에이블
                       (허용)
            TCNT0=0;//타이머/카운터0 '0'부터 카운트
            PORTA=0b00010000;//ST 신호 출력 시작(5초간)
            }
}
```

|그림 1-33. 스마트 키 제어도|

스마트 키의 제어 과정은 그림 1-33과 같이 나타낼 수 있다.

(8) 스타트 스위치가 ON 시 PD0 단자의 입력 변화

그림 1-34에서 스타트 스위치가 ON되면 PD0 단자로 5V 전압이 가해지므로, 0bxxxxxxx1이 입력된다.

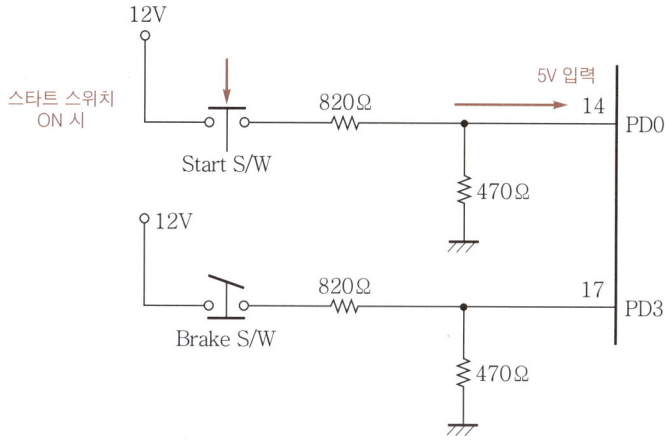

| 그림 1-34. 스타트 스위치 ON 시 PD0의 입력 |

(9) 스타트 스위치 OFF 시 PD0 단자의 입력 변화

그림 1-35에서 스타트 스위치가 OFF되면 PD0 단자로 0V 전압이 가해지므로, 0bxxxxxxx0이 입력된다.

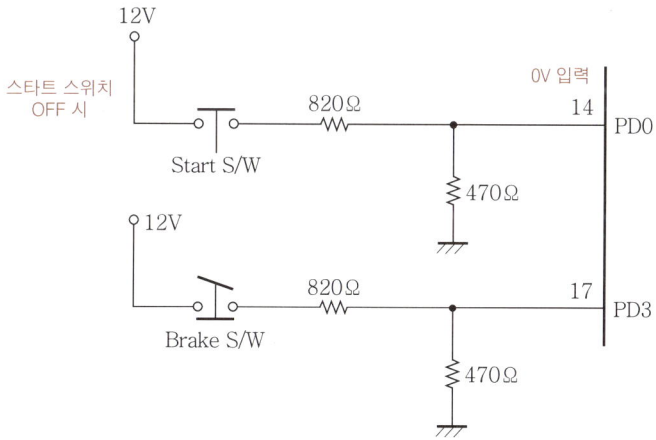

| 그림 1-35. 스타트 스위치 OFF 시 PD0의 입력 |

(10) 브레이크 스위치 ON 시 PD3 단자의 입력 변화

그림 1-36에서 브레이크 스위치가 ON되면 PD3 단자로 5V 전압이 가해지므로, 0bxxxx1xxx이 입력된다.

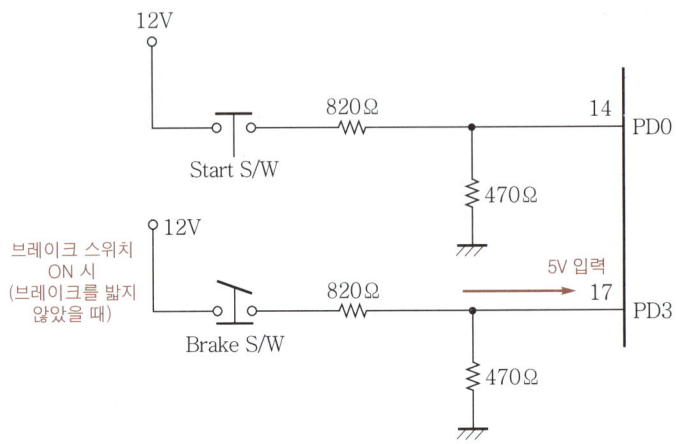

|그림 1-36. 브레이크 스위치 ON 시 PD3 단자의 입력|

(11) 브레이크 스위치 OFF 시 PD3 단자의 입력 변화

그림 1-37에서 브레이크 스위치가 OFF되면 PD3 단자로 0V 전압이 가해지므로, 0bxxxx0xxx이 입력된다.

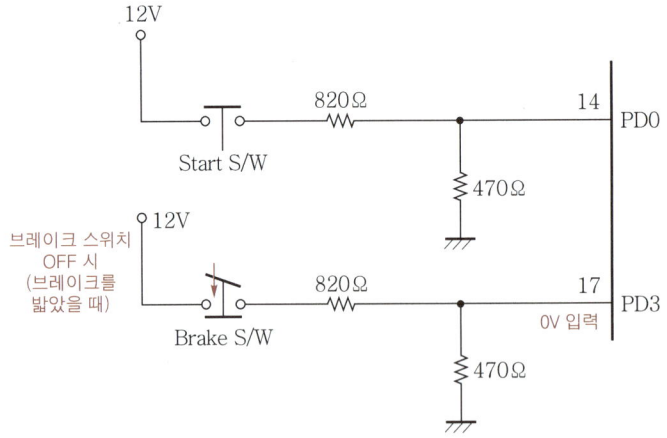

|그림 1-37. 브레이크 스위치 OFF 시 PD3 단자의 입력|

(12) PA4 단자로 '1'이 출력될 때의 변화

그림 1-38과 같이 PA4 단자로 '1'이 출력되면 C1213이 작동하여 릴레이가 작동되므로 스타터의 ST 단자로 12V의 전원이 공급된다.

따라서 스타터가 작동을 하게 된다.

보통 ATmega8535 PIN 출력 전류는 40mA 정도이다.

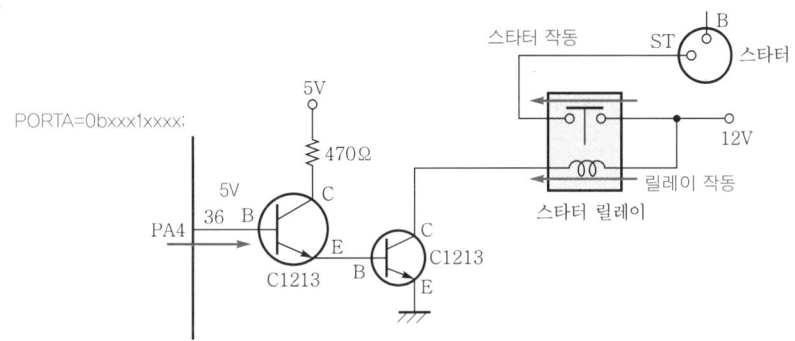

│그림 1-38. PA4 단자로 '1'이 출력될 때│

(13) PA4 단자로 '0'이 출력될 때의 변화

그림 1-39와 같이 PA4 단자로 '0'이 출력되면 C1213의 베이스로 전압이 가해지지 않아 릴레이가 작동하지 않으므로 스타터의 ST 단자로 12V의 전원이 공급되지 않는다.

따라서 스타터가 작동을 하지 않게 된다.

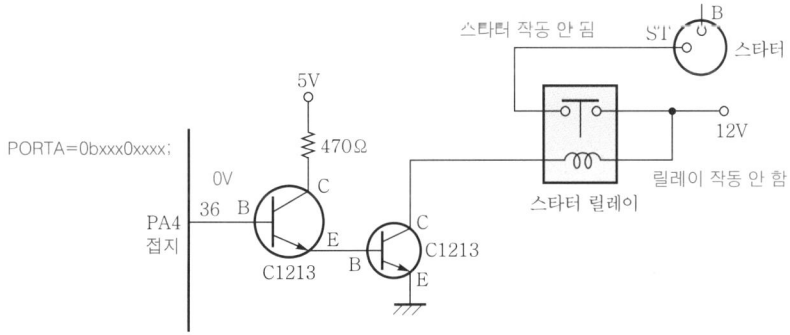

│그림 1-39. PA4 단자로 '0'이 출력될 때│

1.2.3 점화 키 홀 조명등 제어

(1) 작동 설명

　점화 스위치(Ig.S/W)가 OFF 상태에서 운전석 도어를 열었을 때 점화 키 홀 조명등이 점등하게 되고, 도어가 닫히거나 점화 스위치가 ON되면 점화 키 홀 조명등도 소등되도록 그림 1-40과 같이 제어한다.

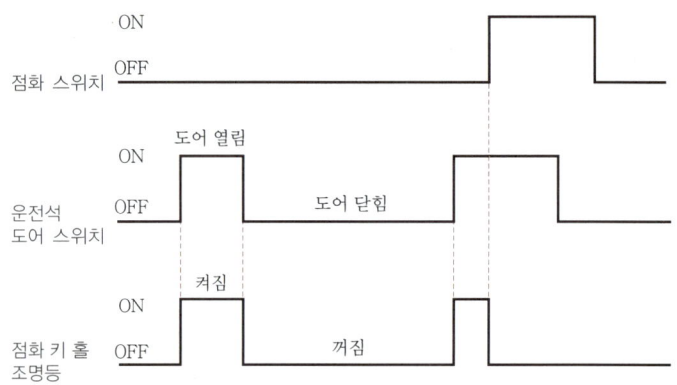

|그림 1-40. 점화 키 홀 조명등 제어 타임차트|

(2) 제어 알고리즘

① 운전석 도어가 열리면 도어 스위치는 ON이 되어 도어 램프가 점등된다.
② 점화 스위치가 ON되거나 도어가 닫히면 점화 키 홀 조명등이 소등된다.

(3) 단순 제어도

그림 1-41은 점화 키 홀 조명등 제어에 관련된 입·출력 관련 제어도이다.

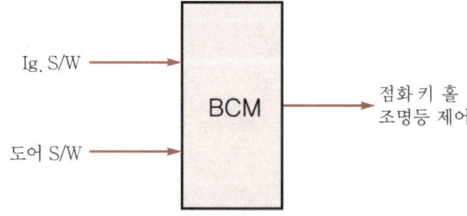

|그림 1-41. 점화 키 홀 조명등 제어 단순도|

(4) 입·출력 특성

표 1-3은 점화 키 홀 조명등 제어를 위한 입·출력 특성을 나타낸다.

| 표 1-3. 점화 키 홀 조명등 제어 입·출력 특성 |

입·출력 요소	전압 변화	
점화 스위치	ON	12V(PD0-5V)
	OFF	0V
운전석 도어 스위치	도어 열림(ON)	0V(PD1-0V)
	도어 닫힘(OFF)	12V(PD1-5V)
점화 키 홀 조명등	점등	PC0-5V
	소등	PC0-0V

(5) 회로도

그림 1-42와 같은 회로를 제작하기 위해서는 아래와 같은 부품이 필요하다.

마이크로컨트롤러 ATmega8535 1개, 오실레이터(16MHz) 1개, 점화 스위치(토글 스위치) 1개, 도어 스위치(토글 스위치) 1개, 저항(820Ω 2개, 470Ω 2개), 자동차용 전구(12V) 2개, 7805 정전압 IC 1개, 1,000μF 콘덴서 1개, C1213 트랜지스터 1개 등을 사용한다.

전구의 소모 전력량에 따라 C1213으로 작동이 어려울 경우에는 대용량의 트랜지스터를 사용하여 제어하도록 한다.

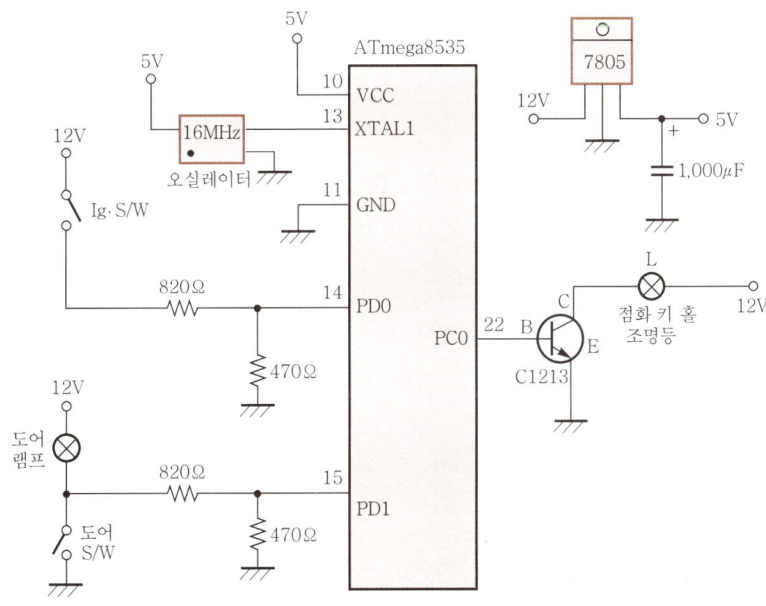

| 그림 1-42. 점화 키 홀 조명등 제어를 위한 회로도 |

(6) 제어 프로그램

```
//**점화 키 홀 조명등 제어**//
#include<mega8535.h>

void main(void)
{
    unsigned char kor;

    DDRC=0xFF;//PORTC 출력 설정
    DDRD=0x00;//PORTD 입력 설정

    while(1){
            kor=PIND & 0b00000011;//점화 스위치, 도어 스위치 작동 확인
            if(kor==0b00000000) PORTC=0b00000001;
            else PORTC=0b00000000;
            }
}
```

위 프로그램을 살펴보자.

① kor=PIND & 0b00000011;는 동시에 점화 스위치가 OFF, 도어 스위치가 ON(도어 열림)인지를 확인한다. 만약, 두 조건을 만족한다면 'kor'이 0b00000000이 되어 점화 키 홀 조명등을 점등하게 된다.

② 점화 스위치가 OFF되고 도어가 열리면(도어 스위치 ON) 점화 키 홀 조명등이 점등하게 된다.

③ 점화 스위치가 ON되어 ATmega8535의 PD0 단자로 5V가 입력되거나 도어가 닫혀서 (도어 스위치 OFF) 도어 램프가 꺼지고 PD1 단자로 5V가 입력되면 점화 키 홀 조명등은 소등된다.

④ 도어가 열리면(도어 스위치 ON) ATmega8535의 PD1 단자에 0V가 입력되고 도어 램프가 켜진다.

그림 1-43에서 기억을 상기시키기 위해 위 프로그램을 좀 더 자세하게 설명해 보도록 한다.

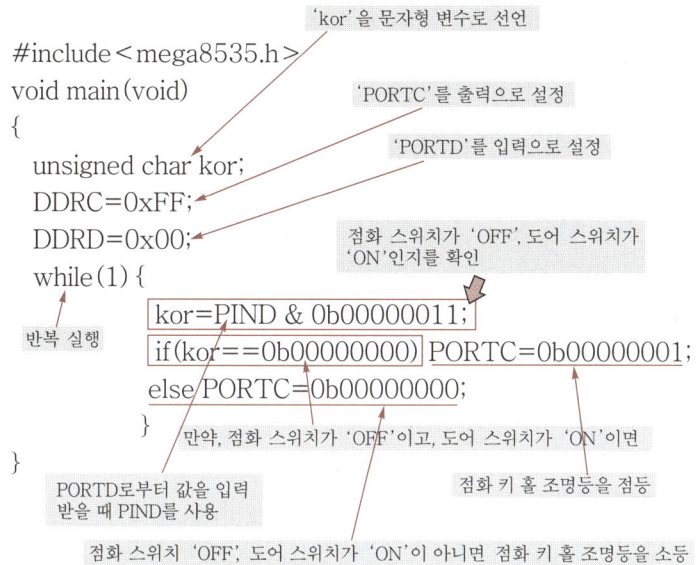

```
#include<mega8535.h>
void main(void)
{
    unsigned char kor;
    DDRC=0xFF;
    DDRD=0x00;
    while(1) {
        kor=PIND & 0b00000011;
        if(kor==0b00000000) PORTC=0b00000001;
        else PORTC=0b00000000;
    }
}
```

'kor'을 문자형 변수로 선언

'PORTC'를 출력으로 설정

'PORTD'를 입력으로 설정

점화 스위치가 'OFF', 도어 스위치가 'ON'인지를 확인

반복 실행

PORTD로부터 값을 입력 받을 때 PIND를 사용

만약, 점화 스위치가 'OFF'이고, 도어 스위치가 'ON'이면

점화 키 홀 조명등을 점등

점화 스위치 'OFF', 도어 스위치가 'ON'이 아니면 점화 키 홀 조명등을 소등

│그림 1-43. 점화 키 홀 조명등 제어│

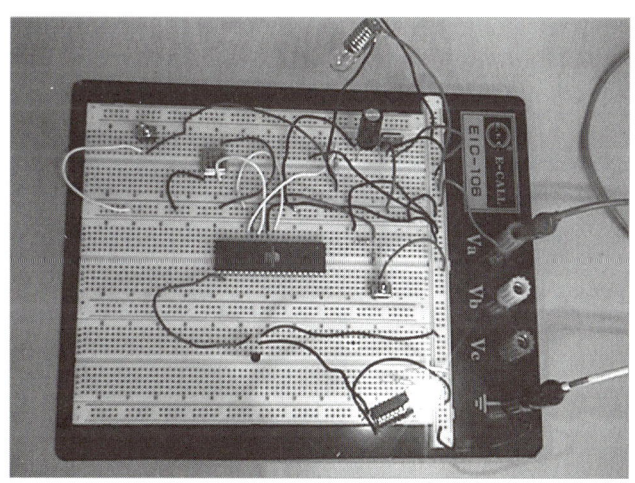

│그림 1-44. 만능기판을 이용한 점화 키 홀 조명등 제어│

그림 1-44와 그림 1-45는 점화 키 홀 조명등 회로를 만능기판에 설치하여 작동을 확인한 것이다.

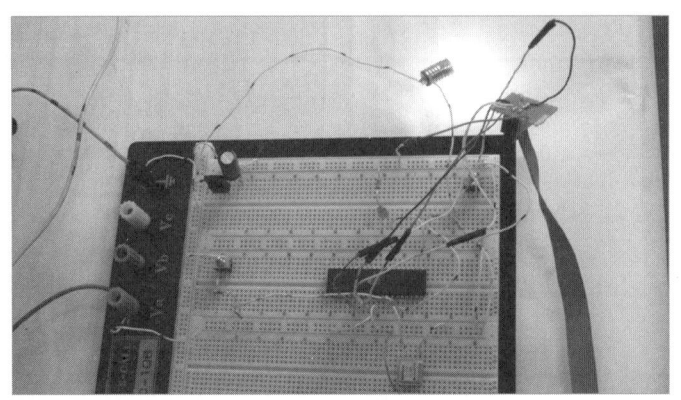

|그림 1-45. 운전석 도어 Open 시 도어 램프의 작동|

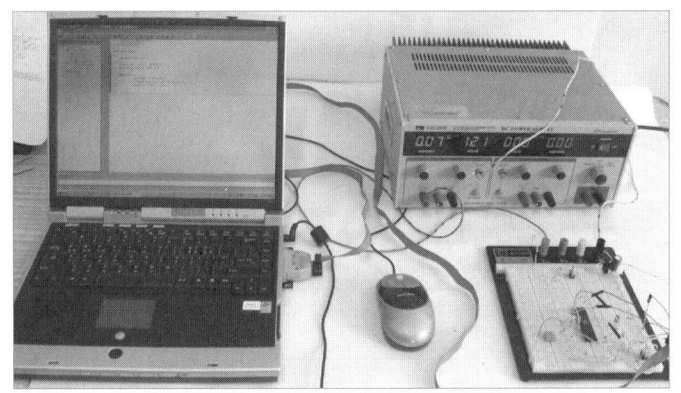

|그림 1-46. 점화 키 홀 조명등 제어 장치|

그림 1-46은 점화 키 홀 조명등 회로를 제어하기 위한 관련 장치들을 연결한 것이다.

(7) 점화 키 홀 조명등 응용 제어
① 작동 설명

점화 스위치가 OFF 상태에서 운전석 도어를 열었을 때 점화 키 홀 조명등이 점등하게 되며, 점화 키 홀 조명등이 점등된 상태에서 운전석 도어를 닫으면 5초간 조명등을 점등한 후 소등되도록 제어한다. 또한, 점화 스위치가 ON되면 즉시 점화 키 홀 조명등을 소등할 수 있도록 한다.

그림 1-47의 타임차트를 참고로 한다.

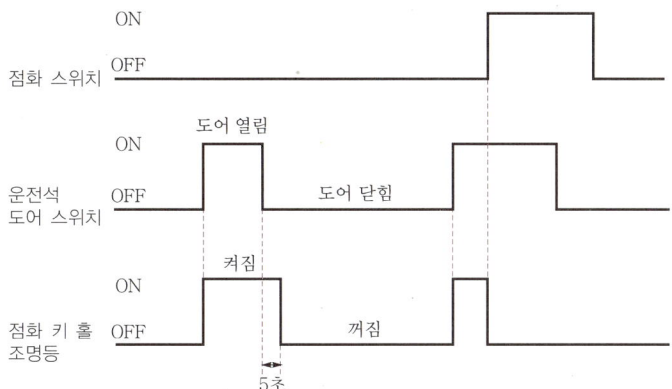

|그림 1-47. 점화 키 홀 조명등 작동 타임차트|

② 제어 알고리즘

　ㄱ 점화 스위치가 OFF, 운전석 도어 스위치가 ON(도어 열림)이면 점화 키 홀 조명등을 계속 점등한다.

　ㄴ 운전석 도어 스위치가 OFF되면 5초 후에 소등한다.

　ㄷ 점화 스위치가 ON되면 즉시 점화 키 홀 조명등을 소등한다.

　ㄹ 운전석 도어가 열리면 도어 스위치는 ON, 운전석 도어가 닫히면 도어 스위치는 OFF된다(그림 1-42 참고).

③ 점화 키 홀 조명등 응용 제어

```
//**점화 키 홀 조명등 응용 제어**//
#include〈mega8535.h〉
unsigned int n=0, cir=0;
interrupt[TIM0_OVF] void timer_int0(void)
{
  n++;
  if(n==305){
          TIMSK=0x00;//타이머/카운터0 오버플로 인터럽트 디스에이블(불허)
          PORTC=0x00;//점화 키 홀 조명등 소등
          n=0;
          cir=1;
        }
}

void main(void)
{
    unsigned char kor;
```

```
DDRC=0xFF;//PORTC 출력으로 설정
DDRD=0x00;//PORTD 입력으로 설정
PORTC=0x00;

//타이머/카운터0 오버플로 인터럽트 초기화//
TIMSK=0x00;//타이머/카운터0 인터럽트 디스에이블(불허)
TCCR0=0x05;//프리스케일러 CLK/1024
TCNT0=0x00;//타이머/카운터0 초깃값 설정
SREG=0x80;//전역 인터럽트 인에이블(허용)
;
while(1){
        kor=PIND & 0b00000011;//PORTD 읽어 오기
        switch(kor){
                case 0b00000010://점화 스위치 OFF, 도어 스위치 OFF
                               (도어 닫힘)
                        if(cir!=1){//타이머/카운터0 작동(5초)
                                PORTC=0b00000001;//조명등 점등
                                TIMSK=0x01;
                                }
                        else PORTC=0x00;//조명등 소등
                        break;
                case 0b00000000://도어 스위치 ON, 점화 스위치 OFF
                        PORTC=0b00000001;//조명등 점등
                        cir=0;
                        break;
                case 0b00000011://도어 스위치 OFF, 점화 스위치 ON
                        PORTC=0b00000000;//조명등 소등
                        cir=0;//점화 스위치 ON 시 다시 타이머 제어 가능
                        break;
                case 0b00000001://도어 스위치 ON, 점화 스위치 ON
                        PORTC=0b00000000;//조명등 소등
                        cir=0;
                        break;
                default : PORTC=0b00000000;//조명등 소등
                        break;
                }
        }
}
```

위 프로그램을 살펴보자.

㉠ 점화 스위치 작동

   • S/W ON – PD0 5V 입력 : '1'
   • S/W OFF – PD0 0V 입력 : '0'

㉡ 도어 스위치 작동

   • S/W ON – PD1 0V 입력 : '0' 도어 열림
   • S/W OFF – PD1 5V 입력 : '1' 도어 닫힘

㉢ 점화 키 홀 조명등 작동

   • PC0 출력 '1' : 조명등 점등
   • PC0 출력 '0' : 조명등 소등

㉣ 5초 타이머 제어는 1.2.2절을 참고한다.

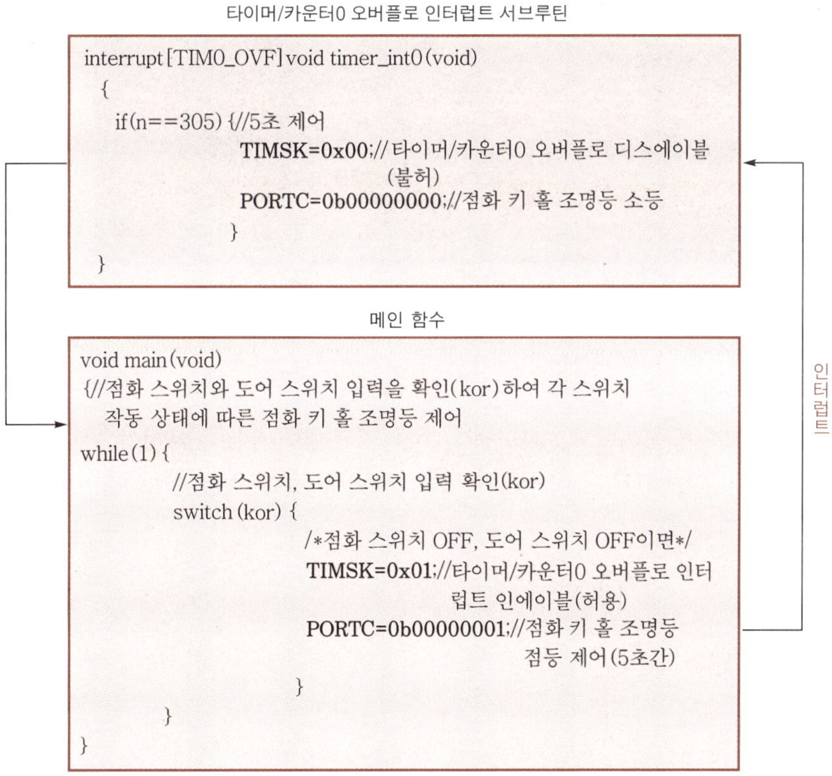

타이머/카운터0 오버플로 인터럽트 서브루틴

```
interrupt [TIM0_OVF] void timer_int0 (void)
  {
    if (n==305) {//5초 제어
              TIMSK=0x00;//타이머/카운터0 오버플로 디스에이블
                          (불허)
              PORTC=0b00000000;//점화 키 홀 조명등 소등
              }
  }
```

복귀

메인 함수

```
void main (void)
{//점화 스위치와 도어 스위치 입력을 확인(kor)하여 각 스위치
  작동 상태에 따른 점화 키 홀 조명등 제어
while (1) {
          //점화 스위치, 도어 스위치 입력 확인(kor)
          switch (kor) {
                      /*점화 스위치 OFF, 도어 스위치 OFF이면*/
                      TIMSK=0x01;//타이머/카운터0 오버플로 인터
                                  럽트 인에이블(허용)
                      PORTC=0b00000001;//점화 키 홀 조명등
                                        점등 제어(5초간)
                      }
            }
}
```

인터럽트

│그림 1-48. 점화 키 홀 조명등의 제어도│

그림 1-48에서와 같이 점화 스위치가 OFF, 도어 스위치가 OFF이면 점화 키 홀 조명등을 점등하고 인터럽트를 발생시켜 5초를 제어하게 된다.

그림 1-49는 점화 키 홀 조명등 회로의 작동을 나타내고 있다.

ⓜ switch~case문을 이용하여 각 스위치의 작동 조건에 따라 제어가 될 수 있도록 프로그램하였다.

'cir=0'은 점화 스위치가 OFF 상태에서 도어가 닫히면 5초 후에 점화 키 홀 조명등이 소등되도록 제어하기 위해 사용하였다.

또한, 1회 타이머/카운터0 오버플로 인터럽트가 걸리면 'cir=1'이 되어 현재의 상태에서 타이머/카운터0 오버플로 인터럽트가 반복해서 작동되지 않도록 하였다.

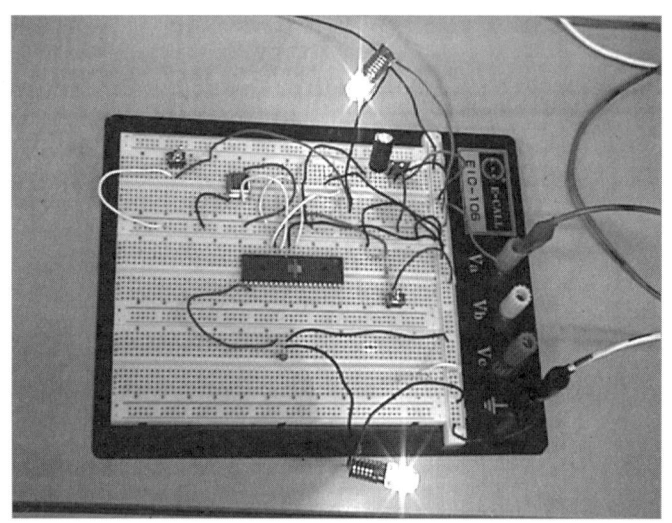

|그림 1-49. 점화 키 홀 조명등 회로의 작동|

(8) 도어 스위치의 입력 변화

그림 1-50에서 도어 스위치가 ON되면 PD1 단자로 0V 전압이 가해지므로 0bxxxxxx0x가 입력된다. 그림 1-51에서 도어 스위치가 OFF되면 PD1 단자로 5V 전압이 가해지므로 0bxxxxxx1x가 입력된다.

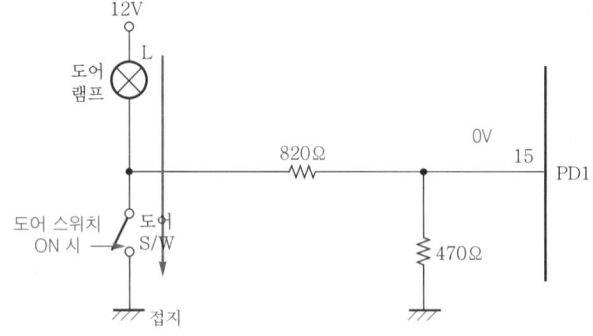

|그림 1-50. 도어 스위치 ON 시 PD1 단자 입력|

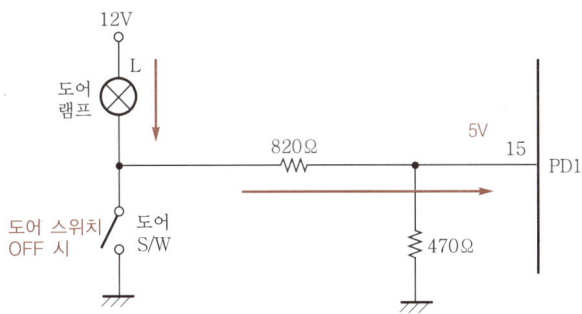

|그림 1-51. 도어 스위치 OFF 시 PD1 단자 입력|

(9) 점화 키 홀 조명등의 출력 변화

그림 1-52와 같이 PC0 단자로 '1'이 출력되면 C1213이 작동하여 점화 키 홀 조명등으로 12V의 전원이 공급된다. 따라서 점화 키 홀 조명등이 점등된다.

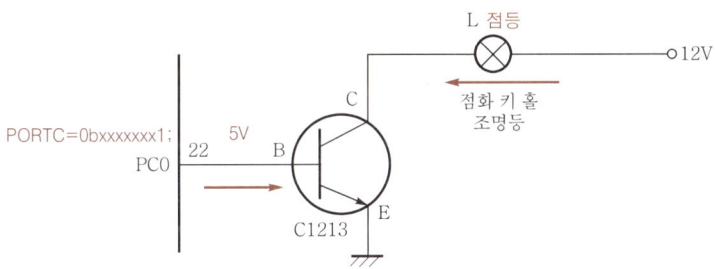

|그림 1-52. PC0 단자로 '1' 출력 시 점화 키 홀 조명등의 점등|

그림 1-53과 같이 PC0 단자로 '0'이 출력되면 C1213이 작동하지 않아 점화 키 홀 조명등으로 12V의 전원이 공급되지 않는다. 따라서 점화 키 홀 조명등이 소등된다.

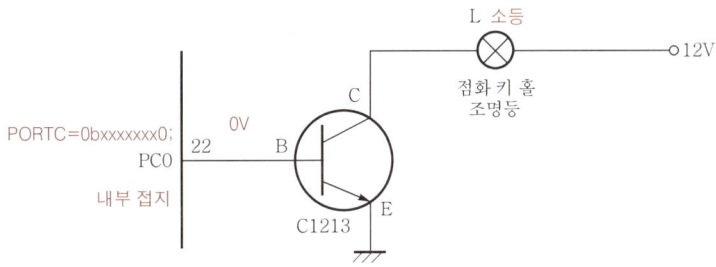

|그림 1-53. PC0 단자로 '0' 출력 시 점화 키 홀 조명등의 소등|

1.3.1 미등 제어

(1) 작동 설명

다기능 스위치에서 라이트 스위치를 미등 점등 위치로 하여 미등이 점등되도록 한다.
미등 제어는 점화 키 홀 조명등 제어와 유사하다.

(2) 제어 알고리즘

라이트 스위치를 미등 점등 위치로 켜면 ATmega8535의 PD7(21번 핀)으로 미등 스위치
를 돌렸다는 신호를 전달하게 된다. 그러면 자작 BCM에서 PC1(23번 핀)을 통해 제어 신호
가 출력되고, 미등 릴레이 코일에 전류가 흘러 미등 릴레이 스위치를 닫고 미등이 점등된다.

(3) 단순 제어도

그림 1-54는 미등을 제어하기 위한 가장 단순한 제어도를 나타낸다.

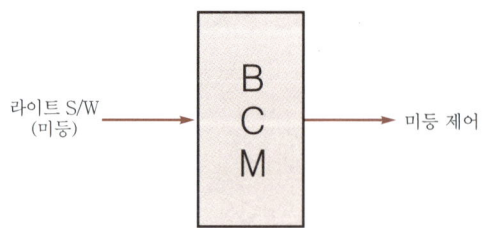

|그림 1-54. 미등 단순 제어도|

(4) 제어 회로도

그림 1-55는 ATmega8535를 사용하여 미등을 제어하기 위한 회로도를 나타낸다. 릴레
이를 작동시키기 위한 전류를 제어하기 위해 2개의 C1213 트랜지스터를 사용하였으며, 필
요하면 용량이 큰 IRF540 1개를 사용하여도 된다.

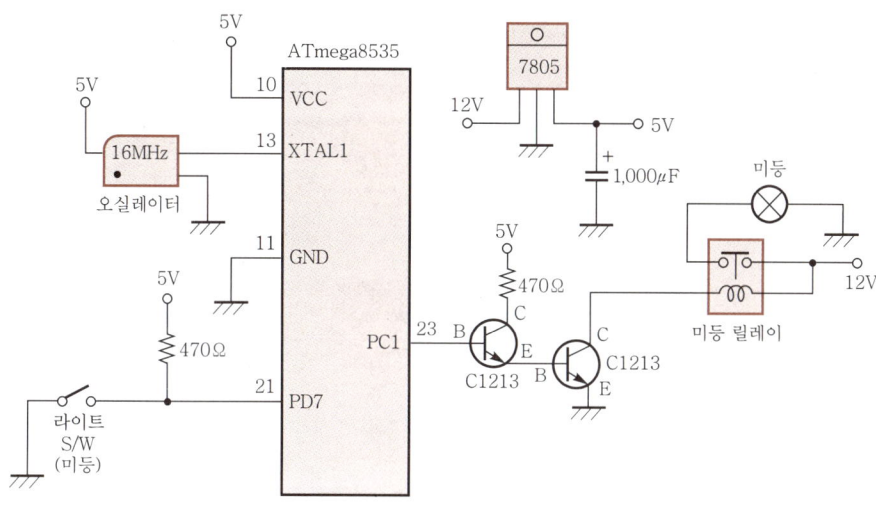

| 그림 1-55. 미등 제어 회로도 |

(5) 제어 프로그램

```
//**미등 제어 프로그램**//
#include 〈mega8535.h〉

void main(void)
{
    unsigned char kor;
    DDRC=0xFF;//PORTC 출력 설정
    DDRD=0x00;//PORTD 입력 설정
    while(1){
        kor=PIND & 0b10000000;//미등 스위치 확인
        if(kor==0b00000000) PORTC=0b00000010;
        else PORTC=0b00000000;
    }
}
```

위 프로그램을 살펴보도록 하자.

① kor=PIND & 0b10000000;에서 라이트 스위치(미등 스위치)가 ON인지 OFF인지 확인
한다. 미등 스위치가 ON이면 kor=0b00000000이 되고, OFF이면 kor=0b10000000
이 된다.

② if(kor==0b00000000) PORTC=0b00000010;
   else PORTC=0b00000000;(그림 1-57 참고)
   그림 1-56의 회로에 위의 프로그램을 적용하여 미등 스위치가 ON되면 PC1(미등 출력

제어)으로 '1'을 출력하고, OFF되면 '0'을 출력하도록 한다.

그림 1-57은 제어 과정을 설명한 것이다.

|그림 1-56. 미등 제어 회로의 작동|

PD7의 값이 '0'인지 '1'인지 확인

미등 스위치 입력값(0b10000000 또는 0b00000000)과
0b10000000을 비트 AND 연산하여 변수 kor에 저장

반복 실행

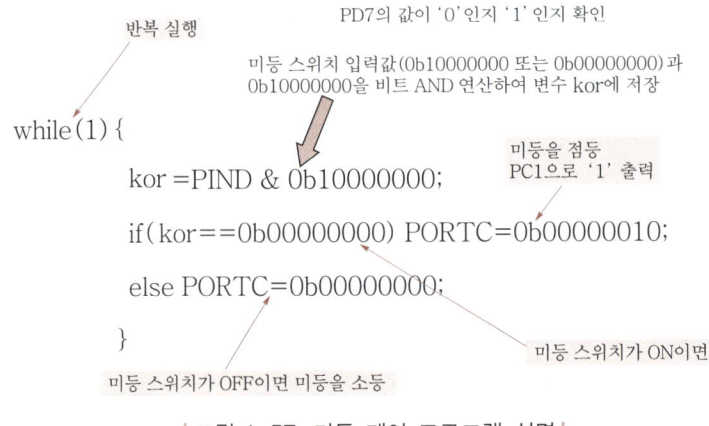

```
while(1) {

    kor =PIND & 0b10000000;

    if( kor==0b00000000) PORTC=0b00000010;

    else PORTC=0b00000000;

}
```

미등을 점등
PC1으로 '1' 출력

미등 스위치가 ON이면

미등 스위치가 OFF이면 미등을 소등

|그림 1-57. 미등 제어 프로그램 설명|

(6) 미등 자동 소등 제어

① 작동 설명

운전자가 미등 스위치를 작동하면 미등을 점등하도록 제어한다.

또한, 미등을 점등 후 하차 시 약 10초 후 미등이 자동으로 소등되도록 프로그램을 설계한다. 그림 1-58과 같이 미등 작동을 제어하기 위한 입력 조건은 점화 스위치가 OFF되고, 미등 스위치가 ON되어 있는 상태에서 도어를 닫으면(도어 스위치가 OFF되면) BCM이 작동하여 미등을 자동으로 10초 후 소등하도록 한다.

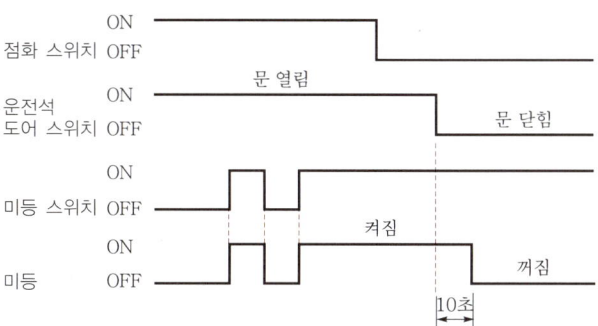

|그림 1-58. 미등 제어 타임차트|

② 제어 알고리즘

ⓐ 라이트 스위치(미등 스위치)를 작동하면 미등이 점등된다.

ⓑ 점화 스위치 OFF, 운전석 도어 스위치 ON, 미등 스위치 ON 상태에서 운전석 도어
가 닫히면(도어 스위치 OFF) 10초 후 소등된다.

ⓒ 운전석 도어가 닫히면 도어 스위치는 OFF된다.

참고

① PORTC=0x00;는 'PORTC와 0x00이 같다'는 의미가 아니라 '0x00의 값을
PORTC로 보내라'는 의미이다.

② A==10;은 'A와 10이 같다'는 의미이다.

③ 제어도

그림 1-59는 실제 차량의 미등 제어와 유사하게 미등을 제어하기 위한 입·출력 제어도
이다.

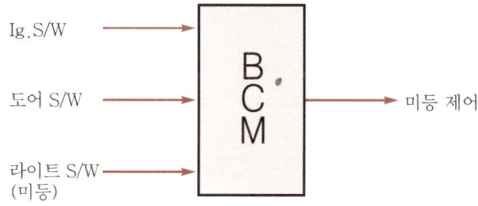

|그림 1-59. 미등 응용 제어도|

④ 입·출력 특성

미등 제어는 표 1-4와 같은 입·출력 특성을 가진다. 다시 한번 확인해 보면, 도어 스위
치의 경우 문이 닫히면 OFF, 문이 열리면 ON이 된다.

|표 1-4. 미등 입·출력 특성|

입·출력 요소	전압 변화	
점화 스위치	ON	전원 12V(PD0-5V)
	OFF	전원 0V(PD0-0V)
미등 스위치	OFF	PD7-5V
	ON	PD7-0V
운전석 도어 스위치	OFF(문 닫힘)	전원 12V(PD1-5V)
	ON(문 열림)	전원 0V(PD1-0V)
미등	점등	PC1-5V
	소등	PC1-0V

⑤ 제어 회로도

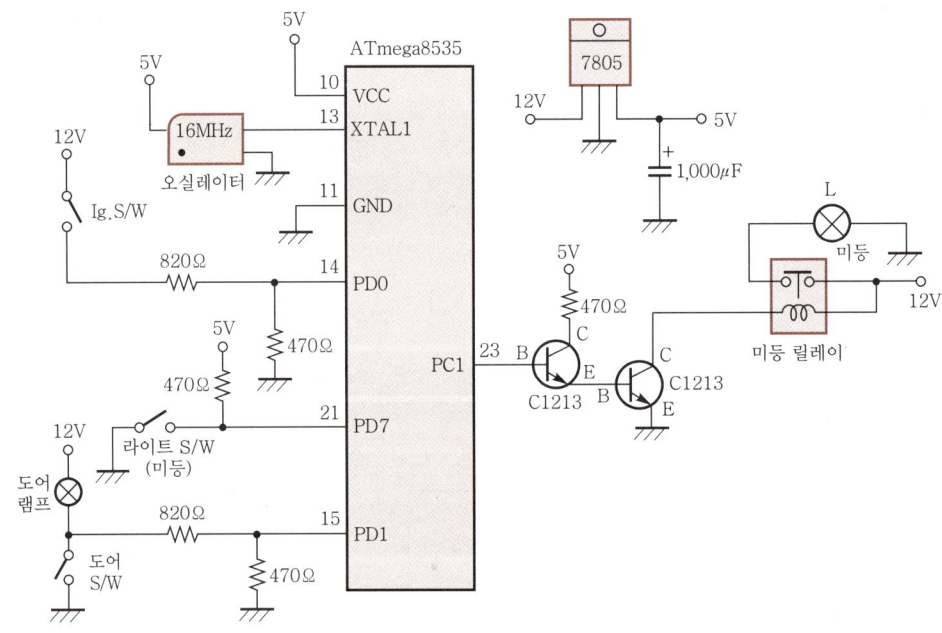

|그림 1-60. 미등 제어 회로도|

그림 1-60과 같은 회로를 구성하기 위한 사용 부품은 다음과 같다.

마이크로프로세서 ATmega8535 1개, 오실레이터(16MHz) 1개, 토글 스위치 3개, 자동차용 미등 릴레이 1개, 12V 전구(2W) 2개, 트랜지스터(C1213) 2개, 5V 정전압 IC(7805) 1개, 콘덴서 1,000μF 1개, 470Ω 저항 3개, 820Ω 저항 2개가 필요하다.

참고로 할 것은 자동차용 전구는 때에 따라서는 보통 12V 27W 등을 사용하여 많은 전류를 소모하게 되므로, 편의상 본 회로에서는 12V 2W의 비교적 작은 용량의 전구를 사용하도록 한다. 또한, 7805 사용 시 방열판을 사용하도록 한다.

실제 자동차용 전구에 연결할 때는 보다 큰 용량의 5V 정전압 IC를 사용해야 하며, 트랜지스터도 큰 전류 증폭률을 가진 TR을 사용하여야 한다.

예를 들면, 자동차용 전구(12V 27W 정도)를 사용하여 회로를 구성하고자 할 경우에는 C1213 대신에 그림 1-61의 2SD1415를 사용하고 방열판을 설치하면 높은 전류를 소모하는 전구를 사용할 수 있다.

Description
- With TO-220Fa package
- High DC current gain
- Low saturation voltage
- Complement to type 2SB1020
- Darlington

Applications
- High power switching applications
- Hammer drive, pulse motor drive applications

Pinning

PIN	Description
1	Base
2	Collector
3	Emitter

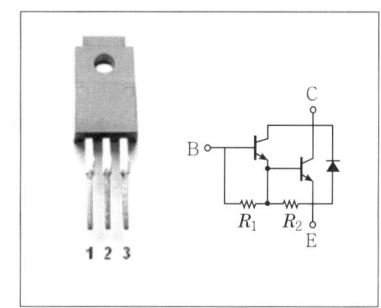

2SD1415 파워트랜지스터

| 그림 1-61. 2SD1415 트랜지스터 |

⑥ 제어 프로그램

```c
//＊＊미등 응용 제어 프로그램＊＊//
#include<mega8535.h>
unsigned int n=0, cir=0;
interrupt[TIM0_OVF] void timer_int0(void)
{
  n++;
  if(n==610){
          TIMSK=0x00;
          PORTC=0x00;
          n=0;
          cir=1;
          }
}
void main(void)
{
  unsigned int kor;
  DDRC=0xFF;//PORTC 출력 설정
  DDRD=0x00;//PORTD 입력 설정
  PORTC=0x00;
```

```
    //타이머/카운터0 오버플로 인터럽트 초기화//
    TIMSK=0x00;//타이머/카운터0 오버플로 인터럽트 디스에이블
    TCCR0=0x05;//프리스케일러 CLK/1024
    TCNT0=0x00;//주기
    SREG=0x80;//전역 인터럽트 인에이블
cir=0;
;
while(1){
        kor=PIND & 0b10000011;//PORTD 읽어오기
        switch(kor){
        case 0b00000000://점화 스위치 OFF, 도어 스위치 ON, 미등 스위치 ON
                        PORTC=0b00000010;//미등 점등
                        cir=0;//타이머/카운터0 제어 가능하도록 설정
                        break;
        case 0b00000001://점화 스위치 ON, 도어 스위치 ON, 미등 스위치 ON
                        PORTC=0b00000010;//미등 점등
                        break;
        case 0b00000010://점화 스위치 OFF, 도어 스위치 OFF, 미등 스위치 ON
                        if(cir!=1){//타이머 작동 (10초)
                                PORTC=0b00000010;//미등 점등
                                TIMSK=0x01;
                                }
                        else PORTC=0x00;
                        break;
        case 0b00000011://점화 스위치 ON, 도어 스위치 OFF, 미등 스위치 ON
                        PORTC=0b00000010;//미등 점등
                        break;
        default:PORTC=0b00000011;//미등 소등
                        break;
                }
        }
}
```

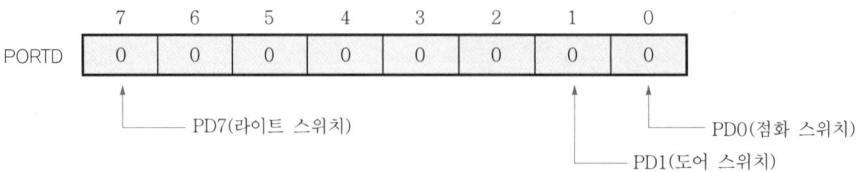

	7	6	5	4	3	2	1	0
PORTD	0	0	0	0	0	0	0	0

PD7(라이트 스위치)
PD1(도어 스위치)
PD0(점화 스위치)

|그림 1-62. PORTD 각 비트의 스위치 연결|

타이머/카운터0 오버플로 인터럽트 서브루틴

```
interrupt [TIM0_OVF] void timer_int0 (void)
  {
    if(n==610){//10초 제어
             TIMSK=0x00;//타이머/카운터0 오버플로 디스에이블(불허)
             PORTC=0b00000000;//미등 소등
             }
  }
```

복귀

인터럽트

메인 함수

```
void main (void)
{//점화 스위치와 도어 스위치, 미등 스위치 입력을 확인(kor) 하여 각 스위
   치 작동 상태에 따른 점화 키 홀 조명등 제어

while (1) {
           //점화 스위치, 도어 스위치 입력 확인(kor)
           switch (kor) {
                        //*점화 스위치 OFF, 도어 스위치 OFF, 미등 스
                          위치 ON이면*//
                        TIMSK=0x01;//타이머/카운터0 오버플로 인터럽트
                                    인에이블(허용)
                        PORTC=0b00000010;//미등 점등 제어(10초간)
                        }
            }
}
```

그림 1-63. 미등 자동 소등 제어도

위 프로그램을 살펴보자.

그림 1-62는 PORTD 각 비트의 스위치 연결 상태를 나타낸다. 그림 1-63은 미등 자동 소등 제어 과정을 나타낸다.

㉠ 라이트 스위치(미등 스위치)
- S/W ON－PD7 0V 입력 : '0'
- S/W OFF－PD7 5V 입력 : '1'

㉡ 도어 스위치
- S/W ON－PD1 0V 입력 : '0' 도어 열림
- S/W OFF－PD1 5V 입력 : '1' 도어 닫힘

㉢ 점화 스위치
- S/W ON－PD0 5V 입력 : '1'
- S/W OFF－PD0 0V 입력 : '0'

㉣ 타이머/카운터0 오버플로 인터럽트를 사용한 10초 제어는 다음과 같이 계산할 수 있다.

타이머/카운터0, 1024분주 시 1count＝64μs가 된다.

따라서 10s, 즉 10,000,000μs는 10,000,000/64＝156,250count가 된다.

여기서, 타이머/카운터0 '1회 오버플로'가 되기 위한 카운트 수는 256카운트이므로 156,250/256＝610이 되어, 타이머/카운터0 오버플로 인터럽트를 610회 반복하면 10초가 유지된다.

ⓜ cir＝0는 10초 타이머 제어가 가능하도록 설정하는 것으로, 미등이 점등 중에 도어 스위치가 OFF되면(문이 닫히면) 10초 지속 후 소등되도록 한다.

그림 1-64는 미등 소등 제어를 위한 전체 제어 시스템을 나타내고, 그림 1-65는 미등 회로를 만능기판에 만들어 작동 상태를 확인하는 것이다.

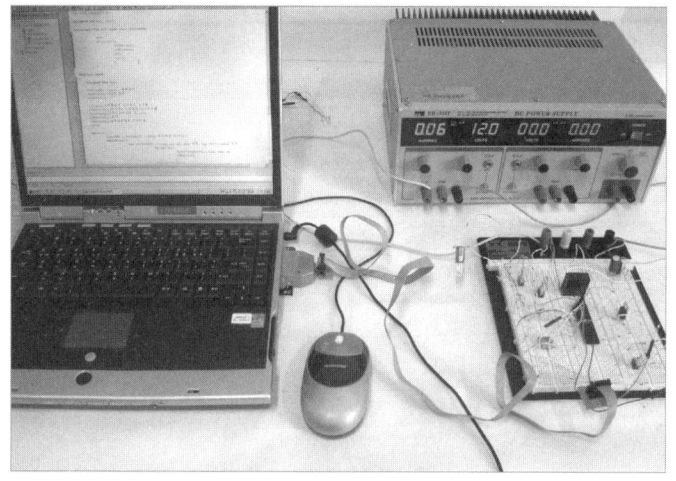

|그림 1-64. 미등 제어를 위한 전체 제어 시스템|

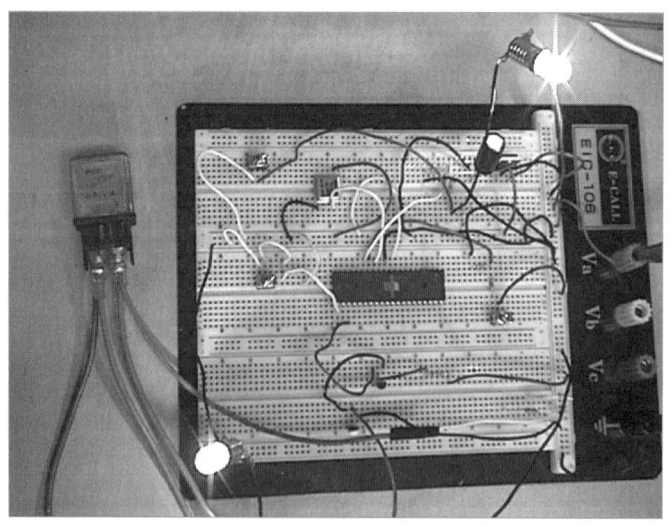

|그림 1-65. 미등 제어 회로 작동|

(7) 라이트 스위치가 ON일 때의 PD7 단자의 입력 변화

그림 1-66에서 라이트 스위치가 ON되면 PD7 단자로 0V 전압이 가해지므로, 0b0xxxxxxx이 입력된다.

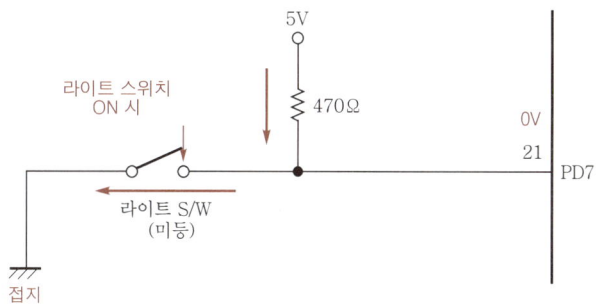

|그림 1-66. 라이트 스위치 ON 시 PD7 단자의 입력|

그림 1-67에서 라이트 스위치가 OFF되면 PD7 단자로 5V 전압이 가해지므로, 0b1xxxxxxx이 입력된다.

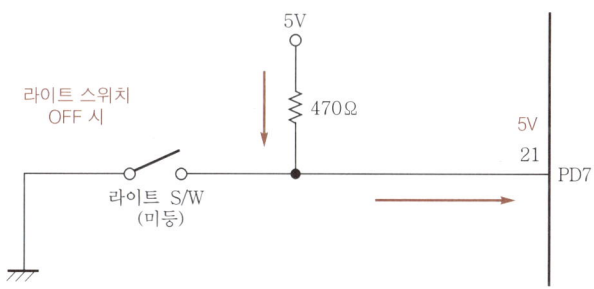

|그림 1-67. 라이트 스위치 OFF 시 PD7 단자의 입력|

(8) PC1 단자의 출력에 따른 작동 변화

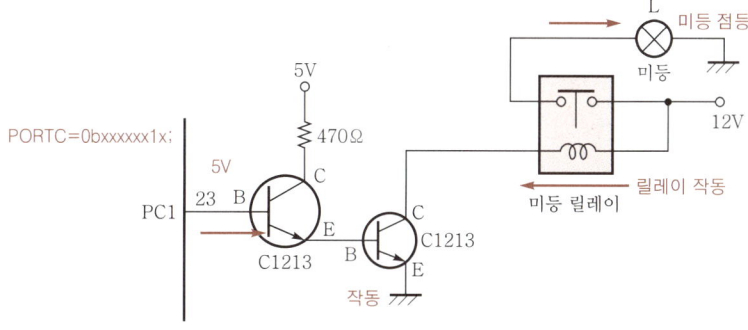

|그림 1-68. PC1 단자로 '1'이 출력될 때|

그림 1-68과 같이 PC1 단자로 '1'이 출력되면 C1213에 의해 의해 릴레이가 작동하므로 미등으로 12V의 전원이 공급된다. 따라서 미등이 점등된다.

그림 1-69와 같이 PC1 단자로 '0'이 출력되면 C1213의 미작동으로 인해 릴레이가 작동하지 않으므로 미등으로 12V의 전원이 공급되지 않는다. 따라서 미등이 소등된다.

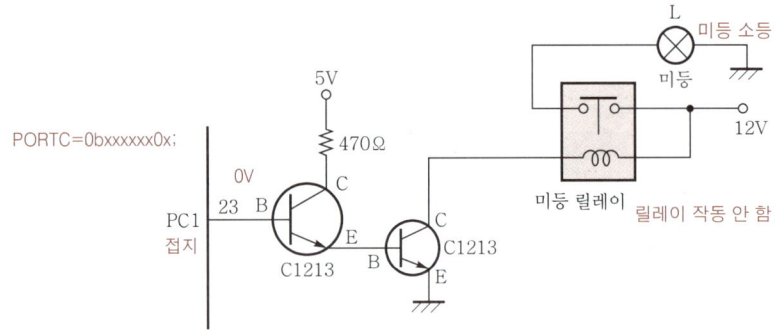

| 그림 1-69. PC1 단자로 '0'이 출력될 때 |

1.3.2 방향지시등 제어

(1) 작동 설명

방향지시등 제어 회로에 전원이 ON되면 좌·우 방향지시등 램프를 동시에 500ms의 주기로 점멸하도록 한다.

이 회로에서 내부적으로 타이머 작동에 의해 외부 신호의 입력 없이 주기적으로 2개의 램프가 동시에 작동하도록 프로그램을 설계한다.

(2) 제어 알고리즘

① 전원이 ON되면 2개의 좌·우 방향지시등이 점멸한다.
② 점멸 주기는 500ms로 한다.
③ 외부에서의 방향지시등을 제어하기 위한 신호 입력은 없다.
④ 출력 단자는 PC2와 PC3를 사용한다.

(3) 단순 제어도

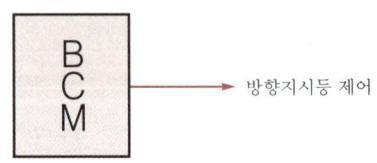

| 그림 1-70. 방향지시등 단순 제어도 |

그림 1-70과 같이 방향지시등 제어 알고리즘을 이해하기 위해 외부에서 어떠한 신호도 입력받지 않고 방향지시등을 점멸하도록 한다.

현재 자동차에서 방향지시등의 작동은 플래셔 유닛(flasher unit)에 의해 주기적인 작동이 이루어지고 있으나 플래셔 유닛의 노후화와 전구 단선 등으로 인해 작동 주기 변화가 발생할 수 있다.

(4) 제어 회로도

그림 1-71과 같이 일정한 주기로 방향지시등을 점멸하는 회로를 구성할 수 있다. 방향지시등 회로의 안정성을 위해 릴레이를 설치하여 제어하도록 한다.

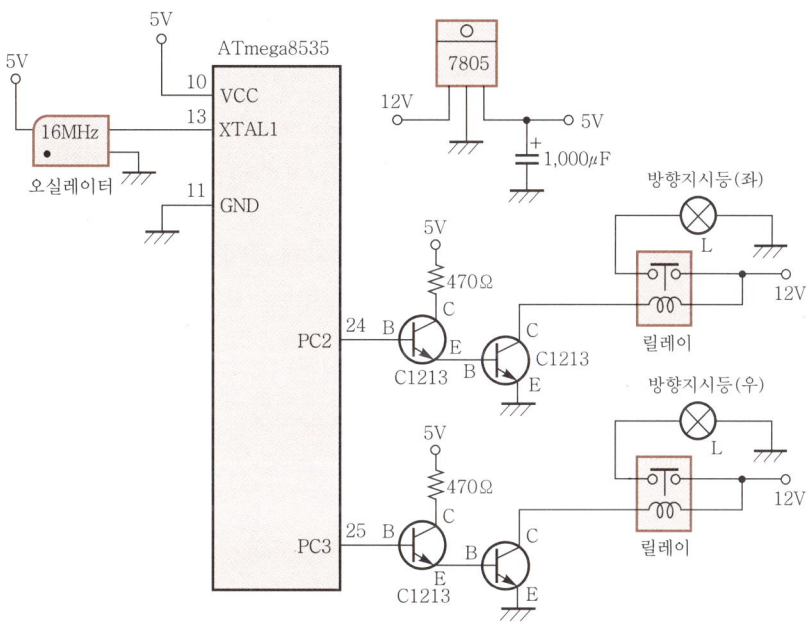

│그림 1-71. 간단한 방향지시등 제어 회로│

(5) 제어 프로그램

```
//방향지시등 제어-입력 신호 없음//
#include 〈mega8535.h〉
unsigned int n=0, a=0, b=1;
interrupt[TIM0_OVF]void timer_int0(void)
 {
   n++;
   if((n==31) && (a==0)){//256/16*1024*31/1000000=0.5sec
                  PORTC=0b00001100;//좌·우등 점등
```

```
                              n=0;//500ms 카운트 다시 시작
                              a=1;//a는 방향지시등 점등 제어
                              b=0;//b는 방향지시등 소등 제어
                          }
          else if((n==31) && (b==0)){
                              PORTC=0b00000000;//좌·우등 소등
                              n=0;
                              a=0;
                              b=1;
                          }
      }

      void main(void)
      {
          DDRC=0xFF;//PORTC 전체를 출력으로 설정
          TIMSK=0x01;//TOIE0=1, 타이머/카운터0 인터럽트 마스크 레지스터 인에이블(허용)
          TCCR0=0x05;//일반 모드, 프리스케일러 : 1024, 0b00000101
          TCNT0=0x00;//타이머/카운터0 레지스터 초깃값
          SREG=0x80;//전역 인터럽트 인에이블 I 비트 셋

          while(1);//인터럽트 대기
      }
```

위 프로그램을 살펴보도록 하자.

① 우선 500ms로 제어하기 위해 타이머/카운터0 오버플로 인터럽트를 설정한다(8비트 타이머/카운터0 사용).

16MHz 오실레이터 1사이클=(1/16)μs가 된다.

초깃값 TCNT0=0이면 오버플로 인터럽트가 발생할 때까지의 경과 시간은 (1/16)μs × 1024분주×256count=16,384μs가 된다.

따라서 0.5초가 되려면 500,000μs÷16,384μs≒31이 되어, 31회 오버플로 인터럽트를 반복하여 0.5초를 수행하도록 한다.

31회가 되면 방향지시등의 출력을 역전시키고 다시 n=0로 하여 초기화한다.

② 좌·우 방향지시등을 동시에 500ms 주기로 점멸한다.

그림 1-72는 기본적인 방향지시등 제어도를 나타낸다.

타이머/카운터0 오버플로 인터럽트 서브루틴

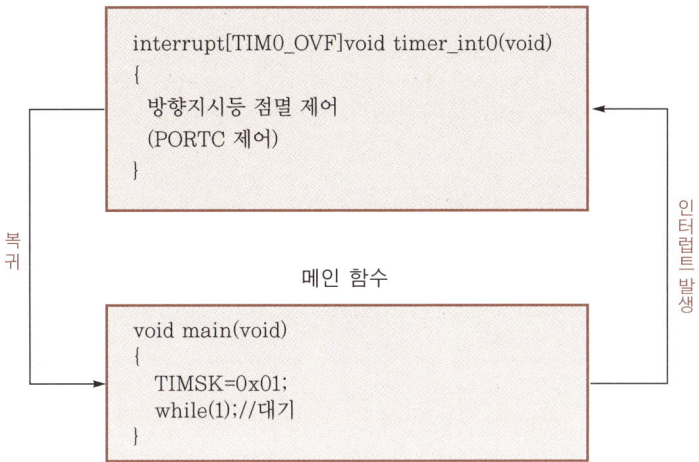

| 그림 1-72. 기본 방향지시등 제어도 |

(6) 방향지시등 응용 제어

① 작동 설명

점화 스위치를 ON한 상태에서 좌·우 방향지시등 스위치를 작동하면 지시한 방향의 방향지시등이 500ms 주기로 작동하도록 제어 프로그램을 설계한다.

또한, 브레이크 작동 시에는 비상등이 같은 주기로 점멸되도록 회로를 구성한다.

② 제어 알고리즘

㉠ 점화 스위치 ON, 방향지시등 스위치(LH 또는 RH)가 ON 시 해당 방향지시등을 점멸시킨다.

㉡ 다기능 스위치 LH, RH가 동시에 ON된 경우(비상등 제어)는 방향지시등 LH, RH 양쪽 모두를 점멸시킨다.

㉢ 브레이크 스위치가 작동되면 방향지시등 양쪽을 점멸시킨다.

㉣ 점멸 주기는 500ms로 한다.

③ 단순 제어도

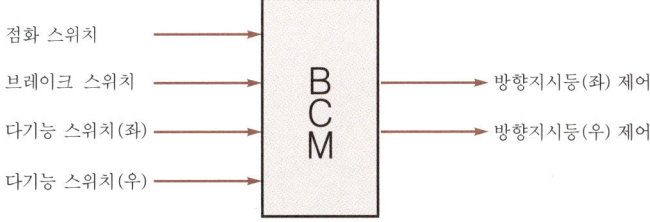

| 그림 1-73. 방향지시등 회로 단순 제어도 |

그림 1-73은 방향지시등을 제어하기 위한 입력과 출력을 나타낸 제어도이다.

④ 입·출력 특성

비상등을 점멸하기 위해서 브레이크 페달을 밟으면 브레이크 스위치가 OFF된다. 표 1-5와 그림 1-74의 회로도를 참고하여 이해하도록 한다.

| 표 1-5. 방향지시등 회로의 입·출력 특성 |

입·출력	전압 변화	
점화 스위치	ON	5V(PD0)
	OFF	0V(PD0)
브레이크 스위치	ON	5V(페달을 놓았을 때)
	OFF	0V(페달을 밟았을 때)
다기능 스위치(좌)	ON	5V
	OFF	0V
다기능 스위치(우)	ON	5V
	OFF	0V
방향지시등(좌)	ON	5V
	OFF	0V
방향지시등(우)	ON	5V
	OFF	0V

⑤ 제어 회로도

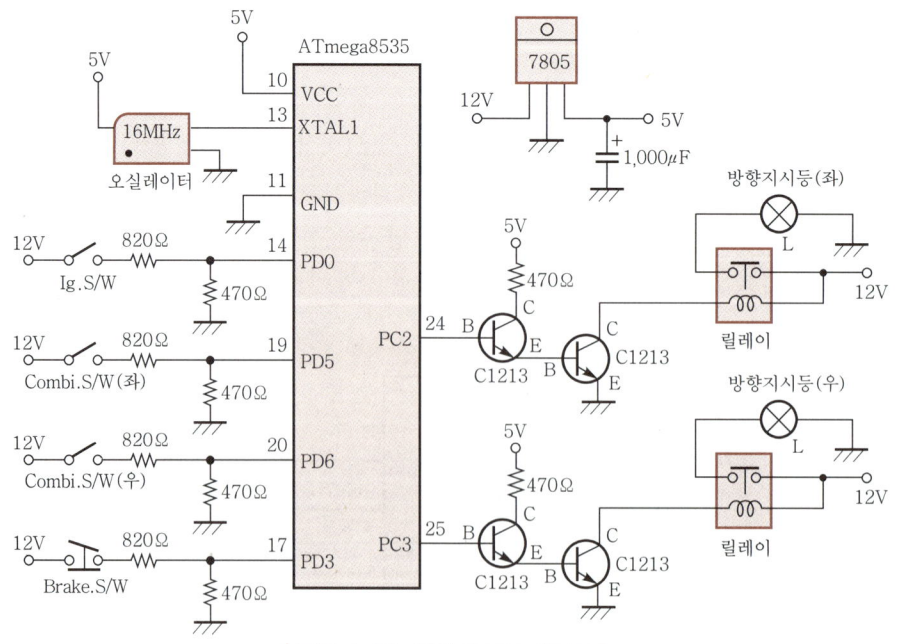

| 그림 1-74. 방향지시등 회로도 |

⑥ 제어 프로그램

```
//방향지시등 제어-입력 신호 작동//
#include <mega8535.h>
unsigned int k=0, k1=0, k2=0, j=0;
interrupt[TIM1_COMPA] void timer1_compa(void)
{
    if((k==1) && (j==0)){//점등 제어
                          PORTC=0b00001100;//좌·우 방향지시등 점등
                          TCNT1=0x00;
                          j=1;
                          }
    else if((k1==1) && (j==0)){
                               PORTC=0b00000100;//좌측 방향지시등 점등
                               TCNT1=0x00;
                               j=1;
                               }
    else if((k2==1) && (j==0)){
                                PORTC=0b00001000;//우측 방향지시등 점등
                                TCNT1=0x00;
                                j=1;
                                }
    else{//소등 제어
         TCNT1=0x00;
         PORTC=0b00000000;//방향지시등 소등
         j=0;
         }
}
void main(void)
{
    unsigned char kor=0;
    DDRC=0xFF;//PORTC 출력 설정
    DDRD=0x00;//PORTD 입력 설정
    //인터럽트 초기화
      TIMSK=0x00;//타이머/카운터1 출력비교 A 인터럽트 디스에이블
      TCNT1=0;
    //타이머 초기화
      TCCR1A=0x00;//일반 모드 선택
      TCCR1B=0x05;//프리스케일러 1024
      OCR1A=7812;
      SREG=0x80;//전역 인터럽트 인에이블(허용)
    ;
    while(1){
```

```
kor=PIND & 0b01101001;
switch(kor){
        case 0b00000001:
          if(k==0){//좌·우 방향지시등 점멸(점화 스위치 ON, 브레이크
                  스위치 OFF(페달을 밟음))
                  TIMSK=0x10;//타이머/카운터1 출력비교 A
                              인터럽트 인에이블
                  k=1;//반복 실행 방지
                  k1=0;//좌측 콤비 스위치 재작동 시 출력비교 인터럽트
                      인에이블 설정하기 위해
                  k2=0;//우측 콤비 스위치 재작동 시 출력비교 인터럽트
                      인에이블 설정하기 위해
                  }
          break;
        case 0b00101001 :
          if(k1==0){//좌측 방향지시등 점멸(점화 스위치 ON, 좌측 콤비
                  스위치 ON)
                  TIMSK=0x10;//인터럽트 인에이블
                  TCNT1=7810;//초깃값 설정
                  k1=1;//반복 실행 방지
                  k=0;
                  k2=0;
                  }
          break;
        case 0b01001001:
          if(k2==0){//우측 방향지시등 점멸(점화 스위치 ON, 우측
                  콤비 스위치 ON)
                  TIMSK=0x10;//인터럽트 인에이블
                  TCNT1=7810;//초깃값 설정
                  k2=1;//반복 실행 방지
                  k=0;
                  k1=0;
                  }
          break;
        default:TIMSK=0x00;
                PORTC=0b00000000;
                k=0;
                k1=0;
                k2=0;
                break;
        }
    }
}
```

위 프로그램을 살펴보자.

- k : 좌·우 방향지시등을 제어하기 위한 변수
- k1 : 좌측 방향지시등을 제어하기 위한 변수
- k2 : 우측 방향지시등을 제어하기 위한 변수
- j : 방향지시등을 점멸하기 위한 변수

프로그램 실행 중에 약간의 버그가 존재할 수도 있으며, 타이머/카운터1을 사용하여 출력비교 A 인터럽트로 방향지시등 점멸을 제어하도록 한다.

㉠ 16비트 타이머/카운터1을 사용해 타이머를 제어하였다. 500ms는 8비트 타이머/카운터0를 사용할 경우 여러 번 오버플로 인터럽트를 발생하여 제어하여야 하는 번거로움이 있다.

㉡ 타이머/카운터1(16비트)을 사용할 때 필요한 레지스터는 다음과 같다.

- TIMSK 레지스터 : 인터럽트 인에이블 설정(그림 1-75 참고)

  TIMSK=0x10;//타이머/카운터1 출력비교 A 인터럽트 인에이블

  TCCR1A 레지스터 : 모드 선택

  TCCR1B 레지스터 : 모드 선택, 클록 소스 선택

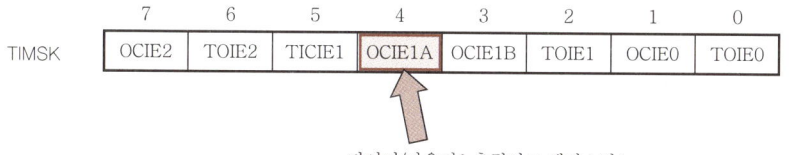

타이머/카운터1 출력비교 레지스터A
인터럽트 인에이블비트

| 그림 1-75. TIMSK 레지스터 설정 |

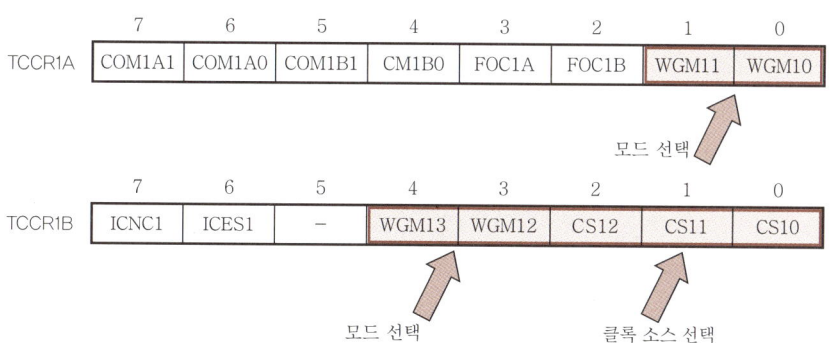

| 그림 1-76. TCCR1A와 TCCR1B 레지스터 설정 |

| 표 1-6. 모드 선택 |

모 드	WGM13	WGM12	WGM11	WGM10	동작 모드
0	0	0	0	0	일반 모드
1	0	0	0	1	Phase correct PWM
4	0	1	0	0	CTC

| 표 1-7. 클록 소스 선택 |

CS12	CS11	CS10	클록 소스
0	0	0	정지
1	0	0	CLK/256
1	0	1	CLK/1024

- TCNT1 : 타이머/카운터1 초깃값 설정
- OCR1A, OCR1B : 비교값 설정

＊ TIMSK에서 OCIE1A(타이머/카운터1 출력비교 레지스터 A) 사용으로 설정하였으므로 OCR1A 레지스터를 사용한다. OCIE1B(출력비교 레지스터B) 사용으로 설정하면 OCR1B 레지스터를 사용한다. 타이머/카운터1과 관련된 레지스터는 그림 1-76, 표 1-6, 표 1-7을 참고로 한다.

ⓒ 500ms는 다음과 같이 계산한다(16비트 타이머/카운터1 사용).

1024분주 시 16MHz 오실레이터 1사이클(1count)＝$(1/16)\mu s \times 1024 = 64\mu s$가 된다. 따라서 500ms($500,000\mu s$)를 제어하기 위한 count 수는 다음과 같다.

$500,000\mu s = x \times 64\mu s$가 되어 $x = 7,812$count가 된다.

ⓓ 각종 스위치 작동 상태는 다음과 같다.

- PD0 단자 : 점화 스위치 연결
  – 스위치 ON : 0V
  – 스위치 OFF : 5V

- PD3 단자 : 브레이크 스위치 연결
  – 스위치 ON : 5V(브레이크 페달을 밟지 않았을 때)
  – 스위치 OFF : 0V(브레이크 페달을 밟았을 때)

- PD5 단자 : 다기능 스위치(좌) 연결
  – 스위치 ON : 5V
  – 스위치 OFF : 0V

- PD6 단자 : 다기능 스위치(우) 연결
  – 스위치 ON : 5V
  – 스위치 OFF : 0V

만능기판으로 방향지시등 제어 회로를 연결하면 그림 1-77과 그림 1-78 같이 방향지시등의 점등과 소등을 확인할 수 있다.

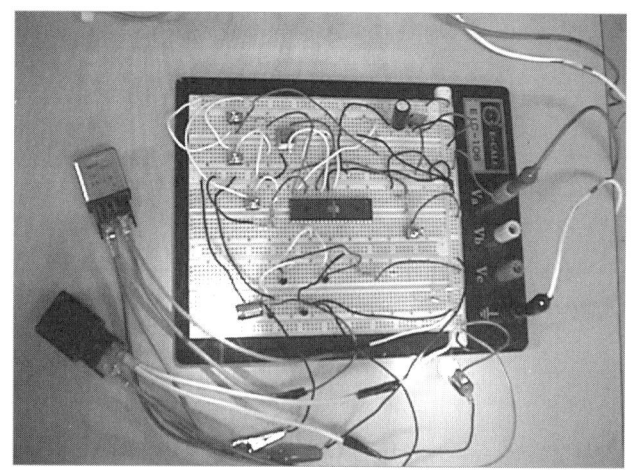

|그림 1-77. 방향지시등 점등|

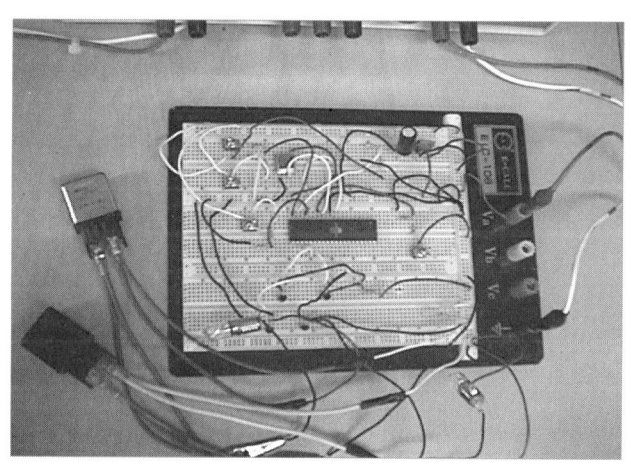

|그림 1-78. 방향지시등 소등|

스위치 작동 시 정상적으로 방향지시등이 작동되지만 회로나 프로그램의 문제로 약간의 버그가 발생하여 오작동이 될 수 있으니 필요하면 회로나 프로그램을 수정하여 사용하도록 한다.

ⓐ 제어 프로그램 실행 과정 : 그림 1-79에서와 같이 메인 함수의 switch~case문에 의해 다기능 스위치나 브레이크 스위치가 작동하게 되면 어느 스위치가 작동하였는지를 판별하여 출력비교 인터럽트를 인에이블(허용)하고, 해당 작동이 가능하도록 변수값을 설정한다.

타이머/카운터1 출력비교 레지스터 A 인터럽트 서브루틴에서는 인터럽트가 발생하면 방향지시등이 점멸할 수 있도록 PORTC를 제어한다.

타이머/카운터1 출력비교 레지스터 A 인터럽트 서브루틴

```
interrupt[TIM1_COMPA]void timer1_compa(void)
{
    방향지시등 좌·우측 점멸 제어
    (PORTC 제어)
}
```

메인 함수

```
void main(void)
{
  while(1){
            kor =PIND & 0b01101001;
            switch(kor){ switch~case문에 의해 제어
                       다기능 스위치나 브레이크 스위치가 작동하면
                       타이머/카운터1 출력비교 레지스터 A인터럽트
                       인에이블
                       점멸 시간 설정
                       }
            }
}
```

복귀

인터럽트 발생

| 그림 1-79. 방향지시등 제어 프로그램 작동 과정 |

1.3.3 룸램프(실내등) 제어 회로

(1) 작동 설명

그림 1-80의 타임차트와 같이 운전석 도어가 열리면 룸램프가 점등되고 5초 후에 소등되도록 룸램프를 제어한다.

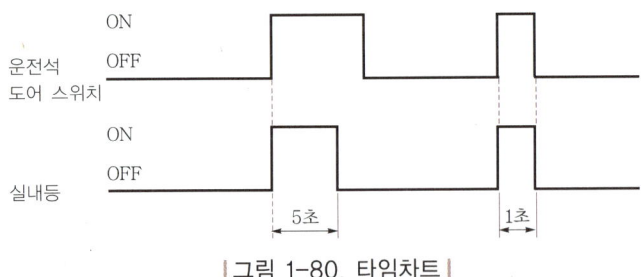

| 그림 1-80. 타임차트 |

(2) 제어 알고리즘

① 운전석 도어가 열리면 실내등이 점등된다.

② 점화 스위치의 작동과는 무관하게 제어한다.

③ 운전석 도어가 열려 실내등이 점등되고, 5초 후에 실내등을 소등한다.

④ 5초 제어는 타이머/카운터0 오버플로 인터럽트를 사용한다.

⑤ 계속 도어가 열려 있을 경우에도 1회만 실내등이 점등 후 소등한다.

⑥ 도어가 열리고 실내등이 점등한 후 5초 내에 도어가 닫히면 바로 실내등이 소등된다.

(3) 단순 제어도

그림 1-81과 같이 입력인 운전석 도어 스위치가 ON되면(문이 열리면) 실내등의 점등을 제어하기 위한 신호가 출력되도록 제어한다.

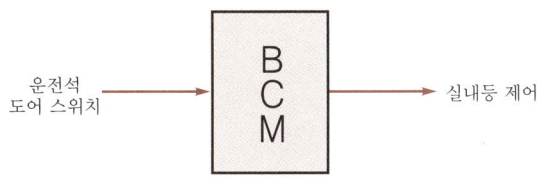

|그림 1-81. 단순 제어도|

(4) 입·출력 특성

실내등을 제어하기 위한 입·출력 특성은 표 1-8과 같다. 표에서 점화 스위치의 작동 특성은 현 상태에서는 무시한다.

|표 1-8. 실내등 입·출력 특성|

입·출력 요소	전압 변화	
점화 스위치	ON	12V
	OFF	0V
운전석 도어 스위치	열림(ON)	0V(PD1 단자 입력-0V)
	닫힘(OFF)	12V(PD1 단자 입력-5V)
실내등	점등	PA1 단자 출력-5V
	소등	PA1 단자 출력-0V

(5) 제어 회로도

그림 1-82는 도어 스위치에 의한 실내등 제어를 위한 회로도이다. 입력인 도어 스위치는 PD1(15번 핀)에 연결되어 있고, 출력인 실내등은 PA1(39번 핀)에 연결되어 있다.

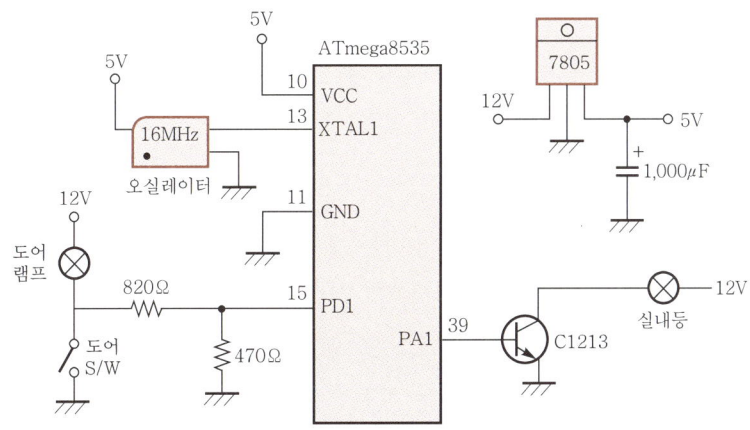

|그림 1-82. 실내등 회로도|

(6) 제어 프로그램

```
//***실내등 제어***//
#include 〈mega8535.h〉
unsigned int n=0, m=0, kor;
void main(void)
{
  DDRA=0xFF;//PORTA 출력으로 설정
  DDRD=0x00;//PORTD 입력으로 설정
  PORTA=0x00;
  TIMSK=0x00;//TOIE0=0, 타이머/카운터0 오버플로 인터럽트 마스크 레지스터 디스에이블
  TCCR0=0x05;//일반 모드, 프리스케일러 : 1024분주, 0b00000101
  TCNT0=0x00;//타이머/카운터0 레지스터 초깃값 설정
  SREG=0x80;//전역 인터럽트 인에이블 I 비트 셋
  while(1){//인터럽트 대기
          kor=PIND & 0b00000010;//PA1 핀 입력 확인
          if(kor==0b00000000){//도어 열림
                          if(m==0){//1회 점등 제어
                                  TIMSK=0x01;//인터럽트 허용
                                  PORTA=0b00000010;//점등
                                  }
                          else PORTA=0b00000000;//소등
                          }
          else{//도어 닫힘
                TIMSK=0x00;//인터럽트 불허
                PORTA=0b00000000;//소등
                m=0;
              }
          }
}
interrupt[TIM0_OVF]void timer_int0(void)
{
  n++;
  if(n==310){
          TISMK=0x00;//도어가 다시 열릴 때까지 타이머/카운터0 인터
                      럽트 디스에이블
          PORTA=0b00000000;//실내등 소등
          n=0;
          m=1;
          }
}
```

위 프로그램을 살펴보면 다음과 같다.

① 5초 제어 시 오버플로 인터럽트 반복 횟수는 다음과 같이 계산한다.

16MHz 오실레이터 1사이클＝(1/16)μs가 된다.

초깃값 TCNT0＝0이면 오버플로 인터럽트가 발생할 때까지의 경과 시간은 (1/16)μs× 1024분주×256count＝16,384μs가 된다.

따라서 5초가 되려면 5,000,000μs÷16,384μs≒310이 되어 310회 오버플로 인터럽트를 반복하여 5초를 수행하도록 한다.

② 그림 1-83과 같이 운전석 도어가 열리면 타이머/카운터0 오버플로 인터럽트가 인에이블(허용)된 후에 실내등이 점등되며(PA1＝0b00000010), 오버플로 인터럽트가 310회 반복 발생하면 타이머/카운터0 오버플로 인터럽트를 디스에이블(불허)하고 실내등을 소등(PA1＝0b00000000)한다.

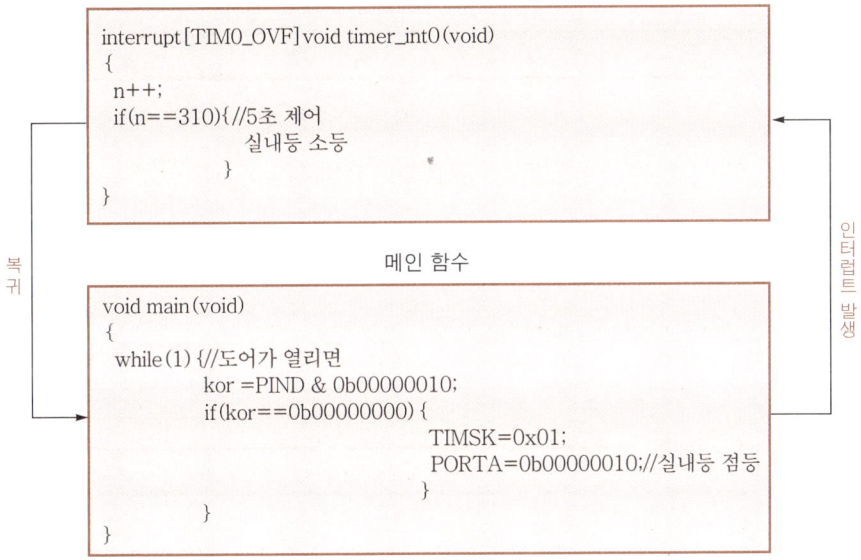

타이머/카운터0 오버플로 인터럽트 서브루틴

```
interrupt[TIM0_OVF] void timer_int0(void)
{
 n++;
 if(n==310){//5초 제어
        실내등 소등
        }
}
```

메인 함수

```
void main(void)
{
 while(1){//도어가 열리면
        kor =PIND & 0b00000010;
        if(kor==0b00000000) {
                TIMSK=0x01;
                PORTA=0b00000010;//실내등 점등
                }
        }
}
```

복귀

인터럽트 발생

| 그림 1-83. 실내등 인터럽트 제어 |

③ kor=PIND & 0b00000010;//PD1 핀 입력 확인

만약, PD1에 연결된 운전석 도어 스위치가 OFF(도어가 닫힘)이면 그림 1-84와 같은 값이 PIND에 저장된다.

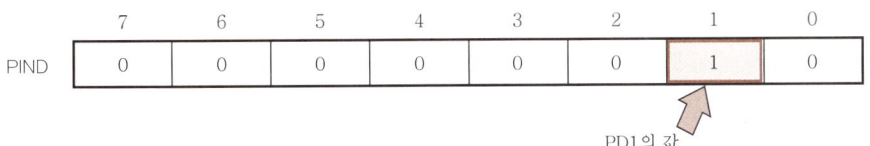

	7	6	5	4	3	2	1	0
PIND	0	0	0	0	0	0	1	0

PD1의 값

| 그림 1-84. 도어가 닫혔을 때 PIND의 비트 값 |

따라서 PIND & 0b00000010의 결과를 변수 kor에 저장하면 그림 1-85와 같이 된다.

|그림 1-85. 변수 kor의 값|

또, PD1에 연결된 운전석 도어 스위치가 ON(도어가 열림)이면 그림 1-86과 같은 값이 PIND에 저장된다.

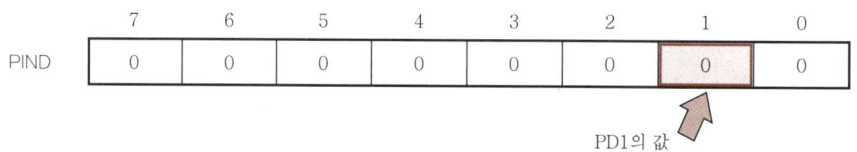

|그림 1-86. 도어가 열렸을 때 PIND의 비트 값|

따라서 PIND & 0b00000010의 결과를 변수 kor에 저장하면 그림 1-87과 같이 된다.

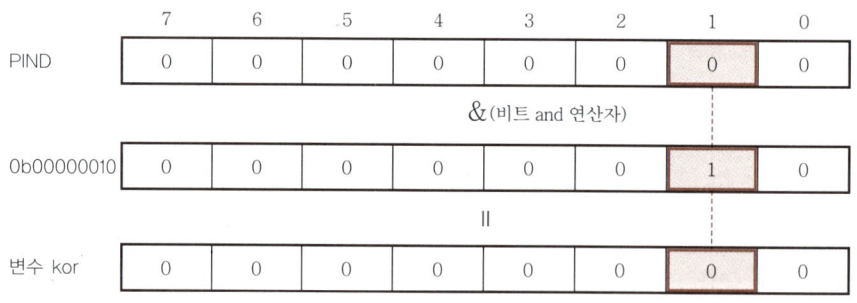

|그림 1-87. 변수 kor의 값|

④ 타이머/카운터0 인터럽트 제어 시 다음과 같은 레지스터를 설정한다.

```
TIMSK=0x00;//TOIE0=0, 타이머/카운터0 오버플로 인터럽트 마스크
            레지스터 디스에이블
TCCR0=0x05;//일반 모드, 프리스케일러 : 1024분주, 0b00000101
TCNT0=0x00;//타이머/카운터0 레지스터 초깃값 설정
SREG=0x80;//전역 인터럽트 인에이블 I 비트 셋
```

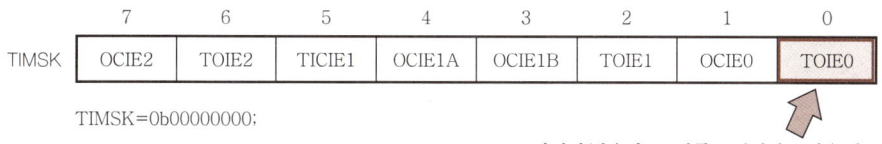

TIMSK=0b00000000;

타이머/카운터0 오버플로 인터럽트 허용 비트

|그림 1-88. TIMSK 레지스터 제어|

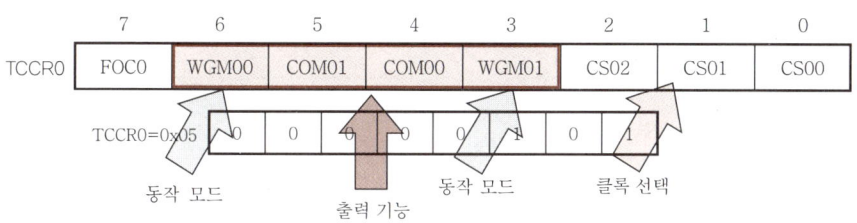

TCCR0=0x05

동작 모드   출력 기능   동작 모드   클록 선택

|그림 1-89. TCCR0 레지스터 제어|

그림 1-88에서 TIMSK는 타이머/카운터0 오버플로 인터럽트 마스크 레지스터를 디스에이블(불허) 또는 인에이블(허용) 할 수 있는 비트를 가지고 있다.

또 그림 1-89에서 TCCR0는 동작 모드(표 1-9 참조)나 OC0의 출력 기능(표 1-10 참조), 타이머/카운터0의 클록 선택(표 1-11 참조)을 위한 비트를 가지고 있다.

|표 1-9. 타이머/카운터0 동작 모드|

모 드	WGM01	WGM00	동작 모드
0	0	0	Normal
2	1	0	CTC

|표 1-10. 출력 기능|

COM01	COM00	OC0핀의 출력 기능
0	0	일반 I/O 포트 동작
1	0	비교 매치에서 클리어

|표 1-11. 타이머/카운터0 클록 선택|

CS02	CS01	CS00	기 능
0	0	1	CLK/1
1	0	0	CLK/256
1	0	1	CLK/1024

(7) 룸램프 제어 응용

① 작동 설명

운전석 도어가 열리면 룸램프가 점등되고 운전석 도어가 닫히면 5초 후에 소등되도록 룸램프를 제어한다.

그림 1-90은 실내등 제어를 위한 타임차트를 나타낸다.

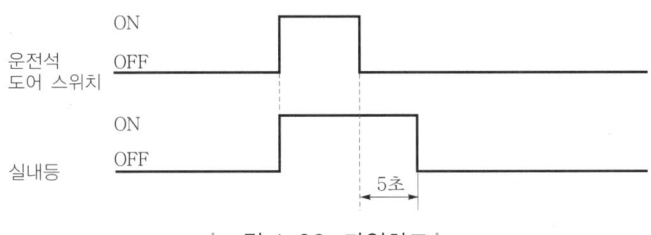

|그림 1-90. 타임차트|

② 제어 알고리즘

㉠ 운전석 도어가 열리면 실내등이 점등된다.

㉡ 점화 스위치의 작동과는 무관하게 제어한다.

㉢ 운전석 도어가 닫히면 5초 후에 실내등을 소등한다.

③ 단순 제어도

그림 1-91과 같이 입력인 운전석 도어 스위치가 ON되면(문이 열리면) 실내등을 점등하기 위한 신호가 출력되도록 프로그램을 설계한다.

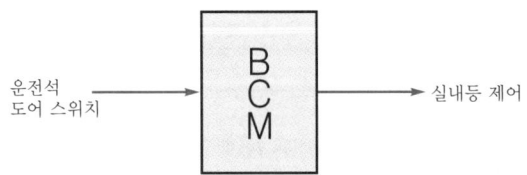

|그림 1-91. 단순 제어도|

④ 제어 프로그램

```
//***실내등 제어***//
#include〈mega8535.h〉
unsigned char kor;
unsigned int n=0, d=0;
void main(void)
{
    DDRA=0xFF;//PORTA 출력으로 설정
    DDRD=0x00;//PORTD 입력으로 설정
    PORTA=0x00;
```

```
TIMSK=0x00;//TOIE0=0, 타이머/카운터0 오버플로 인터럽트 마스크
            레지스터 디스에이블
TCCR0=0x05;//일반 모드, 프리스케일러 : 1024분주, 0b00000101
TCNT0=0x00;//타이머/카운터0 레지스터 초깃값
SREG=0x80;//전역 인터럽트 인에이블 I 비트 셋

while(1){//인터럽트 대기
        kor=PIND & 0b00000010;//PD1 핀 입력 확인
        if((kor==0b00000000) && (d==0)){//문이 닫혔다 열리면
                                PORTA=0b00000010;//실내등 점등
                                d=1;//문이 열렸다 닫힌 것을 확인
                                }
        else if((kor==0b00000010) && (d==1)){//문이 열렸다 닫히면
                                TIMSK=0x01;//타이머/카운터0
                                    오버플로 인터럽트 인에이블
                                PORTA=0b00000010;//실내등 점등
                                d=0;
                                }
        }
}

interrupt[TIM0_OVF]void timer_int0(void)
{
    n++;
    if(n==310){
            TIMSK=0x00;//도어가 다시 열릴 때까지 타이머/카운터0
                    인터럽트 디스에이블
            PORTA=0b00000000;//실내등 소등
            n=0;
            }
}
```

위 프로그램에 대해 살펴보자.

㉠ 아래 문장은 운전석 도어가 열리면 실내등을 점등하도록 제어하고 문이 열렸다는
것을 기억하기 위해 변수 d를 사용하였다.

즉, d=0이면 도어가 닫혀 있었다는 것을 나타낸다.

```
if((kor==0b00000000) && (d==0)){//문이 닫혔다 열리면
                PORTA=0b00000010;//실내등 점등
                d=1;//문이 열렸다 닫힌 것을 확인
                }
```

ⓛ 도어가 열렸다 닫히면 타이머/카운터0 오버플로 인터럽트를 인에이블하여 타이머
가 작동되도록 한다. 또한, d=1이면 도어가 열려 있었다는 것을 확인할 수 있다.
그림 1-92는 룸램프 제어도를 나타낸다.

```
else if((kor==0b00000010) && (d==1)){//문이 열렸다 닫히면
                        TIMSK=0x01;//타이머/카운터0 오버플
                                로 인터럽트 인에이블
                        PORTA=0b00000010;//실내등 점등
                        d=0;
                        }
```

타이머/카운터0 오버플로 인터럽트 서브루틴

```
interrupt[TIM0_OVF]void timer_int0(void)
{
 n++;
 if(n==310){//5초 제어
            실내등 소등
            }
}
```

복귀

인터럽트 발생

메인 함수

```
void main(void)
{
 while(1){//도어가 열리면
        kor=PIND & 0b00000010;
        if((kor==0b00000000)&&(d==0)) {//문이 닫혔다 열리면
                        PORTA=0b00000010;//실내등 점등
                        d=1;//문이 열렸다 닫힌 것을 확인
                        }
        else if((kor==0b00000010)&&(d==1)){//문이 열렸다 닫히면
                        TIMSK=0x01;//타이머/카운터0 오버플로
                                인터럽트 인에이블
                        PORTA=0b00000010;//실내등 점등
                        d=0;
                        }
        }
}
```

|그림 1-92. 룸램프 제어도|

(8) 감광식 룸램프 제어

① 작동 설명

전원을 입력하면 스위치 입력 신호와는 무관하게 실내등이 감광 제어를 반복하는 프로
그램을 설계한다.

즉, 그림 1-93에서와 같이 전원이 입력되면 실내등이 켜지고 서서히 감광되어 완전히 꺼진 후, 다시 실내등이 점등되고 서서히 감광되는 작동을 반복하도록 제어해 봄으로써 실내등 감광 제어 알고리즘을 이해하도록 한다.

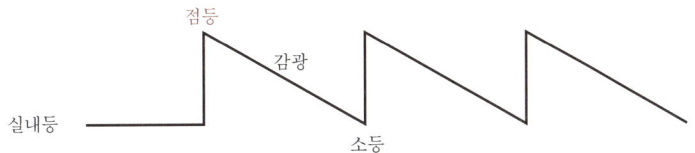

|그림 1-93. 실내등 작동 타임차트|

② 제어 알고리즘

　㉠ 실내등 감광 제어는 PD4(OC1B) 단자를 사용하여 PWM 제어를 한다.

　㉡ 반복적으로 제어하도록 한다.

③ 단순 제어도

그림 1-94는 입력 신호와 무관하게 실내등을 감광 제어하는 단순 제어도를 나타낸다.

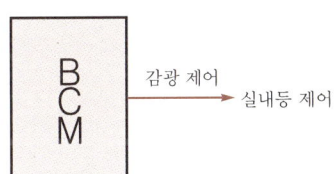

|그림 1-94. 실내등 감광 제어 단순도|

④ 세어 회로도

그림 1-95는 단순히 출력만 제어하는 감광식 룸램프 제어 회로도를 나타낸다.

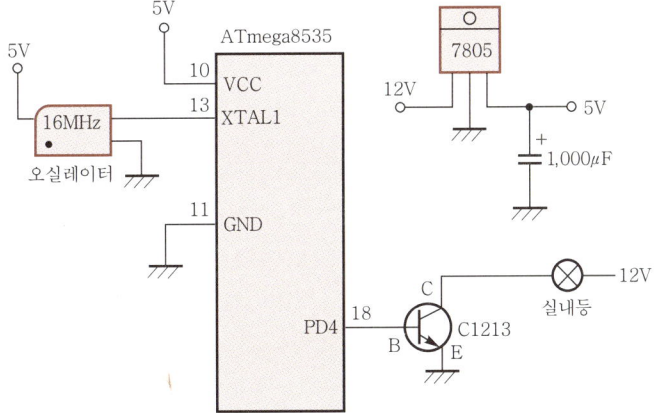

|그림 1-95. 감광식 룸램프 제어 회로도|

⑤ 제어 프로그램

```
//**감광식 룸램프 제어 I **//
#include 〈mega8535.h〉
unsigned int jung=0xFFFF, n=1, i;
 void main(void)
 {

   //입·출력 포트 설정
   DDRD=0xFF;// PORTD 모든 단자 출력 설정
   //타이머/카운터1 초기화//
   TCCR1A=0x23;//모드3, 10비트 PC PWM
   TCCR1B=0x04;//타이머/카운터1, 프리스케일러=CLK/256

  while(1){
        do{
            OCR1B=jung;
            i=0x0EFF;//주기를 조정
            while(i--);
            jung--;
            n++;
          }while(n〈1000);
        OCR1B=0x0000;
        n=0;
      }
}
```

위 프로그램을 살펴보자.

㉠ PWM 제어 시 다음과 같이 설정한다.

16비트 타이머/카운터1을 사용하여 제어하였다.

```
TCCR1A=0x23;//모드3, 10비트 PC PWM
TCCR1B=0x04;//타이머/카운터1, 프리스케일러 = CLK/256
OCR1B=jung;
```

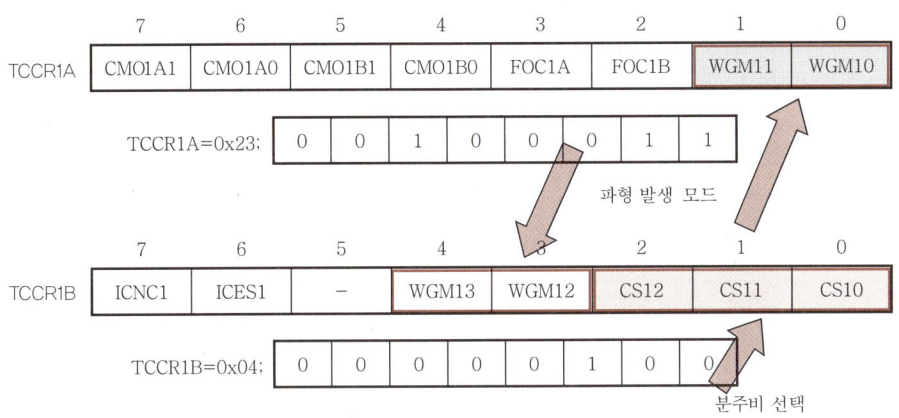

| 그림 1-96. TCCR1A와 TCCR1B 레지스터 설정 |

그림 1-96에서와 같이 TCCR1A와 TCCR1B 레지스터를 사용하여 파형 발생 클록 (표 1-12 참조), 모드(표 1-13 참조)를 선택할 수 있다.

| 표 1-12. 클록 선택 |

CS12	CS11	CS10	동 작
0	0	1	CLK
1	0	0	CLK/256

| 표 1-13. 타이머/카운터1 동작 모드 |

모 드	WGM13	WGM12	WGM11	WGM10	동 작
1	0	0	0	1	위상변경 PWM, 8비트
3	0	0	1	1	위상변경 PWM, 10비트

ⓛ OCR1B 레지스터의 역할 : 출력비교 레지스터인 OCR1A와 OCR1B는 TCNT1과의 값이 일치할 때 OC1A 및 OC1B 핀을 통해 PWM 제어 파형을 출력시키기 위한 비교값을 저장하는 16비트 레지스터이다.

그림 1-97은 감광식 룸램프를 제어하기 위한 PWM 제어 회로를 만능기판으로 꾸민 것이다.

PWM 제어 결과는 그림 1-98과 그림 1-99 같은 파형으로 출력된다.

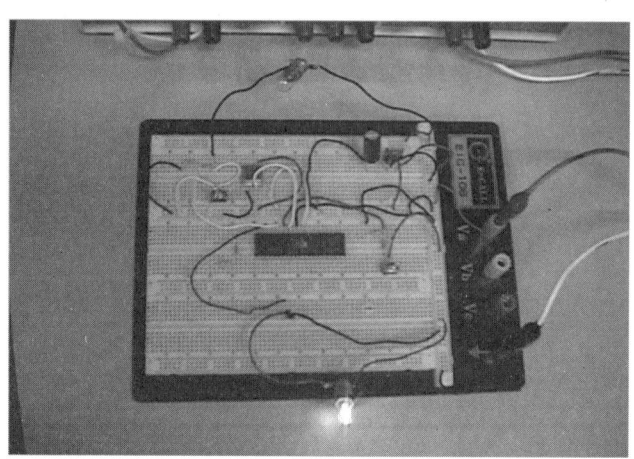

|그림 1-97. PWM 제어|

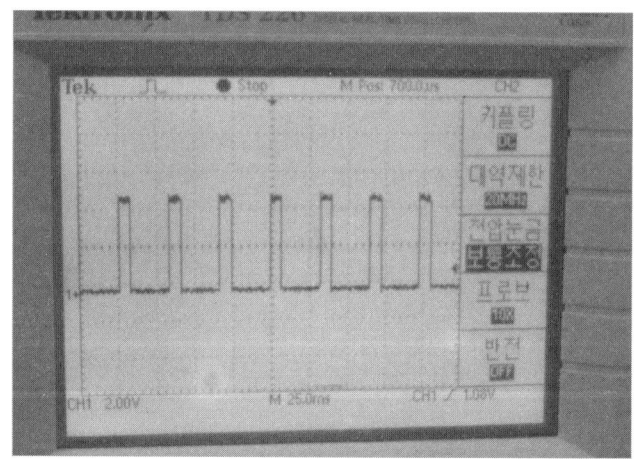

|그림 1-98. PWM 제어 출력 파형 Ⅰ|

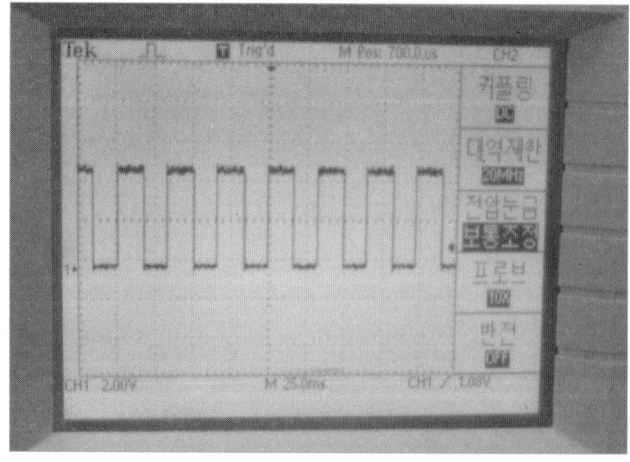

|그림 1-99. PWM 제어 출력 파형 Ⅱ|

(9) 감광식 룸램프 응용 제어

① 작동 설명

운전자가 승차하기 위해 운전석 도어를 열면 실내등이 점등되어 실내를 밝히게 된다. 운전자가 승차하여 운전석 도어를 닫으면 실내등이 서서히 감광되어 5~6초 후에 소등된다. 또, 실내등 점등 후 엔진을 시동하기 위해 점화 스위치를 ON하면 즉시 실내등이 소등되도록 제어한다.

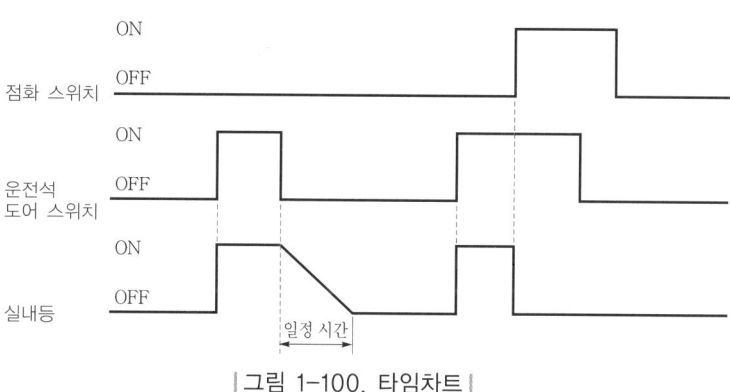

┃그림 1-100. 타임차트┃

그림 1-100은 감광식 룸램프의 타임차트를 나타낸다.

② 제어 알고리즘

㉠ 운전석 도어 스위치가 ON(도어 열림)에서 룸램프가 점등된다.

㉡ 운전석 도어가 닫히면(도어 스위치 OFF) 서서히 감광하여 5~6초 후에 소등한다.

㉢ 감광 동작 중 점화 스위치가 ON되면 즉시 소등한다.

③ 단순 제어도

그림 1-101은 점화 스위치와 운전석 도어 스위치에 의한 감광식 룸램프 단순 제어도를 나타낸다.

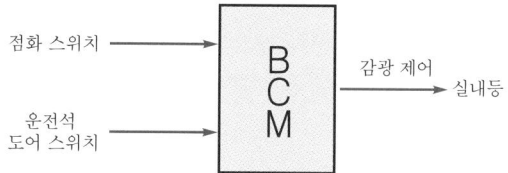

┃그림 1-101. 감광식 룸램프 단순 제어도┃

④ 제어 회로도

그림 1-102는 감광식 룸램프의 제어 회로도를 나타낸다.

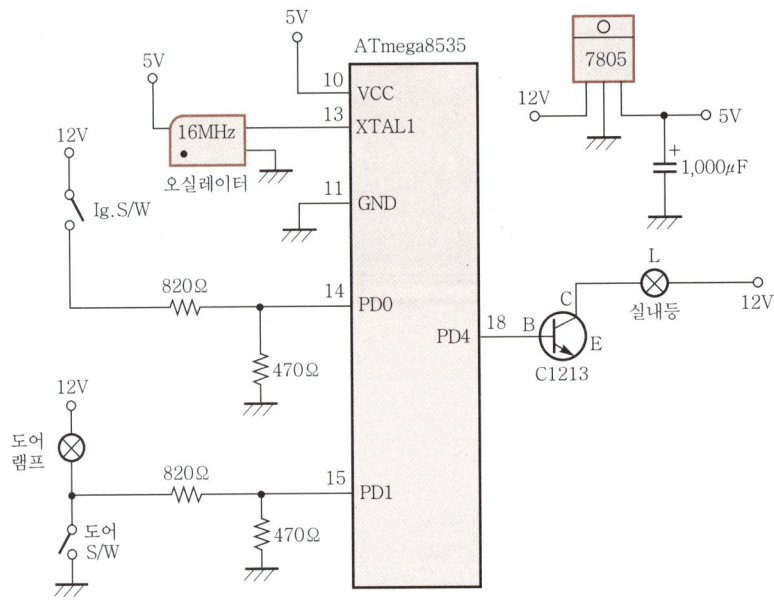

| 그림 1-102. 제어 회로도 |

⑤ 제어 프로그램

```
//**감광식 룸램프 제어 Ⅱ**//
#include <mega8535.h>
unsigned int jung=0xFFFF, n=0, i, k=1, kor;
void main(void)
 {

   //입·출력 포트 설정
     DDRD=0b00010000;//PD0-점화 스위치(입력), PD1-도어 스위치(입력),
                      PD4-룸램프(출력)로 설정

   //타이머/카운터1 초기화//
   TCCR1A=0x23;//모드3, 10비트 PC PWM
   TCCR1B=0x04;//타이머/카운터1, 프리스케일러=CLK/256

   while(1){
           jung=0xFFFF;
           kor=(PIND & 0b00000011);
```

```
switch(kor){
        case 0b00000000://점화 스위치 OFF, 도어 열림
                OCR1B=0xFFFF;//점등
                jung=0xFFFF;
                k=1;
                break;
        case 0b00000010://점화 스위치 OFF, 도어 닫힘
            if(k==1){//한 번만 감광 소등하기 위해
                do{
                    OCR1B=jung;
                    i=0xFFFF;//주기를 조정
                    while(i--);//시간 지연
                    jung--;
                    n++;
                 }while(n<1020);
                k=0;//한 번만 감광 소등하기 위해
                n=0;
             }
            break;
          default : OCR1B=0x0000;//소등
                break;
        }
    }
}
```

위 프로그램에 대해 살펴보자.

㉠ 점화 스위치 OFF, 도어 스위치 OFF(도어 닫힘) → 소등(계속 닫혀 있음)

㉡ 점화 스위치 OFF, 도어 스위치 ON(도어 열림) → 점등

㉢ 점화 스위치 OFF, 도어 스위치 OFF(도어 닫힘) → 감광 소등(열렸다 닫힘)

㉣ 점화 스위치 ON, 도어 스위치 OFF(도어 닫힘) → 소등

㉤ 점화 스위치 ON, 도어 스위치 ON(도어 열림) → 소등

㉥ 기타 → 소등

㉦ 감광 시간을 조절하기 위해서는 i와 n 값을 조정한다.

```
void main(void)
{
    while(1){
            jung=0xFFFF;
            kor=(PIND & 0b00000011);
            switch(kor){
                        감광 제어
                    }
            }
}
```

|그림 1-103. 감광식 룸램프 제어|

그림 1-103과 같이 메인 함수에서 switch~case문에 의해 스위치의 작동 상태에 따라 감광 제어가 이루어지며, while(1)에 의해 반복 실행된다.

⑥ **제어 파형 출력**

그림 1-104는 룸램프를 소등할 때 C1213의 컬렉터 단자의 전압 12V를 나타내고, 그림 1-105는 점등 시 전압을 나타낸다. 그림 1-106과 그림 1-107은 감광 작동 시의 파형을 나타낸다.

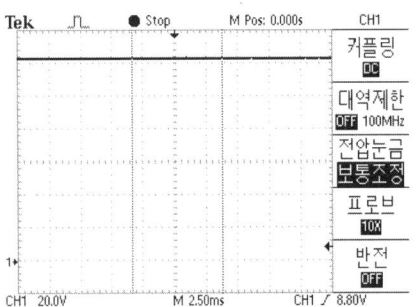

|그림 1-104. 룸램프 소등 시|

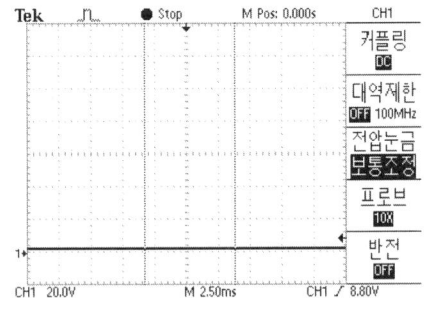

|그림 1-105. 룸램프 점등 시|

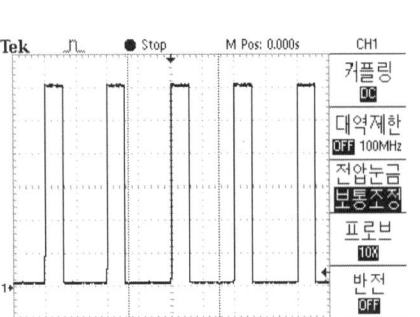

|그림 1-106. 룸램프 제어 초기|

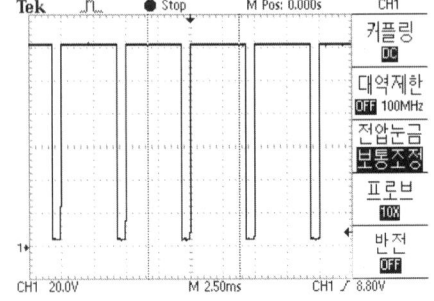

|그림 1-107. 룸램프 제어 말기|

(10) PWM에 의한 듀티(duty) 제어

① 작동 설명

ATmega8535의 PWM 기능을 이용하여 듀티율(duty ratio)을 변화시키고 그 변화에 따른 룸램프의 밝기를 제어한다.

② 제어 알고리즘

㉠ ATmega8535의 PWM 기능을 이해하여 출력파형의 폭을 제어한다.

㉡ PWM 제어에 따른 룸램프의 밝기를 확인하고 출력파형의 폭과 램프의 밝기를 비교한다.

③ 제어 회로도

그림 1-108과 같이 아무런 입력 신호 없이 ATmega8535의 PWM 기능에 의해 룸램프(실내등)의 밝기가 변화될 수 있도록 제어한다.

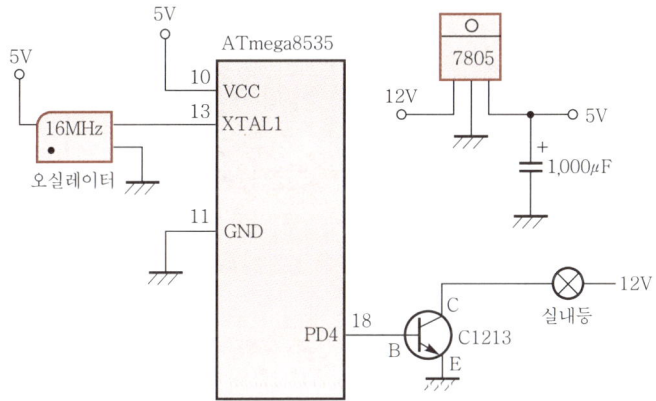

|그림 1-108. PWM 제어를 확인하기 위한 회로도|

④ 제어 프로그램

```
//**감광식 룸램프 듀티 제어**//
#include <mega8535.h>
unsigned char jung;
int main(void)
{
    //입·출력 포트 설정
    DDRD=0xFF;
    //타이머/카운터1 초기화//
    OCR1A=0x007F;//듀티율 %
    TCCR1A=0x23;//모드3, 10비트 PC PWM
    TCCR1B=0x04;//타이머/카운터1, 프리스케일러=CLK/256
    ;
    while(1);
}
```

위 프로그램을 살펴보자.

㉠ OCR1A=0x007F;일 때 파형 : 그림 1-110의 위치에서 파형을 측정하면 그림 1-109
와 같은 듀티 파형을 관찰할 수 있다. OCR1A의 값이 커질수록 PD4 출력 단자의 ON
시간이 길어져 실내등의 밝기가 증가하게 된다.

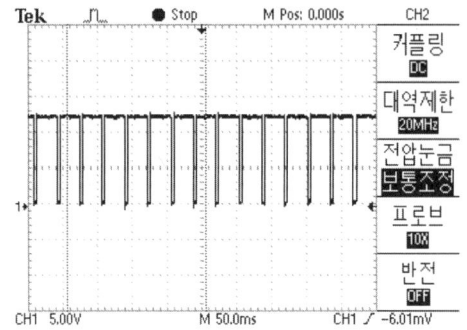

|그림 1-109. OCR1A=0x007F일 때의 듀티 파형|

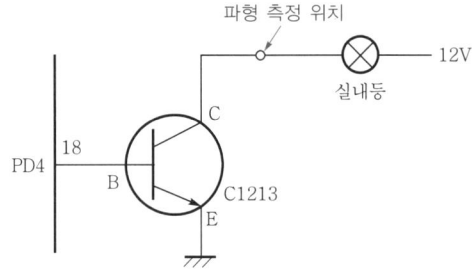

|그림 1-110. 듀티 파형 측정 위치|

㉡ OCR1A=0x5AFF;일 때의 파형 : 그림 1-111은 그림 1-109보다 OCR1A 값이 증
가하였을 때의 C1213의 컬렉터 단자의 출력 파형을 나타낸다. OCR1A의 값이 최
대가 되면 실내등의 밝기가 최대가 되고, 이때 측정 전압은 0V가 된다. 계속 0V가
출력되면 실내등은 계속 점등되는 상태가 된다.

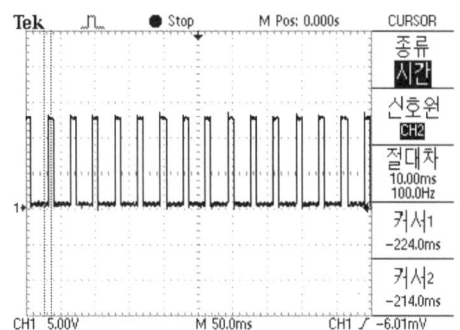

|그림 1-111. OCR1A=0x5AFF일 때의 듀티 파형|

1.3.4 안전벨트 작동 제어

(1) 작동 설명

점화 스위치가 ON 상태에서 안전벨트를 착용하지 않으면 워닝 램프와 차임벨을 작동하기 위한 신호를 출력하도록 제어한다.

그러나 점화 스위치가 OFF되면 워닝 램프와 차임벨의 출력을 멈추게 한다. 그림 1-112는 안전벨트를 제어하기 위한 타임차트를 나타낸다.

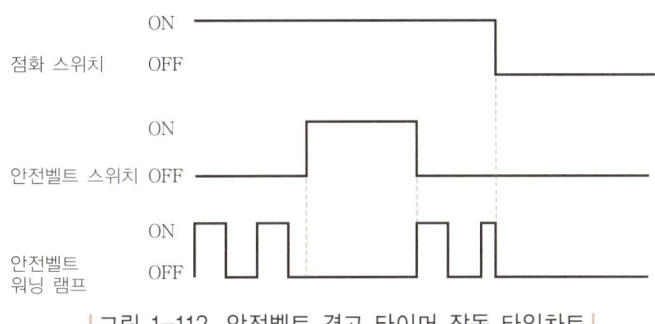

|그림 1-112. 안전벨트 경고 타이머 작동 타임차트|

(2) 제어 알고리즘

① 점화 스위치가 ON 상태에서 안전벨트를 미착용한 때에는 워닝 램프와 차임벨이 항상 작동한다.

② 점화 스위치가 ON 시부터 안전벨트 워닝 램프는 듀티 50%로 점멸을 반복하고 차임벨도 동일하게 경보음을 울린다.

③ 점화 스위치가 OFF 시 램프 및 차임벨 출력을 정지한다.

④ 점화 스위치 ON 상태에서 안전벨트 착용 시 차임벨은 즉시 멈추고 경고등은 6회 출력한다.

(3) 단순 제어도

그림 1-113은 안전벨트 제어를 위한 단순 제어도이다. 점화 스위치와 안전벨트 스위치(버클 스위치)에 의해 신호가 입력되면 경고등과 버저(차임벨)를 작동시키게 된다.

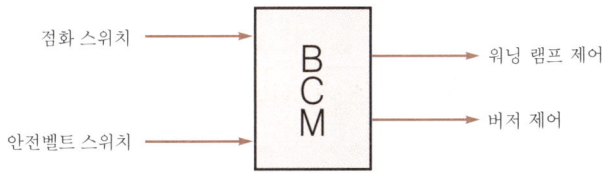

|그림 1-113. 안전벨트 단순 제어도|

(4) 입·출력 특성

표 1-14는 안전벨트의 입·출력 특성을 나타낸다.

에어백이 장착되어 있는 차량은 대부분 안전벨트 프리텐셔너가 장착되어 있으며, 버클 스위치에 의해 안전벨트 경고등과 차임벨이 작동된다.

| 표 1-14. 안전벨트 입·출력 특성 |

입·출력 요소	전압 변화	
점화 스위치	ON	12V(PD0 - 5V)
	OFF	0V(PD0 - 0V)
안전벨트 스위치 (버클 스위치)	ON(착용)	0V(PB0 - 0V)
	OFF(미착용)	5V(PB0 - 5V)
안전벨트 경고등	점등 시	0V(PC4 - 5V)
	소등 시	12V(PC4 - 0V)

(5) 제어 회로도

그림 1-114에서 PB0로 버클 스위치 작동 신호를 입력받아 PC4로 안전벨트 경고등 점등 신호와 PC5로 차임벨 작동 신호를 출력한다.

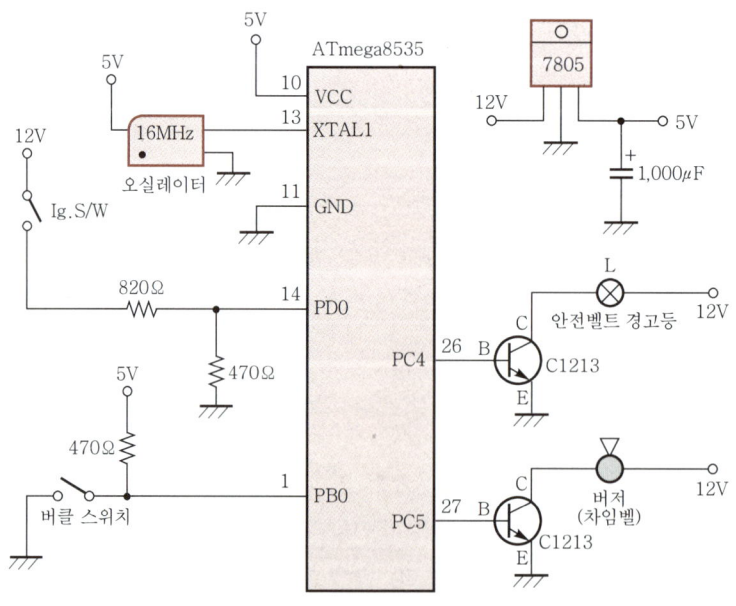

| 그림 1-114. 안전벨트 제어 회로도 |

(6) 제어 프로그램

```
//**안전벨트 제어**//
#include <mega8535.h>
unsigned int i, j, k=0, kor, kor1, kor2;
void main(void)
 {
  //I/O 포트 설정
  DDRB=0x00;//PORTB 모든 핀을 입력으로 사용(버클 스위치 확인)
  DDRD=0x00;//PORTD 모든 핀을 입력으로 사용(점화 스위치 확인)
  DDRC=0xFF;//PORTC 모든 핀을 출력으로 사용

  do{
      kor1=(PINB & 0b00000001);//안전벨트 착용 확인
      kor2=(PIND & 0b00000001);//점화 스위치 ON 확인
      kor1<<=1;
      kor=kor1 | kor2;
      switch(kor){
              case 0b00000011://점화 스위치 ON, 안전벨트 미착용 시//
                      PORTC=0b00110000;//경고등과 버저 동시 작동
                      for(j=0; j<10; j++){//ON 시간
                              i=61499;
                              while(i--);
                              }
                      PORTC=0b00000000;//경고등과 버저 OFF
                      for(j=0;j<10;j++){//OFF 시간
                              i=61499;
                              while(i--);
                              }
                      k=0;
                      break;
              case 0b0000001://점화 스위치 ON, 안전벨트 착용 시
                      if(k<6){//경고등 6회 작동 후 OFF
                              PORTC=0b00010000;//경고등 점등, 버저 OFF
                              for(j=0;j<10;j++){
                                      i=61499;
                                      while(i--);
                                      }
                              PORTC=0b00000000;//경고등과 버저 OFF
```

```
                    for(j=0;j<10;j++){//OFF 시간
                                i=61499;
                                while(i--);
                            }
                    k++;
                }
            break;
    default : PORTC=0b00000000;//경고등 및 버저 작동 안 함
                k=0;
                break;
        }while(1);
    }
}
```

위 프로그램을 살펴보자.

① 입력 요소는 점화 스위치(PD0), 버클 스위치(PB0)이고 출력 요소는 안전벨트 경고등 (PC4), 차임벨(PC5)이다.

② **입력 단자 변화**

kor2=(PIND & 0b00000001);에서 점화 스위치가 ON되면 그림 1-115와 같이 변수 kor2에 점화 스위치 작동 여부가 저장된다.

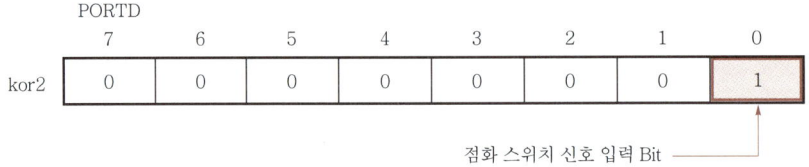

PORTD

	7	6	5	4	3	2	1	0
kor2	0	0	0	0	0	0	0	1

점화 스위치 신호 입력 Bit

|그림 1-115. PORTD의 점화 스위치 신호 감지(kor2)|

kor1=(PINB & 0b00000001);에서 버클 스위치가 OFF(안전벨트 미착용)되면 그림 1-116과 같이 변수 kor1에 버클 스위치 작동 여부가 저장된다.

PORTB

	7	6	5	4	3	2	1	0
kor1	0	0	0	0	0	0	0	1

버클 스위치 신호 입력 Bit

|그림 1-116. PORTB의 버클 스위치 신호 감지(kor1)|

kor1<<=1;에서 그림 1-117과 같이 버클 스위치의 데이터를 좌측으로 1비트 데이터를 이동한다.

이것은 PORTD(점화 스위치, kor2)와 PORTB(버클 스위치, kor1)의 데이터를 하나의 값(kor)으로 합쳐 프로그램을 단순화하여 이해하기 쉽게 하기 위함이다.

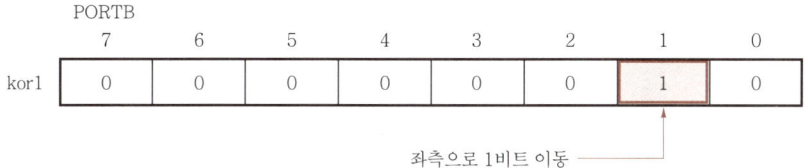

|그림 1-117. 변수 kor1의 값을 좌측으로 1비트 이동|

kor=kor1 | kor2;에서 변수 kor1과 kor2를 비트 or 논리 연산하여 그 값을 kor에 기억한다.

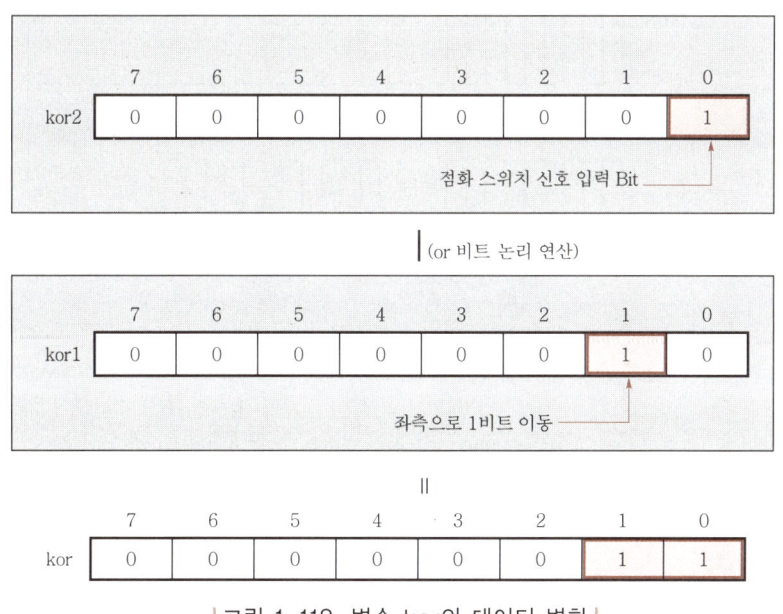

|그림 1-118. 변수 kor의 데이터 변화|

그림 1-118과 같이 비트 or 연산을 통해 변수 kor의 데이터를 변환한다.

kor==0b00000011이면 '점화 스위치 ON, 안전벨트 미착용 시'가 되므로 PORTC= 0b00110000를 출력하여 경고등과 버저(차임벨)를 동시에 작동하도록 한다.

또, kor=0b00000001이면 '점화 스위치 ON, 안전벨트 착용 시'가 되므로 PORTC= 0b00010000를 출력하여 버저만 6회 작동하고 정지하도록 한다.

③ 출력 단자의 변화

출력은 그림 1-119와 같이 PORTC에 연결되어 안전벨트 경고등(PC4, 26번 핀), 차임벨(PC5, 27번 핀)을 작동하도록 제어한다.

점화 스위치 ON, 안전벨트 착용 시(버클 스위치 ON)에는 버저(차임벨)만 6회 작동 후 정지한다.

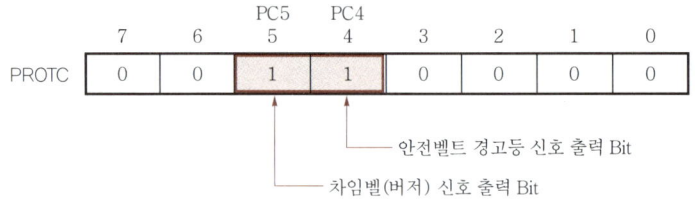

| 그림 1-119. 출력을 위한 PORTC 단자의 구성 |

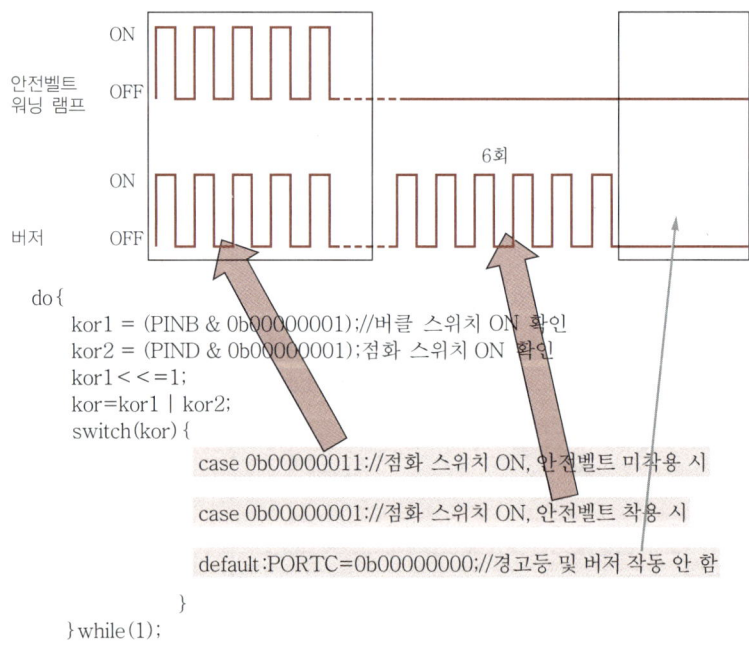

```
do {
    kor1 = (PINB & 0b00000001);//버클 스위치 ON 확인
    kor2 = (PIND & 0b00000001);점화 스위치 ON 확인
    kor1 < <=1;
    kor=kor1 | kor2;
    switch(kor) {

        case 0b00000011://점화 스위치 ON, 안전벨트 미착용 시

        case 0b00000001://점화 스위치 ON, 안전벨트 착용 시

        default:PORTC=0b00000000;//경고등 및 버저 작동 안 함

    }
} while(1);
```

| 그림 1-120. 안전벨트 램프 제어 프로그램 설명 |

그림 1-120은 switch~case문에 의한 안전벨트 경고등 및 버저의 작동을 나타낸다.
앞의 프로그램에서 반복되는 for문(경고등과 버저 ON/OFF 제어) 대신에 함수를 사용하여 안전벨트 제어 프로그램을 작성할 수도 있다.

④ 만능기판에 의한 제어 회로 연결

그림 1-121에서와 같이 만능기판을 이용하여 회로를 연결하고 안전벨트 경고등과 차임벨의 작동을 확인할 수 있다.

그림 1-122는 작동 시 출력되는 안전벨트 경고등 제어 파형을 나타낸다.

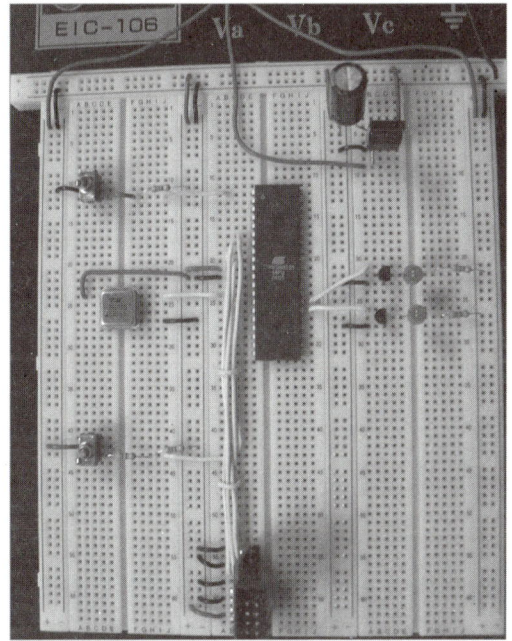

|그림 1-121. 만능기판에 완성한 안전벨트 작동 회로|

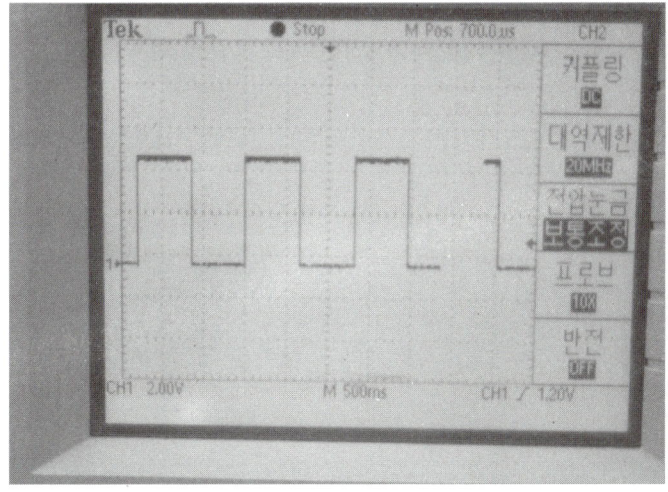

|그림 1-122. 안전벨트 미착용 시 경고등 작동 파형|

```
void main(void)
{
    do{//스위치 작동 상태에 따른 제어
        kor=kor1 | kor2;
        switch(kor){
                    안전벨트 제어
                    }
        }while(1);
}
```

|그림 1-123. 안전벨트 제어도|

다시 한 번 더 안전벨트 제어 과정을 그림 1-123의 제어도를 통해 이해하도록 한다.

(7) 버클 스위치의 입력 변화

그림 1-124에서 버클 스위치가 ON되면 PB0 단자로 0V 전압이 가해지므로, 0bxxxxxxx0이 입력된다.

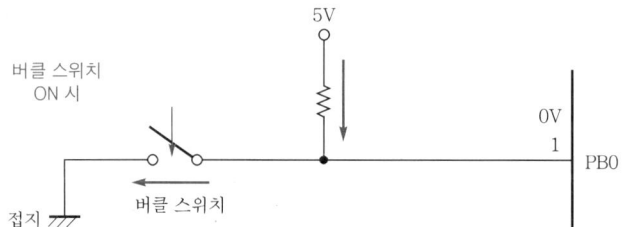

|그림 1-124. 버클 스위치 ON 시 PB0 단자 입력|

그림 1-125에서 버클 스위치가 OFF되면 PB0 단자로 5V 전압이 가해지므로, 0bxxxxxxx1이 입력된다.

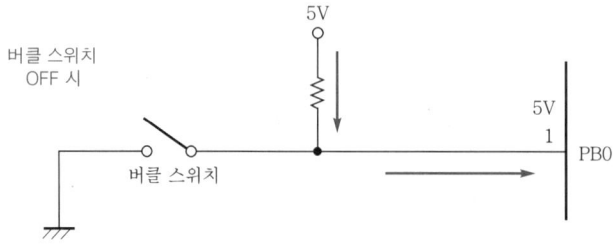

|그림 1-125. 버클 스위치 OFF 시 PB0 단자 입력|

(8) 버저의 출력 변화

그림 1-126과 같이 PC5 단자로 '1' 이 출력되면 C1213이 작동하여 버저로 전류가 흐르게 된다. 따라서 버저가 작동하게 된다.

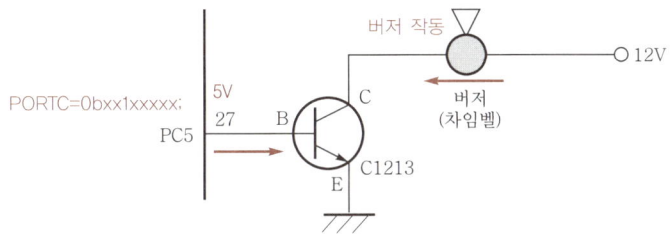

|그림 1-126. PC5 단자로 '1' 출력 시 버저의 작동|

그림 1-127과 같이 PC5 단자로 '0' 이 출력되면 C1213이 작동하지 않아 버저로 전류가 흐르지 않게 된다. 따라서 버저가 작동하지 않게 된다.

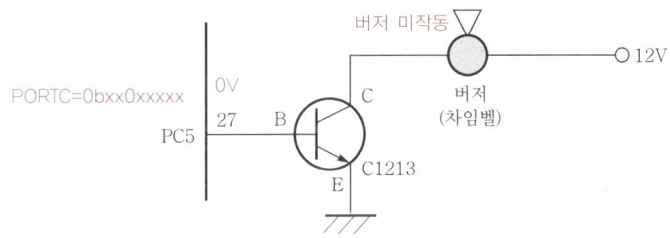

|그림 1-127. PC5 단자로 '0' 출력 시 버저의 미작동|

1.3.5 오토 헤드라이트 제어

(1) 작동 설명

자동차 주위의 밝기에 따라 그림 1-128과 같은 자동차의 전조등을 자동으로 ON/OFF 되도록 제어한다.

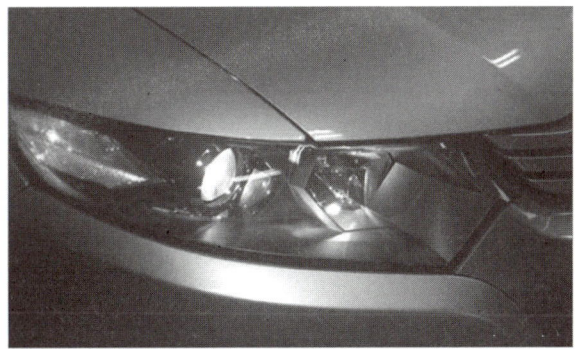

|그림 1-128. 오토 헤드라이트 제어|

(2) 제어 알고리즘

점화 스위치가 ON, 오토라이트 스위치가 ON된 상태에서 주위가 어두우면 전조등을 점등한다.

(3) 입·출력 특성

CdS(광도전 셀) 소자는 빛을 쬐면 저항이 감소하는 특성을 가지고 있다.

표 1-15에서와 같이 밝아지면 CdS의 저항이 감소하여 PA3 단자로 입력되는 전압은 0V에 가까워지고 반대로 어두워지면 저항이 증가하여 PA3 단자로 입력되는 전압이 5V에 가까워진다.

| 표 1-15. 오토라이트 회로 입·출력 특성 |

입·출력 요소		전압 변화
점화 스위치	ON	전원 12V(PD0-5V)
	OFF	전원 0V(PD0-0V)
오토라이트 스위치	OFF	PA5-5V
	ON	PA5-0V
CdS	OFF(어두워짐)	PA3-5V
	ON(밝아짐)	PA3-0V
전조등	점등	PC6-5V
	소등	PC6-0V

(4) 제어 회로도

그림 1-129에서 보는 것처럼 입력 요소로서 점화 스위치(PD0), 오토라이트 스위치(PA5), CdS(PA3)가 있으며, 출력 요소는 헤드라이트를 제어하기 위해 PC6 단자에 C1213과 릴레이를 연결하였다.

일반적으로 회로에 사용할 CdS를 선택할 때에는 밝을 때와 어두울 때 저항값의 변화가 큰 것을 사용하는 것이 좋다.

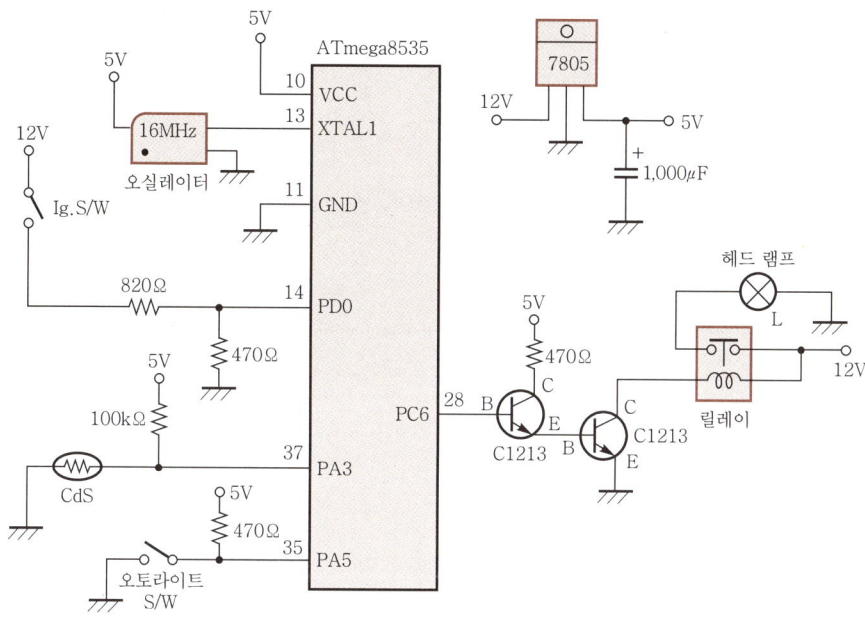

| 그림 1-129. 오토 헤드라이트 제어 회로도 |

(5) 제어 프로그램

```
//**오토 헤드라이트 제어**//
#include <mega8535.h>
unsigned int kor, kor1, kor2;
void main(void)
{
  //입·출력 포트 설정
  DDRA=0x00;//PORTA 모든 핀을 입력으로 설정
  DDRD=0x00;//PORTD 모든 핀을 입력으로 설정
  DDRC=0xFF;//PORTC 모든 핀을 출력으로 설정
  ;
  do{
     kor1=PINA & 0b00101000;
     kor2=PIND & 0b00000001;
     kor=kor1 | kor2;
     if(kor==0b00001001){//오토라이트 스위치 ON, 점화 스위치 ON, CdS 미작동 시
                   (어두울 경우)
                    PORTC=0b01000000;
                }
     else PORTC=0b00000000;//작동 안 함
   }while(1);
}
```

위 프로그램을 살펴보자.

그림 1-129의 회로도에서 점화 스위치는 PD0(14번), 오토라이트 스위치는 PA5(35번), 밝고 어두움을 감지하는 CdS는 PA3(37번)에 연결되어 있다.

① **입력 요소**

그림 1-130과 같이 PORTA에는 오토라이트 스위치와 CdS가 연결되어 있다.

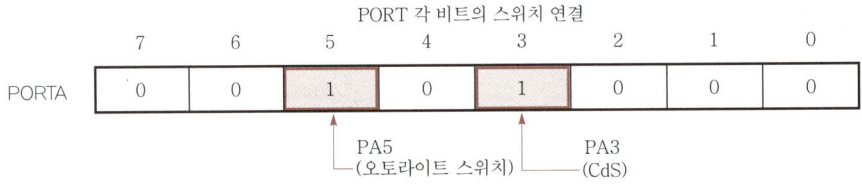

PORT 각 비트의 스위치 연결

7	6	5	4	3	2	1	0
0	0	1	0	1	0	0	0

PORTA

PA5 (오토라이트 스위치)   PA3 (CdS)

| 그림 1-130. PORTA의 각 비트 스위치 연결 |

점화 스위치는 그림 1-131과 같이 연결되어 있다.

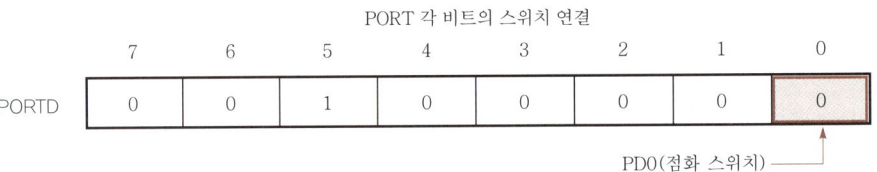

PORT 각 비트의 스위치 연결

7	6	5	4	3	2	1	0
0	0	1	0	0	0	0	0

PORTD

PD0(점화 스위치)

| 그림 1-131. PORTD의 점화 스위치 연결 |

② **출력 요소**

전조등의 제어를 위한 출력 단자는 그림 1-132에서 PORTC의 7번째 비트에 연결되어 있다.

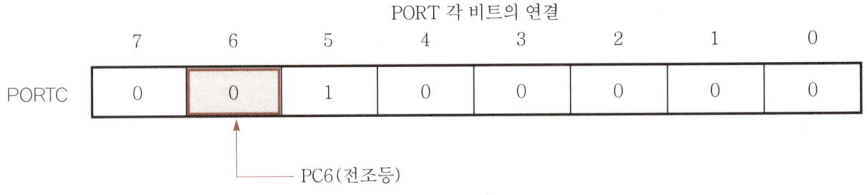

PORT 각 비트의 연결

7	6	5	4	3	2	1	0
0	0	1	0	0	0	0	0

PORTC

PC6(전조등)

| 그림 1-132. PORTC의 각 비트의 출력 단자 연결 |

③ **오토라이트 스위치 ON, 점화 스위치 ON, CdS 미작동 시(어두울 경우)**

    ㉠ 오토라이트 스위치 ON : PA5 단자에 '0' 입력

    ㉡ 점화 스위치 ON : PD0 단자에 '1' 입력

    ㉢ 어두울 경우 : PA3 단자에 '1' 입력

이때의 kor 값을 그림 1-133에서 알 수 있다.

그 결과로 전조등이 점등되도록 PC6 단자로 '1'이 출력된다.

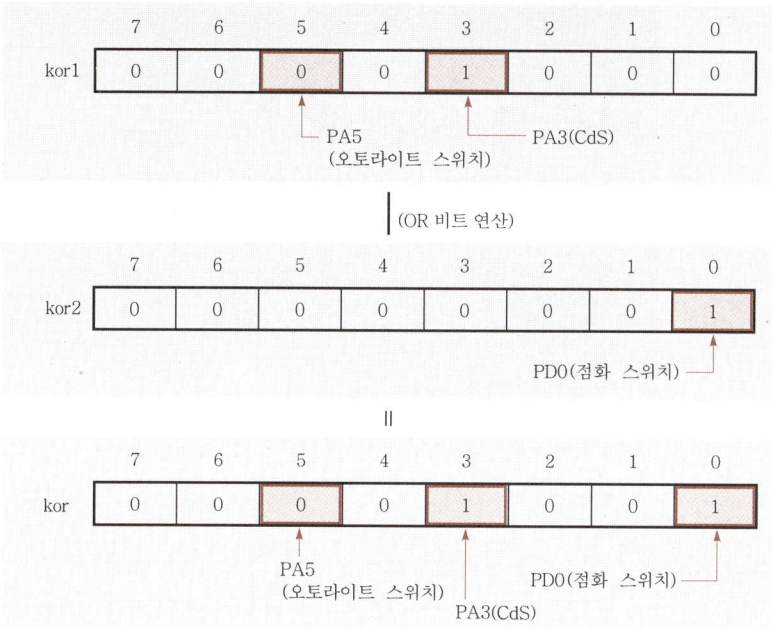

	7	6	5	4	3	2	1	0
kor1	0	0	0	0	1	0	0	0

PA5
(오토라이트 스위치)   PA3(CdS)

│(OR 비트 연산)

	7	6	5	4	3	2	1	0
kor2	0	0	0	0	0	0	0	1

PD0(점화 스위치)

‖

	7	6	5	4	3	2	1	0
kor	0	0	0	0	1	0	0	1

PA5
(오토라이트 스위치)   PD0(점화 스위치)
PA3(CdS)

│그림 1-133. kor=kor1 | kor2;의 결과값│

(6) 만능기판에 의한 작동 실습

그림 1-129의 회로도를 이용하여 만능기판에 필요한 부품을 연결하면 그림 1-135와 같이 자작 BCM을 완성할 수 있다.

만능기판에 완성된 오토라이트 회로를 직접 삭동해 보기 위해서는 그림 1-134와 같이 전원을 공급하기 위한 파워 서플라이와 출력 파형을 확인하기 위한 오실로스코프(또는 멀티테스터)가 필요하다.

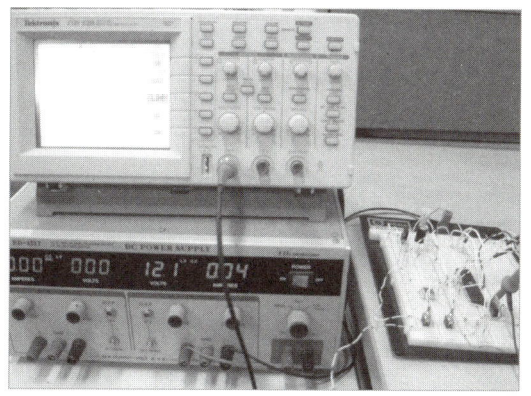

│그림 1-134. 오토 헤드라이트를 제어하기 위한 시스템│

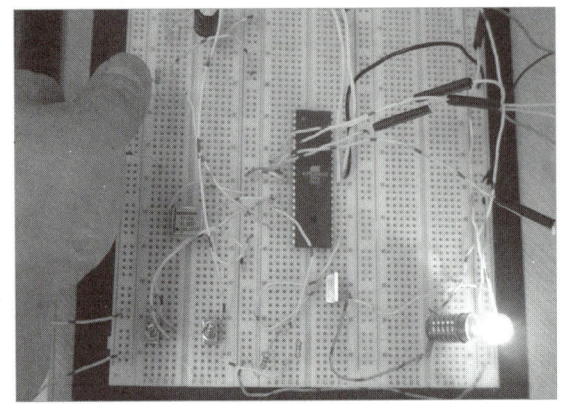

|그림 1-135. 어두운 곳에서의 헤드 램프 작동|

(7) CdS의 입력 변화

그림 1-136에서와 같이 밝아지면 CdS의 저항이 감소하여 PA3 단자로 입력되는 전압은 0V에 가까워지고, 그림 1-137에서와 같이 어두워지면 저항이 증가하여 PA3 단자로 입력되는 전압이 5V에 가까워진다.

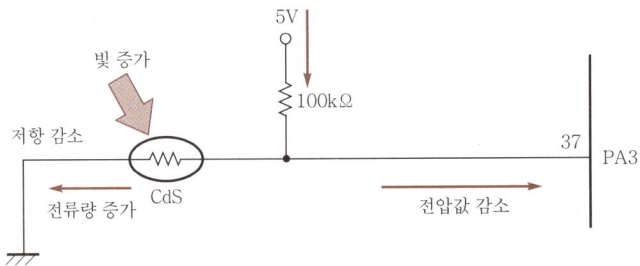

|그림 1-136. 빛 증가에 따른 PA3 단자의 입력 전압값 감소|

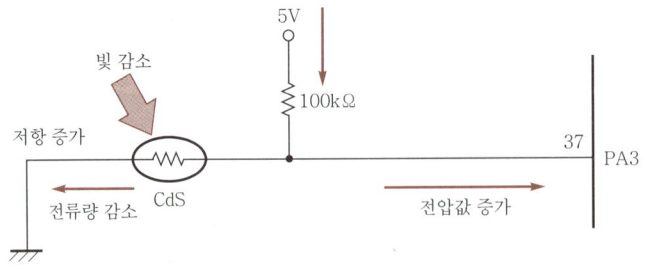

|그림 1-137. 빛 감소에 따른 PA3 단자의 입력 전압값 증가|

와이퍼 시스템 작동 제어

일반적으로 와이퍼는 점화 스위치가 ON 상태에서 INT 스위치가 ON일 경우 일정한 주기로 와이퍼 릴레이가 작동하고, 볼륨 스위치를 조절하면 와이퍼 모터 작동 주기가 변동한다. 와이퍼 시스템의 제어에 앞서 정확한 와이퍼 제어를 위해서 그림 1-138과 같은 와이퍼 시스템 구조와 작동 원리를 이해할 필요가 있다.

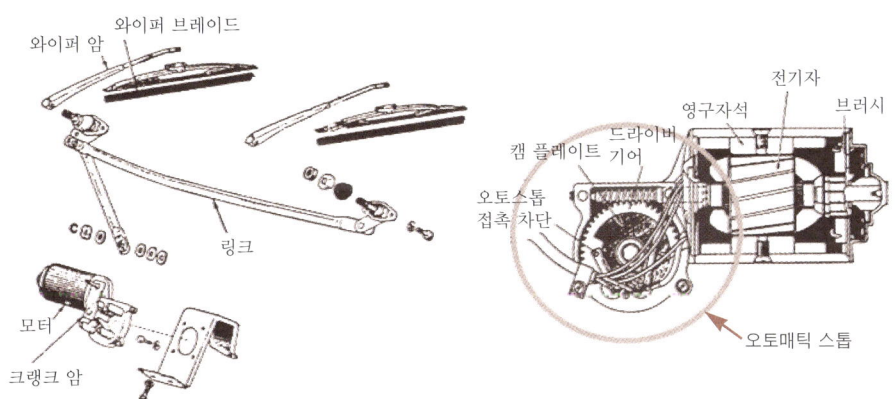

┃ 그림 1-138. 와이퍼 시스템의 구조 ┃

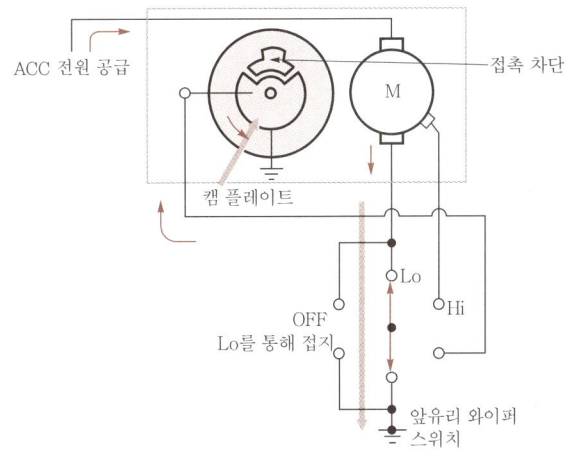

┃ 그림 1-139. 와이퍼 시스템의 작동 ┃

와이퍼 모터 작동 시 그림 1-139와 같이 회로가 연결되어 연속적으로 와이퍼 모터가 회전하게 된다.

① **와이퍼 작동 속도 변화**

와이퍼의 작동 속도 조절은 그림 1-140과 같이 와이퍼 스위치에서 'Lo'로 연결하여 접지시키거나 'Hi'로 연결하여 접지시키는 것에 따라 결정된다.

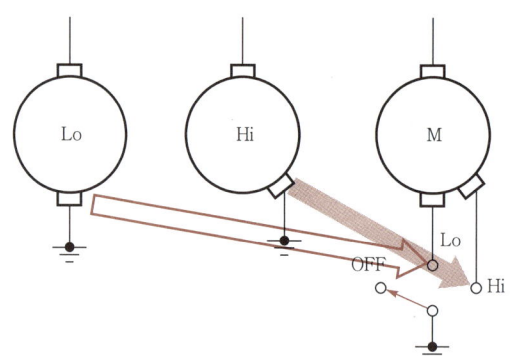

|그림 1-140. 와이퍼 속도의 변화|

② **간헐(INT) 제어**

㉠ 와이퍼 모터 간헐 제어는 그림 1-141에서와 같이 다음 과정을 반복한다.

- ECU에서 간헐적인 신호를 와이퍼 릴레이로 준다.
- 와이퍼 모터가 약간 회전하게 되고 이때 캠 플레이트의 스톱 위치를 벗어나게 되어 접지 회로가 형성된다.
- 와이퍼 모터가 계속 회전하게 되는데 그러다가 캠 플레이트의 스톱 위치에서 접지 회로가 차단되어 와이퍼 모터는 회전을 멈춘다.

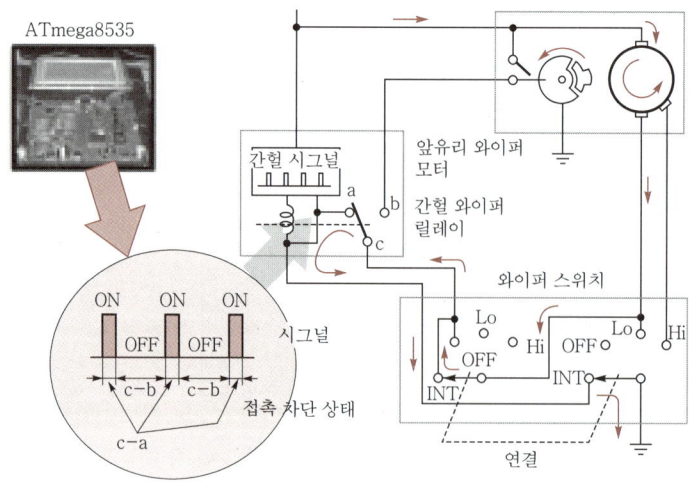

|그림 1-141. 와이퍼 모터 간헐 제어|

ⓛ 와이퍼 모터 회전 시 회로 연결 : 간헐 제어 시에 와이퍼 모터가 회전을 할 경우 그림 1-142와 같이 회로가 구성되면, 캠 플레이트(cam plate)가 접지되므로 와이퍼 모터의 Lo브러시를 통해 전류가 흐르게 되어 와이퍼 모터가 캠 플레이트의 스톱 위치까지 회전하게 된다.

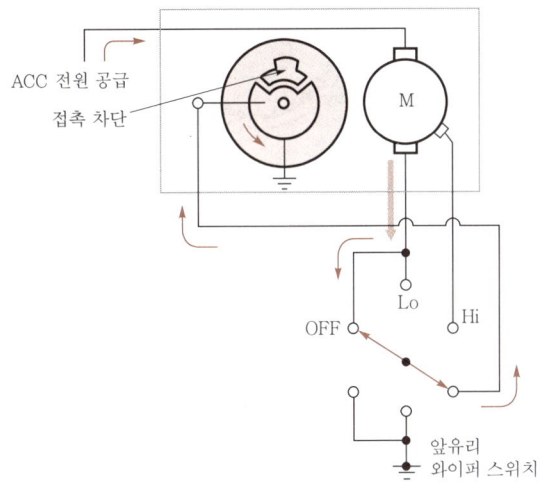

|그림 1-142. 와이퍼 모터 회전(간헐 제어) 시 회로 연결|

ⓒ 와이퍼 모터 스톱 시 회로 연결 : 그림 1-143과 같이 회로가 형성되면 회로가 접지되지 않으므로(전위차가 없음) 전류가 흐르지 않게 되고, 따라서 와이퍼 모터의 캠 플레이트가 그림 1-144와 같은 위치에 멈추게 된다.

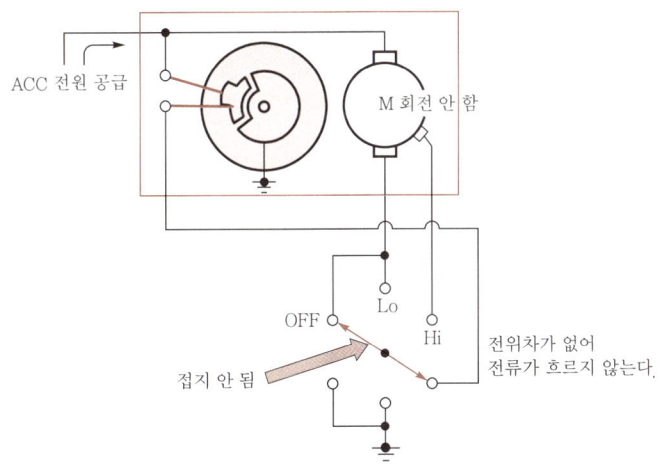

|그림 1-143. 와이퍼 모터 스톱 시 회로 연결|

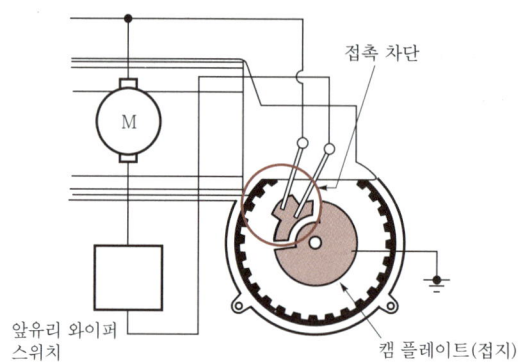

|그림 1-144. 와이퍼 모터 스톱 시 캠 플레이트 위치|

ㄹ 멈춘 후 다시 회전 작동 시 회로 연결 : 간헐 와이퍼의 작동은 볼륨 스위치에 의해 선택되는 저항값에 따라 일정한 주기로 와이퍼 모터를 작동하다 정지하는 작동을 반복하게 된다.

이때 와이퍼 모터가 정지한 후 일정 시간이 경과한 다음에 다시 작동하도록 하여야 한다. 그러기 위해서는 ECU에서 주기적으로 그림 1-145와 같은 신호를 와이퍼 릴레이로 출력해 주어야 한다.

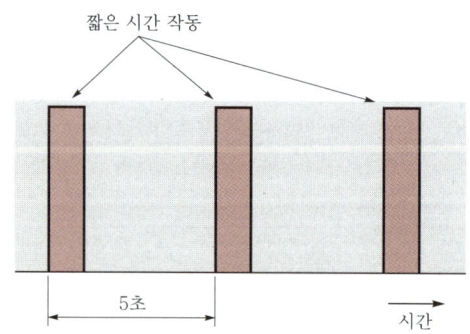

|그림 1-145. 간헐 와이퍼 모터 작동 신호|

③ 브레이킹 효과

와이퍼 모터가 회전하다가 스톱 위치에서 와이퍼 모터에 흐르는 전류가 갑자기 차단되면 와이퍼 모터의 아마추어 코일에서는 순간적으로 역기전력이 발생하여 그림 1-146과 같이 역방향으로 짧은 시간 전류가 흐르게 되고, 그림 1-147과 같이 아마추어의 회전을 멈추게 하는 역회전 현상이 발생하여 와이퍼 모터가 빨리 정지된다.

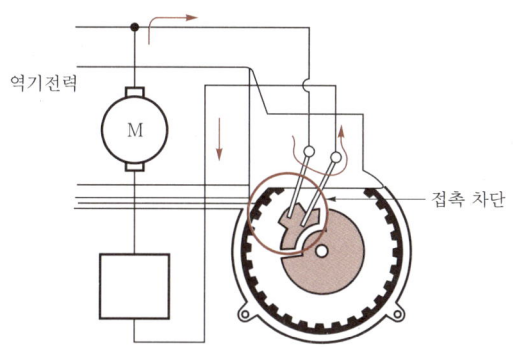

| 그림 1-146. 스톱 위치에서 역기전력의 발생 |

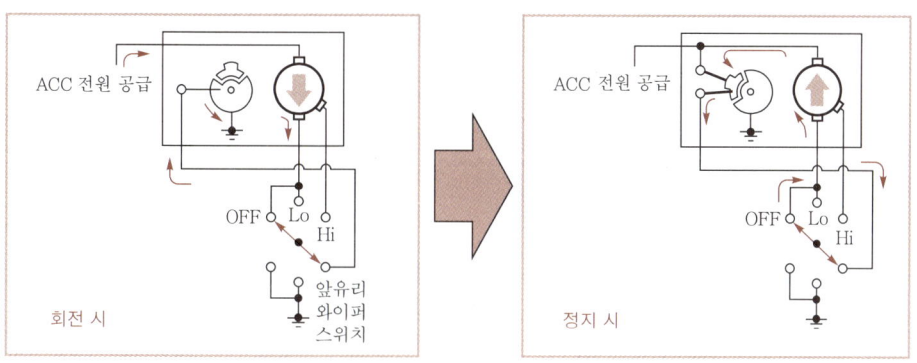

| 그림 1-147. 역기전력에 의한 브레이크 효과 |

(1) 와이퍼 모터 기본 제어
① 작동 설명

입력은 받지 않고 ATmega8535 내부 제어 프로그램에 의해 주기적으로 와이퍼 모터를 작동시키도록 제어 회로와 프로그램을 설계한다.

그림 1-148은 와이퍼 모터 기본 제어도를 나타낸다.

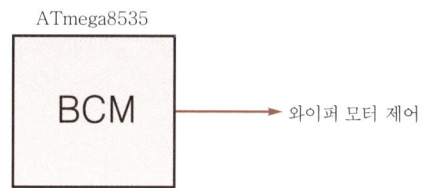

| 그림 1-148. 와이퍼 모터 기본 제어도 |

② **제어 알고리즘**

ⓐ 점화 스위치, INT 스위치, 볼륨 스위치의 입력 신호는 받지 않는다.

ⓑ 제어 프로그램에 의해서 와이퍼 모터를 작동하기 위한 일정 주기의 신호를 발생시킨다.

ⓒ 와이퍼 모터 Low에만 연결(High에는 연결 안 함)한다.

③ **제어 회로도**

그림 1-149는 외부 입력 없이 주기적으로 와이퍼 모터를 작동하기 위한 신호를 출력하기 위해 필요한 기본 회로도로서, ISP 커넥터 배선도는 생략하였다.

PC7 출력 단자로 5V 신호를 계속 출력하면 와이퍼 모터 릴레이가 작동하여 와이퍼 모터 회로가 접지되므로 와이퍼 모터가 작동하게 된다. 따라서 와이퍼 모터가 계속 회전하면서 와이퍼 암(arm)을 구동하여 연속적으로 좌우로 이동하게 된다.

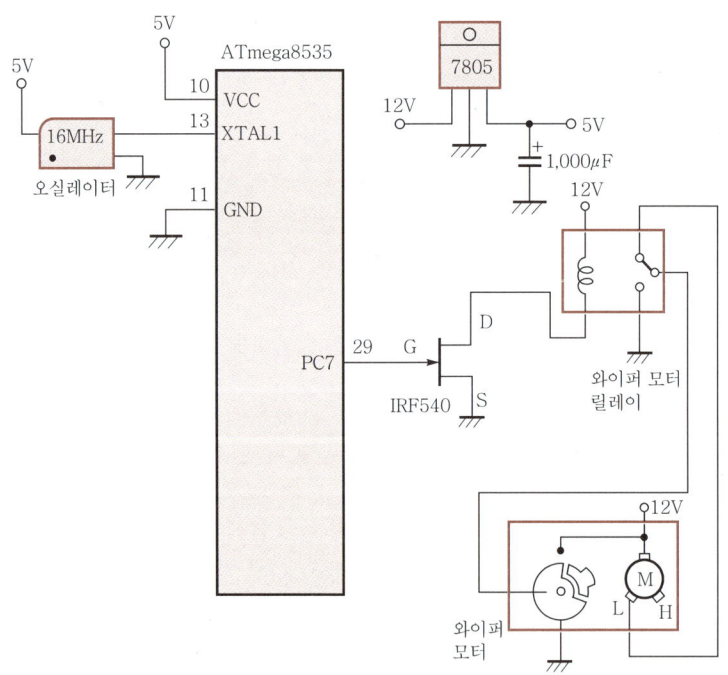

그림 1-149. 와이퍼 모터 기본 제어 회로

IRF540을 연결할 때 그림 1-150과 그림 1-151의 단자 위치를 확인하도록 한다.

또한, 제어 프로그램을 작성하여 와이퍼 모터를 작동시킬 때 제어 프로그램을 다운로드할 ISP 커넥터를 연결하여야 하며, 5핀 릴레이의 연결은 그림 1-152를 참고로 한다.

간혹, 와이퍼 릴레이코일의 역기전력에 의해 IRF540이 영향을 받을 수 있으므로 와이퍼모터 출력제어회로의 설계 시 유의해야 한다.

IRF540의 드레인-소스 전압 V_{DSS} = 100V이다.

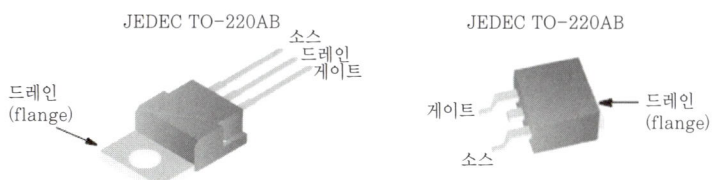

| 그림 1-150. IRF540 단자 위치 |

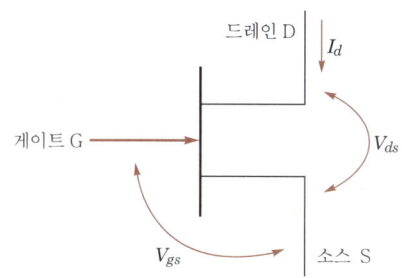

| 그림 1-151. IRF540 단자 |

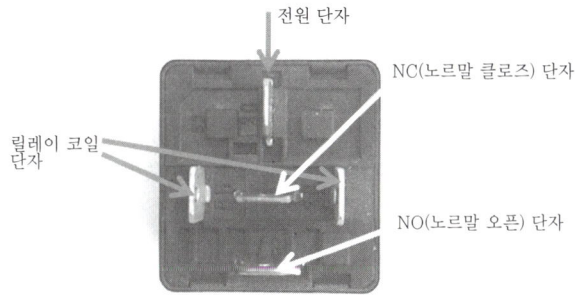

| 그림 1-152. 와이퍼 릴레이 단자(5핀) |

④ 제어 프로그램

```
//**와이퍼 모터 기본 제어**//
#include <mega8535.h>
void main(void)
 {
  //입·출력 설정//
    DDRC=0xFF;//PORTC 모든 핀을 출력으로 설정
    ;
    PORTC=0b10000000;//PC7 단자로 '1' 출력
 }
```

앞의 프로그램에 대해 알아보자.

㉠ 그림 1-149의 회로에서 연속적으로 PC7 단자로 출력 신호를 내보내면 PC7과 연결되어 있는 와이퍼 모터 릴레이가 ON되어 접지 회로가 형성되므로 와이퍼 모터가 계속 회전하게 된다. 그림 1-153은 와이퍼 작동 시스템을 나타낸다.

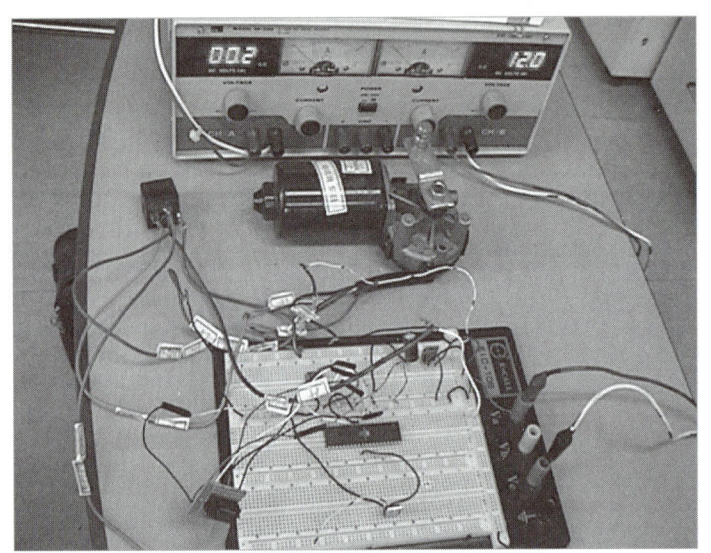

|그림 1-153. 와이퍼 작동 시스템|

㉡ 와이퍼 모터 및 릴레이 배선도 : 와이퍼 제어 회로 연결 시 그림 1-154와 같이 결선하도록 한다. 이때 사용한 부품의 차종은 현대 자동차의 소나타이다.

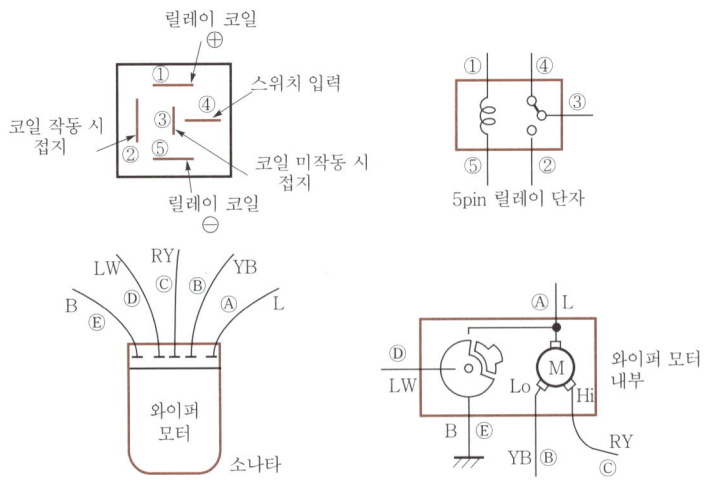

|그림 1-154. 와이퍼 모터 및 릴레이 배선도(소나타)|

(2) 일정 주기의 간헐 와이퍼 모터 제어

① 작동 설명

점화 스위치와 INT 스위치의 입력을 받아 와이퍼 모터를 일정한 주기로 제어하도록 제어 프로그램을 설계해 본다.

와이퍼 모터의 작동은 그림 1-155와 같은 타임차트를 가진다.

여기서 INT 스위치가 OFF되면 바로 와이퍼 모터 작동을 멈춘다.

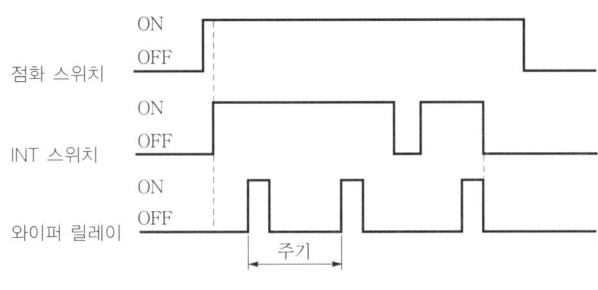

| 그림 1-155. 타임차트 |

② 제어 알고리즘

㉠ 점화 스위치, INT 스위치 입력 신호를 받는다.

㉡ PC7 단자로 와이퍼 모터를 작동하기 위한 일정 주기의 신호를 발생시킨다.

㉢ 볼륨 스위치 입력은 받지 않는다.

㉣ 와이퍼 모터 Low에만 연결(High에는 연결 안 함)한다.

㉤ 와이퍼 모터의 작동 주기는 항상 일정하다.

③ 단순 제어도

그림 1-156은 일정한 주기로 와이퍼 모터를 제어하기 위한 입·출력 구조를 나타낸다.

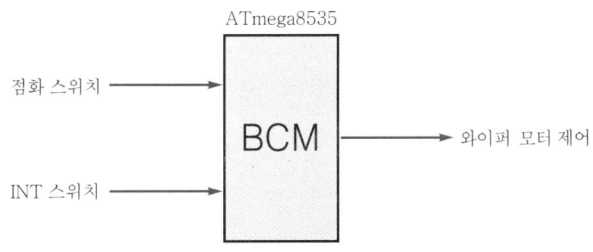

| 그림 1-156. 와이퍼 모터 제어도 |

④ 제어 회로도

INT 스위치 신호는 PB1 단자(2번 핀)를 통해서 입력되며, 스위치 ON 시 0V, OFF 시 5V가 입력되도록 그림 1-157과 같이 ATmega8535 외부에 풀업 저항이 연결되어 있다.

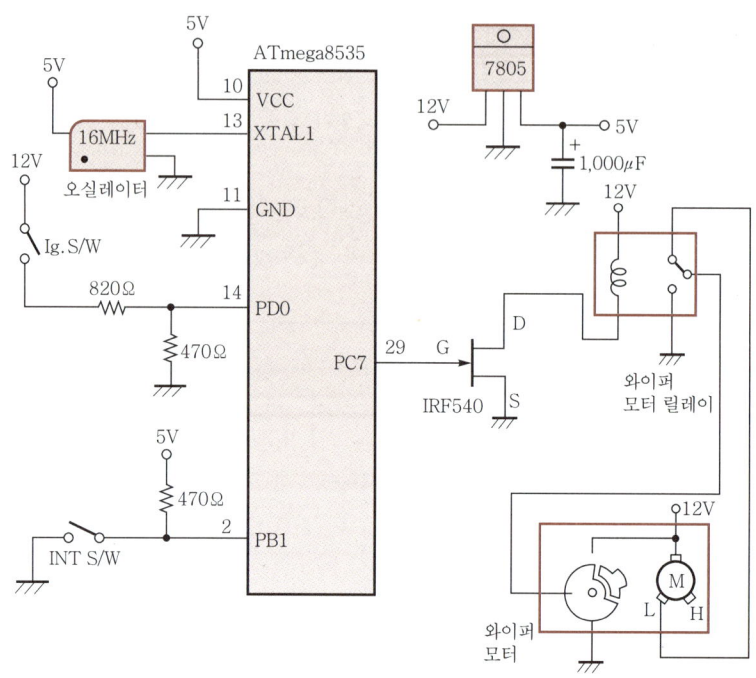

|그림 1-157. 일정 주기의 와이퍼 모터 작동을 위한 제어 회로도|

⑤ 제어 프로그램

```
//**와이퍼 모터 제어**//
#include〈mega8535.h〉
unsigned int n=0, k=1, c, d, kor;
interrupt[TIM0_OVF]timer_int0 (void)
{
  n++;
  if(n==300){//5초
          TIMSK=0x00;//오버플로 인터럽트 디스에이블
          k=1;
          n=0;
        }
}
void main(void)
{
  //입·출력 설정//
  DDRB=0x00;//PORTB 모든 핀을 입력으로 설정
  DDRD=0x00;//PORTD 모든 핀을 입력으로 설정
  DDRC=0xFF;//PORTC 모든 핀을 출력으로 설정
```

```
//타이머/카운터0 오버플로 인터럽트 초기화//
TIMSK=0x00;//타이머/카운터0 인터럽트 디스에이블(불허)
TCCR0=0x05;//프리스케일러 : 1024분주
TCNT0=0x00;//주기
SREG=0x80;//전역 인터럽트 인에이블(허용)
;
PORTC=0x00;
;
do{
    kor=((PIND & 0b00000001)|(PINB & 0b00000010));
    if(kor==0b00000001){
                        if(k==1){//와이퍼 릴레이코일 제어단자(PC7) ON 제어
                                PORTC=0b10000000;//0x80, PC7 단자로 출력
                                for(c=0; c<100; c++){
                                                d=6000;
                                                while(d--);
                                                }
                                PORTC=0x00;
                                TIMSK=0x01;//타이머/카운터0 오버플로
                                            인터럽트 인에이블
                                k=0;//PC7 단자 OFF 제어
                                }
                        else PORTC=0x00;
                        }
    else PORTC=0b00000000;
    }while(1);
}
```

위 프로그램을 살펴보자.

㉠ 타이머/카운터0의 오버플로 인터럽트 발생 주기를 계산해 보면 다음과 같다.

16MHz 오실레이터의 1사이클＝$(1/16)\mu s$가 된다.

초깃값 TCNT0＝0이면, 1회 오버플로 인터럽트가 발생할 때까지의 경과 시간은 $(1/16)\mu s \times 1024분주 \times 256count = 16,384\mu s$가 된다.

위 제어 프로그램에서는 300회의 오버플로 인터럽트가 발생하면 타이머/카운터0 오버플로 인터럽트를 디스에이블(불허)시키게 되므로, $300 \times 16,384\mu s$, 즉 4,915ms(4.9초) 간격으로 그림 1-158과 같은 일정한 폭(for문에 의해 제어)의 와이퍼 모터 작동 신호가 발생한다.

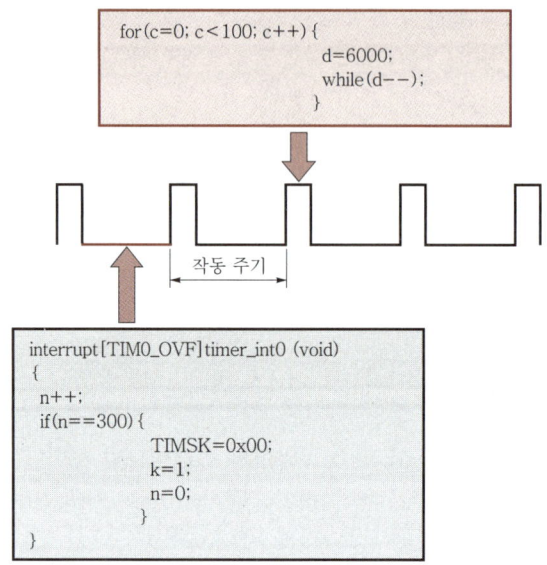

```
for(c=0; c<100; c++) {
                    d=6000;
                    while(d--);
                }
```

작동 주기

```
interrupt[TIM0_OVF]timer_int0 (void)
{
  n++;
  if(n==300) {
          TIMSK=0x00;
          k=1;
          n=0;
          }
}
```

|그림 1-158. 작동 주기의 결정|

ⓒ 점화 스위치와 INT 스위치의 각 비트는 다음과 같다.

점화 스위치가 연결된 PD0 단자의 경우, 그림 1-159와 같이 스위치 작동에 의해 해당 비트 값이 변화된다.

또 INT 스위치가 연결된 PB1 단자의 경우도 그림 1-160과 같이 스위치의 작동에 의해 해당 비트 값이 변화된다. 그리고 스위치 값의 변화에 따른 와이퍼 모터 간헐 작동에 대해 그림 1-161에서 설명하였다.

	7	6	5	4	3	2	1	0
PORTD	0	0	0	0	0	0	0	0

스위치 ON : 5V
스위치 OFF : 0V

PD0
(점화 스위치)

|그림 1-159. PORTD 점화 스위치 연결 비트|

	7	6	5	4	3	2	1	0
PORTB	0	0	0	0	0	0	1	0

스위치 ON : 0V
스위치 OFF : 5V

PB1
(INT 스위치)

|그림 1-160. PORTB INT 스위치 연결 비트|

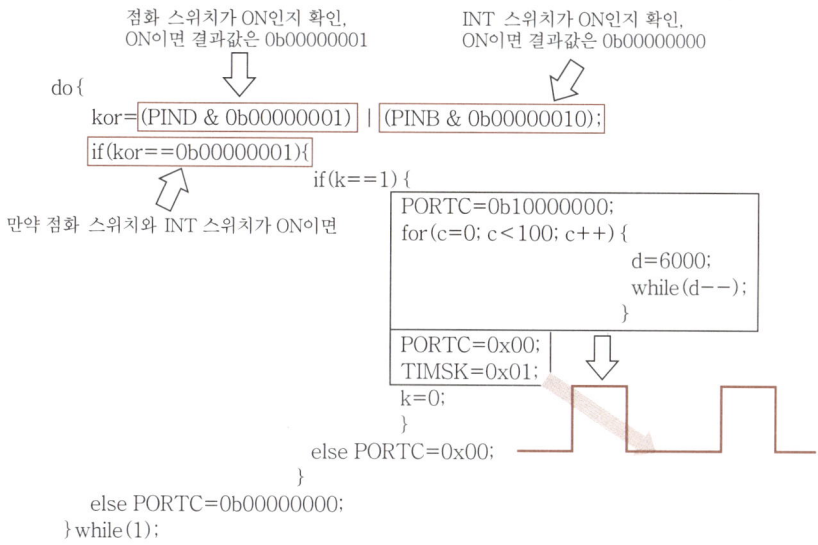

점화 스위치가 ON인지 확인,
ON이면 결과값은 0b00000001

INT 스위치가 ON인지 확인,
ON이면 결과값은 0b00000000

```
do {
    kor=(PIND & 0b00000001) | (PINB & 0b00000010);
    if(kor==0b00000001){
                            if(k==1) {
                                PORTC=0b10000000;
                                for(c=0; c<100; c++) {
                                        d=6000;
                                        while(d--);
                                }
                                PORTC=0x00;
                                TIMSK=0x01;
                                k=0;
                            }
                            else PORTC=0x00;
    }
    else PORTC=0b00000000;
} while(1);
```

만약 점화 스위치와 INT 스위치가 ON이면

|그림 1-161. 간헐 펄스 파형 출력 프로그램 분석|

ⓒ 와이퍼 간헐 작동의 전체 회로도 연결과 파형은 그림 1-162, 그림 1-163과 같다.

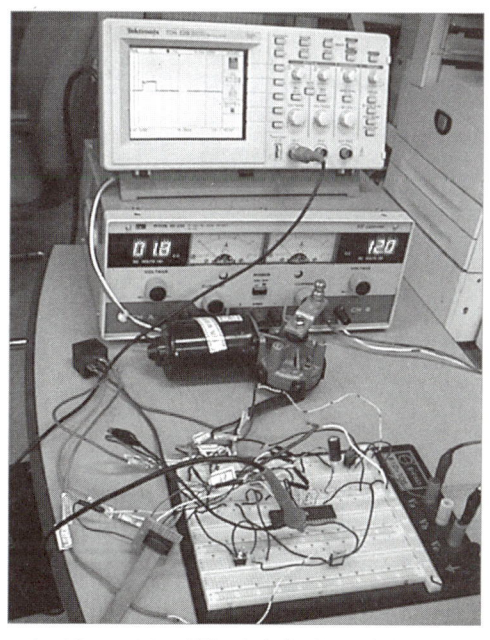

|그림 1-162. 간헐 와이퍼 작동 전체 회로|

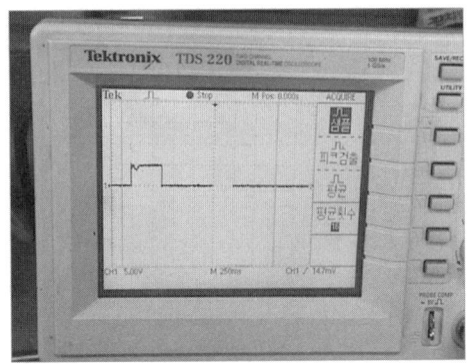

|그림 1-163. 간헐 와이퍼 작동을 위한 PC7 단자 출력 파형|

(3) 가변저항에 의한 간헐 와이퍼 제어

① 작동 설명

볼륨 스위치(가변저항)의 움직임에 따라 달라지는 입력 전압의 변화로 와이퍼 모터의 작동 주기를 그림 1-164와 같이 조절할 수 있도록 제어 프로그램을 설계한다.
여기서 점화 스위치와 INT 스위치는 연결하지 않는다.

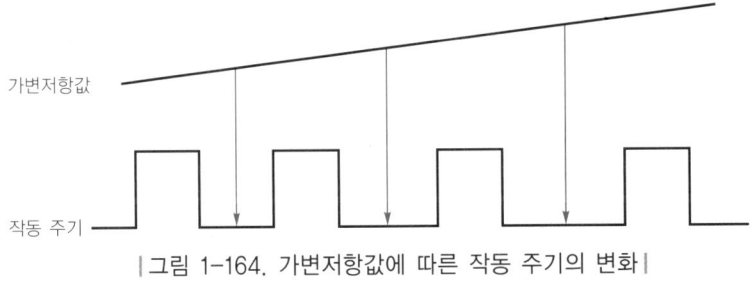

|그림 1-164. 가변저항값에 따른 작동 주기의 변화|

② 제어 알고리즘

볼륨 스위치(가변저항, 1MΩ)를 변화시키면 가변저항값의 크기가 변하여 와이퍼 모터의 작동 주기가 달라진다.

③ 단순 제어도

그림 1-165는 가변저항에 의한 와이퍼 모터 간헐 제어를 위한 제어도이다.

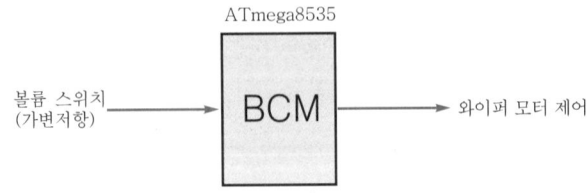

|그림 1-165. 간헐 와이퍼 모터 제어도|

④ 제어 회로도

그림 1-166은 가변저항에 의한 와이퍼 모터 간헐 제어의 회로도이다.

AREF(32번 핀)와 AVCC(30번 핀)는 PORTA를 ADC 제어로 사용할 때 필요하다. AVCC(30번 핀)는 ADC 전원(+5V)을 사용하고, AREF는 기준 전압으로 5V를 입력하면 0~5V를 A/D 변환하며, 1V를 입력하면 0~1V를 A/D 변환하게 된다.

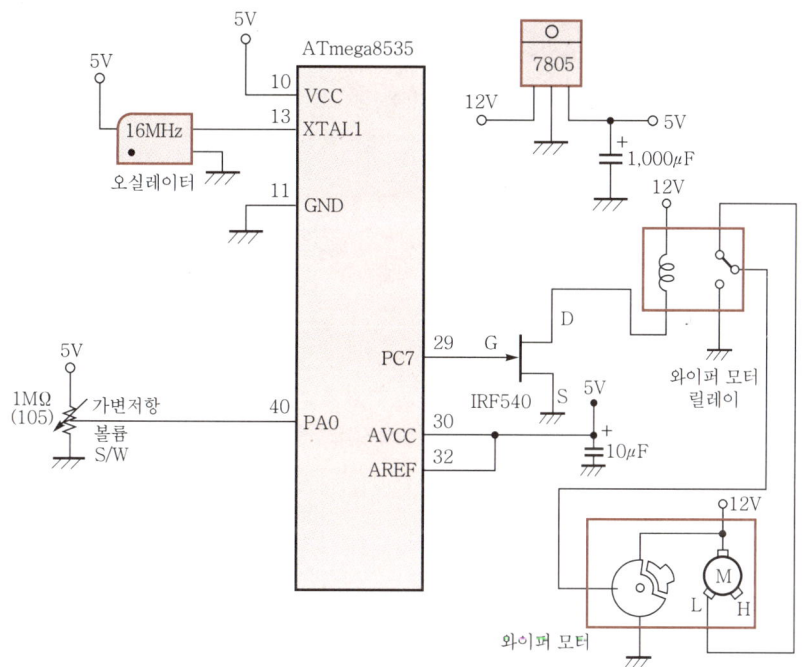

| 그림 1-166. 제어 회로도 |

⑤ 제어 프로그램

```
//**가변저항에 의한 와이퍼 모터 제어**//
#include <mega8535.h>
unsigned int n=0, k=1, a, b, h, pk, l;
;
interrupt[TIM0_OVF]timer_int0 (void)
{
  n++;
  if(n==pk){
          TIMSK=0x00;//오버플로 인터럽트 디스에이블
          k=1;
          n=0;
          }
}
```

```
void delay(int t){
                    while(t--);
                }
void main(void)
{
  //입·출력 포트 설정
  DDRA=0x00;//PORTA PA0, ADC0 입력
  DDRC=0xFF;//PORTC 모든 핀을 출력으로 설정
  //타이머/카운터0 오버플로 인터럽트 초기화//
  TIMSK=0x00;//타이머/카운터0 인터럽트 디스에이블(불허)
  TCCR0=0x05;//프리스케일러 : 1024분주
  TCNT0=0x00;//타이머/카운터0 초깃값
  SREG=0x80;//전역 인터럽트 인에이블(허용)
  ;
  //ADC 제어 설정//
  ADMUX=0x40;//기준 전압=AVCC, 단일 전압 모드, 우로 조정
  ADCSRA=0xA5;//ADC 인에이블, 프리스케일러 : 32분주, 단일 변환 모드, 오토 트리거
  SFIOR &=0x1F;//프리러닝 모드
  PORTC=0x00;
  do{
     if(k==1){
             PORTC=0x80;//0b10000000, PC7=1
             for(a=0; a<80; a++){
                                  b=6000;
                                  while(b--);
                                 }
             PORTC=0x00;
             TIMSK=0x01;//오버플로 인터럽트 인에이블(허용)
             k=0;
           }
     ADCSRA |=0x40;//ADC 변환 시작
     delay(0xFF);//샘플링 기간
     ADCSRA |=0x10;//클리어 ADIF
     while((ADCSRA & 0x10)==0x00);//ADIF=1일 때까지 지연
     ;
     l=ADCL;
     h=ADCH;
```

```
        ;
        if(h<10)pk=30;
        if(h>=10 && h<30)pk=100;
        else if(h>=30 && h<50)pk=150;
        else if(h>=50 && h<70)pk=200;
        else if(h>=70 && h<90)pk=250;
        else if(h>=90 && h<110)pk=300;
        else if(h>=110 && h<150)pk=350;
        else if(h>=150 && h<190)pk=400;
        else if(h>=190 && h<230)pk=500;
        else pk=600;
    }while(1);
}
```

위 프로그램을 살펴보면 다음과 같다.

㉠ ADMUX 레지스터 : 표 1-16에서 ADC의 선택은 ADMUX 레지스터의 MUX4
~MUX0 비트에 의해 결정된다. 여기서는 와이퍼 모터의 주기를 가변 제어하기 위
한 볼륨 스위치의 가변저항이 ADC0(PA0)에 연결되어 있으므로, ADC0를 선택하
기 위해서는 그림 1-167에서 ADMUX 레지스터의 'MUX4~MUX0'를 '00000'
으로 설정하여야 한다.

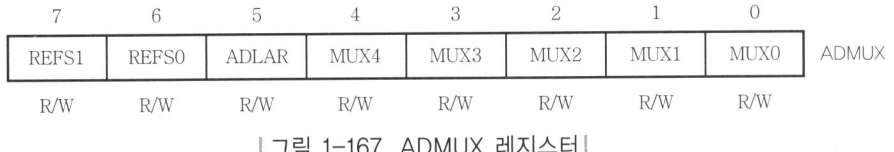

7	6	5	4	3	2	1	0	
REFS1	REFS0	ADLAR	MUX4	MUX3	MUX2	MUX1	MUX0	ADMUX
R/W	R/W	R/W	R/W	R/W	R/W	R/W	R/W	

| 그림 1-167. ADMUX 레지스터 |

| 표 1-16. ADC의 선택 |

MUX 4~0	Single ended input
00000	ADC0
00001	ADC1
00010	ADC2
00011	ADC3
00100	ADC4
00101	ADC5
00110	ADC6
00111	ADC7

ⓛ ADC 레지스터 : ADMUX 레지스터의 ADLAR 비트가 '0'이면 그림 1-168과 같이 변환값이 저장된다.

15	14	13	12	11	10	9	8	
–	–	–	–	–	–	ADC9	ADC8	ADCH
ADC7	ADC6	ADC5	ADC4	ADC3	ADC2	ADC1	ADC0	ADCL
7	6	5	4	3	2	1	0	

|그림 1-168. ADLAR=0일 때|

ADMUX의 ADLAR 비트가 '1'일 경우 그림 1-169와 같이 A/D 변환 결과값이 저장된다.

15	14	13	12	11	10	9	8	
ADC9	ADC8	ADC7	ADC6	ADC5	ADC4	ADC3	ADC2	ADCH
ADC1	ADC0	–	–	–	–	–	–	ADCL
7	6	5	4	3	2	1	0	

|그림 1-169. ADLAR=1일 때|

여기서는 그림 1-170과 같이 10비트 중에서 하위 2비트는 프로그램 제어 시 사용하지 않고 상위 8비트만을 사용하여 제어하도록 한다.

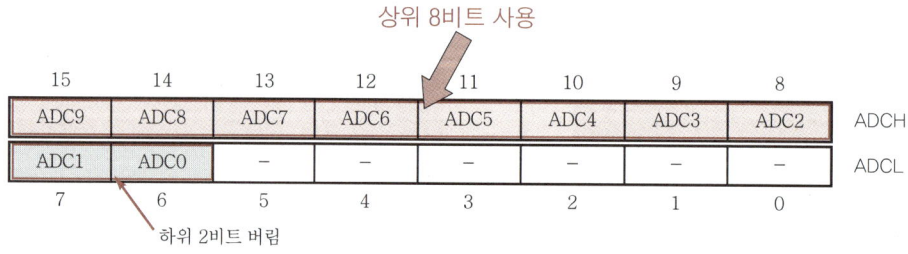

상위 8비트 사용

15	14	13	12	11	10	9	8	
ADC9	ADC8	ADC7	ADC6	ADC5	ADC4	ADC3	ADC2	ADCH
ADC1	ADC0	–	–	–	–	–	–	ADCL
7	6	5	4	3	2	1	0	

하위 2비트 버림

|그림 1-170. 상위 8비트의 사용|

ⓒ 가변저항에 의한 작동 주기의 변화 : 그림 1-171에서 가변저항에 의해 변화된 전압 값을 ATmega8535에서 입력받아 pk의 값을 설정하고, 이 값을 타이머/카운터0 오버플로 인터럽트 횟수로 설정하여 주기를 가변적으로 제어하도록 하였다.
가변저항이 변화되면 pk의 값이 바뀌며, pk 값만큼 타이머/카운터0 오버플로 인터럽트를 실행하게 된다.
기타 ADC와 관련한 자세한 사항은 제1권 4.2.7절을 참고하고, 그 내용으로 충분하지 않을 경우에는 ATmega8535 매뉴얼을 참고하도록 한다.

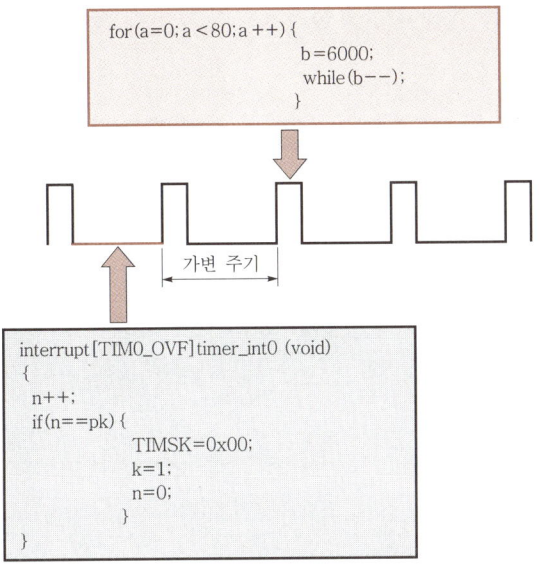

```
for (a=0; a < 80; a ++) {
                      b=6000;
                      while (b--);
                      }
```

가변 주기

```
interrupt [TIM0_OVF] timer_int0 (void)
{
  n++;
  if (n==pk) {
              TIMSK=0x00;
              k=1;
              n=0;
              }
}
```

┃그림 1-171. 가변저항에 의한 작동 주기의 변화┃

ㄹ 만능기판을 사용한 와이퍼 모터 간헐 제어의 작동과 회로 연결은 그림 1-172와 같다.

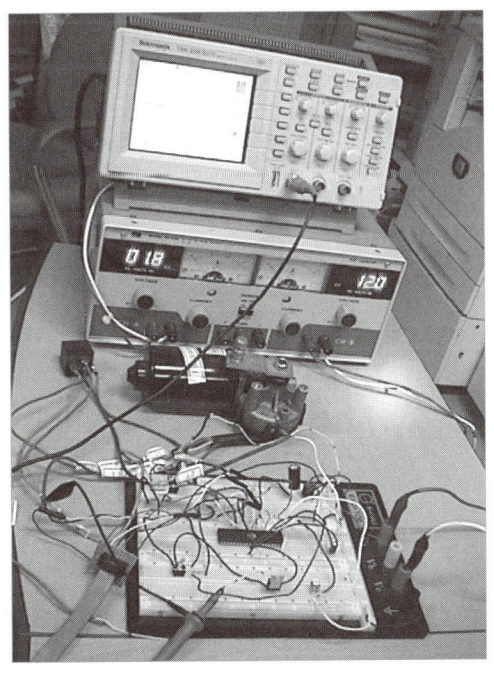

┃그림 1-172. 간헐 와이퍼 제어 회로의 연결┃

1 MΩ의 가변저항을 이용하여 만능기판으로 와이퍼 모터 간헐 제어 회로를 만들면 그림 1-173과 같다.

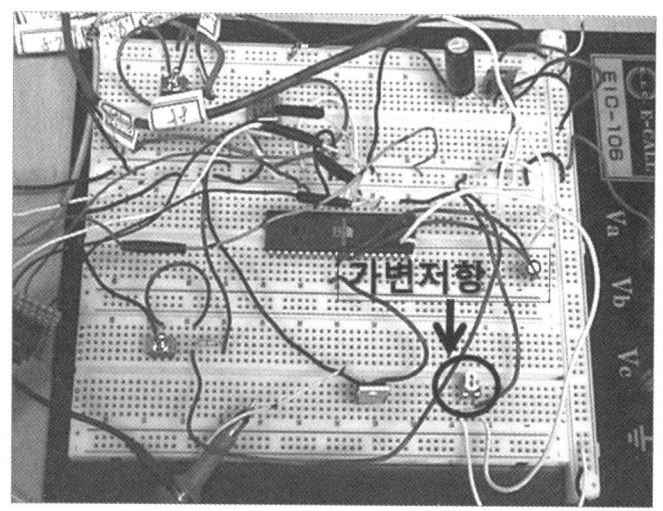

|그림 1-173. 가변저항을 사용한 회로|

(4) 가변저항을 사용한 간헐 와이퍼 모터 제어 응용

① 작동 설명

볼륨 스위치(가변저항)의 움직임에 따라 달라지는 입력 전압의 변화로 와이퍼 모터의 작동 주기를 그림 1-174와 같이 조절할 수 있도록 제어 프로그램을 설계한다.

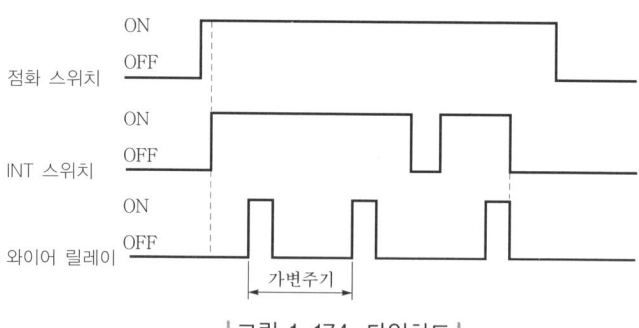

|그림 1-174. 타임차트|

② 제어 알고리즘

㉠ 점화 스위치 ON 상태에서 INT 스위치를 ON 하면 와이퍼 모터는 일정한 주기로 작동한다.

ⓛ 볼륨 스위치를 변화시키면 가변저항값의 크기가 변하여 와이퍼 모터의 작동 주기가 달라진다.

ⓒ 와이퍼 모터 Low에만 연결(High에는 연결 안 함)한다.

ⓔ 간헐 작동은 A/D 컨버터(ADC0, 40번)에 입력되는 전압의 크기를 감지하여 간헐 작동 시간을 제어하도록 한다.

③ **단순 제어도**

그림 1-175는 와이퍼 모터를 제어하기 위한 입·출력 제어도를 나타낸다.

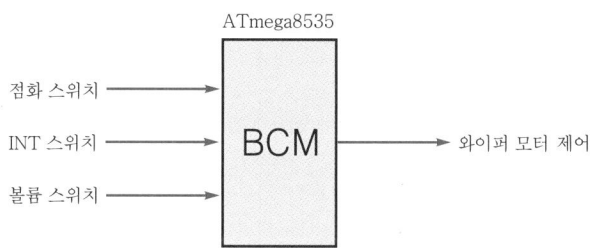

|그림 1-175. 와이퍼 모터 단순 제어도|

④ **입·출력 요소**

와이퍼 모터 간헐 제어의 입·출력 요소는 표 1-17과 같다.

|표 1-17. 입·출력 요소|

입·출력	전압 변화	
점화 스위치 신호	ON	5V
	OFF	0V
INT 스위치 신호	ON	0V
	OFF	5V
볼륨 스위치	FAST	3.8V
	LOW	0V
와이퍼 릴레이	모터 구동	0V(PC7-5V)
	모터 정지	12V(PC7-0V)

⑤ **제어 회로도**

그림 1-176은 점화 스위치와 INT 스위치를 ON 할 때 와이퍼 모터를 간헐적으로 제어하기 위한 회로도이다.

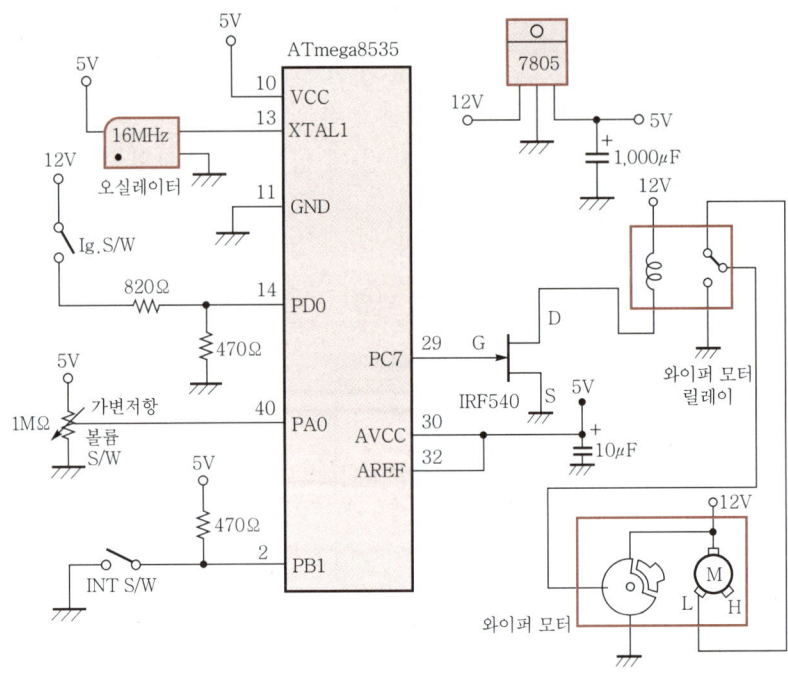

| 그림 1-176. 와이퍼 모터 간헐 제어 회로도 |

⑥ 제어 프로그램

```
//**가변저항에 의한 와이퍼 모터 제어**//
#include〈mega8535.h〉
unsigned int n=0, k=1, a, b, h, kor, pk, l;
;
interrupt[TIM0_OVF]timer_int0 (void)
{
  n++;
  if(n==pk){
          TIMSK=0x00;
          k=1;
          n=0;
          }
}
void delay(int t){
                while(t--);
                }
 void main(void)
 {
```

```
//입·출력 포트 설정
DDRB=0x00;//PORTB 모든 핀을 입력으로 설정
DDRD=0x00;//PORTD 모든 핀을 입력으로 설정
DDRA=0x00;//PORTA PA0, ADC0 입력
DDRC=0xFF;//PORTC 모든 핀을 출력으로 설정
//타이머/카운터0 오버플로 인터럽트 초기화//
TIMSK=0x00;//타이머/카운터0 인터럽트 디스에이블
TCCR0=0x05;//프리스케일러 : 1024분주
TCNT0=0x00;//주기
SREG=0x80;//전역 인터럽트 인에이블(허용)
;
//ADC 제어 설정//
ADMUX=0x60;//기준 전압=AVCC, 단일 전압 모드, 좌로 조정, 0b01100000
ADCSRA=0xA5;//ADC 인에이블, 프리스케일러 : 32분주, 단일 변환 모드, 오토 트리거
SFIOR &=0x1F;//프리러닝 모드
PORTC=0x00;
do{
    kor=((PIND & 0b00000001)|(PINB & 0b00000010));
    if(kor==0b00000001){
                        if(k==1){
                                PORTC=0x80;
                                for(a=0; a<80; a++){
                                                b=6000;
                                                while(b--);
                                                }
                                PORTC=0x00;
                                TIMSK=0x01;
                                k=0;
                                }
                        }
  else PORTC=0x00;
  ;
  ADCSRA |=0X40;//ADC 시작
  delay(0xFF);//샘플링 기간
  ;
  ADCSRA |=0x10;//클리어 ADIF
  while((ADCSRA & 0x10)==0x00);//ADIF=1일 때까지 지연
  ;
  l=ADCL;
  h=ADCH;
```

```
    if(h<10)pk=30;
    if(h>=10 && h<30)pk=100;
    else if(h>=30 && h<50)pk=150;
    else if(h>=50 && h<70)pk=200;
    else if(h>=70 && h<90)pk=250;
    else if(h>=90 && h<110)pk=300;
    else if(h>=110 && h<150)pk=350;
    else if(h>=150 && h<190)pk=400;
    else if(h>=190 && h<230)pk=500;
    else pk=600;
  }while(1);
}
```

위 프로그램을 만능기판을 사용하여 회로를 연결하고 그 작동을 확인하면 그림 1-177, 그림 1-178과 같다.

| 그림 1-177. 제어 회로의 연결 I |

| 그림 1-178. 제어 회로의 연결 II |

(5) PC7의 출력 변화에 따른 와이퍼의 작동 변화

그림 1-179와 같이 PC7 단자로 '1'이 출력되면 IRF540에 의해 릴레이가 작동하게 된다. 그림 1-179에서 접촉 차단을 넘어갈 수 있도록 PC7 단자로 '1'을 출력하여 모터를 강제로 잠시 회전시켜 주게 된다.

그림 1-180과 같이 PC7 단자로 '0'이 출력되면 IRF540이 작동하지 않게 되고 따라서 릴레이가 작동하지 않는다. 릴레이가 작동하지 않더라도 모터는 계속 회전하게 되고 결국 화살표와 같이 전류가 흘러 접촉 차단에서 회전을 멈추게 된다.

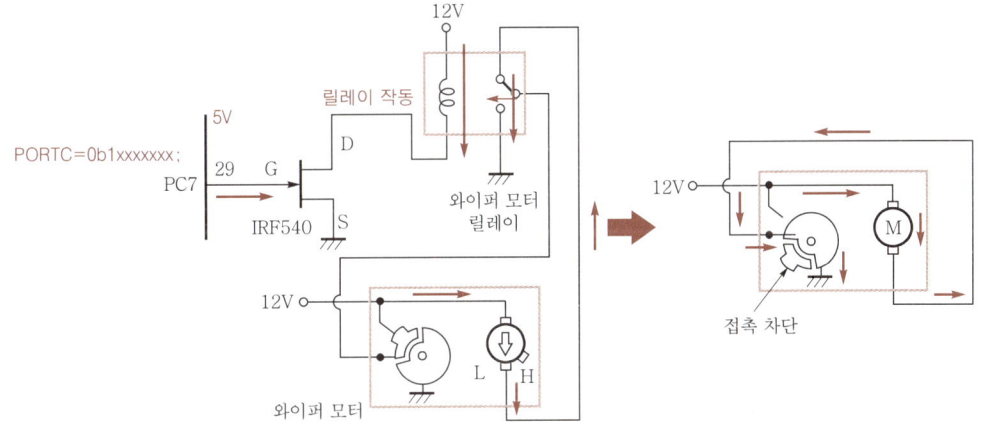

│그림 1-179. PC7 단자로 '1'이 출력될 때│

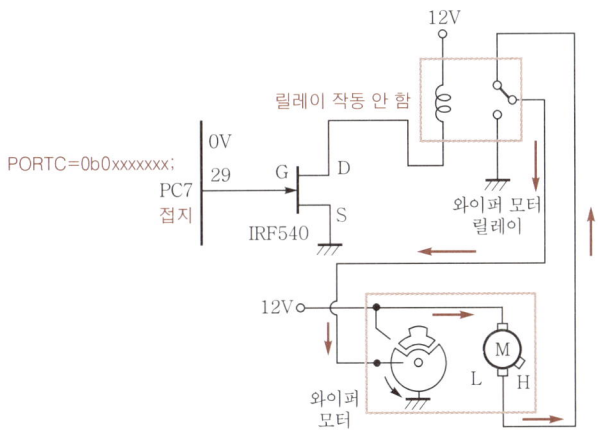

│그림 1-180. PC7 단자로 '0'이 출력될 때│

1.5 자동 도어 록 제어

　자동 도어 록 제어 시스템은 그림 1–181과 같이 자동차가 주행 시 일정 차속(보통 40km/h) 이상이 되면 자동적으로 전체 도어(door)를 록(lock)시키는 시스템으로서, 고속 주행 중에 도어 열림을 방지하여 사고가 발생할 수 있는 요인을 원천적으로 제거해 준다.

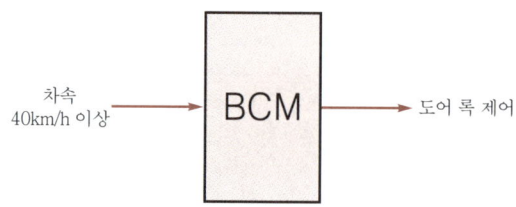

|그림 1–181. 자동 도어 록 제어 시스템도|

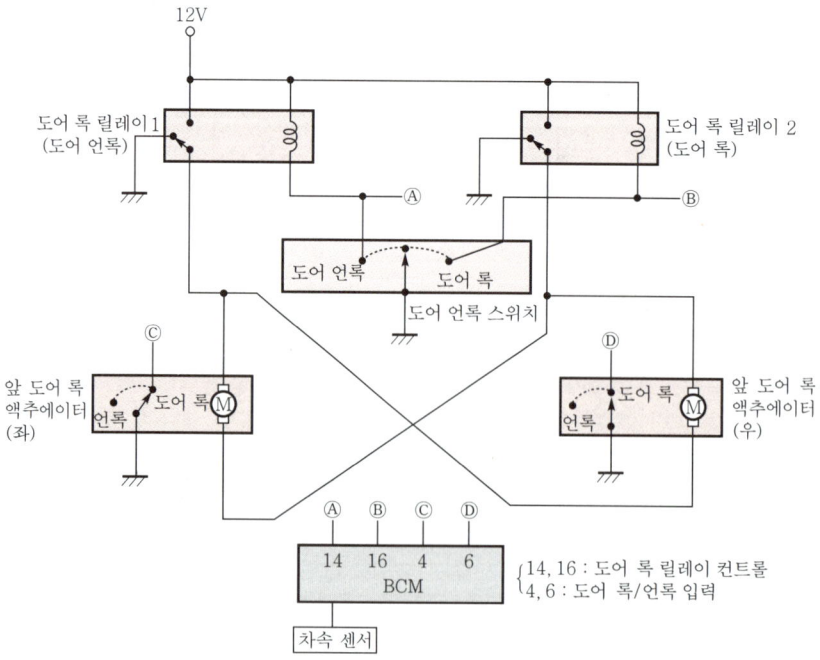

|그림 1–182. 도어 록/언록 시스템(EF 소나타)|

일반적으로 도어 록 시스템은 그림 1-182와 같이 도어 록/언록 스위치를 작동시킬 때 도어가 록되거나 언록(unlock)된다.

자동 도어 록 시스템은 이러한 기본 도어 록/언록 시스템에 일정 속도 이상에서 자동적으로 도어가 록이 되도록 제어하기 위한 회로를 추가하였다.

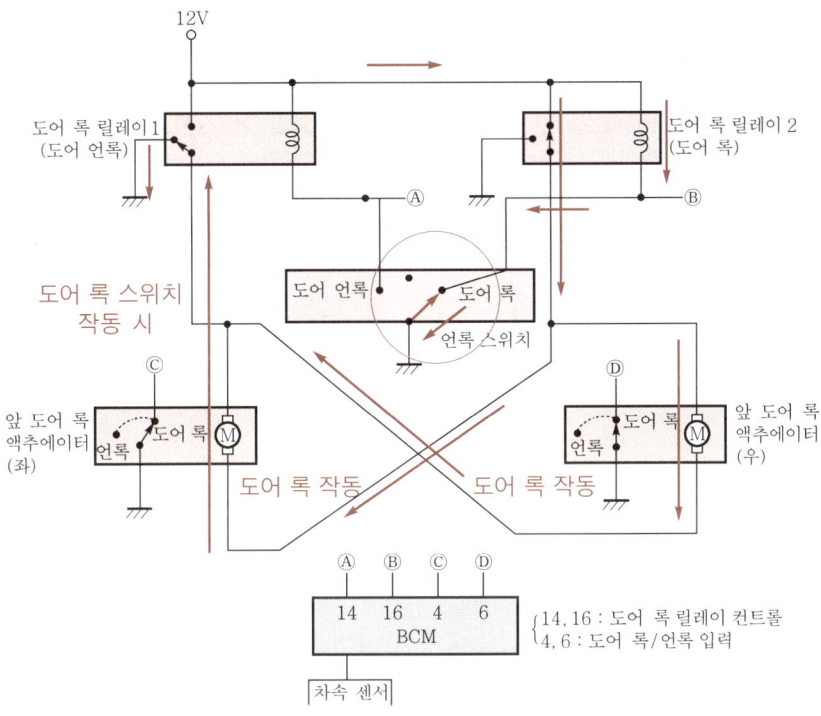

| 그림 1-183. 도어 록 스위치 작동 시의 전류 흐름도 |

그림 1-183에서 도어 록 스위치가 작동하면 도어 록 릴레이 2(록)가 작동하여 내부 스위치는 ON이 되고, 도어 록 액추에이터에 전류가 흘러서 액추에이터가 작동하므로 도어가 록된다.

그림 1-184에서 도어 언록 스위치가 작동하면(한 번 눌려졌다 떨어지면) 도어 록 릴레이 1(언록)이 작동하여 내부 스위치가 ON되고 도어 록 액추에이터 모터에 전류가 그림 1-183과는 반대로 흐르게 되어 역회전하므로 도어 언록된다.

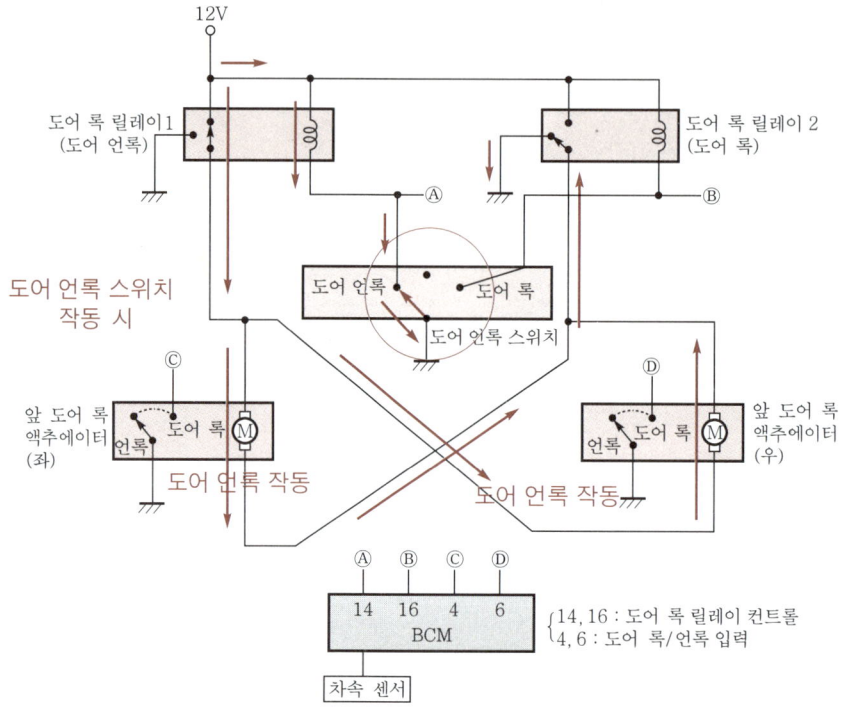

그림 1-184. 도어 언록 스위치 작동 시 전류 흐름도

자동 도어 록 제어 시에는 도어 록/언록 스위치 작동(스위치를 눌렀다 뗌)과는 관계없이 BCM에서 그림의 Ⓐ를 접지하면 도어 언록이 작동하고, Ⓑ를 접지하면 도어 록이 작동하게 된다.

차속이 40km/h 이상이고, 도어 언록되어 있으면(에탁스 4·6번 단자로 감지), 에탁스 14·16번 단자를 접지시키고 도어 릴레이를 작동시켜 도어가 록되도록 한다.

1.5.1 자동 도어 록 기본 제어

(1) 작동 설명

입력 신호 없이 ATmega8535의 PA2(38번 핀, 도어 록 신호), PA3(37번 핀, 도어 언록 신호) 출력 단자를 통하여 도어 액추에이터(actuator)를 작동하기 위한 출력 신호를 그림 1-185와 같이 보내서 도어 록/언록만 주기적으로 작동한다.

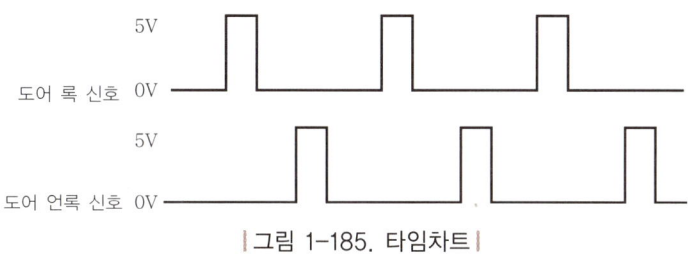

| 그림 1-185. 타임차트 |

(2) 제어 알고리즘

① 그림 1-186에서 PA2 단자로 도어 록 신호(5V)를 출력하면 도어 록 릴레이 2가 작동 (12V 전원 연결)하고 도어 록 릴레이 1은 작동하지 않는다(접지 유지).

② PA3 단자로 도어 언록 신호(5V)를 출력하면 도어 록 릴레이 1이 작동(12V 전원 연결) 하고 도어 록 릴레이 2는 작동하지 않는다(접지 유지).

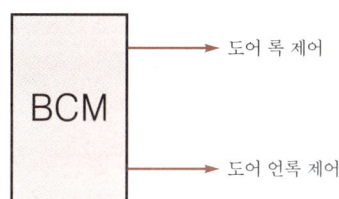

| 그림 1-186. 도어 록/언록 제어도 |

(3) 제어 회로도

도어 록 액추에이터의 작동은 2개의 두어 록 릴레이를 거쳐 제어되도록 그림 1-187과 같은 회로를 구성한다.

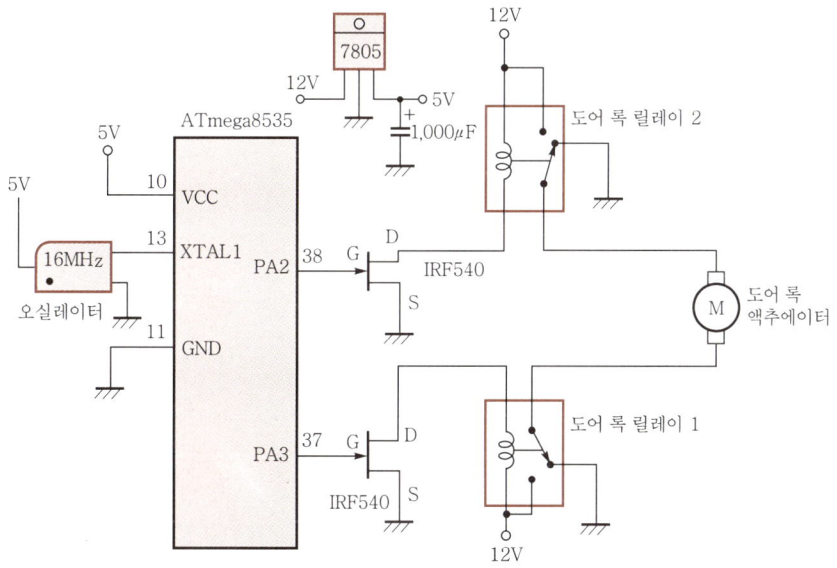

| 그림 1-187. 도어 록 제어 기본 회로도 |

그림 1-188은 IRF540의 단자 위치를 나타낸다.

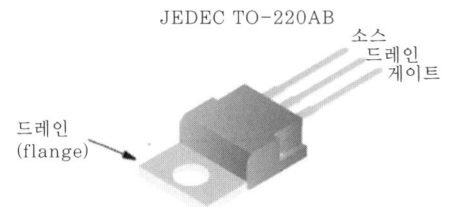

|그림 1-188. IRF540 단자 위치|

그림 1-189의 IRF540은 N채널 MOSFET이다. 그 심볼은 그림 1-190과 같이 표시할 수 있다. FET는 제1권 1.3절을 참고로 하면 자동차 전자 제어 회로를 이해하는 데 도움이 된다.

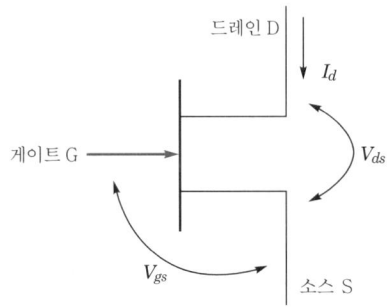

|그림 1-189. IRF540 연결 구조|

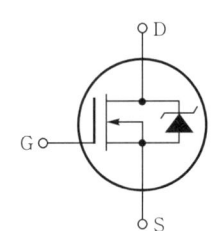

|그림 1-190. IRF540의 심볼|

(4) 제어 프로그램

```
//**도어 록 기본 제어**//
#include <mega8535.h>
unsigned int k, c;

void daegi(unsigned int count)
{
   for(k=0;k<count;k++){//출력 유지
                        c=61499;
                        while(c--);
                        }
}

void main(void)
{//입·출력 포트 설정//
```

```
DDRA=0xFF;//PORTA 모든 핀을 출력으로 설정
do{
    PORTA=0b00000100;//PA2 단자로 도어 록 신호 출력
    daegi(10);//daegi( ) 함수를 call
    ;
    PORTA=0b00000000;
    daegi(10);
    ;
    PORTA=0b00001000;//PA3 단자로 도어 언록 신호 출력
    daegi(10);
    ;
    PORTA=0b00000000;
    daegi(10);
}while(1);
}
```

위 프로그램을 살펴보자.

그림 1-191은 도어 록 액추에이터, 도어 록 릴레이, BCM과의 연결 회로도를 나타낸다.

자작 ECU를 작동하게 되면 주기적으로 도어 록/언록 신호가 반복되어 액추에이터가 반복 동작을 하게 된다.

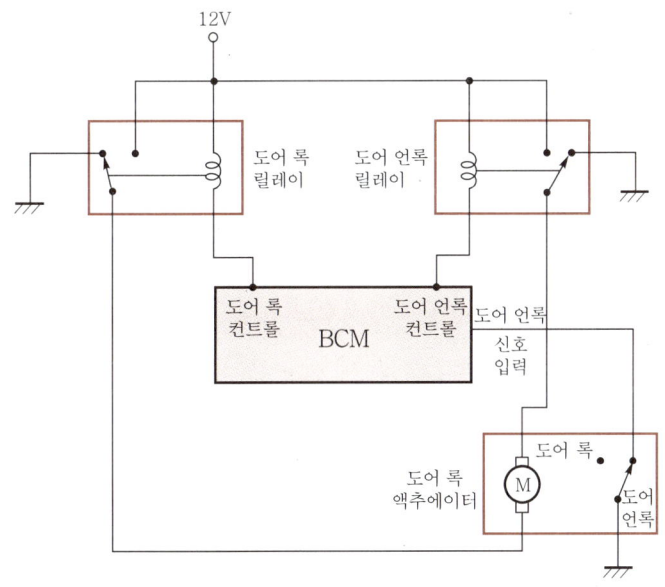

|그림 1-191. 도어 록 제어 회로도|

① 도어 록/언록 신호의 PORTA 각 비트는 그림 1-192와 같다.

131

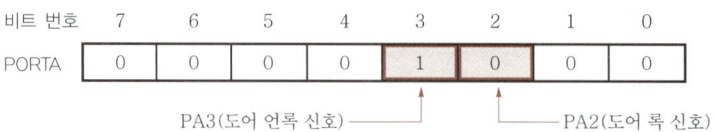

비트 번호	7	6	5	4	3	2	1	0
PORTA	0	0	0	0	1	0	0	0

PA3(도어 언록 신호) ——— PA2(도어 록 신호)

|그림 1-192. 도어 록/언록 신호 제어 비트|

② PORTA를 통해 PA2와 PA3 단자를 그림 1-193과 같이 주기적으로 제어하여 이 단자에 연결된 2개의 도어 록 릴레이를 작동시키도록 하였다.

작동 주기는 for문을 사용하여 일정 시간 동안 ON, OFF를 유지하도록 한다.

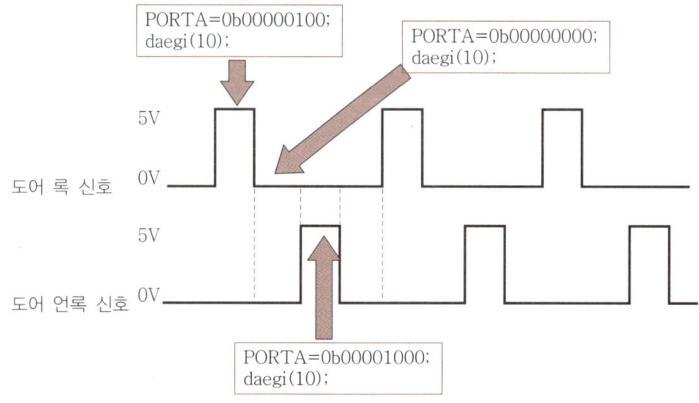

PORTA=0b00000100;
daegi(10);

PORTA=0b00000000;
daegi(10);

PORTA=0b00001000;
daegi(10);

도어 록 신호

도어 언록 신호

|그림 1-193. 도어 록/언록 신호의 출력|

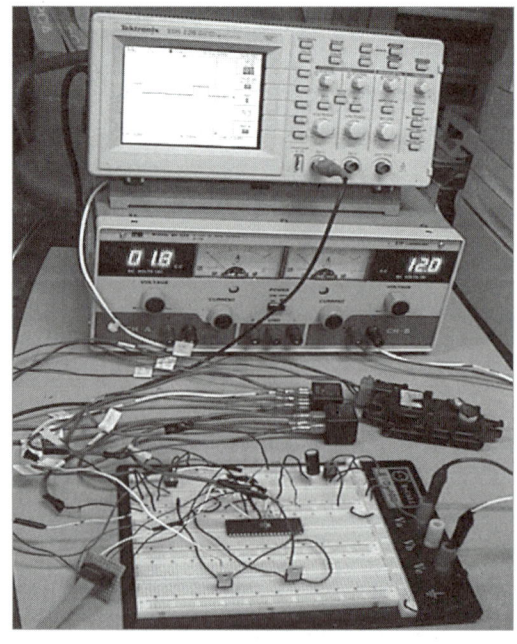

|그림 1-194. 자동 도어 록 제어 시스템|

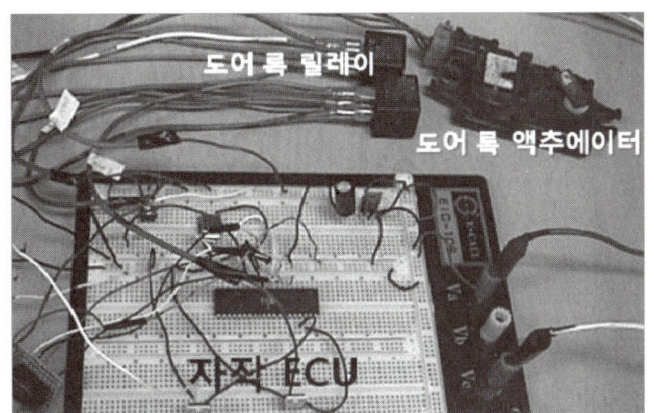

|그림 1-195. 자동 도어 록 연결 회로|

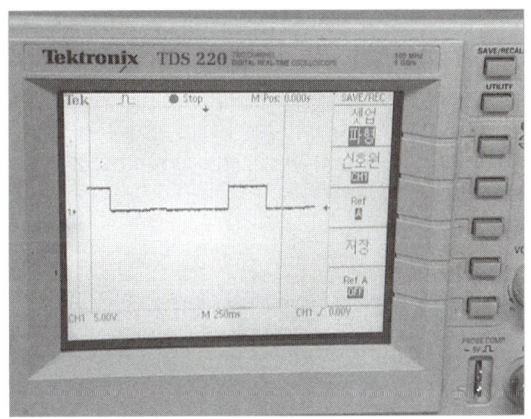

|그림 1-196. 도어 록 제어 파형|

그림 1-194는 자동 도어 록 제어 전체 시스템이다. 만능기판을 이용하여 자동 도어 록 회로를 제작하면 그림 1-195와 같으며, 이때 자작 ECU의 PA2 또는 PA3 단자에서 출력되는 파형은 그림 1-196과 같다.

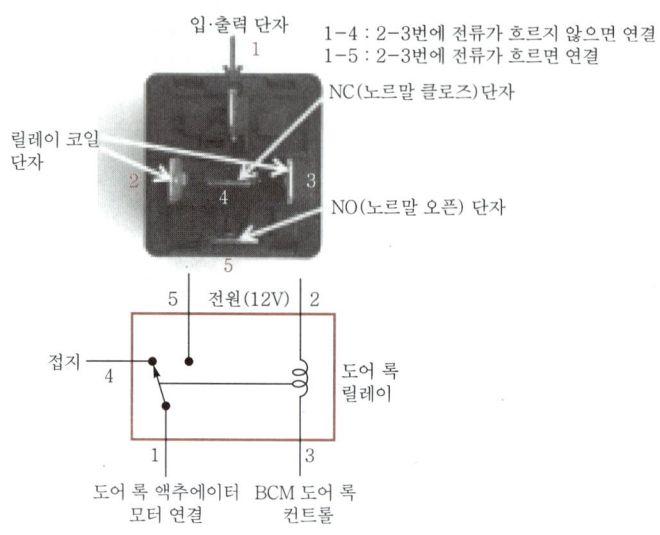

입·출력 단자
1

1-4 : 2-3번에 전류가 흐르지 않으면 연결
1-5 : 2-3번에 전류가 흐르면 연결

NC(노르말 클로즈) 단자

릴레이 코일
단자

2

4

3

NO(노르말 오픈) 단자

5

5 전원(12V) 2

접지 4

도어 록
릴레이

1

3

도어 록 액추에이터
모터 연결

BCM 도어 록
컨트롤

| 그림 1-197. 도어 록 릴레이 연결도 |

도어 록/언록 제어 시스템에서 도어 록 릴레이와 전원, BCM, 도어 록 액추에이터의 연결은 그림 1-197과 같다.

1.5.2 차속 40km/h 감지 자동 도어 록 제어

(1) 작동 설명

주행 속도가 시속 40km/h 이상을 감지하여 도어를 자동으로 록(lock)할 수 있는 제어 프로그램을 설계한다. 이때 타이어 휠 직경은 57cm로 한다.

(2) 제어 알고리즘

① 외부 인터럽트 단자(PD2)를 통해 차속을 감지한다.

② 차속이 40km/h 이하에서는 도어를 언록, 40km/h 이상에서는 도어를 록 제어한다.

③ 차속은 외부 인터럽트 단자로 입력되는 VSS 신호의 매 21번째 펄스의 1주기를 계측하여 결정한다.

(3) 제어 회로도

그림 1-198은 시속 40km/h 이상 시 도어 록을 제어하기 위한 제어 회로도를 나타낸다.

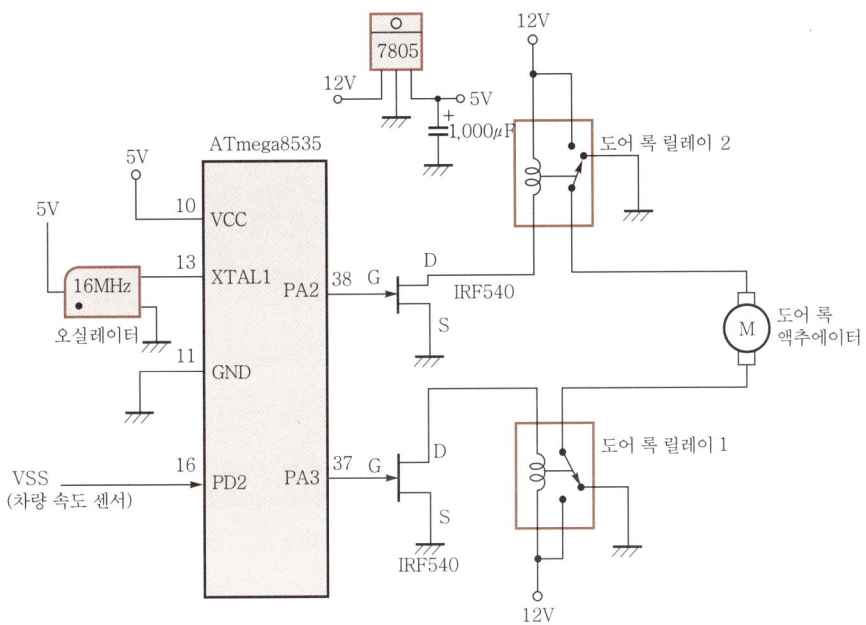

| 그림 1-198. VSS에 의한 도어 록 제어 회로도 |

(4) 제어 프로그램

```
//*VSS 계측 제어**//
#include <mega8535.h>
unsigned int k=0, n=0, time=0, p, ti_value;
interrupt[TIM0_OVF]timer_int0 (void)
{
    p++;
}


interrupt[EXT_INT0]void external_int0(void)
{
  if(n>19){//20회마다 한 번씩 1펄스 확인
        if(k==0){
                TIMSK=0x01;//타이머/카운터0 오버플로 인터럽트 인에이블
                TCNT0=0x00;
                k=1;
                p=0;
```

```
                }
        else{
                TIMSK=0x00;//타이머/카운터0 오버플로 인터럽트 디스에이블
                time=TCNT0;
                k=0;
                n=1;
                ti_value=p*256 +time;
                }
        }
    else n++;
 }

void main(void)
{
  //입·출력 포트 설정
  DDRD=0x00;//PORTD 모든 핀을 입력으로 설정
  DDRA=0xFF;//PORTA 모든 핀을 출력으로 설정

  //외부 인터럽트 초기화
  GICR=0x40;//외부 인터럽트0 인에이블(허용)
  MCUCR=0x03;//상승 에지에서 인터럽트 발생 0b00000011//

  //타이머/카운터0 오버플로 인터럽트 초기화//
  TIMSK=0x00;//타이머/카운터0 인터럽트 디스에이블
  TCCR0=0x05;//프리스케일러 : 1024분주
  TCNT0=0x00;//주기
  SREG=0x80;//전역 인터럽트 인에이블

  PORTA=0x00;
  do{
      if(ti_value<629)PORTA=0x04;//0b00000100
      else PORTA=0x08;//0b00001000
    }while(1);
}
```

위 프로그램을 다음에서 살펴보자.

① **차속의 검출 방법**

차량의 속도 일반적으로 변속기의 출력축측에서 검출하는 방법과 앞바퀴쪽에서 측정하는 방법이 있다.

주로 차량 속도계의 차속 검출은 변속기의 출력축측 센서의 신호를 사용하지만, 여기서는 앞바퀴쪽의 VSS의 신호를 검출하여 차속을 계측하는 것으로 한다.

② **VSS(Vehicle Speed Sensor)의 구조**

차속은 홀센서 방식, 코일 방식, 광학 방식 등 여러 가지 검출 방식이 있지만, 여기서는 편의상 홀센서로부터 출력되는 디지털 파형을 기초로 차속을 측정하는 방식을 설명하도록 한다.

지금 홀소자를 이용한 센서 내부에는 4개의 돌기를 가진 로터가 회전하면서 4개의 그림 1-199와 같은 디지털 펄스를 출력한다.

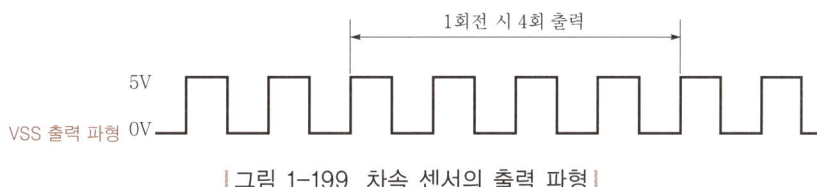

| 그림 1-199. 차속 센서의 출력 파형 |

③ **차량 속도 계산**

타이어 휠 직경이 57cm일 때 VSS 신호를 이용하여 시속 40km/h의 차량 속도를 계측하고 도어 록 릴레이를 제어하는 방법을 생각해 보자.

차속 센서의 출력을 분석해 보면 4개 펄스가 로터 1회전으로 휠 1바퀴 회전이 된다. 차속이 40km/h일 때 휠이 1회전 시 경과 시간은 시속 40km/h=4,000,000cm/3,600s가 된다. 쉽게 설명하면 4×10^6cm 거리를 주행하는 데 걸리는 시간이 3,600s가 된다. 이를 이용하여 40km/h의 속도에서 직경 57cm의 바퀴가 1회전하는 데 소요되는 시간은 다음과 같다.

바퀴가 1회전하면 주행거리는 3.14×57cm(1바퀴 회전 시 거리, πD)가 되므로, 이때 경과시간은 다음과 같이 구한다.

$$4 \times 10^6 \text{cm} \quad\text{————}\quad 3,600\text{s}$$
$$3.14 \times 57 \text{cm}(\pi D) \text{ —— } x\text{s}$$
$$\therefore \ x = 161\text{ms}$$

즉, 휠 1회전 시간이 161ms보다 크면 시속이 40km/h보다 작고, 161ms보다 작으면 시속이 40km/h보다 크다. 따라서 로터 1회전, 즉 휠 1회전 시의 경과 시간을 계측하여 161ms보다 작은지를 비교하여 40km/h 이상인지를 확인할 수 있다.

실제 측정에서는 VSS 1사이클의 시간을 계측하여 ×4배하여 1회전 시간을 계산할 수 있다.

만약 휠 1회전 시간이 길다고 판단되면, VSS 출력 파형 1사이클(1주기) 시간을 계측하여 계산할 수도 있다. 이때는 차속이 40km/h 시 휠 1회전 시간이 161ms이므로 1/4회전 시간은 161/4=40.25ms를 기준으로 도어 록 작동 시기를 판단하면 된다.

즉, VSS 1주기 시간을 측정하여 40.25ms보다 큰지, 작은지를 판단하여 도어 록을 제어하면 된다.

여기서, 타이머/카운터0를 사용할 경우 40.25ms에 해당되는 카운터 수를 계산하여 그 값과 비교함으로써 시속 40km/h보다 큰지, 작은지를 판단할 수도 있다.

타이머/카운터0의 1count를 시간으로 환산하면 다음과 같이 계산할 수 있다.

㉠ 1024분주 시 : $(1/16)\mu s \times 1024 \times 1 = 64\mu s$

㉡ 256분주 시 : $(1/16)\mu s \times 256 \times 1 = 16\mu s$

㉢ 8분주 시 : $(1/16)\mu s \times 8 \times 1 = 0.5\mu s$

㉣ 1분주 시 : $(1/16)\mu s \times 1 \times 1 = (1/16)\mu s$

따라서 1024분주 시 40.25ms 경과 시간을 count 수로 나타내면

$$1count \text{ ———— } 64\mu s$$
$$x \text{ ———— } 40.25ms$$

여기서, x=약 629 count가 된다.

④ 1주기의 계측은 그림 1-200과 같이 측정할 수 있다.

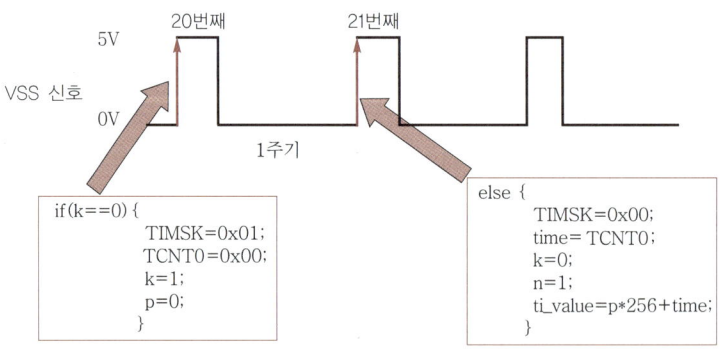

|그림 1-200. VSS 1주기의 계측|

21번째 펄스 상승 에지에서 ti_value=p×256+time;에 의해 1주기 카운트(count) 수를 계산하게 된다.

여기서, time은 현재 TCNT0 레지스터에 기억된 카운트 수(255를 넘지 않는다)를 나타내고, p는 타이머/카운터0의 오버플로 인터럽트 발생 횟수를 말하며, ti_value는 1주기의 전체 카운트 수를 나타낸다.

또한, 타이머/카운터0가 8비트이므로 p=1은 256카운트가 된다.

따라서 1주기 동안 발생한 카운트 수는 ti_valve＝p×256+time;이 된다.

⑤ 아래 문장에서 반복해서 do~while문을 실행하면서 외부 인터럽트와 타이머/카운터0 오버플로 인터럽트를 수행한 후, ti_value 값이 629(40km/h 차속 시 카운트 수)보다 작은지를 확인하여 작으면(차속이 40km/h보다 크면) 도어 록 신호를 출력하고, 크면 도어 언록 신호의 출력을 그림 1-201과 같이 반복적으로 수행한다.

```
do{
    if(ti_value<629)PORTA=0x04;//0b00000100, 도어 록
    else PORTA=0x08;//0b00001000, 도어 언록
}while(1);
```

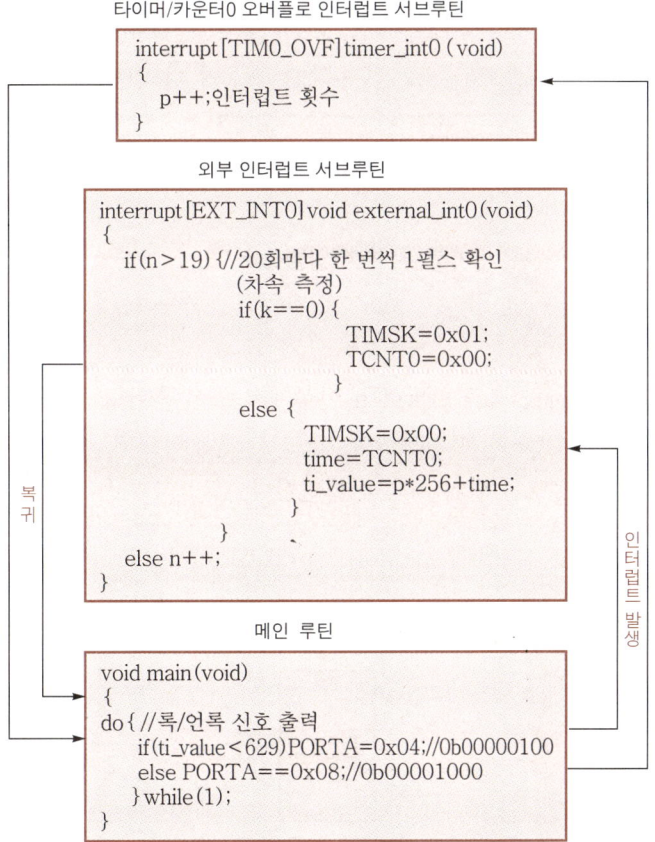

| 그림 1-201. 프로그램 실행 과정 |

1.5.3 자동 도어 록 응용 제어 I

(1) 작동 설명

① 점화 스위치 ON, 차속이 40km/h 이상에서 전 도어를 록(lock)시킨다.

② 점화 스위치 ON에서 OFF 시 언록 신호를 출력한다.

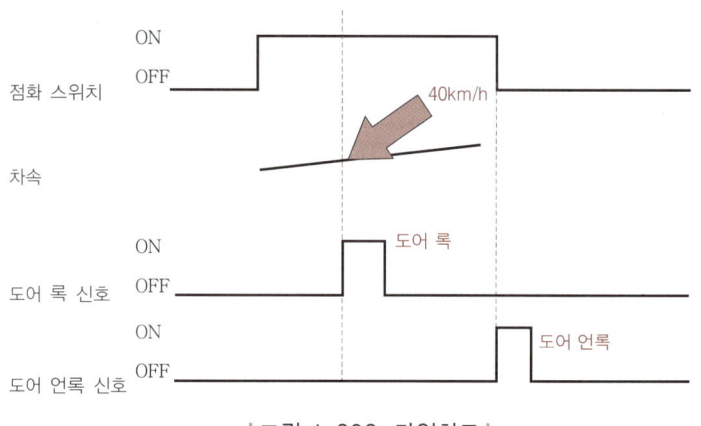

│그림 1-202. 타임차트│

그림 1-202는 자동 도어 록 제어를 위한 타임차트이다.

(2) 제어 알고리즘

① 점화 스위치 ON과 차량 속도 40km/h 이상에서 도어 록한다.

② 점화 스위치 ON에서 OFF 시 언록한다.

③ 차속 센서(VSS)의 신호를 받아 차속을 확인한다.

(3) 단순 제어도

그림 1-203은 자동 도어 록 제어를 위한 단순 제어도이다.

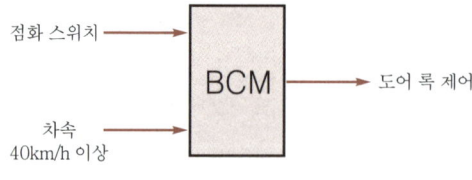

│그림 1-203. 단순 제어도│

(4) 제어 회로도

그림 1-204는 차속을 입력받아 자동 도어 록 시스템을 제어하기 위한 회로도이다.

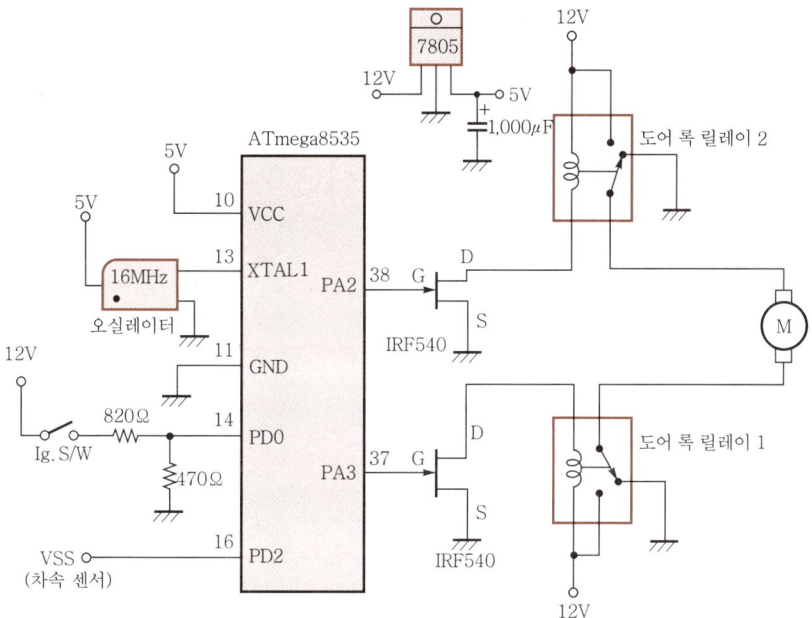

|그림 1-204. 제어 회로도|

(5) 제어 프로그램

```
//**VSS의 계측 세어**//
#include 〈mega8535.h〉
unsigned int k=0, p=0, n=0, time=200, ti_value=0;
unsigned char kor;
//*타이머/카운터0 오버플로 인터럽트 서브루틴*//
interrupt[TIM0_OVF]void timer_int0(void)
{
  p++;
}
interrupt[EXT_INT0] void external_int0(void)
{
  if(n>19){//외부 인터럽트 신호 20회마다 한 번씩 시속 확인
          if(k==0){
                  TIMSK=0x01;
                  TCNT0=0x00;//8비트 타이머/카운터0 사용
                  k=1;
                  p=0;
```

```
                }
            else{
                  TIMSK=0x00;
                  time=TCNT0;
                  k=0;
                  n=1;
                  ti_value=p*256 +time;
                  }
            }
      else n++;
    }
void main(void)
{

  //입·출력 포트 설정//
  DDRD=0x00;//PORTD 모든 핀을 입력으로 설정
  DDRA=0xFF;//PORTA 모든 핀을 출력으로 설정

  //외부 인터럽트0 초기화//
  GICR=0x40;//외부 인터럽트0 인에이블
  MCUCR=0x03;//상승 에지에서 인터럽트 발생, 0b00000011
  //타이머/카운터0 오버플로 인터럽트 초기화//
  TIMSK=0x00;//타이머/카운터0 인터럽트 디스에이블
  TCCR0=0x05;//프리스케일러 : 1024분주
  TCNT0=0x00;//주기
  SREG=0x80;//전역 인터럽트 인에이블
  ;
  PORTA=0b00001000;//도어 언록
  ;
  do{
     kor=PIND & 0b00000001;//PD0 단자 입력 확인
     if(kor==0b00000001){
                        if(ti_value<629) PORTA=0b00000100;
                        else PORTA=0b00001000;
                        }
     else PORTA=0b00001000;//점화 스위치 OFF 시 언록
   }while(1);
}
```

앞의 프로그램에 대해 살펴보자.

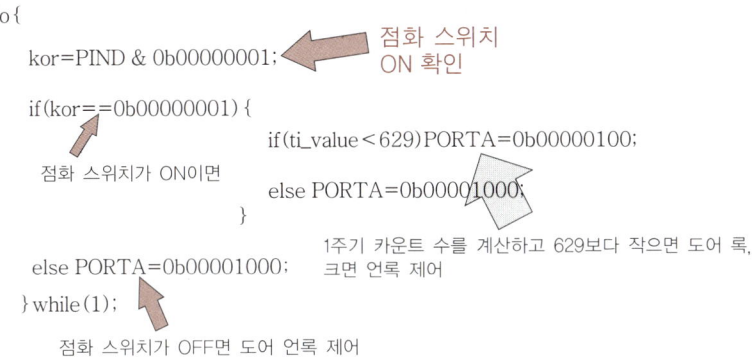

```
do{
    kor=PIND & 0b00000001;          점화 스위치
                                     ON 확인
    if(kor==0b00000001){
                        if(ti_value<629)PORTA=0b00000100;
    점화 스위치가 ON이면
                        else PORTA=0b00001000;
                        }
                        1주기 카운트 수를 계산하고 629보다 작으면 도어 록,
    else PORTA=0b00001000;           크면 언록 제어
}while(1);
    점화 스위치가 OFF면 도어 언록 제어
```

|그림 1-205. 자동 도어 록 출력 프로그램 분석|

① PA2 단자로 '0' 출력 시

그림 1-206에서 PA2 단자가 '0'이면 도어 록이 작동하지 않는다.

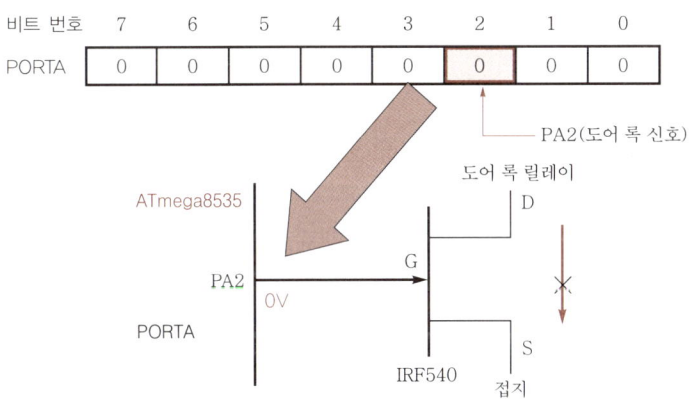

|그림 1-206. PA2 단자로 '0' 출력|

② PA2 단자로 '1' 출력 시

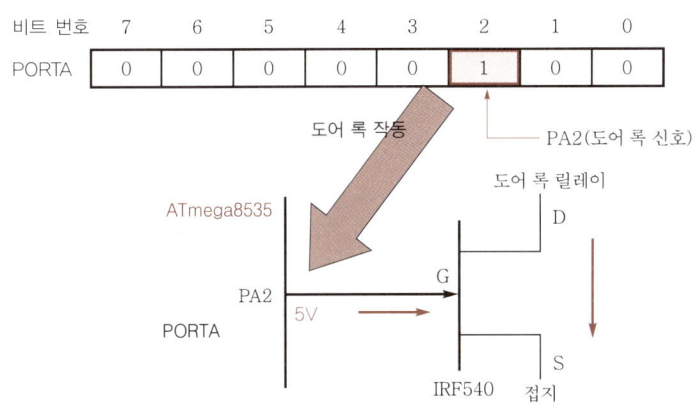

|그림 1-207. PA2 단자로 '1' 출력|

그림 1-207에서처럼 PA2 단자가 '1' 이면 도어 록이 작동한다.

1.5.4 ⇨ 자동 도어 록 응용 제어 Ⅱ

(1) 작동 설명

① 점화 스위치 ON, 차속이 40km/h 이상에서 전 도어를 록(lock)시킨다.

② 점화 스위치 ON에서 OFF 시 언록 신호를 출력한다.

③ 점화 스위치 ON, 도어 록 스위치 ON 작동 시 도어를 록한다.

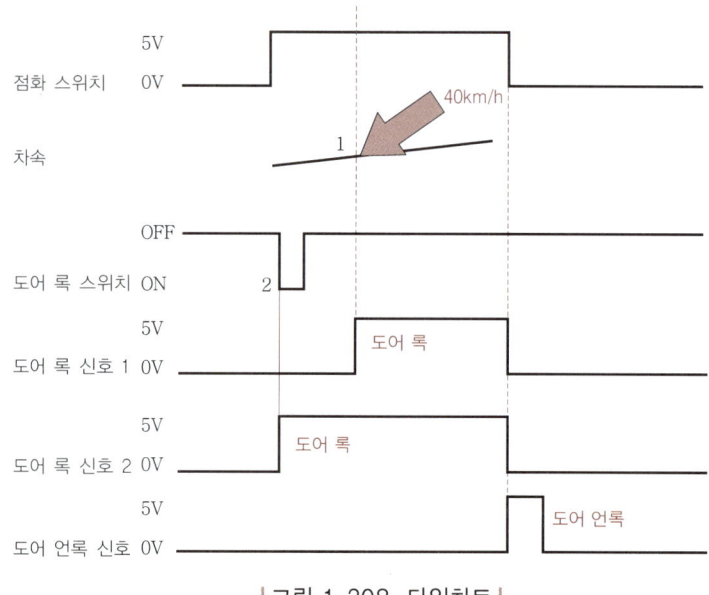

| 그림 1-208. 타임차트 |

그림 1-208은 도어 록 시스템 작동 시 타임차트를 표시한다.

(2) 제어 알고리즘

① 점화 스위치 ON과 차량 속도 40km/h 이상에서 도어를 록한다.

② 점화 스위치 ON에서 OFF 시 도어를 언록한다.

③ 차속 센서(VSS)의 신호를 받아 차속을 확인한다.

④ 점화 스위치 ON, 도어 록 스위치 ON 작동 시 도어를 록한다.

(3) 단순 제어도

그림 1-209는 도어 록 작동을 한눈에 알기 쉽게 표시한 단순 제어도이다.

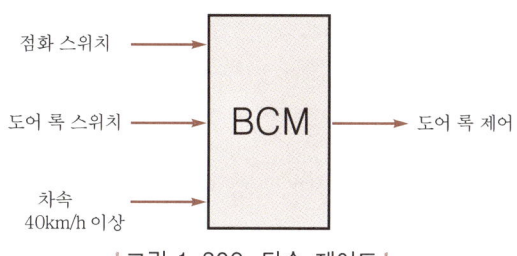

|그림 1-209. 단순 제어도|

(4) 제어 회로도

그림 1-210은 자동 도어 록 제어를 위한 회로도를 나타낸다.

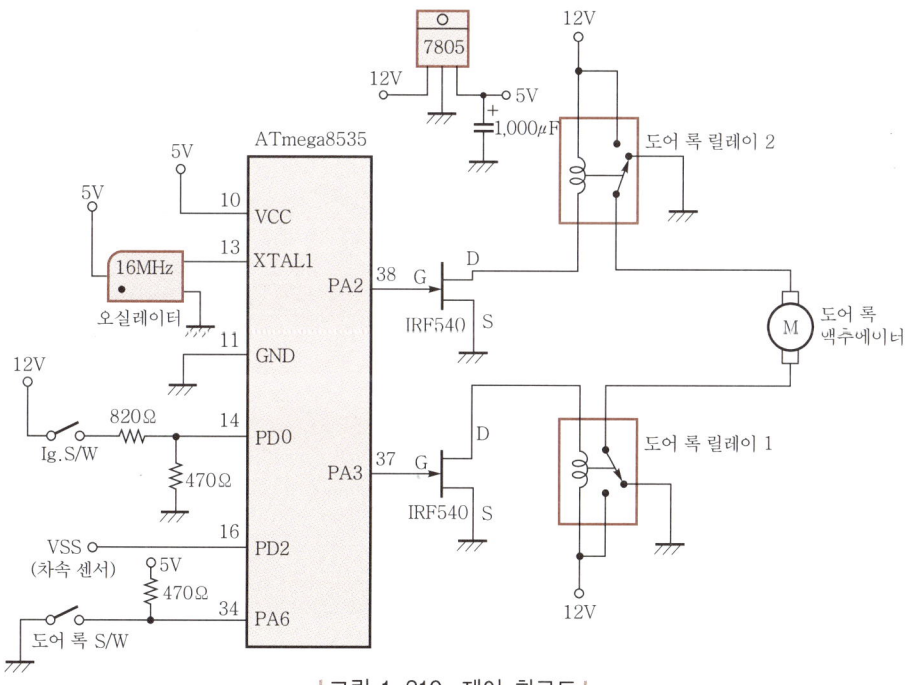

|그림 1-210. 제어 회로도|

(5) 제어 프로그램

```
//**도어 록 응용 제어**//
#include<mega8535.h>
unsigned int k=0, p=0, n=0, time=200, ti_value=0;
unsigned char kor1, kor2, kor;
//*타이머/카운터0 오버플로 인터럽트 서브루틴*//
```

```
interrupt[TIM0_OVF]void timer_int0(void)
{
   p++;
}

interrupt[EXT_INT0]void external_int0(void)
 {
  if(n>19){//외부 인터럽트 신호 20회마다 한 번씩 시속 확인
          if(k==0){
                    TIMSK=0x01;
                    TCNT0=0x00;//8비트 타이머/카운터0 사용
                    k=1;
                    p=0;
                     }
          else{
                TIMSK=0x00;
                time=TCNT0;
                k=0;
                n=1;
                ti_value=p*256 + time;
                 }
          }
     else n++;
 }

 void main(void)
 {
   //입·출력 포트 설정//
   DDRD=0x00;//PORTD 모든 핀을 입력으로 설정
   DDRA=0b10111111;//PORTA 핀에서 PA6-입력, 나머지는 출력으로 설정
   //외부 인터럽트0 초기화//
   GICR=0x40;//외부 인터럽트0 인에이블(허용)
   MCUCR=0x03;//상승 에지에서 인터럽트 발생, 0b00000011

   //타이머/카운터0 오버플로 인터럽트 초기화//
   TIMSK=0x00;//타이머/카운터0 인터럽트 디스에이블
   TCCR0=0x05;//프리스케일러 : 1024분주
   TCNT0=0x00;//주기
   SREG=0x80;//전역 인터럽트 인에이블(허용)
```

```
    ;
    PORTA=0b00001000;//도어 언록
    ;
    do{
        kor1=PIND & 0b00000001;//PD0 단자 입력 확인, 점화 스위치
        kor2=PINA & 0b01000000;//PA6 도어 록 스위치
        kor=kor1 | kor2;
        switch(kor){
                case 0b01000001 : //점화 스위치, 도어 록 스위치 ON
                                PORTA=0b00000100;//도어 록
                                break;
                case 0b00000001 : //점화 스위치 ON
                                    if(ti_value<629)PORTA=0b00000100;
                                    else PORTA=0b00001000;
                                    break;
                default : PORTA=0b00001000;//도어 언록
                }
        }while(1);
}
```

위 프로그램을 보고 do~while문의 내용을 설명해 본다.

① kor1=PIND & 0b00000001;

PORTD의 각 단자로 입력되는 값(PIND)과 0b00000001을 &(and) 연산하여 그 결과 값을 kor1이라는 변수에 저장한다. 즉, PORTD.0(PD0)로 입력되는 점화 스위치 신호 가 ON인지, OFF인지를 확인하기 위해 & 연산을 하게 된다. 만약 점화 스위치가 OFF 이면 PD0 단자로 '0'이 입력되므로 그림 1-211과 같은 결과값을 가지게 된다.

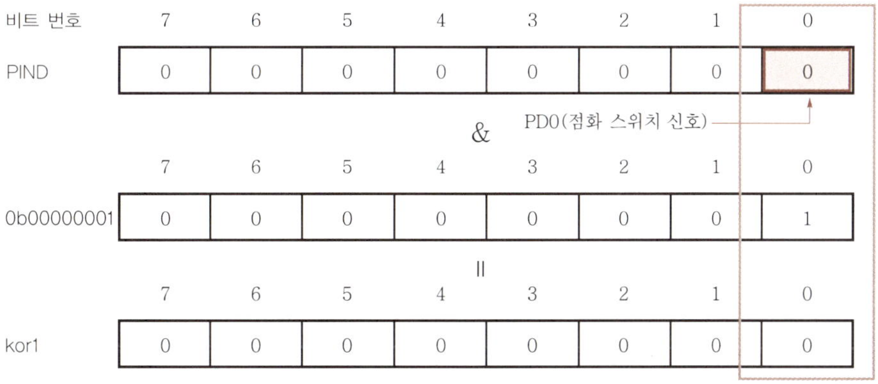

비트 번호	7	6	5	4	3	2	1	0
PIND	0	0	0	0	0	0	0	0

& PD0(점화 스위치 신호)

	7	6	5	4	3	2	1	0
0b00000001	0	0	0	0	0	0	0	1

‖

	7	6	5	4	3	2	1	0
kor1	0	0	0	0	0	0	0	0

| 그림 1-211. 점화 스위치 OFF 시 PIND & 0b00000001의 값|

또 점화 스위치가 ON이면 PD0 단자로 '1'이 입력되므로 그림 1-212와 같은 결과 값을 가지게 된다.

|그림 1-212. 점화 스위치 ON 시 PIND & 0b00000001의 값|

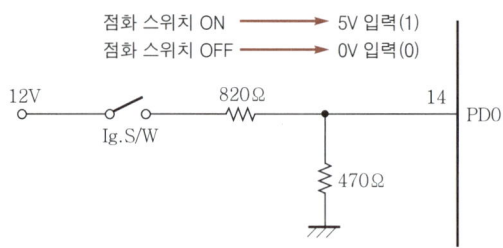

|그림 1-213. 점화 스위치 작동|

그림 1-213에서 점화 스위치가 ON이면 PD0로 5V가 입력되므로 PIND의 첫 번째 비트에는 '1'이 기억된다.

물론 점화 스위치가 OFF이면 PD0로 0V가 입력되므로 PIND의 첫 번째 비트에는 '0'이 기억된다.

② kor2=PINA & 0b01000000;

PORTA의 각 단자로 입력되는 값(PINA)과 0b01000000을 비트 &(and) 연산하여 그 결과값을 kor2라는 변수에 저장한다.

즉, PORTA.6(PA6)로 입력되는 도어 록 스위치 신호가 ON인지, OFF인지를 확인하기 위해 비트 & 연산을 하게 된다.

③ kor=kor1 | kor2;

변수 kor1과 kor2를 비트 |(or) 연산을 행하여 kor이라는 하나의 변수로 만들어 결과 값을 저장한다.

④ switch~case문을 사용하여 kor의 값에 따라 각기 다른 제어를 하도록 한다.

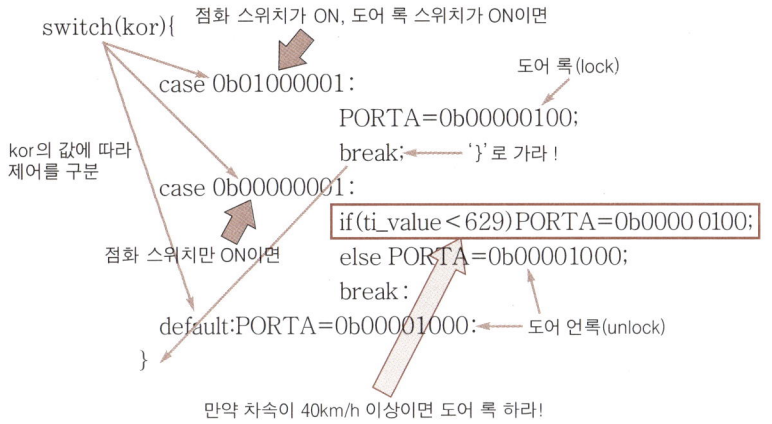

점화 스위치가 ON, 도어 록 스위치가 ON이면

switch(kor){

도어 록(lock)

case 0b01000001 :

PORTA=0b00000100;

break; ← '}'로 가라 !

kor의 값에 따라
제어를 구분

case 0b00000001 :

점화 스위치만 ON이면

if(ti_value<629)PORTA=0b0000 0100;

else PORTA=0b00001000;

break :

default:PORTA=0b00001000 : ← 도어 언록(unlock)

}

만약 차속이 40km/h 이상이면 도어 록 하라!

┃그림 1-214. 자동 도어 록에서 switch~case문 분석┃

1.6 파워윈도우 타이머 제어

파워윈도우의 작동은 BCM, 파워윈도우 릴레이, 파워윈도우 모터, 파워윈도우 스위치에 의해 제어된다.

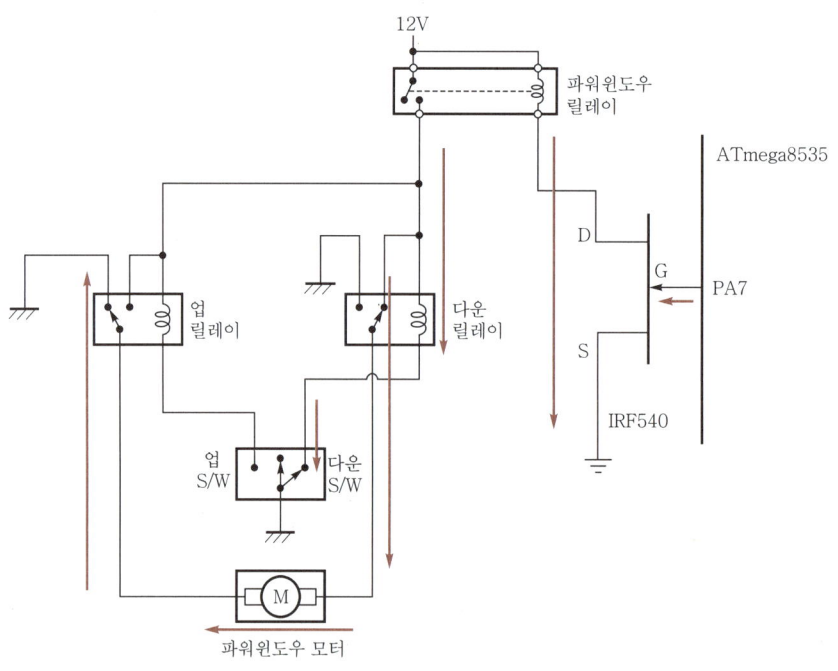

│ 그림 1-215. 파워윈도우 스위치를 Down으로 했을 때의 전류 흐름도 │

그림 1-215는 파워윈도우 스위치를 Down으로 작동할 때의 전류 흐름도를 나타낸다.

먼저 점화 스위치를 ON하면 IRF540의 Gate에 전압이 가해져 Drain과 Source가 도통하게 된다. 이때 파워윈도우 릴레이 코일에 전류가 흘러 스위치가 닫히게 되고 그림 1-215와 같이 파워윈도우 회로로 전류가 흐르게 된다.

파워윈도우 스위치의 다운 접점을 통해 접지가 되면, 다운 릴레이가 작동하여 파워윈도우 모터를 거쳐 업 릴레이를 통해 흐르는 전류가 접지되므로 모터가 윈도우를 Down하는 방향으로 회전하게 된다.

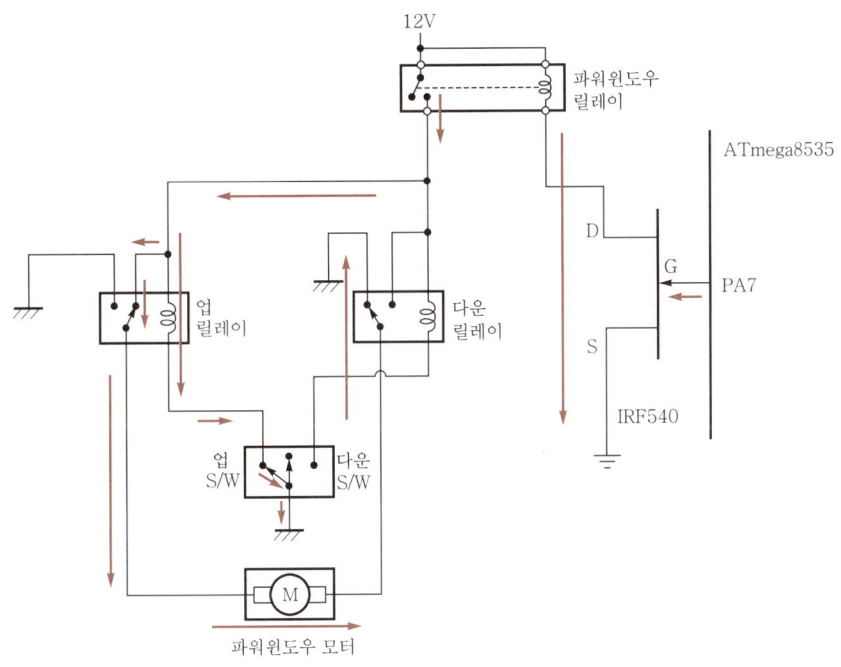

그림 1-216. 파워윈도우 스위치를 Up으로 했을 때의 전류 흐름도

그림 1-216은 파워윈도우 스위치를 Up으로 작동할 때의 전류 흐름도를 나타낸다.

파워윈도우 스위치의 업 접점을 통해 접지가 되면, 업 릴레이가 작동하여 파워윈도우 모터를 거쳐 다운 릴레이를 통해 흐르는 전류가 접지되므로 모터가 윈도우를 Up하는 방향으로 회전하게 된다. 차종에 따라서는 파워윈도우를 제어하기 위해 릴레이를 3개 사용하는 경우도 있으나 자작 ECU를 사용한 제어에서는 1개의 파워윈도우 릴레이를 사용하여 회로를 꾸며보도록 한다.

(1) 작동 설명

① 점화 스위치 ON 시 파워윈도우 릴레이를 작동하고 파워윈도우 출력을 ON하여 파워윈도우 스위치를 작동하면 언제든지 윈도우를 Up/Down 할 수 있다.

② 점화 스위치 OFF 시 8초간 출력을 유지한 후 OFF한다.

그림 1-217은 파워윈도우 작동을 타임차트로 나타내었다.

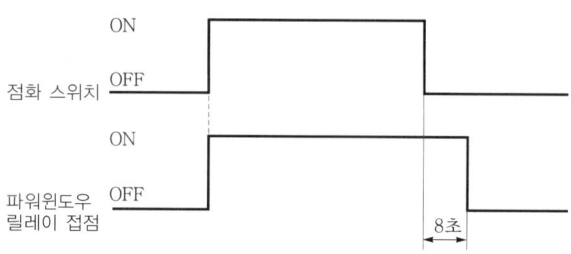

| 그림 1-217. 타임차트 |

(2) 제어 알고리즘

① 파워윈도우 작동은 BCM을 통해 제어된다.

② 점화 스위치 ON 시는 파워윈도우 출력을 ON한다.

③ 점화 스위치 OFF 후 8초간 출력을 유지한다.

④ 파워윈도우 업과 다운 작동은 BCM에 의해서 제어되는 것이 아니라 업-다운 스위치에
의해 제어된다.

(3) 단순 제어도

그림 1-218은 파워윈도우 제어도를 이해하기 쉽게 그림으로 나타낸 것이다.

점화 스위치가 ON되면 BCM이 파워윈도우 릴레이 코일을 작동하여 릴레이 접점이 붙게
되어 파워윈도우 회로로 전원을 공급하게 된다.

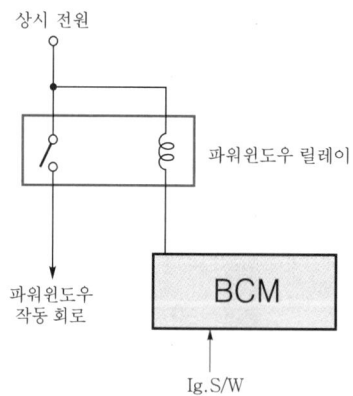

| 그림 1-218. 파워윈도우 제어 단순도 |

(4) 제어 회로도

그림 1-219는 파워윈도우를 제어하기 위한 회로도를 나타낸다.

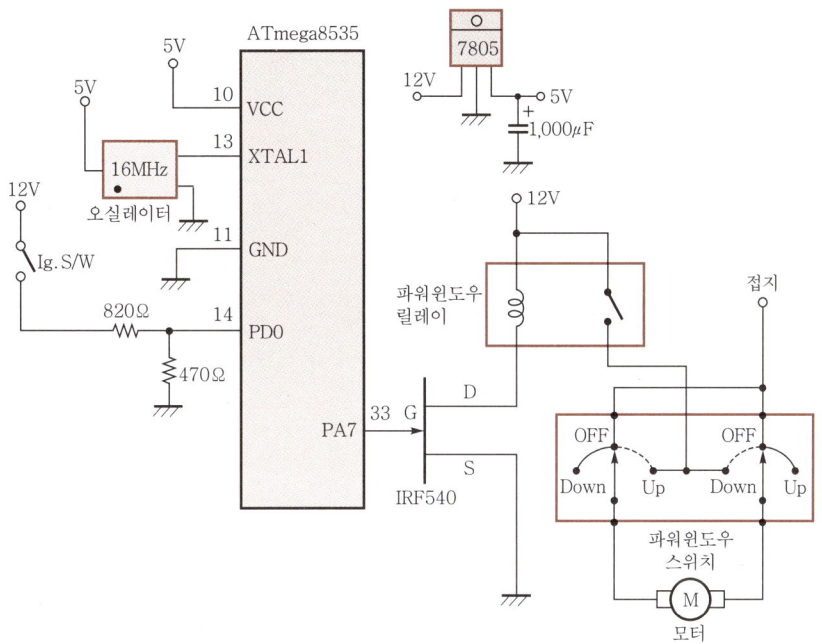

|그림 1-219. 파워윈도우 제어 회로도|

(5) 제어 프로그램

```
//**파워윈도우 제어**//
#include 〈mega8535.h〉
unsigned int n=0, k=1;
unsigned int kor;

interrupt[TIM0_OVF]timer_int0 (void)
{
  n++;
  if(n==500){
          n=0;
          k=1;
          }
}

void main(void)
{
  //입·출력 포트 설정
  DDRD=0x00;//PORTD 모든 핀을 입력으로 설정
  DDRA=0xFF;//PORTA 모든 핀을 출력으로 설정
```

```
    //타이머/카운터0 오버플로 인터럽트 초기화//
    TIMSK=0x00;//타이머/카운터0 인터럽트 디스에이블
    TCCR0=0x05;//프리스케일러 : 1024분주
    TCNT0=0x00;//초깃값
    SREG=0x80;//전역 인터럽트 인에이블
    PORTC=0x00;

do{
    kor=PIND & 0b00000001;
    if(kor==0b00000001){
                        PORTA=0b10000000;
                        k=0;
                        }
    else if((k==0)&&(kor==0b00000000)){
                                    TIMSK=0x01;//타이머/카운터0 오버플로
                                            인터럽트 인에이블
                                    PORTA=0b10000000;
                                            }
    else if((k==1)&&(kor==0b00000000)){
                                    TIMSK=0x00;//타이머/카운터0 오버플로
                                            인터럽트 디스에이블
                                    PORTA=0b00000000;
                                            }
    else PORTA=0b00000000;
   }while(1);
 }
```

위 프로그램을 살펴보자.

① 점화 스위치 OFF 후 8초 동안의 파워윈도우 출력 시간은 다음과 같이 계산할 수 있다.

타이머/카운터0는 8비트이므로 256카운트 후에 오버플로 인터럽트가 발생한다.

이때 프리스케일러를 1024로 설정하였다.

점화 스위치 OFF 후에 8초 동안 파워윈도우 출력을 유지하기 위한 타이머/카운터0의 카운트 수는 다음과 같이 계산할 수 있다.

1count의 시간은 $(1/16)\mu s$이므로, 8초는 몇 count가 되는지 계산하면 된다.

$$1\text{count} \longrightarrow (1/16)\mu s$$
$$x\,\text{count} \longrightarrow 8\text{sec}=8,000,000\mu s$$

여기서, $x=128\times10^6$ count가 된다.

결국, 타이머/카운터0는 8비트로서 256count 후 오버플로 인터럽트가 발생하므로 8초가 되기 위한 타이머/카운터0 오버플로 인터럽트 횟수는 다음과 같다.

$(128\times10^6)/256=500$회

따라서 500회의 타이머/카운터0 오버플로 인터럽트가 발생하면 8초가 된 것을 알 수 있다.

② 8초의 타이머/카운터0 제어는 다음과 같이 프로그램할 수 있다.

```
interrupt[TIM0_OVF]timer_int0 (void)
{
  n++;
  if(n==500){
              n=0;
              k=1;
            }
}
```

여기서 변수 k는 점화 스위치가 OFF 상태일 때 처음부터 계속 OFF 상태였는지 아니면 점화 스위치가 ON 후에 OFF되어 타이머/카운터0 오버플로 인터럽트를 발생한 후 OFF 상태인지를 구별하기 위해 사용한다.

③ do~while 문의 제어는 다음과 같이 할 수 있다.

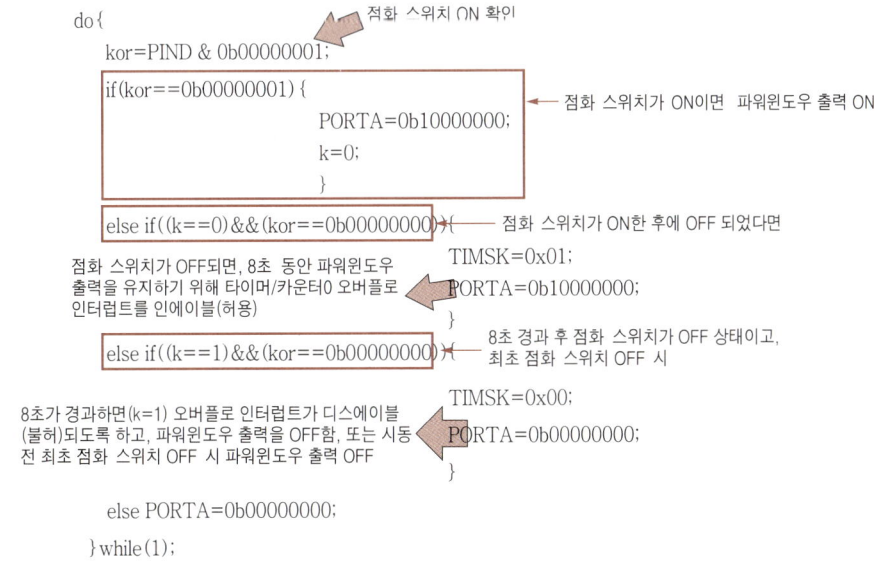

| 그림 1-220. 파워윈도우 출력 분석 |

(6) 작동 확인

파워윈도우 회로를 자작 ECU와 연결하여 그림 1-221과 같이 그 작동을 확인할 수 있다.

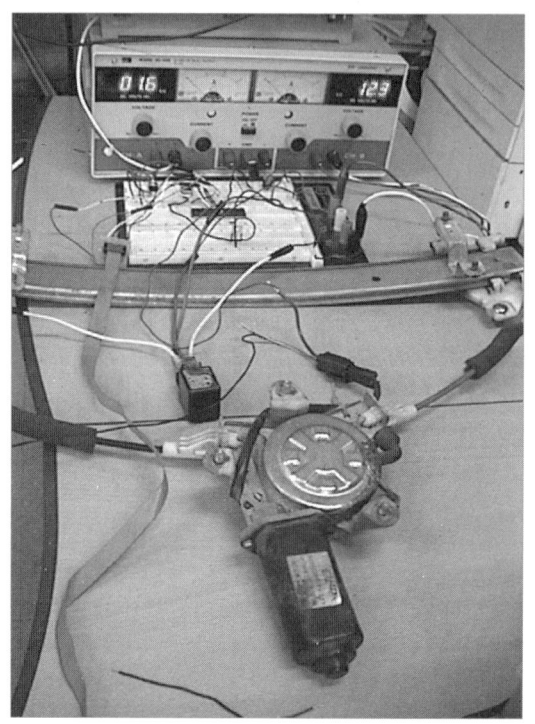

┃그림 1-221. 파워윈도우 작동 확인┃

(7) PA7 단자의 출력에 따른 변화

그림 1-222와 같이 PA7 단자로 '1'이 출력되면 IRF540의 작동에 의해 릴레이가 작동하므로 모터로 12V의 전원이 공급된다.

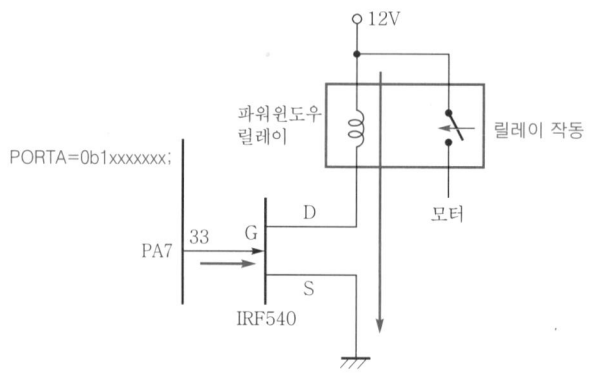

┃그림 1-222. PA7 단자로 '1'이 출력될 때┃

그림 1-223과 같이 PA7 단자로 '0'이 출력되면 IRF540이 작동하지 않아 릴레이의 스위치 접점으로 전류가 흐르지 않으므로 모터로 12V의 전원이 공급되지 않는다.

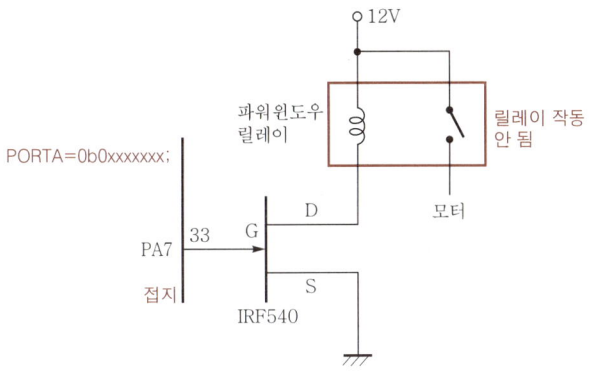

|그림 1-223. PA7 단자로 '0'이 출력될 때|

MEMO

Chapter

02

자동차 ECM 제어

2.1.1 크랭크앵글 출력 신호 분석

(1) 단기통 엔진의 CPS 신호 분석

자동차 전자제어 4기통 엔진을 이해하기 위해서는 우선 비전자제어 단기통 엔진(4행정 기관, 카뷰레터 사용)을 전자제어 엔진으로 개조하면서 전자제어 시스템에 대해 설명하는 것이 자동차 전자제어 엔진 시스템을 이해하고 응용하는 데 여러 가지 면에서 더 유용할 것으로 생각된다.

따라서 그림 2-1과 같은 단기통 엔진(대림, VL125)을 예로 자동차 엔진의 전자제어 시스템에 대해 설명하도록 한다.

엔진은 강력한 힘을 발생하는 동력원이지만 다른 측면에서 볼 때 이제 단순히 ECU에서 제어하는 하나의 액추에이디(actuator)일 뿐이므로 딘기통의 전자제이 시스템을 잘 이해힌다면 그 제어 대상이 4기통 엔진이라 하더라도 제어 시스템을 이해하기에는 어려움이 없을 것이다.

|그림 2-1. VL125 단기통 엔진|

엔진에서 연소실 내로 적절한 시기에 연료를 공급하고 정확하게 점화 시기를 계측하여 점화하기 위해서는 무엇보다도 가장 먼저 정밀한 크랭크각(CA)의 감지가 필요하다.

전자제어 엔진의 경우 ECU에서 최적의 상태로 연료 분사 및 점화를 제어하기 위해서는 엔진의 정확한 크랭크각의 정보를 CPS로부터 입력받아야 하고, 또한 엔진의 현재 상태를 각종 센서로부터 입력받아야 한다.

기본적으로 연료 분사 및 점화는 엔진 출력에 큰 영향을 미치므로 엔진의 특성에 알맞은 정밀한 크랭크각 출력 신호의 설계가 요구되고 있다.

① 엔진 관련 제원

비전자제어 방식 단기통 엔진의 경우 플라이휠 로터(flywheel rotor)측 크랭크케이스 커버(crankcase cover)에 그림 2-2와 같이 CPS가 설치되어 있으며, 플라이휠 로터에 1개의 Tooth가 로터와 일체로 설치되어 있어 CPS에서 엔진 1회전마다 1개의 펄스(pulse)를 출력하도록 설계되어 있다.

사용 엔진에서 크랭크축 키 홈을 위쪽으로 놓았을 때 플라이휠 로터의 'T' 마크와 CPS의 설치 각도는 47°이며, TDC 8° 전에서 Tooth의 끝과 CPS가 일치하도록 설계되어 있어 CPS에서 Tooth 끝 신호(- Pulse)가 발생하고 8° 경과 후에 TDC가 된다.

즉, 그림 2-3에서 'T' 마크는 TDC(압축 상사점)를 나타내며, 'F' 마크는 엔진 회전 시 Tooth의 끝과 CPS가 일치하면 이때 자력선의 변화에 의해 펄스가 출력되고 이 순간이 크랭크케이스 커버의 TDC 확인을 위한 AC 발전기 캡에 표시된 ▼ 마크와 플라이휠 로터의 'F' 마크가 일치할 때이다.

또 이 각도는 BTDC 8°가 되도록 설계되어 있으며 엔진이 수평으로 설치된 상태에서 실린더는 15° 경사지게 위치하도록 되어 있다.

표 2-1은 VL125 단기통 엔진의 제원을 나타낸다.

| 그림 2-2. 크랭크케이스 커버와 CPS |

|그림 2-3. 플라이휠 로터와 타이밍 마크|

|표 2-1. VL125 엔진의 제원|

제 원			특 성
엔진	유형		Oil/Air cooled 4stroke SOHC 4valve engine
	실린더 No.		One cylinder, 15° gradient
	Bore × Stroke		56.5 × 49.5mm
	총 배기량		124.1cm³
	압축비		11.5 : 1
	밸브 기구		SOHC chain drive
	흡입 밸브	열림	7° BTDC
		닫힘	24° ABDC
	배기 밸브	열림	16° BBDC
		닫힘	4° BTDC
	엔진 무게		32.3kg

② 기본 사양의 CPS 출력 파형

기존 카뷰레터 방식의 단기통 엔진은 회전 속도를 계측하고 점화를 제어하기 위해 1개의 Tooth를 가지고 있으며 CPS는 마그네틱(코일) 방식으로, 출력 신호는 그림 2-4와 같이 자속량의 차이에 따라 발생되는 전압의 크기가 변화된다.

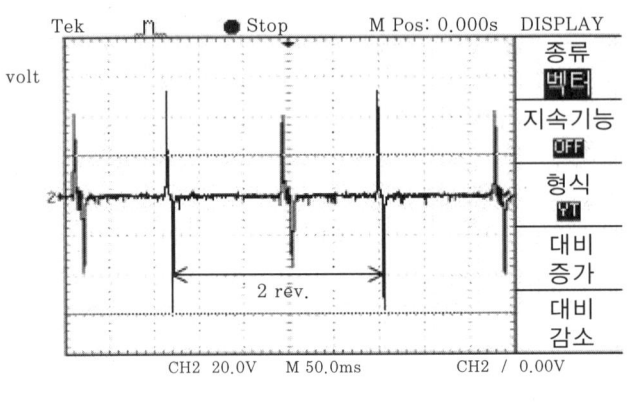

|그림 2-4. CPS 출력 파형|

그림 2-4의 CPS 펄스에서 전압의 크기가 다른 것은 단기통 엔진에서 특히 뚜렷하게 나타나는 회전 각속도의 차에 의해 식 $E = -N_c \dfrac{d\phi}{dt}$에서 $\dfrac{d\phi}{dt}$가 변화되기 때문이다.

여기서, N_c는 코일 감은 수, E는 기전력의 크기, $\dfrac{d\phi}{dt}$는 시간에 따른 자속의 변화량을 나타낸다.

③ CPS 출력 신호의 설계 및 제어

그림 2-5와 같이 크랭크축 2회전(720°) 시 2회 발생되는 CPS 신호를 이용하여 압축 상사점을 판별하고 엔진을 제어하도록 한다.

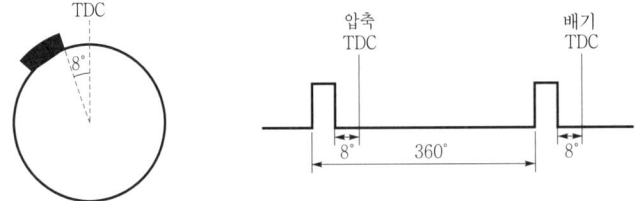

|그림 2-5. Tooth가 1개일 때의 TDC 위치|

단기통 엔진의 경우 다기통 엔진에 비해 회전 시 크랭크 각속도의 변동이 크므로 그 특성을 분석하면 압축 상사점과 배기 상사점을 구별하여 연료 분사 및 점화 제어에 응용할 수 있다.

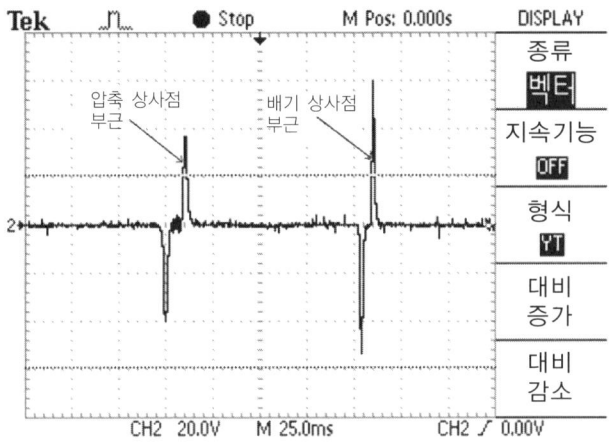

|그림 2-6. 1개의 Tooth를 가진 플라이휠 로터의 출력 파형|

그림 2-6은 BTDC(TDC 전) 47°에 위치해 있는 1개의 Tooth에 의해 발생되는 카뷰레터 방식의 CPS의 출력 파형을 나타내는 것으로서, 압축 상사점 부근에서의 출력 전압과 배기 상사점 부근에서의 출력 전압의 크기가 뚜렷하게 차이가 발생하는 것을 볼 수 있다.

이것은 크랭크축이 회전할 때 압축 시와 배기 시의 피스톤 상승 속도의 차이에 의해 발생된다.

그림 2-6의 파형을 CPS 입력 인터페이스(interface)를 거쳐 파형을 정형하면 그림 2-7과 같은 파형을 얻을 수 있으며, CPU는 이 파형의 폭(길이)을 타이머/카운터로 계측하여 압축 상사점(폭이 넓은 쪽)을 구별하게 된다.

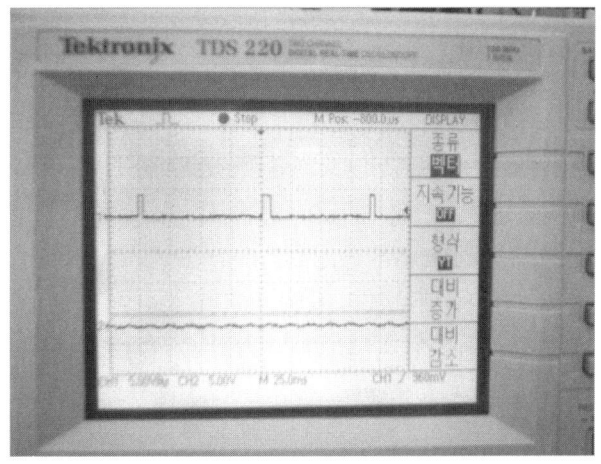

|그림 2-7. 1개의 Tooth를 가진 CPS 출력 파형의 정형|

(2) 4기통 엔진의 CPS 신호 분석

① 크랭크각 센서(CPS)의 설치

크랭크각 센서는 각 실린더의 크랭크각(피스톤 위치)을 감지하여 이를 펄스 신호로 바꿔서 ECU에 입력한다.

크랭크각 신호가 발생하기 위해서는 그림 2-8과 같은 CPS와 톤 휠이 필요하며 톤 휠에 투스(tooth)를 설치하여 펄스(pulse)를 발생하도록 한다.

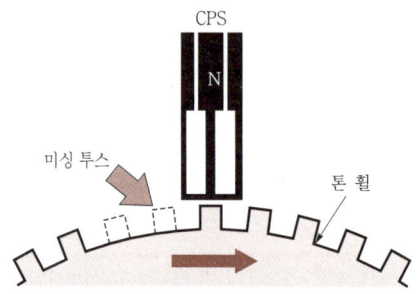

│그림 2-8. 크랭크포지션 센서와 톤 휠│

우선, 엔진을 1번 실린더 압축 상사점(TDC)을 맞추기 위해 타이밍 마크를 일치시킨다. 이렇게 타이밍 마크가 일치된 상태(1번 실린더 압축 상사점 상태)에서 크랭크축에 톤 휠을 설치하게 된다.

이때 톤 휠에는 기준점을 감지하기 위해 미싱 투스(missing tooth)를 설치하고 이를 기준으로 1번 실린더 압축 상사점을 확인하게 된다.

보통 TDC는 미싱 투스 후에 위치하며 그 위치는 엔진의 점화 시기 범위를 고려하여 정한다.

어떤 엔진에서 최대 점화 시기가 BTDC 55°라고 하자.

그림 2-9에서 투스간의 간격이 6°(투스 58개, 미싱 투스 2개로 총 60개 투스)라면 A점은 투스 10개이므로 60°로서 TDC는 최소한 A점 이후에 위치하도록 한다.

따라서 톤 휠을 크랭크축에 설치할 때 그림에서는 A점을 TDC로 정했을 경우 A점에 크랭크포지션 센서를 일치시키면 엔진이 회전 시 미싱 투스 후 10번째 펄스가 항상 TDC가 된다. 즉, 미싱 투스 끝은 BTDC 60°가 된다.

여기서 CPS의 설치 위치는 엔진에서 가장 적절한 곳이면 되고 타이밍 마크를 정확하게 일치시킨 상태에서 CPS와 TDC 위치인 A점을 일치시켜 조립하면 된다.

그림 2-10에서는 미싱 투스 후 10번째 신호의 하강 에지를 기준 신호로 정한 것이다.

|그림 2-9. 미싱 투스|

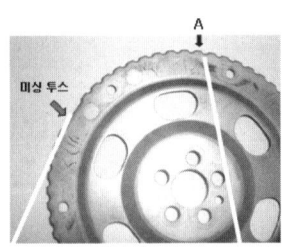

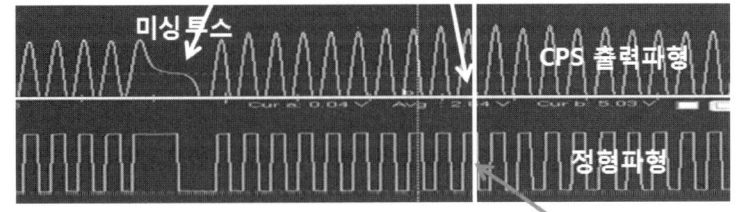

|그림 2-10. 기준 신호 발생|

② CKP(크랭크축에 위치) 신호만으로 엔진 제어 시

보통 점화 시기가 최대 BTDC 55°라면 TDC의 위치는 최소한 미싱 투스 후 55° 이후
에 위치하도록 한다. 그렇게 해야 미싱 투스 감지 후 최대 BTDC 55°까지 점화 시기를
제어할 수 있다.

엔진 제어를 위해 CPS(크랭크포지션 센서) 출력 신호를 설계하기 위한 작업 순서를 그
려보자.

㉠ 톤 휠을 제작한다.

　　• 마이크로컨트롤러의 속도, 엔진 성능 등을 고려하여 투스의 수를 결정한다(크랭
　　　크축 1회전 시 360°임을 고려하여 나머지 없이 몫이 정확하게 나누어질 수 있도
　　　록 6° 간격으로 투스 개수를 60개로 설계한다).

　　• 여러 가지 사항을 고려하여 미싱 투스를 만들기 위해 투스 2개를 제거한다.

ⓛ 최대 점화 시기를 확인한다(여기서는 BTDC 55°, 그림 2-11 참고).

ⓒ 미싱 투스를 기준으로 최대 점화 시기보다 크게 미싱 투스 후 55° 이후에 TDC를 설정한다.

ⓔ 엔진에 설치된 CPS를 기준으로 CPS와 톤 휠의 TDC 위치를 일치시키고 톤 휠을 엔진에 고정한다.

ⓜ 엔진을 크랭킹시키면 엔진 앞쪽에서 봤을 때 톤 휠이 반시계방향으로 회전한다.

ⓗ 이때 발생되는 파형을 분석하여 엔진이 작동 가능하도록 프로그램을 설계한다.

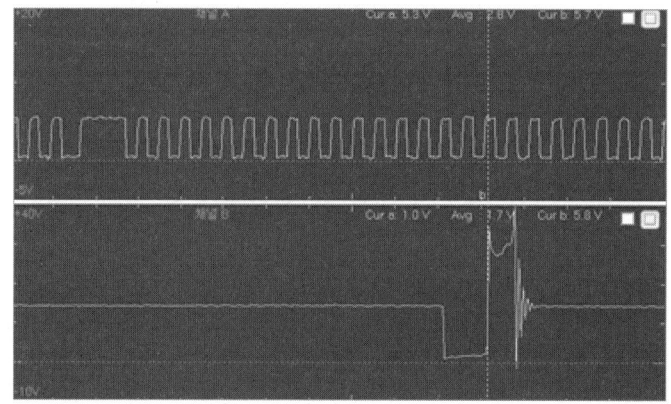

|그림 2-11. CKP 신호와 1번 실린더 점화 신호|

③ CKP와 CMP 신호에 의한 엔진 제어

크랭크축의 회전을 감지하는 CKP 신호에 의해 크랭크각을 감지하게 되고, 캠축의 회전을 감지하는 CMP 신호에 의해 1번 실린더 압축 상사점인지, 4번 실린더 압축 상사점인지 확인하게 된다.

• CKP 신호 선택 : 미싱 투스와 TDC의 위치를 감지한다.

• CMP 신호 선택 : CMP 신호는 1번과 4번 실린더 상사점을 구별하기 위해 감지한다.

㉠ CKP와 CMP 신호 분석 Ⅰ : 우선 4기통을 예로 하여 살펴보자.

그림 2-12에서는 CKP(크랭크포지션 센서) 신호는 크랭크축 2회전(캠축 1회전)에 4회의 신호를 출력하도록 설계되어 있으며, CMP(캠포지션 센서) 신호는 캠축 1회전에 2회의 신호를 출력하도록 설계되어 있는데 1번 실린더와 4번 실린더를 구별하기 위해 신호의 크기를 다르게 하였다.

그림 2-13은 신호의 위치를 확인하기 위해 CKP 신호와 CMP 신호를 겹쳐서 나타낸 것이다.

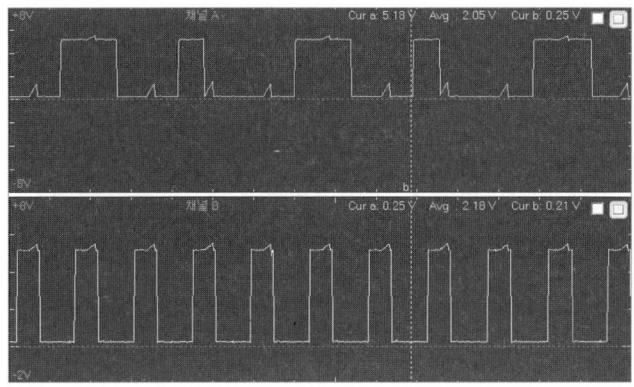

|그림 2-12. CKP(아래)와 CMP(위) 신호의 예(EF 소나타)|

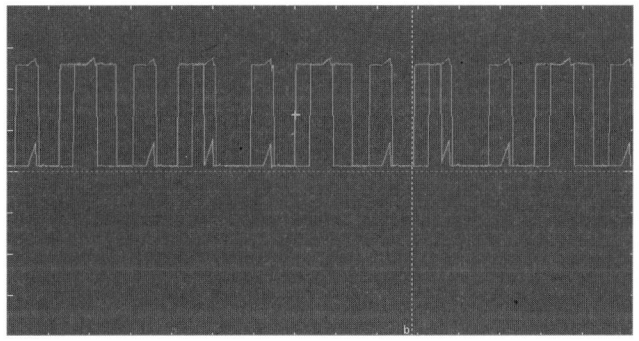

|그림 2-13. 겹쳐서 본 CKP와 CMP 신호(EF 소나타)|

그림 2-14에서 CKP 신호 설계 시 H 신호는 $70°$이고, $720°$ 회전 시 4개를 발생하므로 $70° \times 4 = 280°$가 된다.

또 L 신호는 $720° - 280° = 440°$이므로 $440°/4 = 110°$가 된다.

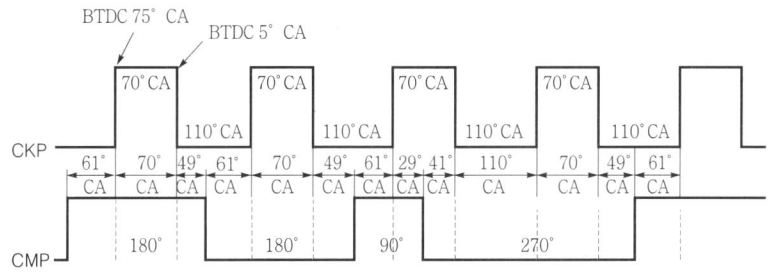

|그림 2-14. CKP와 CMP 신호 위치|

다음 6기통을 예로 들어 설명해 보자(테라칸 엔진).

우선 6기통은 정확히 TDC(여기서는 압축 상사점을 말한다)를 구별하기 위해 CMP 신호를 더 추가하였다.

그림 2-15와 같은 6기통의 경우도 4기통 엔진을 응용하여 크랭크앵글 신호를 설계할 수 있다.

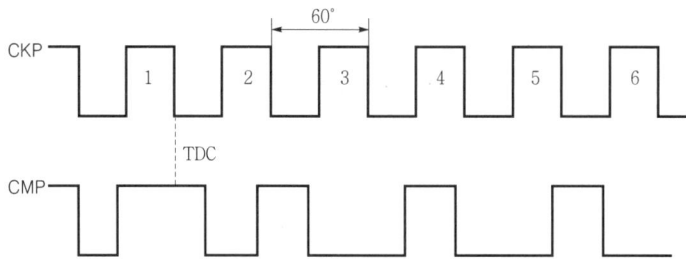

|그림 2-15. 6기통의 CKP(CPS)와 CMP(TDC) 신호|

ⓒ CKP와 CMP 신호 분석 Ⅱ : 그림 2-16에서는 58개의 CKP 신호와 2개의 미싱 투스로 크랭크앵글 신호가 설계되어 있다. 또 CMP 신호는 캠축 1회전에 그림 2-16과 같은 신호가 1개 출력되도록 설계하였다.

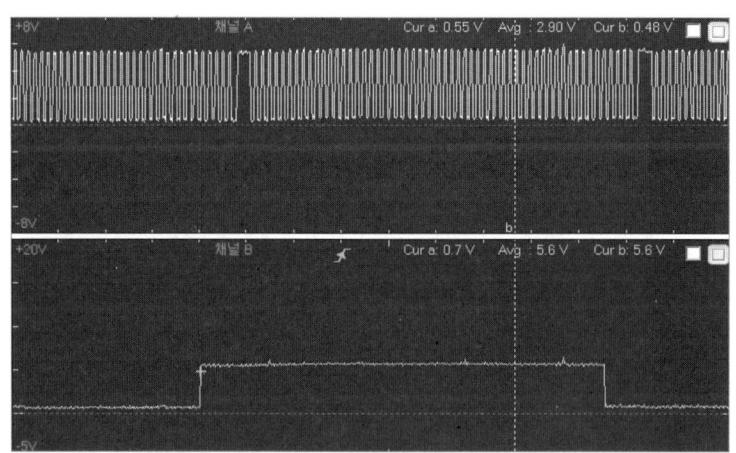

|그림 2-16. CKP 신호와 CMP 신호의 예(NF 소나타)|

따라서 그림 2-17에서 보는 것처럼 6기통의 경우, CMP 신호 상승 에지를 감지하여 1번 실린더를 확인하고 CKP 신호에 의해 점화나 연료 분사를 제어한다.

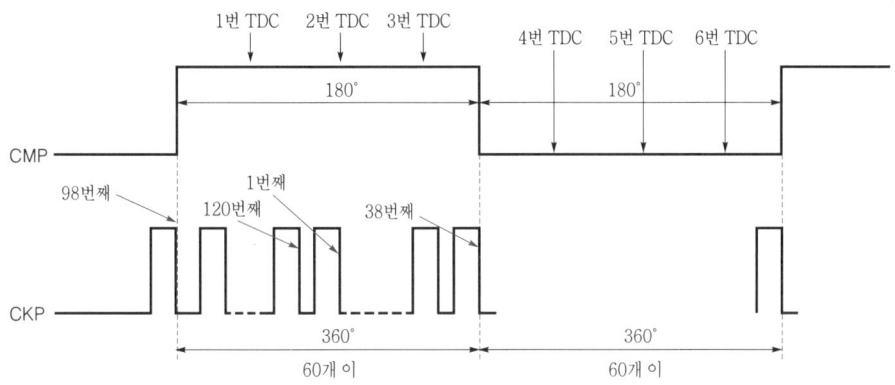

|그림 2-17. CKP와 CMP 신호의 분석(6기통)|

그림 2-18은 4기통 NF 소나타의 1번 실린더 점화 위치를 나타낸 것이다.

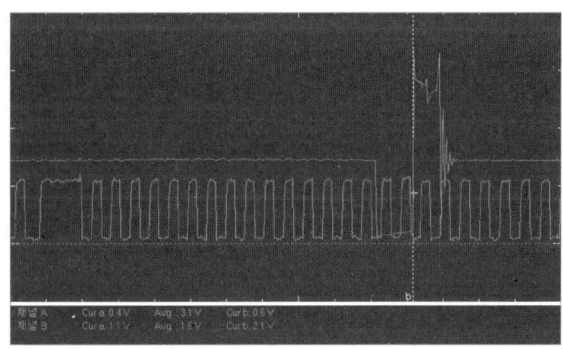

|그림 2-18. CKP 신호와 1번 실린더 점화의 예|

그림 2-19는 4기통 NF 소나타의 1번 실린더 연료 분사 위치를 나타낸 것이다.

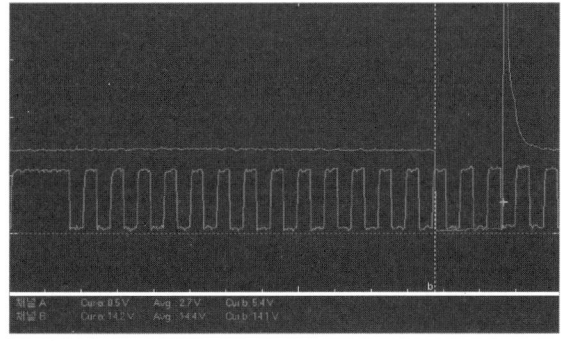

|그림 2-19. CKP 신호와 1번 실린더 인젝터 신호의 예|

© 입력 신호의 H-L 인식 : 일반적으로 ECU(ATmega8535 마이크로컨트롤러)로 입력되는 신호에서 하강 에지 시 CMP 신호가 2.0V 이하로 낮아지면 L 신호로 인식하고, 상승 에지 시 CMP 신호가 3.5V 이상이 되면 H 신호로 인식한다(그림 2-20 참고).

자작 ECU에서 사용하는 ATmega8535 마이크로컨트롤러 I/O 포트의 입력은 슈미트 트리거(schmitt trigger)이고, 출력은 버퍼(buffer)이다.

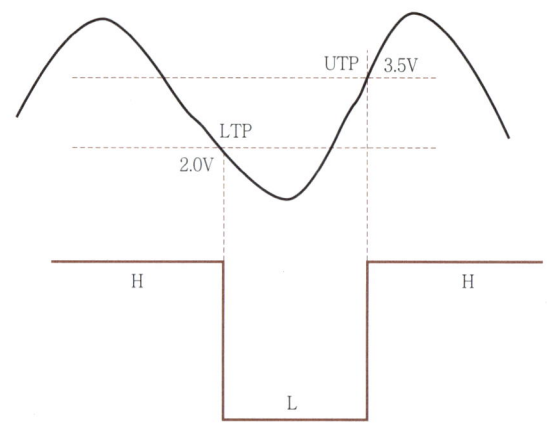

| 그림 2-20. H-L 시그널의 인식 |

2.1.2 ▷ 각종 센서의 분석 및 선정

엔진을 전자제어화하기 위해 가장 기본적으로 요구되는 것은 입력 신호를 받아 엔진의 현재 상태를 파악하는 데 필요한 입력 센서와 인터페이스이다.

기본적으로 엔진이 제어되도록 설계하는 데 꼭 필요한 센서들을 살펴보면, 크랭크각을 감지하기 위한 CPS, 스로틀 밸브의 열림량을 감지하여 운전자의 의지를 파악하기 위한 TPS(Throttle Position Sensor), 흡입 공기량을 간접적으로 감지하여 연료 분사량과 점화 시기를 제어하기 위한 맵 센서 등이 있다.

(1) 공기 유량계
① 공기 유량계의 검토

흡입 공기량을 간접적으로 계측하여 연료 분사량과 점화 시기를 제어하는 간접 계측 방식으로는 흡기관 내의 흡기 압력을 측정하는 MAP(Manifold Absolute Pressure) 센서와 엔진 회전 속도에 의한 속도-밀도(speed-density) 방식, 스로틀 밸브의 개도와 엔진 회전 속도를 이용하여 간접적으로 흡입 공기량을 계측하는 스로틀-속도

(throttle-speed) 방식, 그리고 스로틀 밸브의 개도와 맵 센서에 의한 스로틀-밀도 (throttle-density) 방식이 있다.

직접 계측 방식으로는 흡기 통로에 AFS(Air Flow Sensor)를 설치하여 흡입 공기량을 직접 계측하는 것으로서, 핫-와이어(hot-wire), 핫-필름(hot-film), 칼만-와류 (karman-vortex), 베인(vane) 방식 등이 있다.

기존의 자동차용 가솔린 엔진에서는 맵 센서나 베인형 등의 간단한 측정 방식의 AFS 가 많이 사용되었으나, 현재는 점차 응답성과 정밀도가 높은 핫-와이어, 핫-필름 방식의 것으로 대체되고 있다.

특히 단기통 엔진은 주기적인 왕복운동에 의해 공기를 흡입할 때 흡기관 내의 압력 변동이 커 유량 측정상 몇 가지 문제점이 발생할 수 있는데 이와 관련하여 엔진에서 사용하기 위한 공기 유량계의 요건을 살펴보면 다음과 같다.

㉠ 유량 변화에 대한 유량계의 출력 응답이 빨라야 한다.

핫-와이어 방식은 매우 빠른 출력 특성을 나타내지만 엔진의 운전 조건에 따라서는 정상 상태에서도 맥동 유동이 심할 경우 또는 회전 속도가 낮고 변동이 심한 저속 영역에서는 순간 유량 변화에 응답이 빨라서 맥동을 그대로 출력하므로 이 경우에는 오히려 평균 유량을 측정하는 데 어려움이 따를 수 있다.

이에 반해 핫-필름이나 맵 센서 방식은 응답 특성이 핫-와이어 방식에 비해 느리므로 필터링 효과가 있어 평균값을 쉽게 얻을 수 있다. 그러나 엔진이 급가속과 같은 빠른 출력이 요구되는 상태가 될 때에는 유량 변화가 빨리 일어나므로 필터링이 있으면 유량 계신에 시간 지연과 오차를 가져오게 된다. 가속 시 연료량 계산에는 산소 센서(O_2 sensor)에 의한 피드백이 이루어지지 않으므로 시간 지연이 있으면 그만큼 공연비 제어에 어려움이 있게 되어 응답성이 빠른 유량계일수록 유리하다.

단기통 엔진의 경우 단기통인 관계로 자동차용 4기통 엔진과 비교 시 회전 속도가 낮을 경우 회전 속도 변동이 심하게 되고 RAM 효과가 커지게 되어 흡입 공기유량을 계측하는 데 어려움이 따른다.

이때는 응답성이 빠를 경우 이에 대응하여 연료 분사량을 결정하게 되므로 엔진 부조 등의 문제점이 발생할 수 있다. 따라서 단기통 엔진의 경우 엔진 회전 속도 변동이 큰 저회전역에서는 필터링 효과가 있는 핫-필름이나 맵 센서 방식이 유리할 수 있다.

㉡ 유동의 방향성을 측정해야 한다.

스로틀 밸브가 많이 닫힌 경우에는 흡기 매니폴드 내의 압력이 대기압보다 낮으므로 유동의 방향이 항상 대기에서 엔진쪽으로 향하지만 스로틀 밸브가 WOT(Wide

Open Throttle)에 이르게 될수록 맥동의 진폭이 커지면서 엔진에서 대기로의 유동이 생기게 된다.

따라서 엔진이 WOT 상태에 있을 때 역방향 유량을 순방향 유량으로 측정하게 되면 흡기량의 계산에 오차가 커지게 된다.

현재 쓰이는 대부분의 유량계들은 유동의 방향성을 감지할 수가 없다.

ⓒ 유량계의 출력 특성을 고려해야 한다.

유량과 출력 관계가 선형적일 경우 출력 오차로 인한 유량 오차는 유량에 관계없이 일정하지만 비선형적인 경우에는 유량에 따른 오차도 달라진다.

핫-와이어 방식은 유량과 출력이 비선형인데, 특히 출력 전압이 높은 상황에서는 출력이 조금만 달라져도 유량에는 큰 차이가 나므로 문제가 된다.

또한, 출력 전압을 필터링할 때에도 전압에 관계없이 일률적으로 할 수 없으므로 어려움이 있다. 이런 관점에서 볼 때 맵 센서 방식은 선형성을 가지고 있으므로 단기통 모터사이클 엔진의 제어에 유리하다.

ⓔ 내구성과 장착성 등의 요소를 고려해야 한다.

단기통 엔진의 경우 엔진 각 부품의 설치 공간이 매우 제한되어 있으며 차체의 특성상 진동이 많이 발생할 수 있다.

따라서 이런 관점에서 맵 센서 방식은 다른 방식보다 유리하다.

ⓜ 경제성이 있어야 한다.

단기통 엔진의 경우 자동차와 달리 핫-와이어나 핫-필름 방식의 경우 대당 가격 대비 흡입 공기 유량계의 가격 비율이 커질 수 있다.

맵 센서 방식의 경우 경제적인 면에서 다른 유량계에 비해 유리하다.

② **흡입 공기 간접 계측 방식**

㉠ 스로틀-속도(throttle-speed) 방식 : 이 방식은 스로틀 밸브의 개도와 흡입 공기량에는 일정한 상관관계가 있으므로, 그림 2-21과 같이 스로틀 바디와 일체로 되어 스로틀 밸브의 개도를 전압 신호로 나타내는 TPS의 출력 변화를 감지하여 이에 대응하는 흡입 공기량을 간접 계측함으로써 ECU에서 연료 분사량을 제어하는 방식이다.

따라서 공연비의 정밀 제어는 어렵지만 단기통 엔진에 대한 초기 배출가스 규제의 대응에는 적당한 것으로 알려져 있다.

또한, 스로틀-속도 방식은 직접 계측 방식의 AFS에 고장이 발생하였을 때 흡입 공기량 대체 계측 방식으로 사용할 수 있다.

| 그림 2-21. 스로틀-속도 방식 |

ⓛ 속도-밀도(speed-density) 방식 : 속도-밀도 방식은 그림 2-22와 같이 흡기 매니폴드의 부압을 측정하여 부압에 따른 흡입 공기량을 간접적으로 계측하여 연료 분사량과 점화 시기를 제어하는 방식이다. 따라서 설치가 간편하고 장착성이 좋으나 출력 특성이 느리고 유량에 대한 정밀도가 직접 계측 방식에 비해 떨어지는 단점이 있다.

또, 온도에 따른 공기량의 보정을 위해 공연비(A/F) 보정 데이터를 확보하여야 하고, 맵 센서 출력 특성을 고려한 다양한 실험이 필요하다.

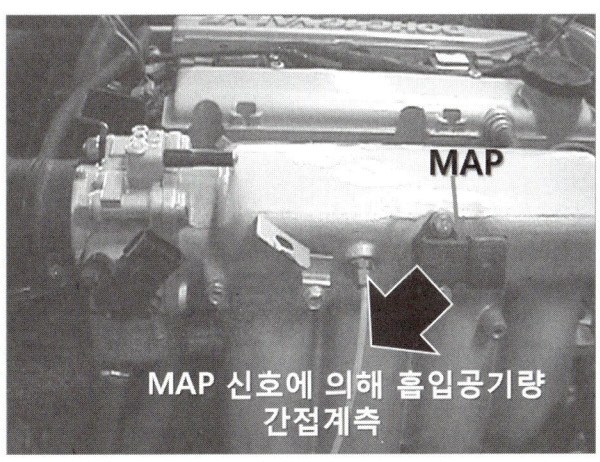

| 그림 2-22. 속도-밀도 방식 |

ⓒ 스로틀-밀도(throttle-density) 방식 : 이 방식은 스로틀 밸브 개도(엔진 회전 속도)와 흡기 매니폴드의 부압(엔진 부하)을 이용하여 흡입 유량을 간접적으로 계측하

여 엔진을 제어하는 방식으로, 흡입 공기량은 그림 2-23과 같이 단기통 엔진의 작동 특성을 고려하여 맵 센서의 신호와 TPS 신호를 조합하여 계산하게 된다.

기존 비전자제어 방식의 엔진에서는 엔진의 회전 속도를 계측하고 점화를 제어하기 위해 1개의 Tooth를 가지고 있으나 단기통 엔진을 전자제어화하기 위해서는 보다 정밀한 제어를 위해 10개의 Tooth를 가지도록 설계하고, CPS는 마그네틱 타입으로 출력 신호는 자속량의 차이에 따라 발생되는 전압의 크기가 변화되도록 되어 있다.

그러나 CPS는 기존 엔진의 센서를 그대로 사용할 수 있고, 그 장착 위치도 크랭크 케이스 커버(crankcase cover)에 동일하게 설치한다.

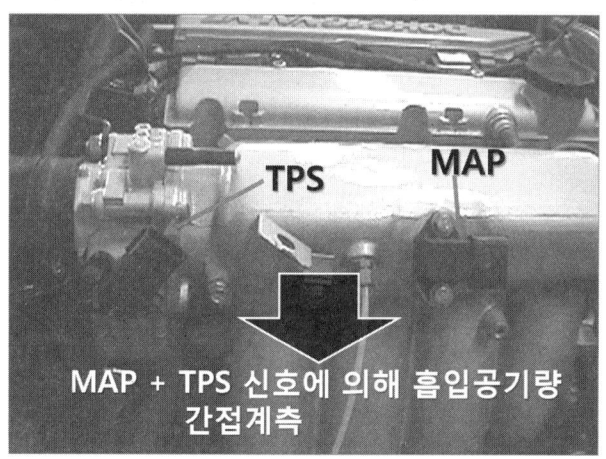

|그림 2-23. 스로틀-밀도 방식|

(2) TPS(Throttle Position Sensor)

엔진의 가·감속 제어를 고려하여 설치하도록 한다.

2.2 기본 인터페이스 회로 설계

2.2.1 기본 인터페이스 설계

(1) ATmega8535 특성

① 고성능, 저전력 8비트 마이크로컨트롤러

② 8kbyte ISP 방식 프로그램용 플래시 메모리 내장

③ 512byte SRAM, 512byte EEPROM

④ 2개의 8비트 타이머/카운터, 1개의 16비트 타이머/카운터 내장

⑤ 8채널, 10비트 A/D 컨버터 내장

⑥ 4개의 PWM 채널

⑦ 4.5~5.5V 동작 전압

⑧ 0~16MHz 동작 클록

(2) 핀 구조

ATmega8535의 핀 구조는 그림 2-24와 같다.

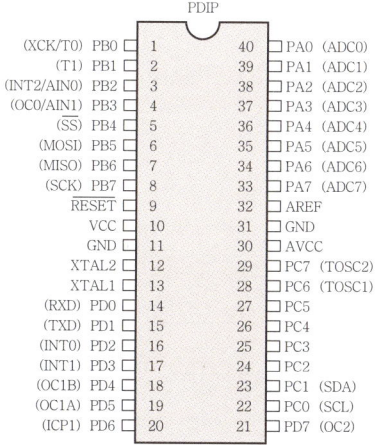

| 그림 2-24. ATmega8535 핀 구조(PDIP) |

(3) ATmega8535 주변 인터페이스 연결

① 5V 정전압 회로 연결

보다 안정된 전원 공급을 위해 7805 대신 그림 2-25와 같은 12V→5V 변환용 DC-DC 컨버터를 사용하여 아래 그림 2-26과 같이 연결할 수 있다.

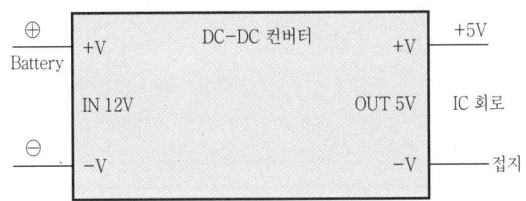

|그림 2-25. 5V 정전압 회로|

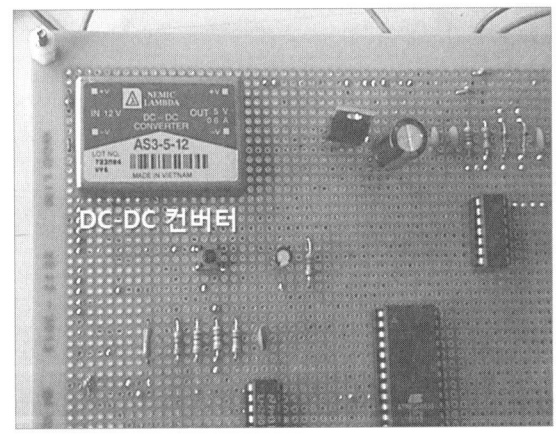

|그림 2-26. 자작 ECU에 연결된 DC-DC 컨버터|

② 오실레이터 연결

오실레이터는 그림 2-27과 같이 연결하여 사용한다. 오실로스코프 파형 측정은 13번 핀에 연결하면 된다. 오실레이터(oscillator)에서 발생되는 신호는 ATmega8535의 작동을 위한 기준 신호가 된다.

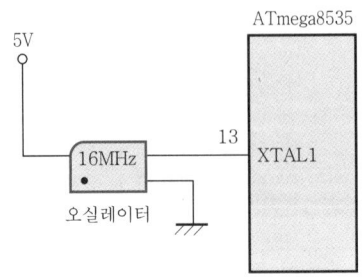

|그림 2-27. 오실레이터 연결|

③ 리셋 회로 연결

그림 2-28은 자작 ECU의 리셋 회로를 나타낸다.

리셋(reset) 회로는 ATmega8535가 작동 중 제어 프로그램 버그 등에 의해 시스템이 불안정할 경우 다시 처음부터 작동하도록 리셋하는 기능을 가지고 있다.

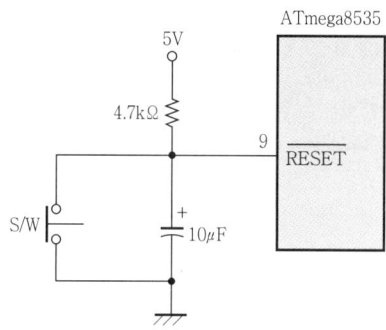

│그림 2-28. 리셋 회로 연결│

④ ISP 연결

BCM 제어에서와 마찬가지로 오실레이터, ISP 등의 기본적인 회로는 동일하다.

그림 2-29와 같은 ISP 커넥터를 사용하여 컴퓨터의 제어 프로그램을 ATmega8535 플래시 메모리에 다운로드하게 된다.

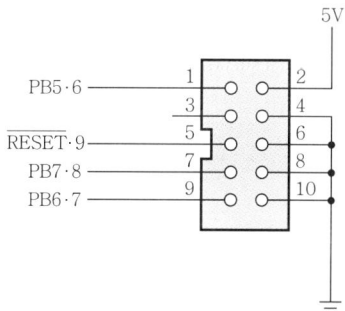

│그림 2-29. ISP의 연결│

⑤ 전원과 접지

ATmega8535의 10번 핀에는 전원(5V), 11번 핀에는 접지를 연결하도록 한다.

2.2.2 입력 인터페이스 회로 설계

(1) CPS 회로
① CPS 입력 회로 및 신호 출력

ⓐ 기본 회로 : CPS의 출력 신호가 아날로그 형태로 출력되는 경우 그림 2-30에서와 같이 비교기와 저항, 콘덴서를 연결하여 CPS 입력 인터페이스 회로를 구성할 수 있다.

디지털 형태로 신호가 출력되는 경우에는 그림 2-30과 같은 입력 인터페이스 회로를 구성할 필요가 없다.

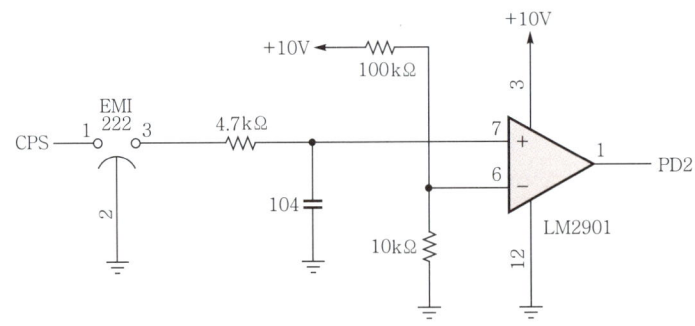

|그림 2-30. CPS 입력 인터페이스 회로|

그림 2-31에서 EMI222는 노이즈 필터로서, CPS 신호에 유입된 노이즈를 제거해준다. 또한, 그림 2-32의 LM2901은 비교기로서, 아날로그 파형을 디지털 형태의 파형으로 변형시켜 CPU로 전달하는데, 이때 사용하는 10V의 전원은 7810에 의해 발생된다.

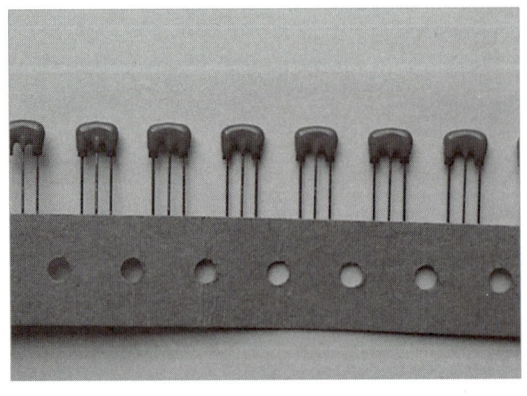

|그림 2-31. EMI222 노이즈 필터|

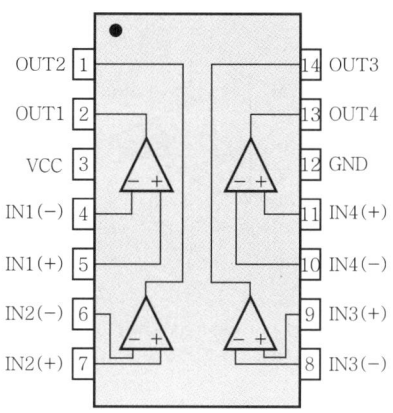

|그림 2-32. LM2901 핀 구조도|

ⓒ CPS 입력 회로 분석 : 처음 엔진의 CPS에서 출력되는 신호는 그림 2-33과 같은 원시 형태의 아날로그 파형이다.

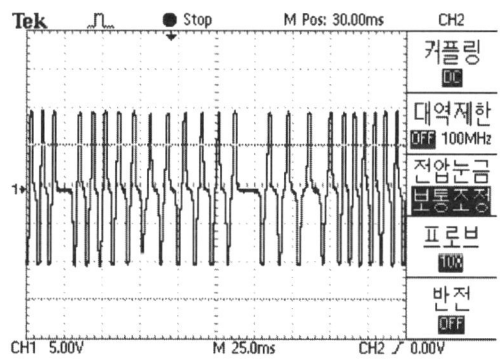

|그림 2-33. CPS 출력 파형|

최초 CPS로부터 발생되는 원시 출력 신호는 노이즈를 제거하기 위해 EMI222 노이즈 필터, LM2901 비교기를 거쳐 파형을 정형하도록 설계한다.

CPS로부터 출력되는 원시 신호는 아날로그 신호 형태이므로 CPU에서 제어가 가능하도록 디지털 형태의 신호로 바꾸어 주어야 하는데, 이때 일정 전압 이상의 신호를 ON시킬 수 있도록, 그림 2-34에서 보는 것처럼 LM2901 Open collector type comparator(비교기)를 사용하여 파형을 변환시킬 수 있다.

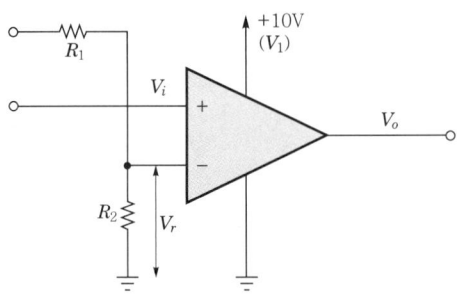

|그림 2-34. LM2901 비교기와 저항|

이때 $V_i \geqq V_r$이면 V_o가 5V 출력, $V_i < V_r$이면 V_o가 0V를 출력하게 된다.

여기서는 그림 2-34에서 사용한 저항값이 $R_1 = 100\text{k}\Omega$, $R_2 = 10\text{k}\Omega$이므로 아래 식에 대입하면 $V_r = 0.9V$가 되고, $V_i \geqq 0.9V$이면 V_o가 5V, $V_i < 0.9V$이면 V_o가 0V가 출력되도록 회로를 구성하였다.

$$V_r = \frac{R_2}{R_1 + R_2} \times V_1$$

위 식에서 제어 전압의 크기(V_r)는 기준 전압 V_1(여기서는 +10V)과 저항 R_1, R_2의 크기를 선택하여 값을 변환시킬 수 있다.

CPS에서 출력되는 파형은 Lenz's Law에 의해 설명할 수 있는데, 플라이휠 로터에 부착된 투스(tooth)가 회전함에 의해 크랭크케이스와 일체로 설치되어 있는 CPS의 내부에 고정된 코일을 통과하는 자력선 양에 변화가 생기고 그 변화량에 따라 코일에서는 기전력이 발생하게 된다.

그림 2-35는 자석 N극의 움직임에 따라 코일에서 발생되는 기전력을 나타낸다. 자석의 N극이 움직여 코일에 가까워지면 코일을 통과하는 자력선의 수가 증가하게 되며 이때 코일에서는 이 자력선의 증가를 억제하는 방향으로 기전력이 유도된다.

이와 반대로 N극이 코일로부터 멀어지면 코일을 통과하는 자력선의 수가 감소하므로, 이때 코일에서는 이 자력선의 감소를 방해하는 방향으로, 즉 코일에 가까워질 때와는 반대로 기전력이 유도된다.

실제 CPS에서 Lenz's Law에 의해 발생되는 출력 파형의 모양은 그림 2-36과 같다. 그림 2-36과 같은 모양의 파형이 그림 2-37의 CPS 입력 인터페이스로 입력되고 입력 신호를 그림 2-38과 같은 구형 파형으로 정형하여 연료 분사나 점화를 제어하기 위한 신호로 사용하게 된다.

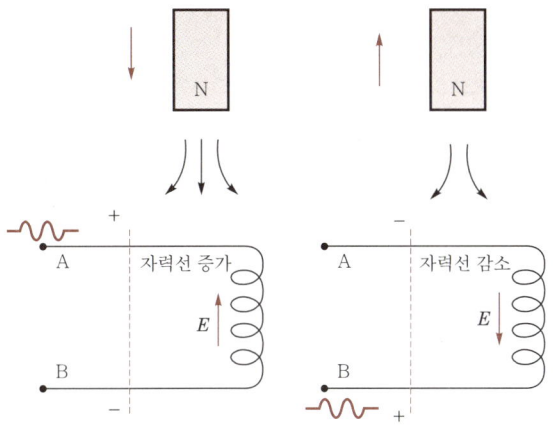

|그림 2-35. 렌츠의 법칙에 의한 코일 작용|

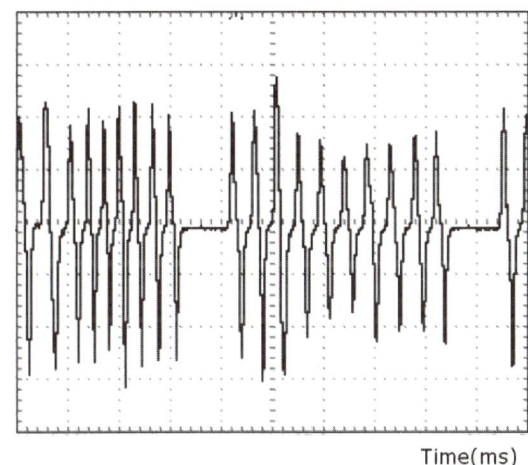

|그림 2-36. CPS 출력 파형 모양|

그림 2-37에서 $R_1=100\text{k}\Omega$, $R_2=10\text{k}\Omega$, 기준 전압 $V_1=10\text{V}$라고 할 때 V_r을 구해보면 다음과 같다.

$$V_r = \frac{R_2}{R_1+R_2}\,V_1$$

$$= \frac{10}{100+10} \times 10\text{V}$$

$$= 0.909\text{V}$$

따라서 CPS 신호가 약 0.9V 이상이 되면 그림 2-38과 같이 5V 출력을 나타낸다.

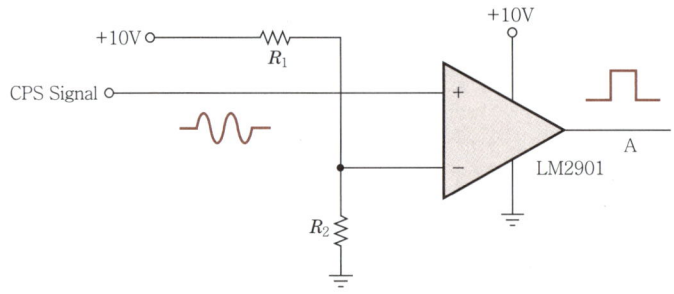

| 그림 2-37. CPS의 인터페이스 회로의 응용 |

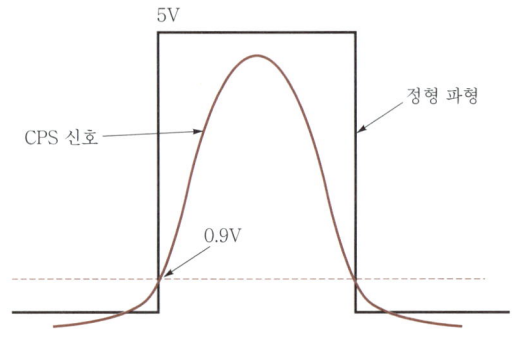

| 그림 2-38. CPS 신호의 정형 |

그림 2-39는 투스가 10개인 로터가 회전 시 CPS에서 발생하는 연속적인 아날로그 파형을 정형 파형으로 변환한 것을 나타낸다.

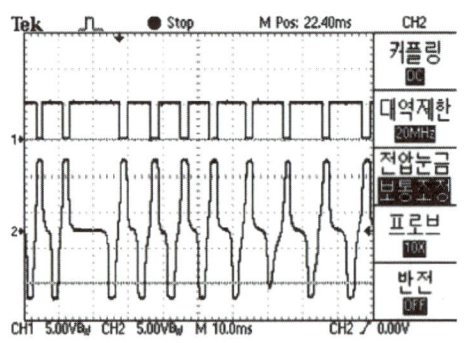

| 그림 2-39. 정형된 파형의 출력 |

ⓒ CPS 종류 : CPS는 그림 2-40에서처럼 아날로그 신호를 출력하는 코일 타입과 디지털 신호를 출력하는 홀 IC 타입이 있으며, 코일 타입은 ECU 내부에 디지털 형태로 파형을 정형하는 회로를 별도로 내장하여야 한다.

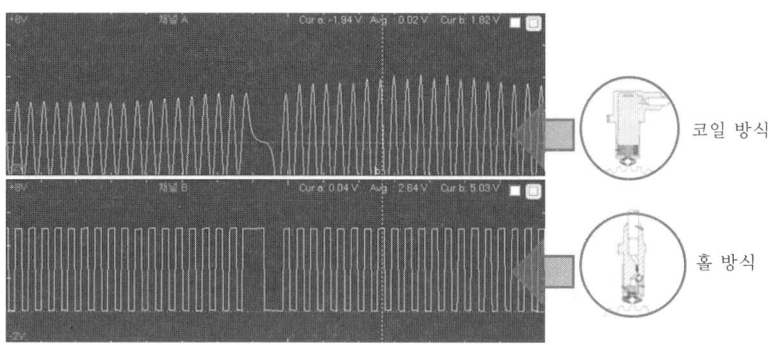

|그림 2-40. CPS에 따른 출력 전압|

ⓔ 파형 측정 : 코일 방식의 CPS에서 출력되는 파형을 그림 2-37과 같은 회로를 거쳐
　정형하면 그림 2-41, 그림 2-42, 그림 2-43과 같은 파형을 얻을 수 있다.

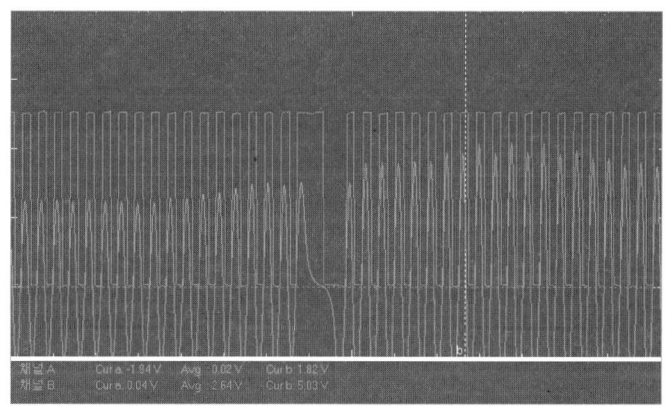

|그림 2-41. CPS 신호와 정형 파형 Ⅰ|

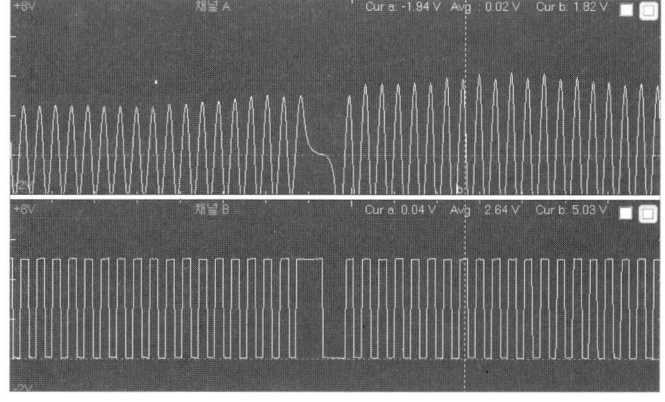

|그림 2-42. CPS 신호와 정형 파형 Ⅱ|

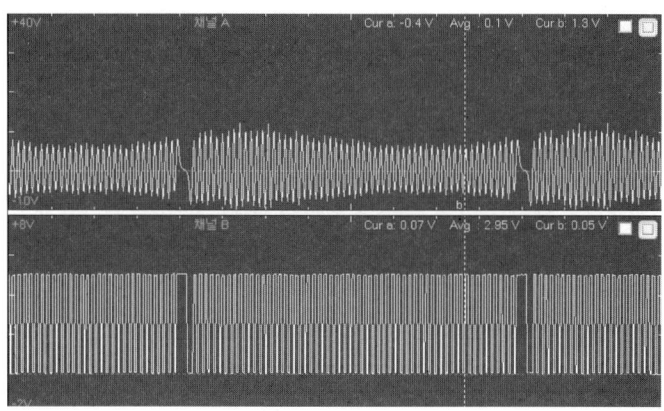

|그림 2-43. CPS 신호와 정형 파형 Ⅲ|

㉤ CPS 입력 회로 연결 : 그림 2-44는 EF SONATA 캠앵글 센서(cam angle sensor)를 이용한 회로 구성을 나타낸다. 유의해야 할 것은 입력선에 풀-업(pull-up) 저항을 연결하여 제어하도록 한다는 것이다.

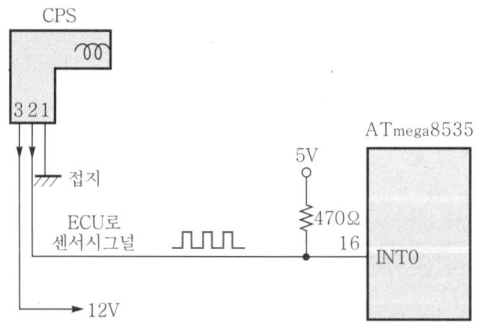

|그림 2-44. 디지털 신호 입력 회로 구성|

|그림 2-45. CPS 신호 출력 장치|

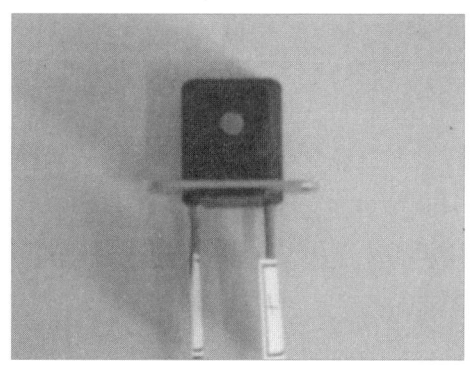

|그림 2-46. 아날로그 신호 출력 CPS|

단기통 엔진의 전자제어 시 우리가 사용하는 것은 그림 2-46과 같은 센서로, CPS 로부터 출력되는 신호가 아날로그 신호일 경우 마이크로컨트롤러가 이해할 수 있는 디지털 신호로 바꿔 주어야 한다. 이때 그림 2-45와 같은 장치가 필요하며 자작 ECU와 연결하면 그림 2-47과 같이 된다.

단기통 엔진에서는 CPS 두 개의 배선은 그림 2-48과 같이 연결하면 된다.

그림 2-48에서 두 단자를 바꾸어 연결하면 파형이 반대로 출력된다.

실제 CPS 회로의 출력을 확인하기 위해서는 그림 2-45와 같은 구동 시스템이 필 요하다.

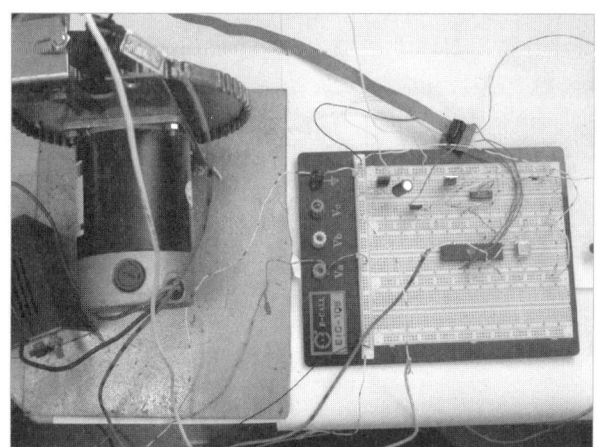

|그림 2-47. 브레드보드를 이용한 CPS 회로 구성|

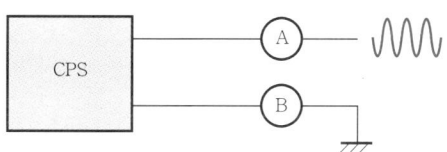

|그림 2-48. CPS의 신호 출력|

ⓗ 파형의 출력 : 그림 2-49에서 왼쪽으로 로터가 회전하면서 돌기의 앞부분이 CPS에 가까워짐에 따라 CPS로 전달되는 자속의 변화량($d\phi$)이 증가하다 감소하므로 이에 따라 기전력의 크기도 변화하게 된다.

또한, 돌기의 중간 부분에서는 자속의 변화가 없이 일정하게 유지($d\phi = 0$)되므로 시간에 따른 자력선의 변화가 없어 기전력이 0이 된다.

돌기의 끝부분에서는 돌기가 CPS로부터 멀어짐에 따라 가까워질 때와는 역으로 기전력이 발생하게 된다.

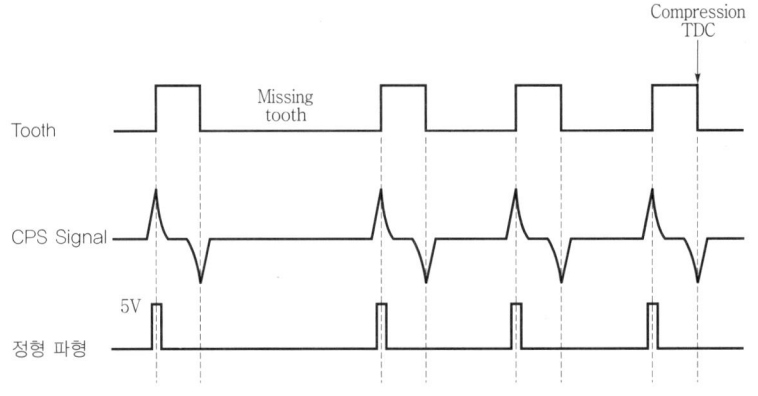

|그림 2-49. Tooth와 CPS 출력 신호 형상|

그림 2-50은 Tooth의 회전에 따라 CPS에서 출력되는 기전력의 변화를 나타내며, 이를 좀 더 자세하게 나타내면 그림 2-51과 같이 설명할 수 있다.

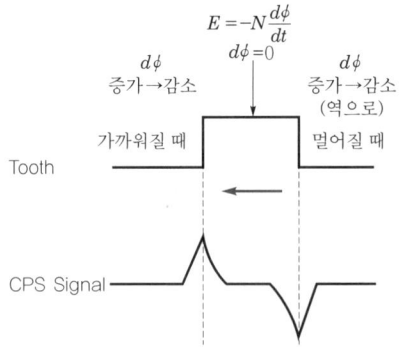

|그림 2-50. Tooth의 회전에 의해 발생되는 기전력의 변화|

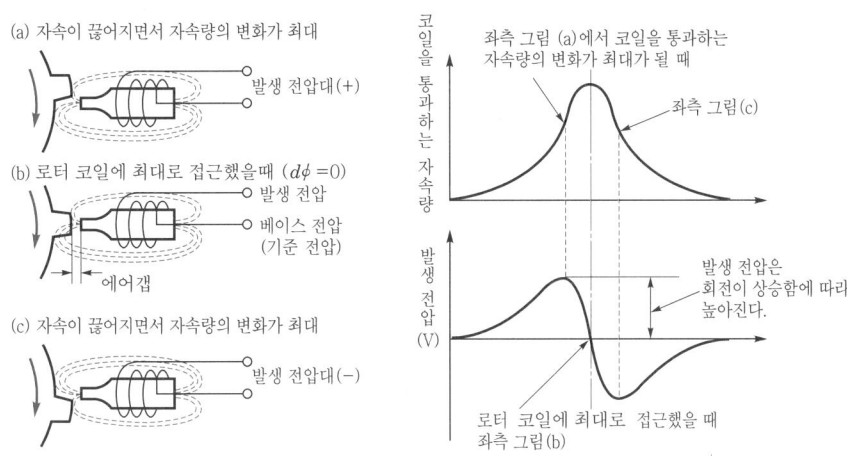

┃그림 2-51. 코일 방식의 CPS 감지 방식┃

② CPS 신호를 이용한 엔진 시동 제어 알고리즘

CPS 신호를 분석하여 적절한 타이밍에 연료 분사 및 점화를 행하여 엔진이 시동 가능한 상태로 만든다.

㉠ 크랭킹 시 신호 분석 : 최초 엔진을 크랭킹 시 그림 2-52에서 보는 것과 같은 노이즈가 발생한다.

이러한 노이즈는 스타팅 모터의 피니언 기어와 엔진의 링 기어의 치합 상태가 좋지 않을 경우 크게 발생할 수가 있고, 배터리 전압이 낮아지면 높게 나타나는 경향이 있다.

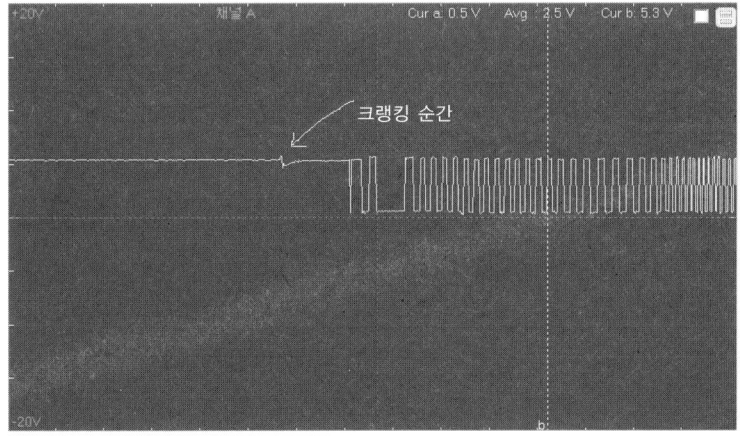

┃그림 2-52. 크랭킹 시의 CPS 출력 신호┃

그림 2-53에서 보는 것처럼 점화 스위치를 OFF에서 ON만으로도 노이즈가 발생한다.

이러한 노이즈가 크게 발생하면 이 이상 파형이 CPU로 입력되어 엔진 오작동의 원인으로 작용할 수 있다.

따라서 노이즈의 영향을 최소화하기 위해 일정 수 이상의 CPS 신호가 입력된 후에 정상적인 제어를 하도록 제어 프로그램을 설계할 필요가 있다.

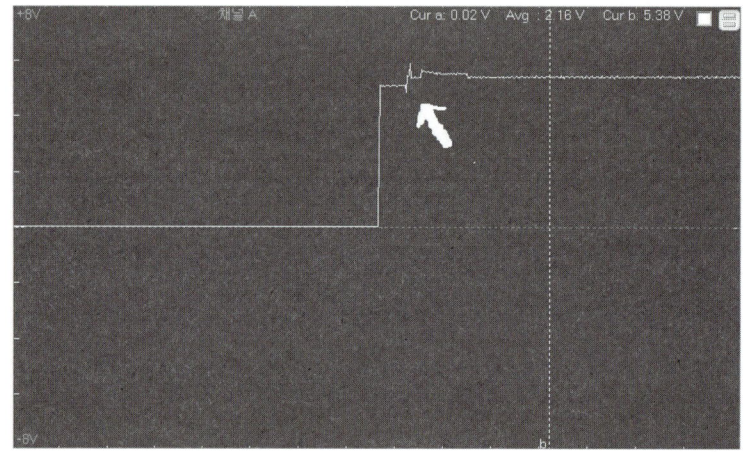

|그림 2-53. 점화 스위치를 OFF에서 ON 작동 시 CPS 출력 파형 변화|

그림 2-54는 점화 스위치 OFF → ON → ST(크랭킹)의 CPS 출력 파형의 변화를 나타낸다.

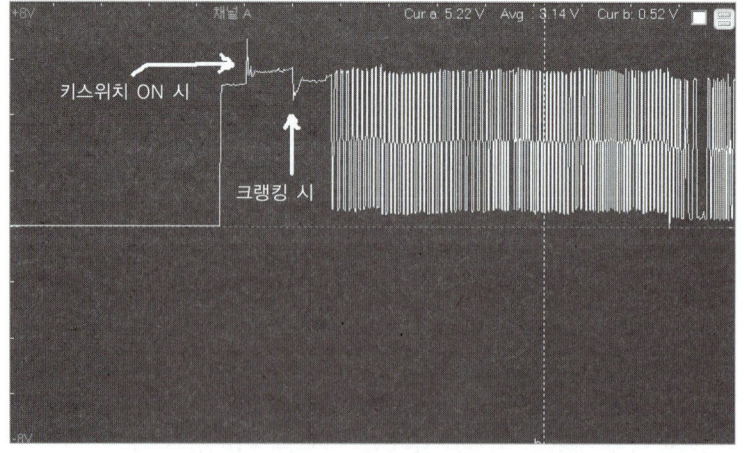

|그림 2-54. 점화 스위치 ON에서 크랭킹 시까지의 CPS 출력 파형 변화|

그림 2-55는 투스가 10개인 단기통 엔진의 플라이휠 로터에서 엔진 크랭킹 시의 CPS 출력 파형으로 단기통이어서 비교적 전압 변화가 크게 나타나 파형의 변환을 명확히 볼 수 있다(투스가 10개인 단기통 엔진에 대한 분석은 2.3절에서 다루도록 한다).

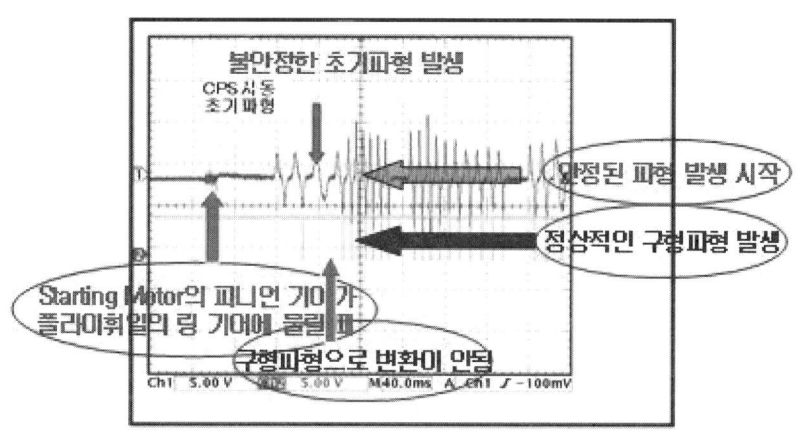

|그림 2-55. 단기통 엔진의 크랭킹 시 CPS 출력 파형|

ⓒ 단기통 엔진(투스 1개) 크랭킹 시 제어 알고리즘 분석 : 단기통 엔진에 많이 사용되는 코일 타입(아날로그 신호 출력) CPS의 신호를 이용하여 알고리즘을 구축한다. 엔진을 크랭킹하여 CPS 신호를 출력하고, 이를 이용하여 점화 및 연료 분사를 제어하기 위한 과정을 알아본다.

• 크랭킹 시 발생되는 노이즈의 영향을 제거한다.

점화 스위치 작동, 스타팅 모터와 링 기어 치합 시 발생되는 노이즈, 정상적인 CPS 신호 발생까지의 예열 시간 등을 고려하여 이들의 영향을 최소화하기 위해 정상적인 파형이 발생되는 시간을 측정하고 이 시간 이후에 발생되는 CPS 신호를 이용하여 제어한다.

• 입력되는 파형을 통해 압축 상사점 부근의 펄스를 감지한다.

크랭크축 2회전 시 발생되는 파형 2개를 비교하여 그 중에서 압축 상사점 부근의 파형을 판별한다. 2개 중 1개는 압축 상사점 부근, 또 다른 1개는 배기 상사점 부근이므로 펄스 폭의 차가 발생한다. 즉, 압축 상사점 부근의 펄스 폭이 더 길다.

만약, 압축 상사점 부근의 펄스를 구별하지 않고 제어한다면 단기통에서 압축 상사점과 배기 상사점이 구별되지 않는 것이므로, 크랭크축 2회전에 2회 점화(분사) 신호를 출력하여 1회는 무효 점화(분사), 또 다른 1회는 유효 점화(분사)가 이루어지도록 한다.

- 점화 및 연료 분사 제어를 한다.

  판별된 압축 상사점 부근의 펄스(펄스 폭이 긴 것) 후 일정 시간이 경과한 다음 점화 및 연료 분사를 제어하도록 한다.

ⓒ 4기통 자동차 엔진 크랭킹 시 제어 알고리즘 분석

- CPS 신호만으로 엔진 제어 시 : 초기 시동 시에는 엔진의 냉각, 크랭킹 회전 속도 등에 의해 CPS 신호가 부정확하게 출력되므로, 신호 출력이 안정된 상태가 된 후의 신호를 ECU가 입력받아 제어하도록 해야 한다.

  이를 위해 제어 프로그램 설계 시 미리 CPS 신호를 분석하여 최적의 제어 프로그램을 작성하도록 한다.

  - 점화 제어 : 엔진이 크랭킹 시 스타터의 회전력을 빌리지 않고 자력으로 회전을 하기 위해서는 크랭크축 2회전에 1회 폭발이 발생하여야 하므로, 1회의 점화를 위해서는 2회의 미싱 투스 신호가 발생한다.

    우선 2회 발생된 미싱 투스 중에서 어느 미싱 투스가 1번 실린더 압축 상사점에 해당되는지를 판단하여야 한다. 그러나 4기통 엔진에서는 구별이 어려우므로 미싱 투스 감지 후 시동 시 점화 시기에 맞추어 TDC 전에서 1번과 4번 실린더에 점화를 동시에 실시한다.

    이때 1번이 압축 상태이면 1번 실린더는 폭발, 4번은 흡기 초 배기 말 상태이므로 4번 실린더는 무효 폭발이 발생한다.

    또, 다음 미싱 투스 감지 후 2번과 3번 실린더를 동시에 점화하도록 한다.

  - 연료 분사 제어 : 연료 분사는 각 실린더의 흡기 말, 배기 초의 위치를 고려하여 제어하도록 한다.

    그림 2-56을 자세히 분석해 보면, 최초 크랭킹 시에서 엔진이 시동되어 회전이 빨라질 때까지의 시간이 약 650ms 정도가 걸리는 것을 알 수 있다.

    또한, 이 기간 동안에 크랭킹 시에는 동시 분사, 시동 후에는 독립 분사가 이루어지는 것을 볼 수 있다.

* 자동차 완성차 생산업체에 따라서는 CPS(Crank Position Sensor) 신호를 CKP(크랭크축 위치 신호)와 CMP(캠축 위치 신호)로 구분하여 나타내기도 한다.

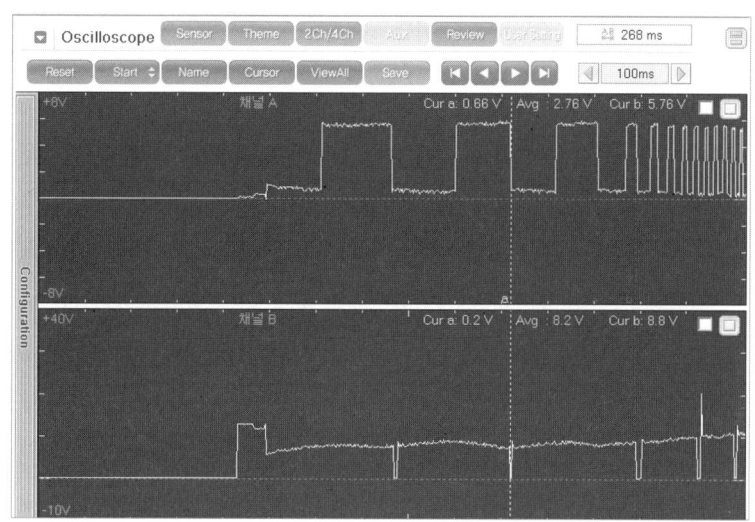

|그림 2-56. 크랭킹 시 CPS 신호와 인젝터 신호의 변화|

• CKP와 CMP 신호에 의한 엔진 제어 시 : 그랜저 XG V6 엔진의 CKP와 CMP 신호에 대해 알아보자.

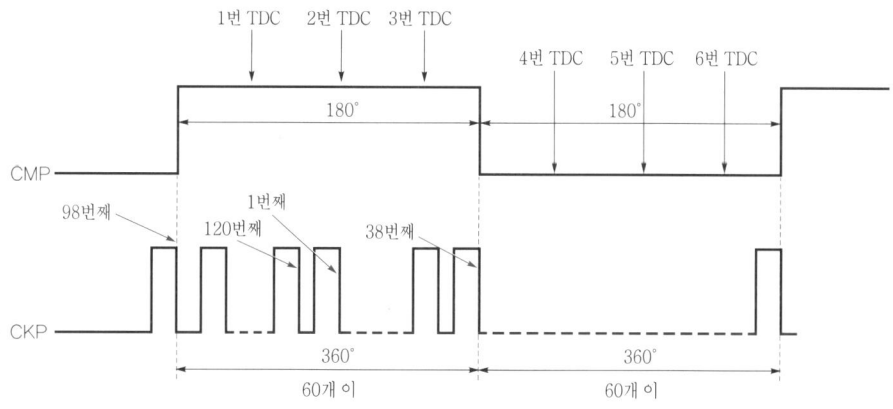

|그림 2-57. 그랜저 XG 엔진의 CKP와 CMP 신호(미싱 투스 포함)|

그림 2-57에서 투스 간격이 6°이므로 크랭크축 1회전 시 60개의 투스가 CPS를 지나가게 되나 미싱 투스 2개를 고려하여 58개의 투스가 CPS를 지나가게 되어 실제 파형은 58개가 발생된다.

그림 2-57을 자세히 분석해 보면 크랭크축 2회전(116개 투스)에서 98번째 투스 하강 에지에서 TDC 신호의 상승 에지와 일치하고 여기서 카운트하여 10개 투스가 지난 뒤인 108번째 투스의 하강 에지가 NO.1 TDC이며, 여기서 20개 투스의 카운트 후가 NO.2 TDC, 여기서 20개 투스 후가 NO.3 TDC 순으로 각 실린더

의 TDC가 설계되어 있으므로 이를 고려하여 연료 분사와 점화 시기를 제어하도록 한다.

이 방식의 그랜저 XG(V6)는 점화 코일이 3개 있으며 각 코일은 1번과 4번 실린더, 2번과 5번 실린더, 3번과 6번 실린더를 담당한다.

점화 제어는 그림 2-58과 그림 2-59에서 1번과 4번을 동시에 점화할 경우, 1번 실린더는 유효 점화(압축 상사점 부근), 4번 실린더는 무효 점화(배기 상사점)가 되고, 2번과 5번을 동시에 점화하면 2번 실린더는 무효 점화(배기 상사점), 5번 실린더는 유효 점화(압축 상사점)가 되며, 3번과 6번을 동시에 점화하면 3번 실린더는 유효 점화(압축 상사점), 6번 실린더는 무효 점화(배기 상사점)가 되므로 6기통 점화 순서는 1-5-3-6-2-4로 진행된다.

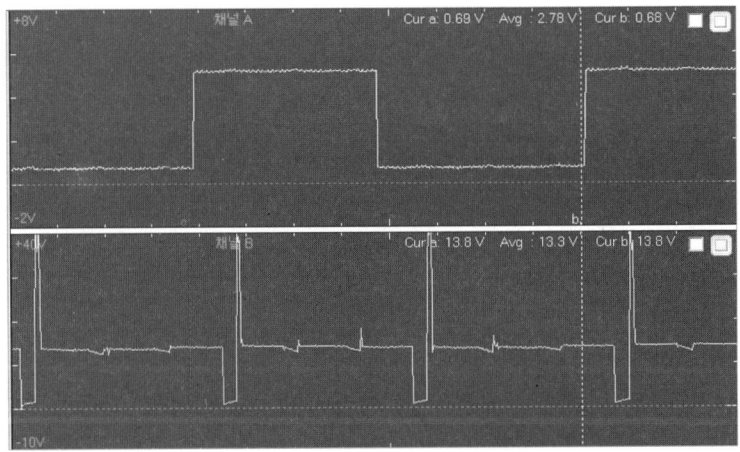

| 그림 2-58. 1번과 4번 점화 파형과 CMP 신호 파형(그랜저 XG) |

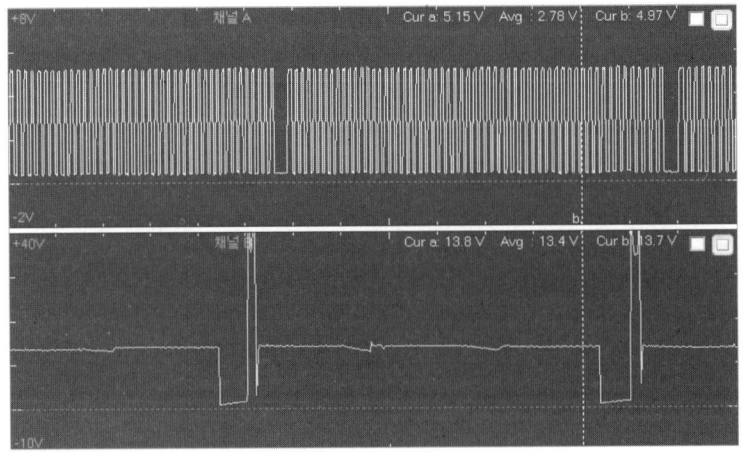

| 그림 2-59. 1번과 4번 점화 파형과 CKP 신호 파형(그랜저 XG) |

또 다른 방식의 경우에는 CKP와 CMP 신호가 설계되어 있으므로, 아반떼(그림 2-61)나 그랜저 XG(그림 2-60)의 경우 크랭크축의 위치를 알려주는 CKP 신호는 픽업 코일 타입의 센서로서 아날로그 신호를 출력하고, 캠축의 회전에 의해 1번 실린더의 압축 상사점을 알려주는 CMP 신호의 경우 홀 IC 방식으로 디지털 신호를 출력하기도 한다.

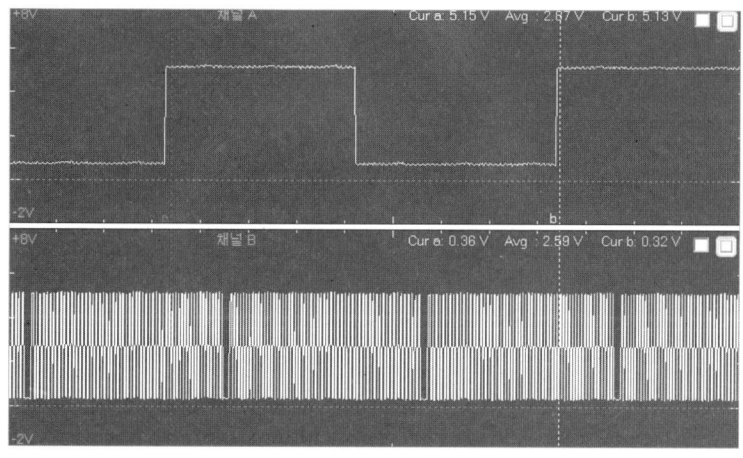

| 그림 2-60. CKP(아래)와 CMP(위) 파형(그랜저 XG) |

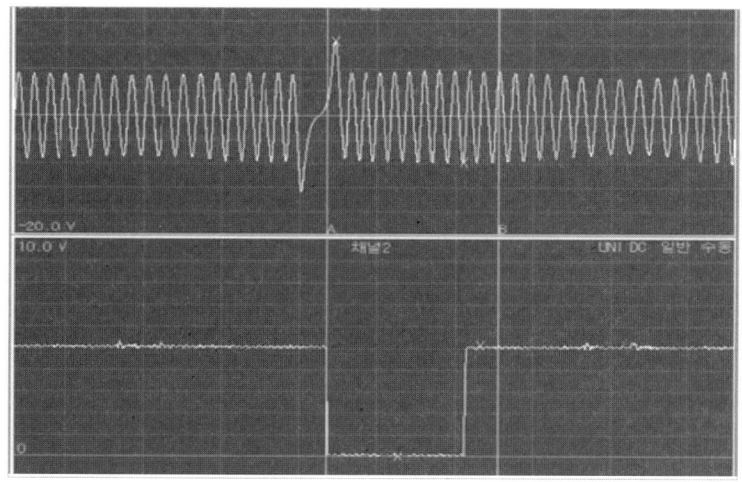

| 그림 2-61. 아반떼 차량의 CKP(위)와 CMP(아래) 신호 |

195

(2) 기타 회로(MAP, TPS, WTS)

TPS, 맵 센서, WTS 등의 입력은 0~5V 범위에서 변동되며, 센서로부터 입력되는 전압을 출력 전류와 관계없이 정확하게 검출하기 위해 그림 2-62와 같이 회로를 구성하고 부귀환 버퍼 회로를 거치도록 회로를 설계하였다.

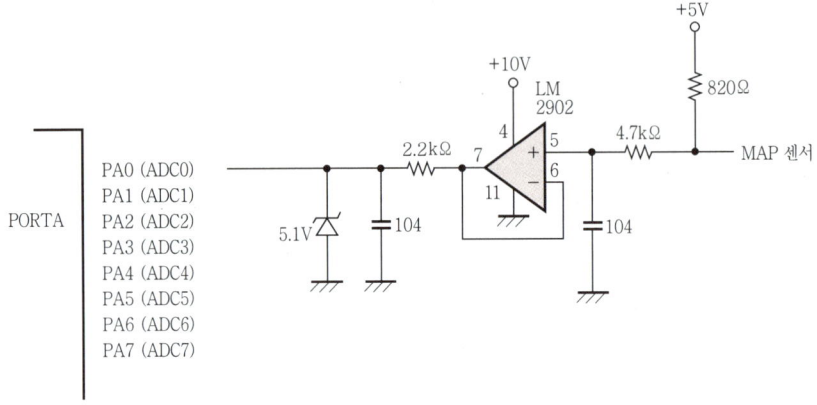

│그림 2-62. 아날로그 신호 입력 회로도│

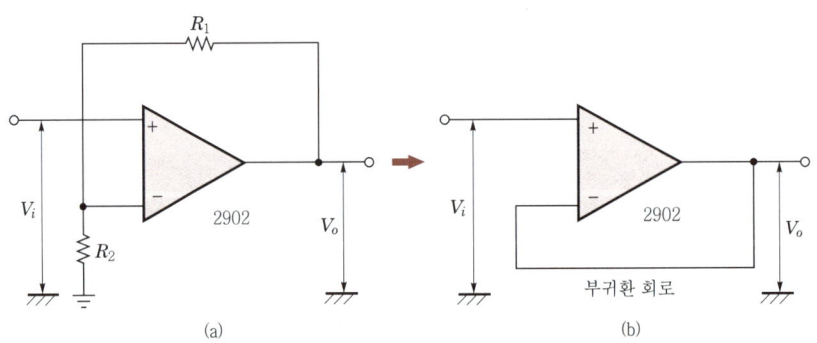

│그림 2-63. 부귀환 비교 회로의 구성│

그림 2-63과 같은 부귀환 회로에서 입·출력 전압의 증폭도(A)를 구해 보면 아래 식과 같이 계산할 수 있다.

$$A = \frac{V_o}{V_i} = \frac{R_1 + R_2}{R_2} = \frac{R_1}{R_2} + 1$$

$R_1 = 0$, $R_2 = \infty$이면 증폭도 $A = 0/\infty + 1 = 1$이 된다.

그림 2-63의 (b)와 같이 회로를 구성하면 OP Amp.의 입력 저항이 매우 높기 때문에 검출부로부터 전류를 뽑아낼 수 없으며, 부귀환이 최대로 걸려 있어 OP Amp.의 출력 저항은 매우 낮아지므로 비록 전류를 뽑아낸다 하더라도 출력 전압 V_o가 변동하는 일이 없다. 따라서 입력 전압 V_i의 값을 정확하게 검출할 수 있는 버퍼 회로로 사용될 수 있다.

물론 아날로그 신호가 출력되는 신호는 아날로그 신호를 디지털 신호로 바꾸어 주기 위해

ADC(Analogue Digital Converter)를 거쳐야 하므로, 자작 ECU에서는 ADC가 내장되어 있는 ATmega8535의 PORTA의 단자에 연결하도록 한다.

그림 2-64는 LM2902의 단자 구성을 나타내는 것으로, 자작 ECU 제작 시 참고한다.

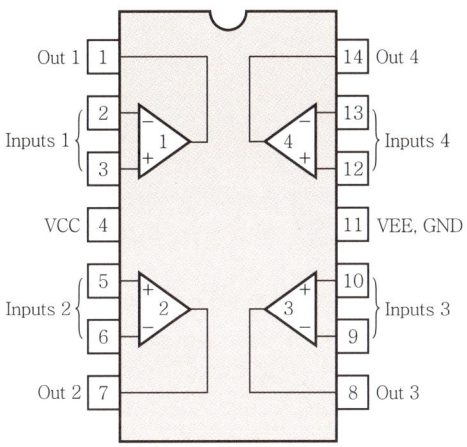

| 그림 2-64. LM2902 단자 구성 |

출력 인터페이스 회로 설계

(1) 연료 분사 회로

연료 분사 회로는 코일로 구성되어 있는 인젝터의 작동 시 발생하는 역기전력을 견디고 인젝터를 제어할 수 있도록 하는 출력 제어 인터페이스의 설계가 필요하다.

① **연료 분사를 위한 기본 회로**

그림 2-65는 인젝터를 제어하기 위한 회로의 구성을 나타낸다.

인젝터 작동 시 코일에서 발생되는 역기전력에 의해 ATmega8535가 영향을 받을 수 있으므로 주의해서 회로를 구성하여야 한다.

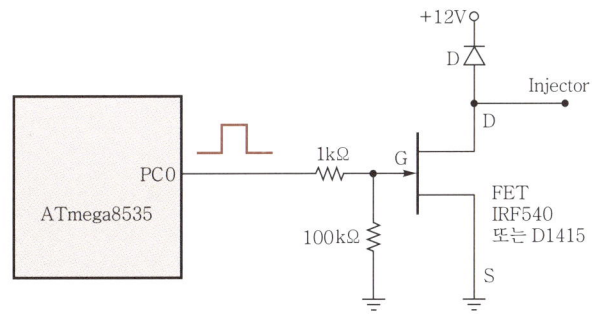

| 그림 2-65. 연료 분사 기본 제어 회로 |

② 연료 분사 회로의 연결

그림 2-66과 같이 74HC14 2개를 연결한 회로를 구성하여 인젝터 작동 시 발생되는 역기전력이 ATmega8535에 영향을 미치지 못하도록 차단한다.

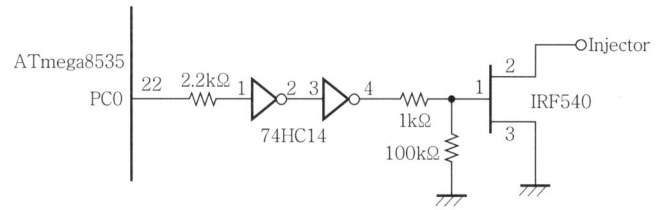

│그림 2-66. 연료 분사 회로의 연결│

③ 연료 분사 제어 회로 분석

연료 분사는 FET(Field Effect Transistor : 전계 효과 트랜지스터)를 거쳐 인젝터를 제어할 수 있는데, 최종적으로 FET의 드레인에 연결된 인젝터를 작동하도록 하였다. FET의 게이트에 5V의 전압이 가해지면 FET의 드레인과 소스가 도통하여 드레인에 연결되어 있는 인젝터 코일에 전류가 흐르게 되어 연료 분사가 이루어진다. IRF540의 구조는 그림 1-150과 그림 1-151에서 나타내었다.

(2) 점화 회로

점화 회로는 코일로 구성되어 있는 점화 코일이 작동할 때 발생하는 역기전력을 견디고 IGBT 9V3036을 제어할 수 있도록 하는 출력 제어 인터페이스의 설계가 필요하다.

① 점화를 위한 기본 회로

ATmega8535를 사용하여 점화를 제어하기 위해서는 그림 2-67과 같은 회로를 구성하여야 한다.

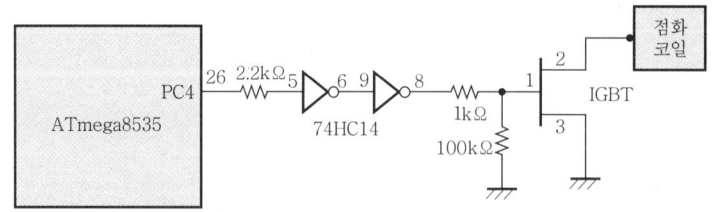

│그림 2-67. 점화 회로의 구성│

② 점화 회로의 연결

그림 2-68은 관련 부품을 연결한 점화 회로를 나타낸다.

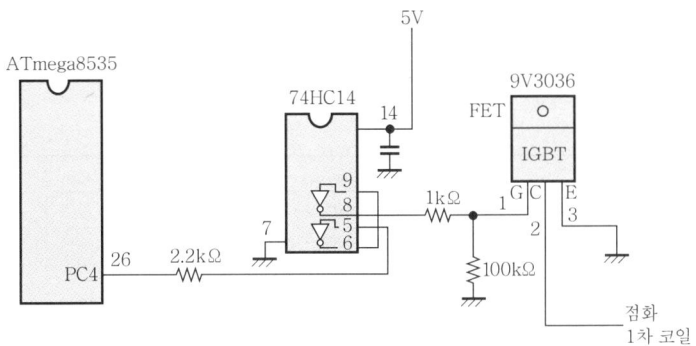

|그림 2-68. 점화 회로의 연결|

③ 점화 제어 회로 분석

㉠ IGBT 9V3036 : 그림 2-69와 같은 N-Channel 점화 IGBT로서 Collector-Emitter 브레이크다운 전압이 360V이다.

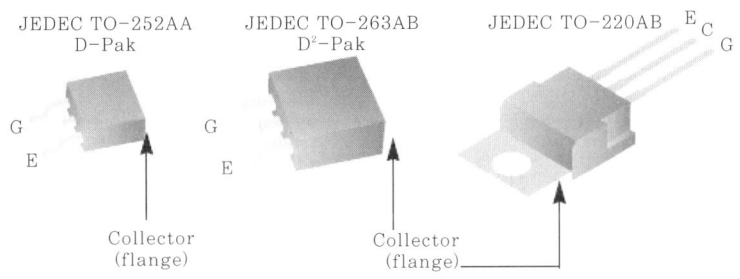

|그림 2-69. IGBT 단자 구조|

IGBT(Insulated Gate Bipolar Transistor)는 MOSFET의 간단한 구동 회로의 장점과 BJT의 대전류 특성을 결합시킨 소자로서, 현재 전력용 반도체 소자로 각광 받고 있으며, 그 심볼은 그림 2-70과 같다.

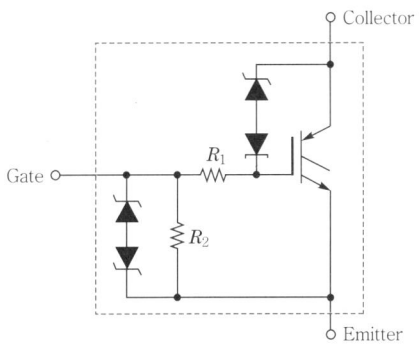

|그림 2-70. IGBT의 심볼|

표 2-2는 IGBT 9V3036의 특성을 나타낸다.

| 표 2-2. IGBT 9V3036의 특성 |

Symbol	Parameter	Ratings	Units
BV_{CER}	Collector to Emitter Breakdown Voltage(I_C=1mA)	360	V
BV_{ECS}	Emitter to Collector Voltage-Reverse Battery Condition(I_C=10mA)	24	V
E_{SCIS25}	T_J=25℃, I_{SCIS}=14.2A, L=3.0mHy	300	mJ
$E_{SCIS150}$	T_J=150℃, I_{SCIS}=10.6A, L=3.0mHy	170	mJ
I_{C25}	Collector Current Continuous, At T_C=25℃, See Fig 9	21	A
I_{C110}	Collector Current Continuous, At T_C=110℃, See Fig 9	17	A
V_{GEM}	Gate to Emitter Voltage Continuous	±10	V
P_D	Power Dissipation Total T_C=25℃	150	W
	Power Dissipation Derating T_C>25℃	1.0	W/℃
T_J	Operating Junction Temperature Range	−40 to 175	℃
T_{STG}	Storage Junction Temperature Range	−40 to 175	℃
T_L	Max Lead Temp for Soldering(Leads at 1.6mm from Case for 10s)	300	℃
T_{pkg}	Max Lead Temp for Soldering(Package Body for 10s)	260	℃
ESD	Electrostatic Discharge Voltage at 100pF, 1,500Ω	4	kV

ⓛ 74HC14 : 74HC14는 Hex Inverting Schmitt trigger로서, 점화 1·2차 코일에 의해 발생되는 고전압이 ATmega8535에 영향을 미치지 못하도록 차단하는 역할을 한다.

그림 2-71은 74HC14의 핀 배치도를 나타낸다. 반드시 14번(VCC)은 전원(5V), 7번(GND)은 접지를 연결하도록 한다.

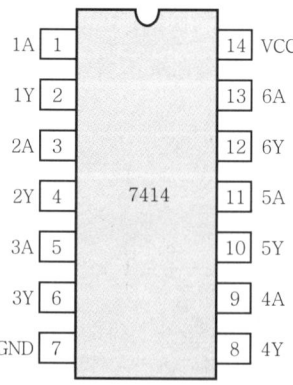

| 그림 2-71. 74HC14의 구조 |

표 2-3은 핀의 기능, 그림 2-72는 내부 구조를 나타낸다. nA는 입력, nY는 출력 단자를 나타낸다.

|표 2-3. 핀의 기능 |

Pin	Symbol	Description
1	1A	data input
2	1Y	data output
3	2A	data input
4	2Y	data output
5	3A	data input
6	3Y	data output
7	GND	ground(0V)
8	4Y	data output
9	4A	data input
10	5Y	data output
11	5A	data input
12	6Y	data output
13	6A	data input
14	VCC	supply voltage

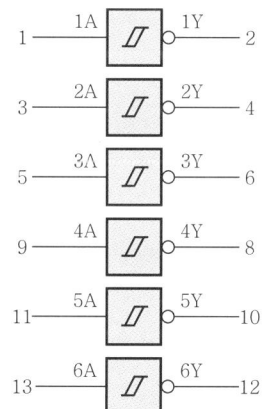

|그림 2-74. 내부 구조(로직 심볼) |

이 장에서는 엔진을 제어하기 위한 제어 알고리즘 개발과 제어 프로그램 설계를 주로 다룬다. 실제 엔진 제어가 가능한 제어 프로그램의 실행은 다음 장에서 자작 ECU를 완성한 후에 필요에 따라 적용하면 된다.

2.3.1 초기 시동 제어 프로그램

비전자제어 단기통 엔진(VL125, 대림)은 플라이휠 로터에 1개의 투스가 설계되어 있으며, 초보자가 학습 초기에 바로 실제 단기통 엔진에서 발생되는 CPS 신호를 입력받아 제어 프로그램을 설계하기에는 어려운 점이 많다.

따라서 효율적으로 제어 프로그램을 연습하고 설계하기 위해 먼저 실제 엔진에서 발생되는 CPS 신호를 분석하고 그 제어 알고리즘을 이해한 다음, 유사한 신호를 발생하는 대체 CPS 신호를 발생시킬 수 있는 프로그램을 설계하고 이를 이용하여 제어 프로그램을 연습하도록 한다.

어느 정도 대체 CPS 신호에 의한 제어가 익숙해지면 실제 단기통 엔진에서 발생되는 CPS 신호를 입력받아 제어 프로그램을 설계하도록 한다. 이를 위해 먼저 제어 알고리즘을 이해하고 이를 바탕으로 제어 프로그램을 설계해 보도록 한다. 이 장에서는 크랭킹 시 노이즈 제어, 압축 상사점 판별 제어 등의 제어 프로그램에 대해 다룬다.

(1) 크랭킹 제어 프로그램(크랭크축 1회전에 1개 펄스 발생)
① 크랭킹 제어 알고리즘
　㉠ 초기 크랭킹 제어 분석 : 처음 크랭킹 시 회전 초기 저항이 큰 스타팅 모터를 회전시키기 위해 많은 전류가 소모되며 이에 따라 회전 속도뿐만 아니라 CPS로부터 발생되는 펄스 또한 불안정한 상태이므로 이 신호를 이용하여 제어를 할 경우 초기 시동성에 많은 문제점을 야기할 수 있다.

따라서 크랭킹 초기에 발생되는 불안정한 펄스는 무시하고 안정된 상태의 펄스를
이용하여 시동 시 제어를 할 수 있도록 크랭킹 제어 알고리즘을 설계하여야 한다.

그림 2-73은 초기 크랭킹 시 최소 전압이 약 2V로 낮은 CPS 출력 파형(그림의 위
쪽 파형)을 나타내며 초기 파형이 매우 불안정하여 입력 인터페이스에 의해 구형 파
형(그림의 아래쪽 파형)으로 변환되지 않는 것을 볼 수 있다. 따라서 정상적인 파형
이 출력될 때까지 초기 몇 회의 구형 파형은 무시하도록 하고 그 이후의 안정된 상
태의 구형 파형을 받아 엔진을 제어하도록 제어 프로그램을 설계하여야 한다.

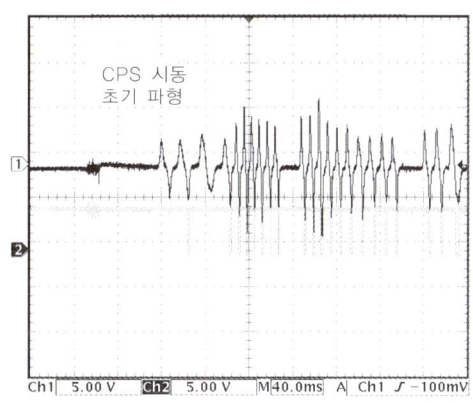

| 그림 2-73. 크랭킹 시 초기 CPS 출력 파형 |

ⓒ 압축 상사점 판별을 위한 분석 : 단기통 엔진의 경우 다기통 엔진에 비해 회전 시 크
랭크 각속도의 변동이 크므로 그 특성을 분석하면 압축 상사점과 배기 상사점을 구
별하여 연료 분사 및 점화 제어에 응용할 수 있다.

그림 2-74는 TDC 전 47°에 위치해 있는 1개의 투스에 의해 발생되는 비전자제어
방식의 CPS의 출력 파형을 나타내는 것으로서, 압축 상사점 부근에서의 출력 전압
과 배기 상사점 부근에서의 출력 전압의 크기가 뚜렷하게 차이가 발생하는 것을 볼
수 있다.

이것은 크랭크축이 회전할 때 압축 시와 배기 시의 피스톤 상승 속도의 차이에 의해
발생된다. 그림 2-74와 같은 파형을 CPS 입력 인터페이스를 거쳐 파형을 정형하
면 그림 2-75와 같은 파형을 얻을 수 있으며 CPU는 이 파형의 길이를 계측하여
압축 상사점을 구별하게 된다.

고속형인 단기통 엔진에서 압축 상사점의 판별은 점화 제어에 매우 중요한 의미가
있다. 현재 비전자제어 방식에서와 같이 압축 상사점을 정확하게 인지하지 못할 경
우 상사점 부근에서 엔진 2회전에 2회 점화(1회 무효, 1회 유효 점화) 방식으로 제
어할 수밖에 없으며 이는 점화 에너지의 낭비로 이어진다.

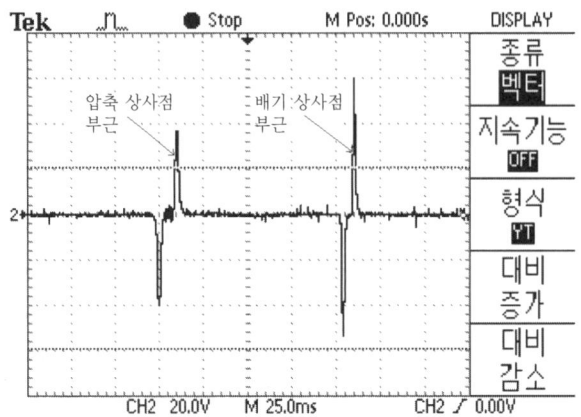

|그림 2-74. CPS 출력 파형(one tooth)|

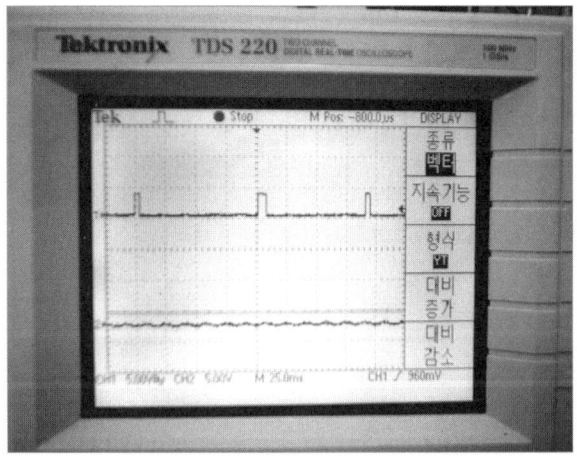

|그림 2-75. CPS에서 발생된 신호를 정형한 파형|

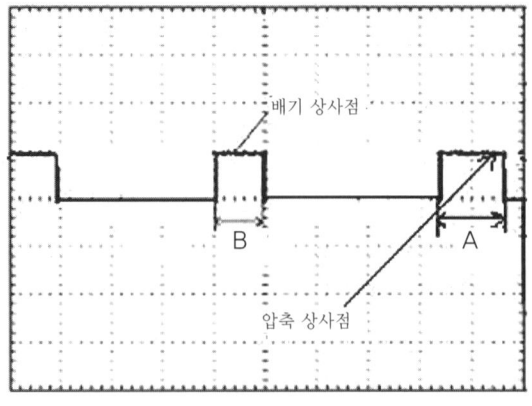

|그림 2-76. 압축 상사점과 배기 상사점 구별|

또, 그림 2-76과 같이 나타나는 파형의 길이는 엔진의 회전 속도에 따라 달라지므로 엔진의 상황을 고려하여 압축 상사점을 구별할 수 있는 측정기법을 개발하여야 한다.

크랭크축 1회전에 1회 발생되는 투스의 파형이 인식되면 이 신호를 기준으로 다음 1회전에서 발생되는 투스 파형의 펄스 폭과 비교하여 압축 상사점의 위치를 판별하게 된다. 그림 2-76에서는 압축 상사점 부근의 투스 파형과 배기 상사점 부근의 파형의 펄스 폭 차이를 보여주고 있다. 이때 2개의 투스 파형의 폭 차이는 확연히 구별이 되며 CPU에서 이를 감지하여 압축 상사점을 구별하게 된다.

이러한 펄스 폭의 차이는 엔진의 각 행정 시 압축 저항에 의해 크랭크축의 회전 속도가 달라져서 발생하며 이에 따라 압축 행정 시 회전 속도가 느려져 펄스 폭이 길어지게 된다.

② 크랭킹 제어 프로그램 설계

㉠ 최초 크랭킹 시 안정된 CPS 신호 감지 프로그램(크랭킹 시 노이즈 제거) : 초기 크랭킹 시 낮은 전압, 노이즈 등의 불안정한 요인을 제거하기 위해 CPS로부터 출력되는 초기 파형을 정형한 구형 펄스를 PORTD.2(PD2)로 입력받아 10회 공전 후 제어 프로그램이 실행되도록 설계한다.

실제 크랭킹 시 발생되는 노이즈를 제거하고 안정된 신호를 입력받기 위한 제어 프로그램은 아래와 같다.

```
#include 〈mega8535.h〉
unsigned int n=0;
void main(void)
{
  DDRD=0x00;
  DDRC=0xFF;
  PORTC=0x00;
  ;
  do{
      while((PIND & 0x04)==0);//상승 에지 감지하여 while문 탈출
      while(PIND & 0x04);//하강 에지 감지하여 while문 탈출
      n++;
  }while(n<10);//10회 반복
}
```

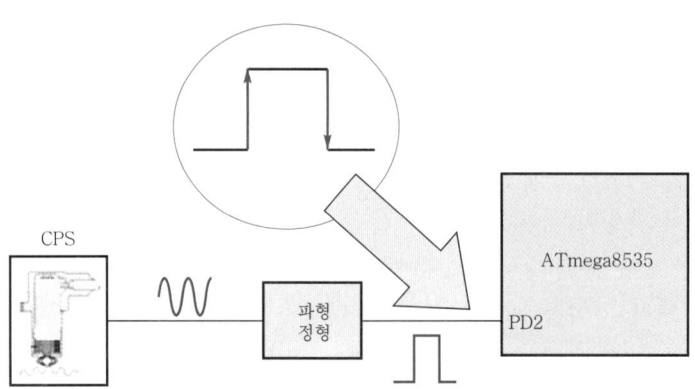

|그림 2-77. CPS에 의한 제어|

그림 2-77과 같이 CPS에서 출력되는 아날로그 신호를 파형 정형 회로에서 파형을 정형하고 이 신호의 상승 에지와 하강 에지를 감지하여 펄스를 확인하게 된다.

실제로 크랭킹 시 발생되는 노이즈를 제거하기 위해 제어 프로그램이 잘 작동되는지 확인하기를 원한다면 아래와 같은 프로그램으로 확인할 수 있다.

이때는 오실로스코프를 사용하여 확인할 수 있는데, ATmega8535의 PD2 단자와 PC0~PC7 단자 중에서 한 단자의 출력 파형을 측정하도록 한다.

또는 PC0~PC7 단자에 LED를 연결하여 LED의 작동을 확인하여도 된다.

```
//＊＊크랭킹 시 노이즈 제거 및 확인 프로그램＊＊//
#include〈mega8535.h〉
unsigned int n=0;
void main(void)
{
 DDRD=0x00;//PORTD 모든 단자 입력으로 사용//
 DDRC=0xFF;//PORTC 모든 단자 출력으로 사용//
 PORTC=0x00;
 ;
 do{//노이즈 제거 프로그램//
    while((PIND & 0x04)==0);//상승 에지에서 탈출, '0'이면 반복 실행//
    while(PIND & 0x04);//하강 에지에서 탈출
    n++;
    }while(n〈10);//노이즈 10회 카운트 후 탈출//
 PORTC=0xFF;//프로그램이 정확하게 작동되는지 확인하기 위한 명령어
 ;
 while(1);//제자리 반복 실행//
}
```

ⓛ 위 프로그램을 살펴보자.

- while(조건);

  조건이 '0' 이외의 값이면 참(조건 성립, 루프 반복)이고 조건이 '0'이면 거짓(조건이 성립하지 않음, 루프 탈출)이다.

  – while(0) : loop 탈출

  – while(1) : loop 반복 실행, 무한 루프

- while((PIND & 0x04)==0);는 PIND(PORTD.2)로 '1'이 입력되면 PIND & 0x04가 '0'이 아니고 (PIND & 0x04)==0이 거짓이 되므로 while loop를 탈출하여 그 다음 명령을 수행하게 된다.

  즉, 상승 에지가 감지되면 그 다음 명령을 수행하게 된다(그림 2-78 참고).

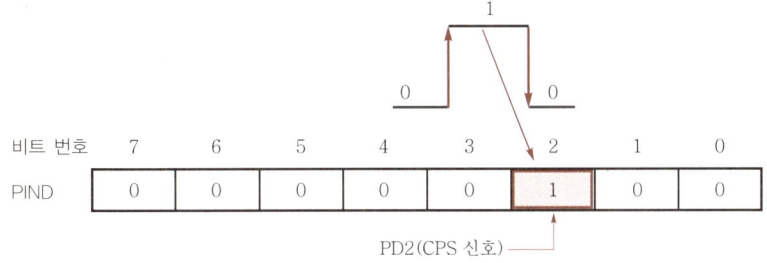

| 그림 2-78. 상승 에지와 하강 에지에 의한 제어 |

- while(PIND & 0x04);는 (PIND & 0x04)가 '1'이면 참이 되어 제자리 반복 수행을 하고, '0'이 되면 탈출하여 그 다음 명령을 수행하게 된다.

  즉, 하강 에지가 감지되면 그 다음 명령을 수행하게 된다.

ⓒ 프로그램 작동 확인 : 구형 펄스를 PORTD.2로 입력해 그림 2-79와 같이 실제로 PC0로 원하는 출력이 발생하는지를 확인해 본다. PC0에서 '0'이 출력되다 10개의 펄스 후 최종적으로 '1'이 출력되어야 한다.

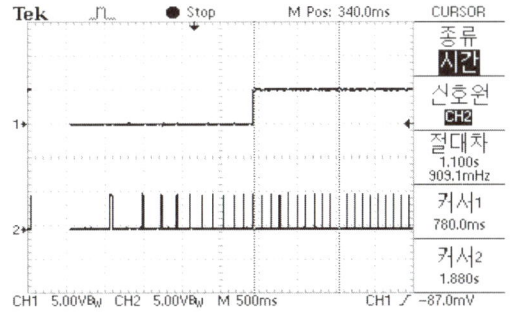

| 그림 2-79. 노이즈 제어 프로그램 작동 확인 파형 |

파형을 측정하기 위한 CPS 신호 입력을 그림 2-80과 같은 장치를 연결하여 확인할 수 있다. 톤 휠의 구동은 DC 모터를 사용하든가 아니면 자동차용 쿨링 팬 모터 또는 히터 모터를 사용하여도 된다.

| 그림 2-80. 간단한 CPS 구동 장치 |

③ 압축 상사점 판별 프로그램 설계

크랭킹 시 발생되는 연속적인 2개의 구형 펄스 폭을 타이머/카운터0로 카운트하여 롱 펄스를 구별하고, 펄스 폭이 긴 쪽을 압축 상사점으로 판정한다.

㉠ 실제 압축 상사점 판별 프로그램 설계 : 단기통 엔진에서 그림 2-81과 같이 크랭크 축 1회전에 1개 펄스를 발생하는 경우의 제어 프로그램을 설계한다.

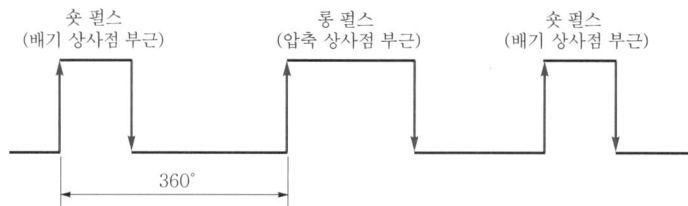

| 그림 2-81. CPS 출력 신호 분석 |

```
#include <mega8535.h>
unsigned int n=0, pulse_1, pulse_2;//전역 변수 선언
void main(void)//메인 함수
{
  DDRD=0x00;//PORTD 입력 설정
  ;
```

```
TIMSK=0x01;//TOIE0=1, 타이머/카운터0 인터럽트 마스크 레지스터 인에이블(허용)
TCCR0=0x05;//일반 모드, 프리스케일러 : 1024분주
TCNT0=0x00;//타이머/카운터0 레지스터 초깃값
SREG=0x80;//전역 인터럽트 인에이블 I 비트 셋
;
do{//타이머/카운터0로 펄스 폭 계측
    while((PIND & 0x04)==0);//상승 에지 감지
    TCNT0=0x00;//타이머/카운터0 제로 셋팅
    while(PIND & 0x04);//하강 에지 감지
    if(n==0)pulse_1=TCNT0;//펄스 폭의 카운트 값을 기억
    else pulse_2=TCNT0;
    n++;
    }while(n<2);//압축 상사점을 찾기 위해 2회 반복(크랭크축 2회전)
;
if(pulse_1<pulse_2){//pulse_2가 길어 pulse_2가 압축 상사점 부근일 때
                    while((PIND & 0x04)==0);//배기 상사점 부근
                    while(PIND & 0x04);
                    연료 분사 제어
                }
do{//pulse_1이 길어서 pulse_1이 압축 상사점 부근이므로, 이번 펄스는 압축
    먼저 점화 제어 프로그램
    다음 연료 분사 제어 프로그램
    }while(1);
}
```

위 프로그램을 살펴보면 다음과 같다.

• CPS의 숏 펄스가 ATmega8535의 PD2 단자로 먼저 입력될 경우 : 그림 2-82 와 같이 입력되는 신호에서 그림 2-83과 같이 숏 펄스가 먼저 입력되면 if문에서 롱 펄스를 찾기 위해 한 펄스를 더 지난 후 do~while문으로 이동하여 점화 및 분 사 제어를 실시한다.

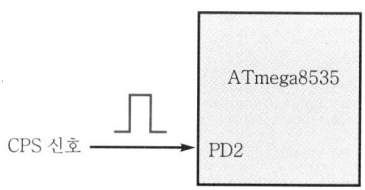

│그림 2-82. CPS 신호의 입력 단자│

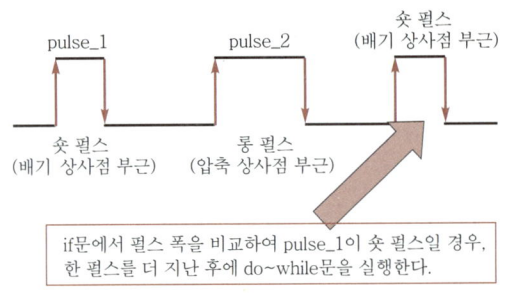

|그림 2-83. 숏 펄스가 먼저 입력될 경우|

• CPS의 롱 펄스가 ATmega8535의 PD2 단자로 먼저 입력될 경우 : 그림 2-84
와 같이 롱 펄스가 먼저 입력되면 바로 do~while문으로 이동하여 점화 및 분사
제어를 실시한다.

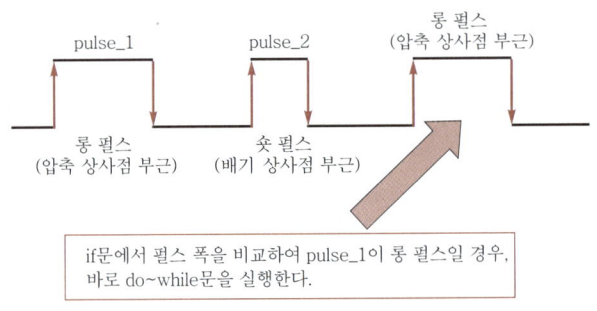

|그림 2-84. 롱 펄스가 먼저 입력될 경우|

• 펄스 폭을 비교하여 pulse_1이 pulse_2보다 크면 pulse_1이 압축 상사점 부근이
므로, 다음 펄스(압축 상사점 부근)를 받고 점화 제어를 할 수 있다.

그러나 pulse_2가 pulse_1보다 크면 pulse_1이 배기 상사점 부근이므로 바로 연
료 분사 제어가 가능하고, 다음 펄스를 받아 점화 제어를 하면 된다.

ⓛ 프로그램 작동 확인 : 실제 단기통 VL125 엔진의 CPS에서 출력되는 신호를 감지
(아날로그 신호 출력)하여 파형을 정형한 후 자작 ECU의 PD2 단자로 입력 신호를
받도록 한다.

여기서는 엔진에서 발생되는 CPS 신호 대신에 별도의 CPS 신호 발생 장치에 의해
발생되는 대체 펄스를 사용하여 압축 상사점 판별 프로그램의 작동을 확인해 본다.
정상적인 작동 여부는 PORTC.O 단자로 출력되는 파형으로 확인할 수 있다.

• 압축 상사점 판별 프로그램 설계

```
#include <mega8535.h>
unsigned int pulse_1, pulse_2;
void delay(unsigned int cnt)
{
 unsigned int i, j;
 for(i=0;i<cnt;i++){
                    j=5000;
                     while(--j);
                    }
}
void main(void)
{
  DDRD=0x00;
  DDRC=0xFF;
  ;
  TCCR0=0x05;//프리스케일러 : 1024분주
  TCNT0=0x00;//타이머/카운터0 초깃값 설정
  ;
  //롱 및 숏 펄스 폭 계측
  while((PIND & 0x04)==0);
  TCNT0=0x00;//펄스 폭 계측 시작
  while(PIND & 0x04);
  pulse_1=TCNT0;//펄스 폭 계측 끝
  ;
  while((PIND & 0x04)==0);
  TCNT0=0x00;
  while(PIND & 0x04);
  pulse_2=TCNT0;
  ;
  if(pulse_1<pulse_2){//압축 상사점 판별
                    while((PIND & 0x04)==0);//배기 상사점 부근
                    while(PIND & 0x04);
                    }
  //압축 상사점(롱 펄스)이 확인되면 이 프로그램을 실행한다.
  do{
     while((PIND & 0x04)==0);//압축 상사점 부근
     while(PIND & 0x04);
```

```
    ;
    PORTC=0b00000001;//압축 상사점 확인 신호 출력 시작
    delay(1);
    PORTC=0b00000000;//압축 상사점 확인 신호 출력 종료
    ;
    while((PIND & 0x04)==0);//배기 상사점 부근
    while(PIND & 0x04);
  }while(1);
}
```

롱 펄스의 하강 에지에서 PC0로 그림 2-85와 같은 주기적인 펄스가 출력된다.

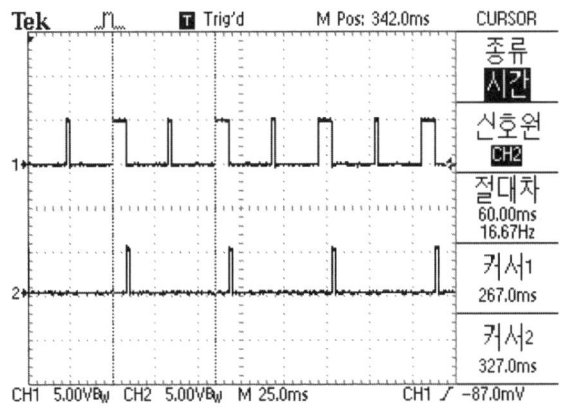

|그림 2-85. 압축 상사점 판별을 위한 롱 펄스 후 작동 확인|

- CPS 신호 대체 파형 발생 프로그램 : 엔진에 연결하여 실제 CPS 신호를 입력받기가 어렵거나 CPS 신호 발생 장치가 없을 경우(그림 2-80의 CPS 구동 장치 참고), ATmega8535를 활용한 프로그램에 의해 대체 CPS 출력 파형을 출력하여 연료 분사나 점화 장치를 제어해 볼 수도 있다. 엔진의 회전수가 1,000rpm이라고 했을 때 대체 파형의 주기를 계산해 보면 다음과 같다.

$$60 \times 10^6 \ \mu s(1분) \text{————} 1,000회전$$
$$x \text{————} 1회전(360°)$$

따라서, $x = 60,000\mu s$가 된다. 즉, 1회전 주기를 60ms로 하면 실제 엔진과 비슷한 주기가 된다.

```
//**CPS 대체 파형 발생 프로그램**//
#include <mega8535.h>
void delay(unsigned int cnt)
{
 unsigned int i, j;
 for(i=0;i<cnt;i++){
                    j=2000;
                    while(--j);
                    }
}
void main(void)
{
  DDRD=0x00;
  DDRC=0xFF;
  PORTC=0x00;
  ;
  do{//작동 확인을 위한 롱 및 숏 펄스 출력
      PORTC=0b00000001;
      delay(5);//롱 펄스
      PORTC=0b00000000;
      delay(50);//펄스 주기
      ;
      PORTC=0b00000001;
      delay(2);//숏 펄스
      PORTC=0b00000000;
      delay(53);//펄스 주기, 롱과 숏 펄스 폭 차이를 고려하여 3 증가
    }while(1);
}
```

• 발생되는 펄스 폭은 그림 2-86과 같이 롱 펄스가 5.2ms, 숏 펄스가 2ms이다.

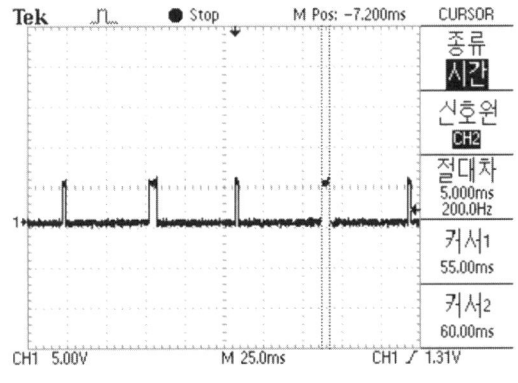

|그림 2-86. 대체 CPS 신호 출력|

④ 시동 시의 제어 플로 차트

시동 시에는 그림 2-87과 같은 단계로 연료 분사와 점화를 제어한다.

최초 크랭킹 시에는 입력되는 CPS 신호가 불안정하므로, 일정 회전수(10회전 정도)는 무시하고 이후에 입력되는 안정된 CPS 신호를 받도록 한다.

또한, 크랭킹 시에는 엔진의 회전 속도가 느리므로, 엔진 회전수를 계측할 때 1회전(360°)을 기준으로 계산하기보다는 그보다 작은 30° 정도를 기준으로 엔진 회전수를 계측하는 것이 좋다.

따라서 이런 여러 가지 이유로 1회전에 1개의 펄스를 발생하는 기존 CPS 신호 발생 시스템으로는 정밀한 제어가 어렵기 때문에, 여러 개의 펄스를 발생할 수 있도록 톤 휠의 투스를 설계하게 된다.

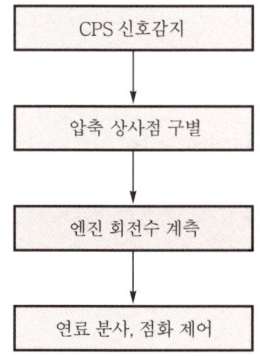

| 그림 2-87. 시동 시 제어 플로 차트 |

다시 한 번 반복해서 그림 2-88을 확인한다.

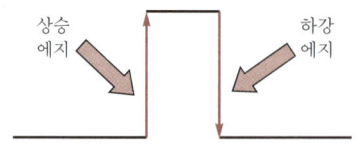

| 그림 2-88. 상승 에지와 하강 에지 |

(2) 크랭킹 시 연료 분사 및 점화 제어 프로그램

① 연료 분사 및 점화 제어 알고리즘

　㉠ 연료 분사 제어 알고리즘 : 크랭킹 시에는 우선 압축 상사점 부근 투스(tooth)의 짧은 정형 파형의 하강 에지에서 연료를 분사하여 엔진을 제어해 보고, 제어가 잘 이루어지면 다음 단계로 흡기 밸브가 열리기 직전(단기통 엔진의 경우 BTDC 7°에서 흡기 밸브 열림)에서 연료를 분사하도록 제어한다(대체 CPS 파형 이용).

ⓒ 점화 제어 알고리즘 : 크랭킹 시에 그림 2-89에서 보는 것과 같이 롱 투스의 하강 에지(BTDC 8°)에서 점화하도록 한다. 일단 시동이 걸리면 그 이후에는 '시동 후 점화 제어 프로그램'에 의해 엔진의 상태에 알맞은 최적의 점화 시기로 제어하도록 한다.

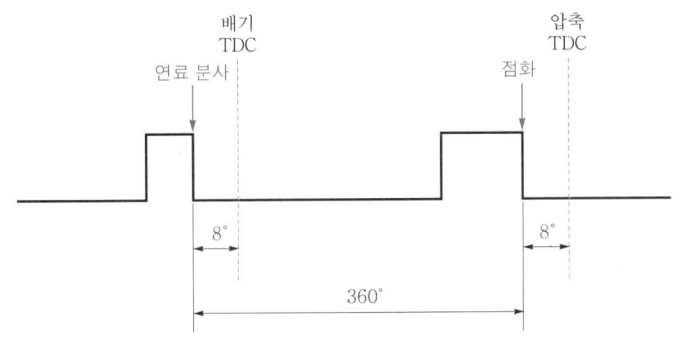

|그림 2-89. 크랭킹 시 연료 분사 및 점화 제어|

② 연료 분사 및 점화 제어 프로그램

ⓐ 연료 분사 시간 및 드웰 시간 제어 시 시간 지연(daegi 함수)을 활용한 제어 : 제어 프로그램을 쉽게 이해하도록 하기 위해 타이머/카운터0 작동에 의한 연료 분사 시간 및 점화 시간 제어가 아니라 먼저 daegi( ) 함수를 이용하여 연료 분사 및 점화 시간을 제어하도록 한다.

연료 분사와 점화 신호의 출력 시 그림 2-90과 같이 연료 분사 신호는 PC0, 점화 제어 신호는 PC4로 출력하도록 한다. '1' 출력 시 TR이 작동된다.

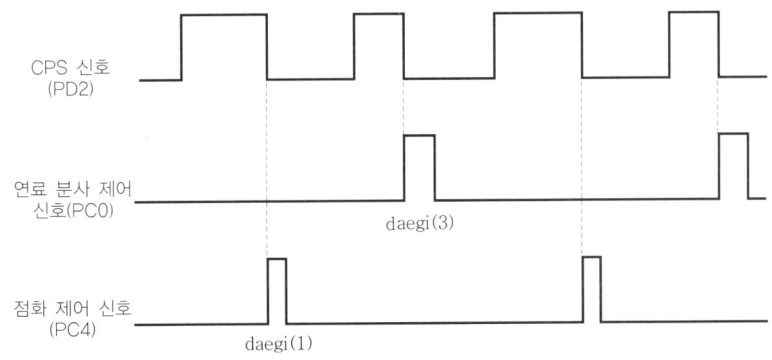

|그림 2-90. 연료 분사 및 점화 제어 타임차트|

PORTC에 연결된 액추에이터의 구성은 그림 2-91과 같다.

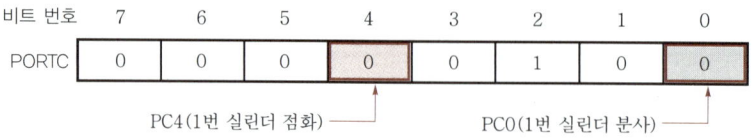

비트 번호	7	6	5	4	3	2	1	0
PORTC	0	0	0	0	0	1	0	0

PC4(1번 실린더 점화) ─────   PC0(1번 실린더 분사) ─────

|그림 2-91. PORTC 각 단자의 연결|

```
#include <mega8535.h>
unsigned int pulse_1, pulse_2;
void daegi(unsigned int count)//daegi( ) 함수
{
 unsigned int i, k;
 for(i=0; i<count; i++){
                        k=5000;
                        while(--k);
                       }
}
void main(void)
{
 DDRD=0x00;
 DDRC=0xFF;
 ;
 TCCR0=0x05;//프리스케일러 : 1024분주
 TCNT0=0x00;//타이머/카운터0 초깃값 설정
 ;
 //펄스 폭 계측
 while((PIND & 0x04)==0);
 TCNT0=0x00;
 while(PIND & 0x04);
 pulse_1=TCNT0;
 ;
 while((PIND & 0x04)==0);
 TCNT0=0x00;
 while(PIND & 0x04);
 pulse_2=TCNT0;
 ;
 if(pulse_1<pulse_2){//압축 상사점 판별, 다음 펄스는 배기 상사점 부근
                while((PIND & 0x04)==0);
                while(PIND & 0x04);
                PORTC=0b00000001;//연료 분사
```

```
                    daegi(3);
                        }
    do{//연료 분사 및 점화 반복 제어
        while((PIND & 0x04)==0);//상승 에지 감지, 상승 에지에서 탈출
        while(PIND & 0x04);//하강 에지 감지, 하강 에지에서 탈출
        PORTC=0b00010000;//점화, 드웰각 시작
        daegi(1);
        PORTC=0b00000000;//드웰각 종료
        ;
        while((PIND & 0x04)==0);
        while(PIND & 0x04);
        ;
        PORTC=0b00000001;//연료 분사 시작
        daegi(3);
        PORTC=0b00000000;//연료 분사 종료
    }while(1);
}
```

위의 제어 프로그램과 함께 그림 2-92를 이해하도록 한다.

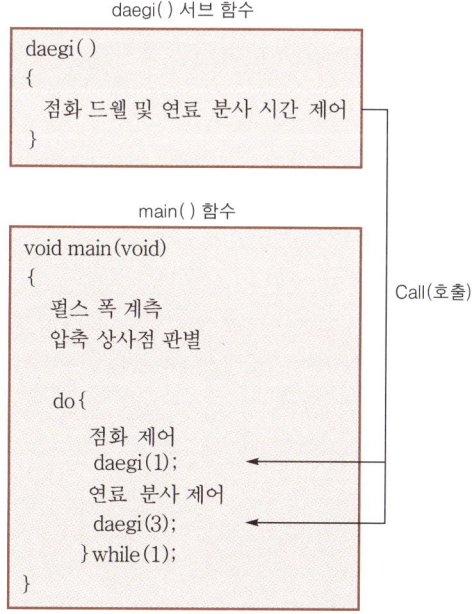

그림 2-92. 연료 분사 및 점화 제어도

ⓛ 연료 분사 시간 및 드웰 시간 제어 시 타이머/카운터0를 활용한 제어 : 실제 엔진 제
어에 근접하도록 하기 위해 타이머/카운터0를 활용하여 그림 2-93과 같이 연료 분
사(7ms) 및 점화 드웰 시간(4ms)을 제어하도록 한다.

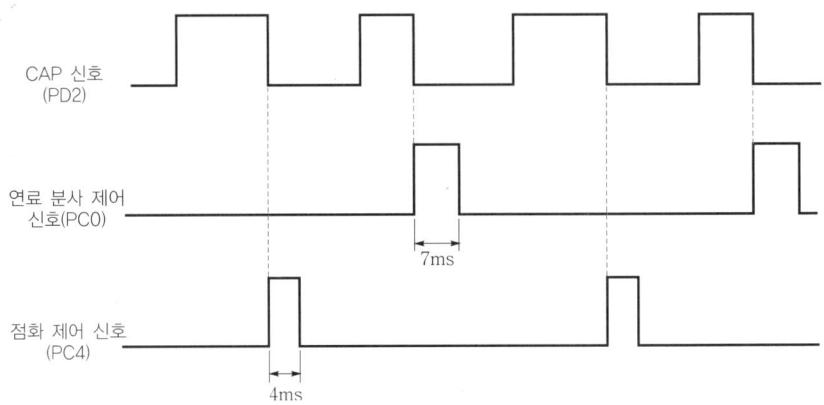

|그림 2-93. 타이머/카운터0에 의한 연료 분사 및 점화 제어 타임차트|

```
#include 〈mega8535.h〉
unsigned int pulse_1, pulse_2;
interrupt[TIM0_OVF]void timer_int0(void)
 {
  PORTC=0x00;//연료 분사 및 점화 드웰각 종료
 }
void main(void)
{
 DDRD=0x00;
 DDRC=0xFF;
 ;
 TIMSK=0x01;//타이머/카운터0 인터럽트 마스크 레지스터 인에이블
 TCCR0=0x05;//프리스케일러 : 1024분주, 0b00000101
 TCNT0=0x00;//타이머/카운터0 레지스터 초깃값
 SREG=0x80;//전역 인터럽트 인에이블 I 비트 셋
 ;
 //펄스 폭 계측
 while((PIND & 0x04)==0);
 TCNT0=0x00;
 while(PIND & 0x04);
 pulse_1=TCNT0;
 ;
```

```
while((PIND & 0x04)==0);
TCNT0=0x00;
while(PIND & 0x04);
pulse_2=TCNT0;
;
if(pulse_1<pulse_2){//압축 상사점 판별, 다음 펄스는 배기 상사점 부근
                    while((PIND & 0x04)==0);
                    while(PIND & 0x04);
                    PORTC=0b00000001;//연료 분사
                    TCNT0=146;//연료 분사 시간 제어 7ms
                }
 do{//타이머/카운터0 연료 분사 및 점화 반복 제어
     while((PIND & 0x04)==0);
     while(PIND & 0x04);
     PORTC=0b00010000;//점화
     TCNT0=193;//드웰 시간 제어 4ms
     ;
     while((PIND & 0x04)==0);
     while(PIND & 0x04);
     PORTC=0b00000001;//연료 분사
     TCNT0=146;//연료 분사 시간 제어 7ms
    }while(1);
}
```

위 프로그램을 살펴 보자.

- 연료 분사 시간 7ms의 제어 : 16MHz, 1024분주 시 1카운트 시간은 $(1/16)\mu$s이므로, 7ms에 대한 카운트 수를 계산하면 타이머/카운터0 TCNT0의 값을 구할 수 있다.

    $(1/16)\mu$s×1024분주×카운트 수=7,000μs

    카운트 수=약 110

즉, 110 카운트를 하면 7ms가 된다는 것이다.

따라서 이것을 TCNT0에 대입하기 위해서는 다음과 같이 계산하면 된다.

256-110=146이므로 TCNT0=146을 대입하면 타이머/카운터0는 146을 기본 값으로 카운트를 시작하여 110카운트 후에·오버플로 인터럽트를 발생하게 된다. 이때 인터럽트가 발생하면 연료 분사를 멈추도록 한다.

- 점화 드웰 시간 4ms의 제어

    $(1/16)\mu$s×1024분주×카운트 수=4,000μs

    카운트 수=약 63

즉, 63카운트를 하면 4ms가 된다는 것이다.

따라서 TCNT0=256-63=193이 되므로 타이머/카운터0는 193을 기본값으로 카운트를 시작하여 63 카운트 후에 오버플로 인터럽트를 발생하여 점화 드웰 시간을 그림 2-94와 같이 제어하게 된다.

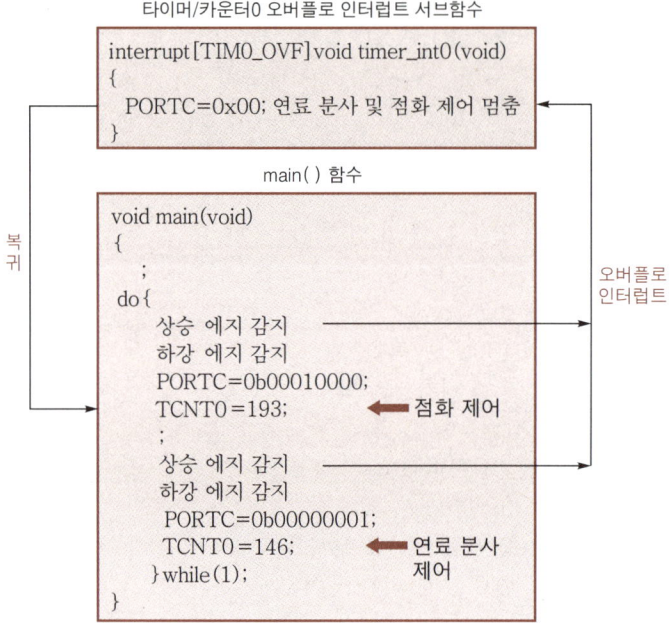

|그림 2-94. 타이머/카운터0 인터럽트에 의한 연료 분사 및 점화 제어도|

ⓒ 출력 파형의 측정 : 그림 2-95에서 보는 바와 같이, 연료 분사 제어는 숏 펄스의 하강 에지에서 연료를 분사하기 시작하여 7ms 후에 연료 분사를 멈춘다.

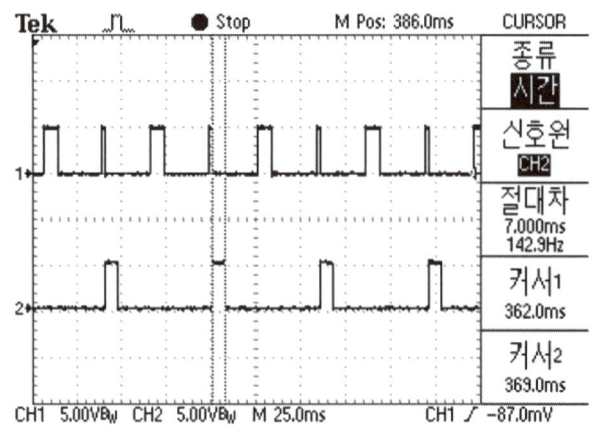

|그림 2-95. 타이머/카운터0에 의한 연료 분사 제어 파형|

그림 2-96에서 보는 바와 같이, 점화 제어는 롱 펄스의 하강 에지에서 점화 드웰 제어를 하기 시작하여 4ms 후에 점화를 하게 된다.

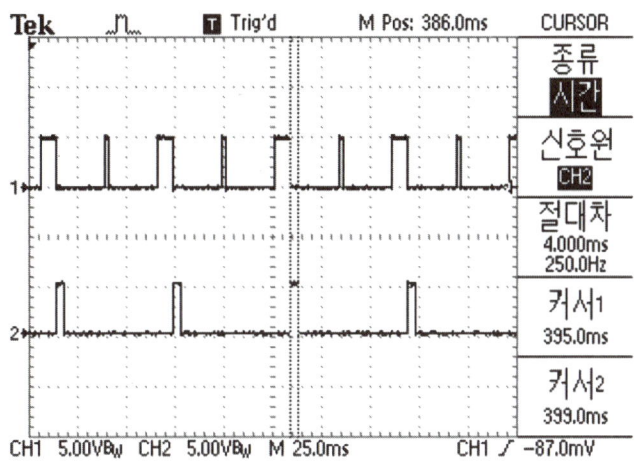

| 그림 2-96. 타이머/카운터0에 의한 점화 제어 파형 |

점화 제어를 좀 더 자세하게 나타내면 그림 2-97과 같이 표시할 수 있다.

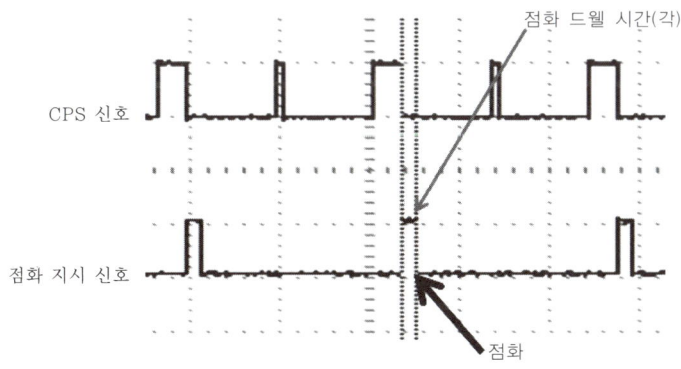

| 그림 2-97. 점화 드웰 시간 제어와 점화 |

2.3.2 시동 후 제어 프로그램

시동 후 엔진 제어 시에는 모든 조건에서 연료 분사 시기를 BTDC 10°에서 고정하고, 연료 분사 시간은 4ms로 제어하도록 프로그램을 설계한다.

(1) RPM 계측 제어 프로그램

① RPM 계측 제어 알고리즘

현재 크랭크축 1회전에 1개의 펄스를 발생하는 로터(rotor)의 투스에서 투스의 길이를 정확히 알지 못하므로, 1회전 시 발생하는 펄스의 하강 에지간의 시간(360°)을 계측하여 회전 속도를 계산하도록 한다.

1개의 펄스를 기준으로 정확한 시간에 연료 분사나 점화 시기를 제어하기 위해서는 각도(BTDC 몇 도)를 시간으로 계산할 필요가 있다.

따라서 엔진 회전수(rpm, 1분당 회전수)를 안다면 엔진이 1회전에 걸리는 시간을 계산할 수 있으므로, 이를 이용하여 원하는 각도를 회전할 때 걸리는 시간을 계산하여 연료 분사나 점화 시기를 제어할 수 있다.

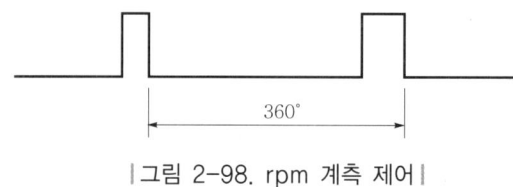

| 그림 2-98. rpm 계측 제어 |

이때 타이머/카운터1을 사용하여 그림 2-98과 같이 1회전할 때의 시간을 count수로 계측하고, 이를 이용하여 rpm을 계산한다.

타이머/카운터0는 8비트 업/다운 카운트(256까지 카운트), 타이머/카운터1은 16비트 업/다운 카운트(65,536까지 카운트)로 작동한다.

㉠ 폴링(polling)에 의한 방법

- 제어 프로그램에서 명령어를 사용하여 입력 핀(PD2 단자)으로 입력되는 값을 계속 읽어서 상승 에지(0→1)나 하강 에지(1→0)의 변화를 알아낸다.

```
while((PIND & 0x04)==0);//최초 상승 에지 감지, 변화 없으면 제자리
while(PIND & 0x04);//최초 하강 에지 감지
TCNT1=0x00;//타이머/카운터1 초깃값 셋팅
;
while((PIND & 0x04)==0);//두 번째 상승 에지 감지
while(PIND & 0x04);//두 번째 하강 에지 감지
rpm=TCNT1;//타이머/카운터1의 카운트 값을 rpm에 기억
```

그림 2-99에서와 같이 360°의 경과 시간을 타이머/카운터1로 카운트하여 rpm을 계산하게 된다.

위의 제어 프로그램에서 rpm=TCNT1은 TCNT1의 카운트 값을 rpm이란 변수로 전달하는 것을 말한다.

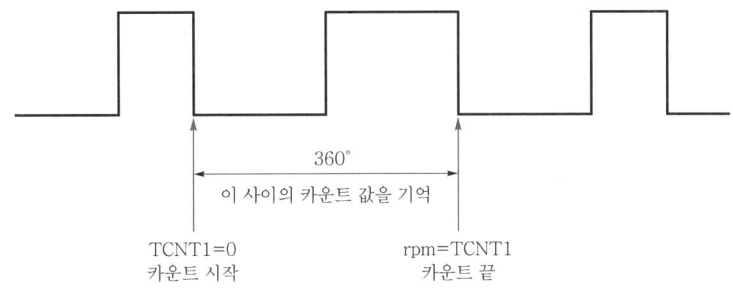

| 그림 2-99. rpm의 계측 |

- 타이머/카운터1 작동 확인 프로그램 : 입력되는 펄스 폭을 계측하고 그 다음 펄스 하강 에지에서 이전 계측한 타이머/카운터1에 의해 카운트한 값으로 PC4를 제어 한다.

  이렇게 함으로써 우리가 설계한 타이머/카운터1을 응용한 제어 프로그램이 정상 적으로 작동되는지를 확인할 수 있다.

  이때 타이머/카운터1으로 계측한 카운트 값을 PC4로 그 카운트 값만큼의 시간 동안 '1'을 출력한다.

```
//타이머/카운터1 작동 확인, 폴링 방식//
#include 〈mega8535.h〉
interrupt[TIM1_OVF]void timer_int1(void)
{//타이머/카운터1 오버플로 인터럽트가 걸리면//
 PORTC=0x00;//PORTC OFF
 TIMSK=0x00;//타이머/카운터1 오버플로 인터럽트 디스에이블
 }

void main(void)
{
 unsigned int count;
 DDRD=0x00;
 DDRC=0xFF;
 ;
 //타이머/카운터1 오버플로 초기화
 TIMSK=0x00;//타이머/카운터1 오버플로 디스에이블(불허)
 TCCR1A=0x00;//일반 모드
```

```
  TCCR1B=0x05;//프리스케일러 : 1024분주
  SREG=0x80;//전역 인터럽트 인에이블
  ;
do{//타이머/카운터1 작동 및 확인
    while((PIND & 0x04)==0);//상승 에지 감지
    TCNT1=0;//타이머/카운터1 계측 시작
    while(PIND & 0x04);//하강 에지 감지
    count=TCNT1;//타이머/카운터1 계측 종료
    ;
    while((PIND & 0x04)==0);
    while(PIND & 0x04);
    ;
    //확인 프로그램//
    TIMSK=0x04;//타이머/카운터1 오버플로 인터럽트 인에이블(허용)
    TCNT1=65536-count;//이전 펄스 폭을 계측하여 표시
    PORTC=0b00010000;//확인 출력 시작
  }while(1);
}
```

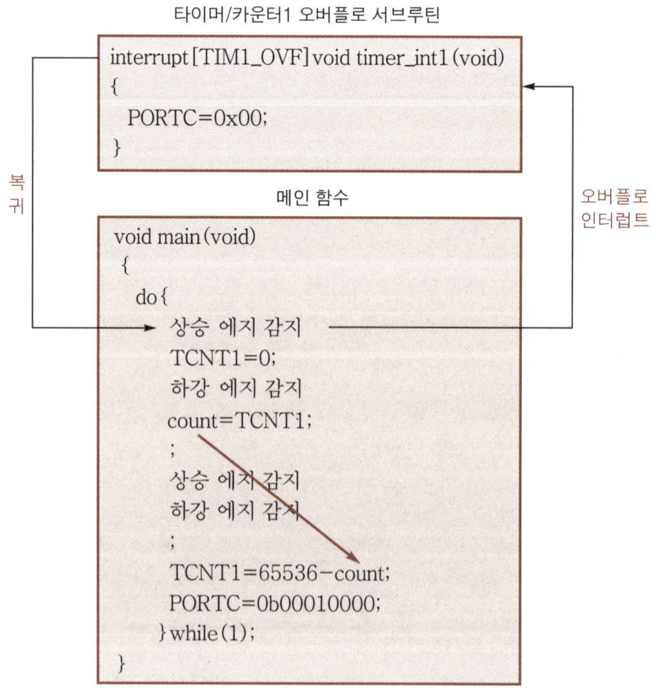

타이머/카운터1 오버플로 서브루틴

```
interrupt[TIM1_OVF]void timer_int1(void)
{
   PORTC=0x00;
}
```

복귀

오버플로
인터럽트

메인 함수

```
void main(void)
 {
   do{
     상승 에지 감지
     TCNT1=0;
     하강 에지 감지
     count=TCNT1;
     ;
     상승 에지 감지
     하강 에지 감지
     ;
     TCNT1=65536-count;
     PORTC=0b00010000;
     }while(1);
 }
```

| 그림 2-100. 타이머/카운터1 작동 확인 제어도 |

위 프로그램과 함께 그림 2-100을 이해하도록 한다.

그림 2-101은 제어 프로그램이 정확하게 작동하는지를 확인하기 위한 ATmega 8535의 PC4 단자를 통한 출력 파형이다. 그림을 통해 CPS의 펄스 폭 계측값이 정확하게 PC4를 통해 출력되는 것을 확인할 수 있다.

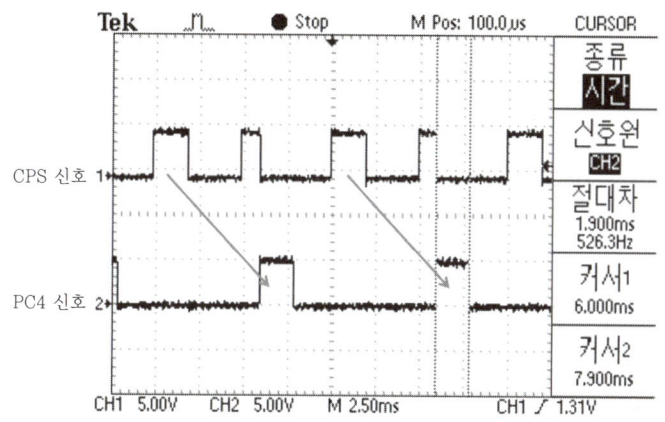

|그림 2-101. 타이머/카운터1에 의한 펄스 폭 계측 및 출력|

그림 2-102는 신호의 입력과 출력 단자를 나타낸다.

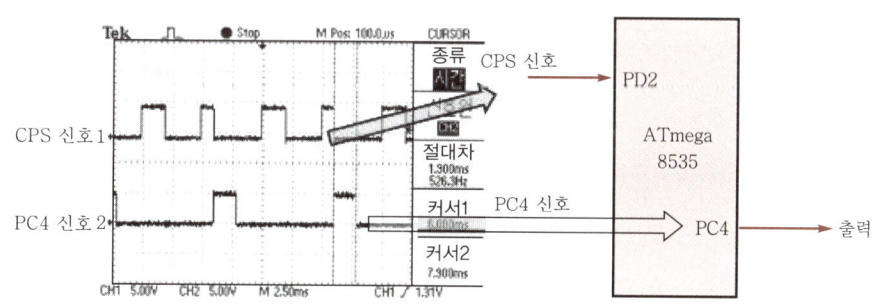

|그림 2-102. 신호의 입력과 출력 단자|

ⓛ 인터럽트(interrupt)에 의한 방법 : CPU 자체가 하드웨어적으로 그 변화를 체크하여 변화 시에만 인터럽트를 발생해 동작한다.

```
interrupt[EXT_INT0]void external_int0(void)
{
  n++;
  if(n==1)TCNT1=0x00;//최초 외부 인터럽트에서 타이머/카운터1 초기 셋팅
```

```
    else{
        count=TCNT1;//카운트 값을 rpm에 기억
        n=0;
        }
}
```

그림 2-103과 같이 상승 에지나 하강 에지에 인터럽트를 발생시키고 타이머/카운터1을 제어하여 rpm을 계측한다.

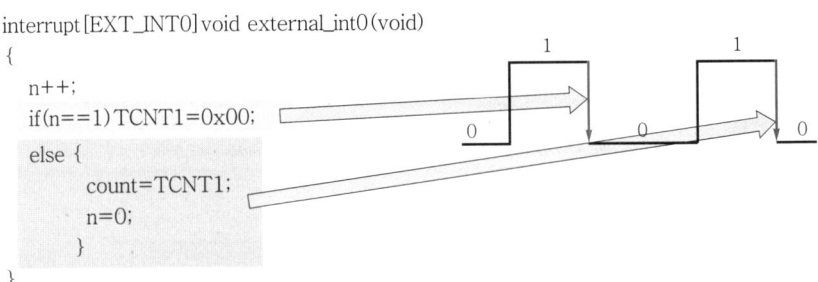

| 그림 2-103. 인터럽트에 의한 rpm계측 |

② rpm 계산

ATmega8535의 경우 16MHz 오실레이터를 사용할 때 1초에 16M(10^6) 사이클의 반복 펄스를 발생한다.

　　　1초($10^6 \mu s$) ——— 16M cycle(16M count)

　　　1/16μs ——— 1count

따라서 1count＝(1/16)μs(1분주)가 된다.

이 값은 1분주(분주하지 않을 경우)의 값이 된다.

만약, 1024분주를 하면 1count＝(1/16)μs×1024분주＝64μs가 된다.

㉠ 타이머/카운터0(8비트)를 이용할 경우 : 256카운트를 하면 오버플로가 발생하므로

　　　오버플로 발생 주기(시간)＝1/16μs×A분주×256카운트

예를 들어, 1024분주를 하면 다음과 같다.

　　　오버플로 발생 주기＝1/16μs×1024분주×256카운트

　　　　　　　＝16,384μs

1분주를 하면 결과는 다음과 같다.

　　　오버플로 발생 주기＝16μs(즉, 1/16μs×1분주×256카운트＝16μs)

ⓛ 타이머/카운터1(16비트)을 이용할 경우 : 65,536카운트를 하면 오버플로가 발생하므로

> 오버플로 발생 주기(시간)＝$1/16\mu s$×A분주×65,536 카운트

예를 들어, 1024분주를 하면 다음과 같은 결과가 나온다.

> 오버플로 발생 주기＝$1/16\mu s$×1024분주×65,536 카운트
> $$= 4,194,304\mu s$$

결국, rpm을 계산해보면 여기서는 360°마다 1회씩 rpm을 계측하게 되므로 360° 경과 시간을 이용하여 rpm을 계산하는 식을 유도하면 된다.

'1카운트＝$(1/16)\mu s$×1024분주' 이므로, 360° 경과 시간은 다음과 같다.

> 360° 경과 시간(1회전) ── $64\mu s$(1카운트 경과 시간)×count(1회전 카운트 수)

> x회전 ── 1분(60초, $60\times10^6\mu s$)

> ∴ $x = 60\times10^6/(64\times count)$
> $$= 937,500/count$$

여기서 타이머/카운터1에 의해 count가 정해지면 바로 rpm인 x를 구할 수 있다. 제어 프로그램에 적용한다면 다음과 같이 나타낼 수 있다.

```
count=TCNT1;
rpm=937500/count;
```

위 문장을 제어 프로그램에 포함시켜 실행하면 바로 엔진 rpm을 계측할 수 있다.

③ RPM 계측 제어 프로그램

㉠ 폴링에 의한 제어 : 타이머/카운터1을 이용하여 rpm 측정 시에는 오버플로 인터럽트를 이용하지 않으므로 오버플로 인터럽트를 활용하기 위한 별도의 초기화가 필요하지 않다.

그림 2-104는 CPS 신호의 하강 에지에서 폴링 방식에 의한 rpm을 계측하는 방법을 가시적으로 나타낸다.

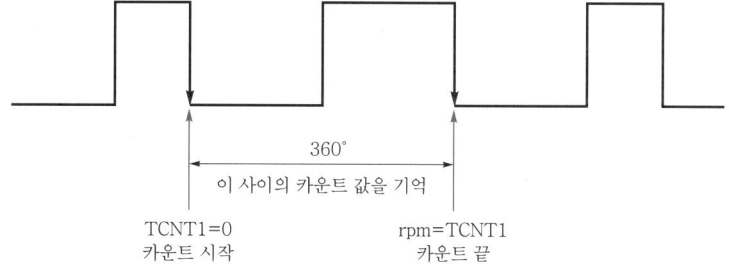

> 360°
> 이 사이의 카운트 값을 기억
>
> TCNT1=0   rpm=TCNT1
> 카운트 시작   카운트 끝

┃그림 2-104. 폴링 방법에 의한 rpm 계측┃

```
#include〈mega8535.h〉
unsigned int count, rpm;

void main(void)
{
  DDRD=0x00;//PORTD 입력 설정
  DDRC=0xFF;//PORTC 출력 설정
  ;
  //타이머/카운터1 초기화
  TCCR1A=0x00;//일반 모드
  TCCR1B=0x05;//프리스케일러 : 1024분주
  ;
  do{//타이머/카운터0 연료 분사 및 점화 반복 제어
      while((PIND & 0x04)==0);//상승 에지 감지
      while(PIND & 0x04);//하강 에지 감지
      TCNT1=0;//타이머/카운터1 카운트 시작
      ;
      while((PIND & 0x04)==0);
      while(PIND & 0x04);
      count=TCNT1;//타이머/카운터1 카운트 종료
      ;
      rpm=937500/count;//360° 경과 시간을 기준으로 rpm 계측
      ;
      연료 분사 및 점화 제어 프로그램
      ;
    }while(1);
}
```

그림 2-105는 폴링 방식에 의한 rpm 계측 제어를 나타낸다.

메인 함수

```
void main(void)
{
   do{
        상승 에지 감지
        하강 에지 감지
        TCNT1=0;
        ;
        상승 에지 감지
        하강 에지 감지
        count=TCNT1;
        ;
        rpm=937500/count;   ⟸ rpm 계산
        ;
   }while(1);
}
```

| 그림 2-105. 폴링 방식에 의한 rpm 계산 |

ⓛ 인터럽트에 의한 제어 : PD2로 입력되는 파형(CPS 파형)의 하강 에지에서는 그림 2-106과 같이 외부 인터럽트를 발생하게 되며, 이때 외부 인터럽트0 서브루틴으로 이동하여 타이머/카운터1의 카운트 값을 제어한다.

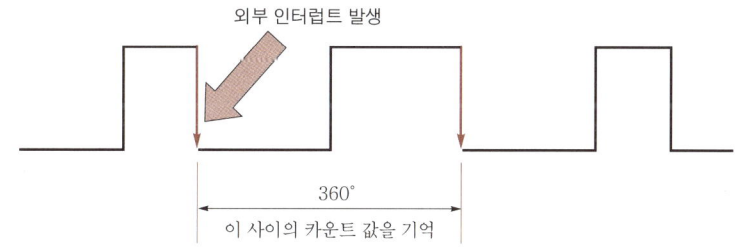

| 그림 2-106. 인터럽트에 의한 rpm 계측 |

```
#include ⟨mega8535.h⟩
unsigned int n=0, count, rpm;

//외부 인터럽트0 서브루틴
interrupt[EXT_INT0]void external_int0(void)
{
  n++;
  if(n==1)TCNT1=0x00;//최초 외부 인터럽트0에서 타이머/카운터1 초기 셋팅
```

```
    else{
        count=TCNT1;//카운트 값을 count에 기억
        n=0;
    }
}
void main(void)
{
  DDRC=0xFF;//PORTC 모든 핀을 출력으로 설정
  PORTC=0x00;
  SFIOR=0x00;//내부 풀업 저항 사용
  DDRC=0xFF;//PORTC 모든 핀을 출력으로 설정
  PORTD=0xFF;//INT0 핀 내부 풀업 저항 설정
  //외부 인터럽트0 셋팅
  GICR=0x40;//외부 인터럽트0 인에이블
  MCUCR=0x02;//외부 인터럽트0 제어 하강 에지, 상승 에지 시 0x03
  SREG=0x80;//전역 인터럽트 인에이블
  ;
  //타이머/카운터1 초기화
  TCCR1A=0x00;//일반 모드
  TCCR1B=0x05;//프리스케일러 : 1024분주
  ;
  do{//rpm 계산
      rpm=937500/count;
      ;
      제어 프로그램
      ;
    }while(1);
}
```

위 프로그램을 살펴보도록 하자.

그림 2-107은 인터럽트 방식에 의한 rpm 계측 제어도를 나타낸다.

메인 함수에서 rpm을 계산하게 되는데, 이때 필요한 변수 count의 값은 외부 인터럽트0 서브루틴에서 얻게 된다.

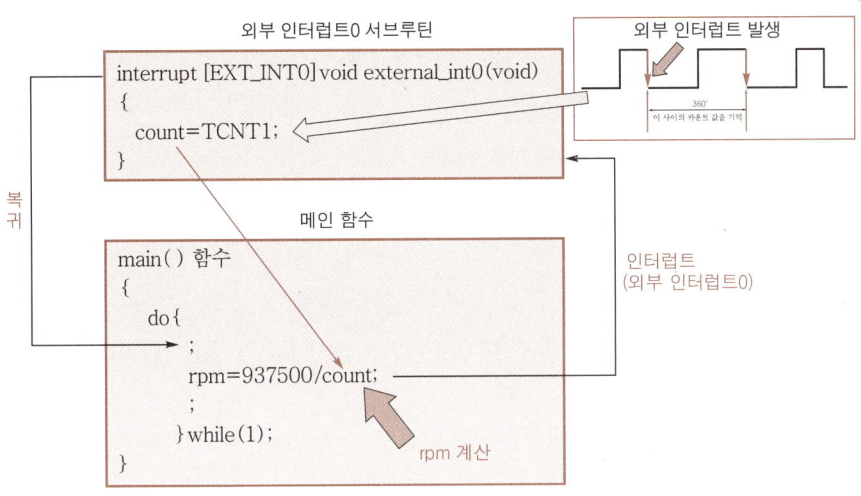

그림 2-107. 인터럽트에 의한 rpm 계측 제어도

(2) 연료 분사 제어 프로그램

① 숏 펄스 하강 에지(BTDC 8°)에서 연료 분사 시작 제어

별도의 대체 CPS 신호 출력 장치(또는 별도의 신호 발생 프로그램)에서 발생되는 신호를 입력받고, 그림 2-109와 같이 모든 조건에서 연료 분사 시기를 BTDC 8°, 연료 분사 시간은 4ms로 고정되도록 하며, 타이머/카운터0(1024분주)를 이용하여 연료 분사를 제어한다.

그림 2-108은 연료 분사 시스템의 제어도를 나타낸다.

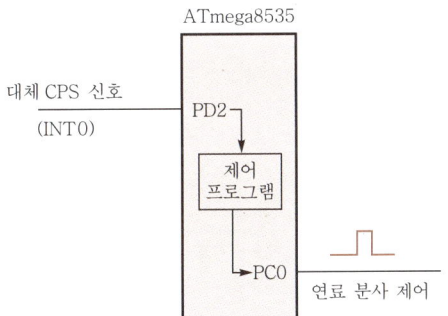

그림 2-108. 연료 분사 제어도

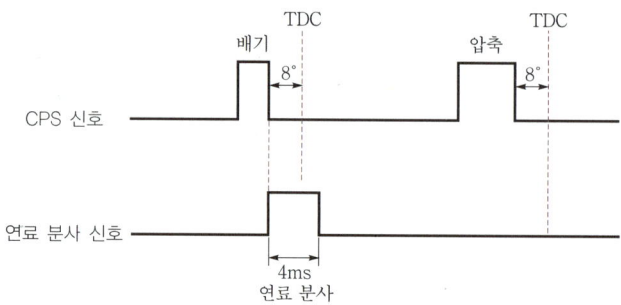

|그림 2-109. 숏 펄스의 하강 에지에서 연료 분사 제어를 위한 타임차트|

연료 분사를 위한 인터럽트 제어는 '오버플로 인터럽트'를 이용하며, 이때 인젝터를 포함한 연료 분사 회로는 연결하지 않은 상태에서 PC0로 출력되는 신호를 오실로스코프를 이용하여 확인한다.

㉠ 연료 분사 시간 4ms 제어

$$1/16 \mu s \times 1024 \text{ 분주} \times (256 - x) = 4ms(4,000 \mu s)$$

따라서, $x=193$이 되므로 TCNT0의 값으로 193을 입력하면 4ms로 제어된다. 즉, TCNT0 = 193;으로 프로그램한다.

다른 방법으로 환산해 보면, 타이머/카운터0(8비트)에서 1count = 64 μs(1024분주 시)이므로 4ms를 카운트로 환산하면 4,000 μs/64 = 약 63count가 된다. 따라서 TCNT0 = 256 - 63 = 193이 된다.

㉡ 연료 분사 제어 프로그램 : 펄스 폭을 계측하여 압축 상사점을 판별하고 연료 분사의 시작은 배기 상사점 부근 BTDC 8°에서 실시하며, 타이머/카운터0 '오버플로 인터럽트' 제어를 이용한다.

• 폴링 방식에 의한 제어 프로그램

```
#include〈mega8535.h〉
unsigned int pulse_1, pulse_2;
interrupt[TIM0_OVF]void timer_int0(void)
 {
  PORTC=0x00;//연료 분사 끝
  TIMSK=0x00;//타이머/카운터0 오버플로 인터럽트 디스에이블
  }
void main(void)
{
  DDRD=0x00;//PORTD 입력 설정
  DDRC=0xFF;//PORTC 출력 설정
```

```
;
TIMSK=0x01;//타이머/카운터0 오버플로 인터럽트 인에이블
TCCR0=0x05;//일반 모드, 프리스케일러 : 1024분주
TCNT0=0x00;//타이머/카운터0 레지스터 초깃값
SREG=0x80;//전역 인터럽트 인에이블 I 비트 셋
;
//펄스 폭 계측
while((PIND & 0x04)==0);
TCNT0=0x00;
while(PIND & 0x04);
pulse_1=TCNT0;
;
while((PIND & 0x04)==0);
TCNT0=0x00;
while(PIND & 0x04);
pulse_2=TCNT0;
;
if(pulse_1<pulse_2){//압축 상사점 판별, 다음 펄스는 배기 상사점 부근
            while((PIND & 0x04)==0);//배기 상사점 부근
            while(PIND & 0x04);//1회는 연료 분사 무시
        }
do{//폴링에 의한 타이머0 점화 및 연료 분사 반복 제어
    while((PIND & 0x04)==0);//압축 상사점 부근
    while(PIND & 0x04);//점화 제어
    ;
    점화 제어 프로그램은 생략
    ;
    while((PIND & 0x04)==0);//배기 상사점 부근
    while(PIND & 0x04);//연료 분사 제어
    ;
    PORTC=0x01;//1번 실린더 연료 분사 시작
    TIMSK=0x01;//타이머/카운터0 오버플로 인터럽트 인에이블
    TCNT0=256-63;//4ms 제어, 1count=64μs, 4ms=63count
  }while(1);
}
```

그림 2-110은 폴링 방식에 의한 제어 프로그램에서 연료 분사 제어도를 나타낸다. 그림 2-111에서 숏 펄스의 하강 에지에서 연료 분사가 시작되는 것을 알 수 있다.

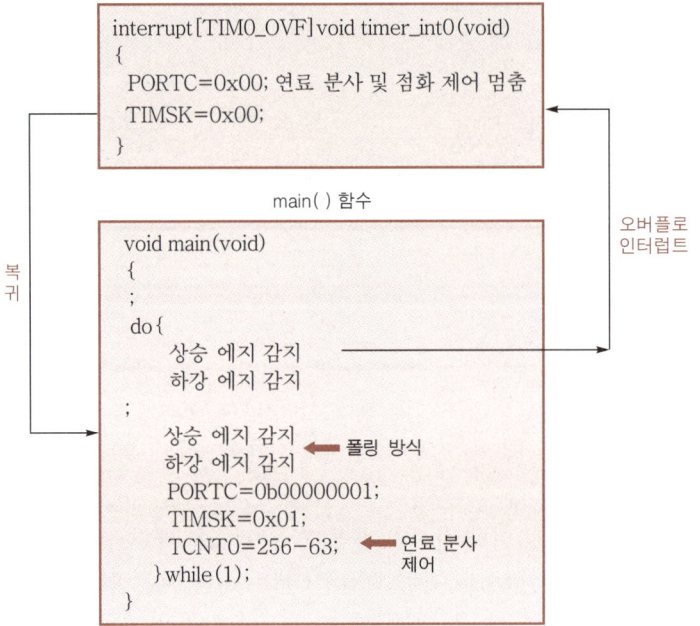

타이머/카운터0 오버플로 인터럽트 서브함수

```
interrupt[TIM0_OVF] void timer_int0(void)
{
    PORTC=0x00; 연료 분사 및 점화 제어 멈춤
    TIMSK=0x00;
}
```

main( ) 함수

```
void main(void)
{
    ;
    do{
        상승 에지 감지
        하강 에지 감지
    ;
        상승 에지 감지        ← 폴링 방식
        하강 에지 감지
        PORTC=0b00000001;
        TIMSK=0x01;
        TCNT0=256-63;        ← 연료 분사
    }while(1);                    제어
}
```

복귀

오버플로 인터럽트

| 그림 2-110. 폴링 방식에 의한 연료 분사 제어도 |

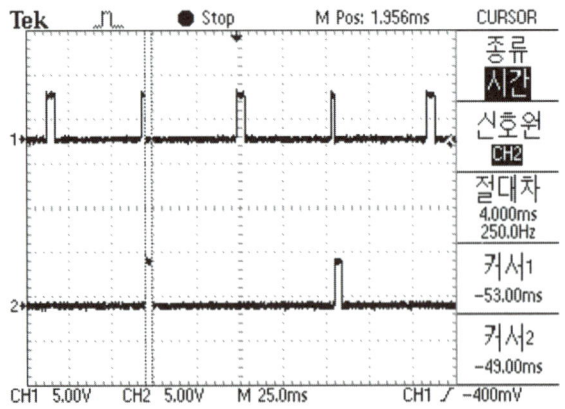

| 그림 2-111. 연료 분사 제어 출력 파형 |

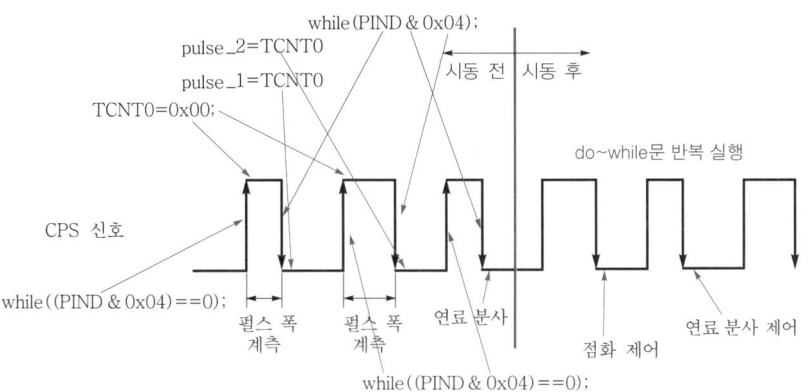

|그림 2-112. 시동 후 연료 분사 제어도|

그림 2-112는 위 프로그램의 제어 프로그램 실행 단계별로 제어 과정을 나타낸다. 롱 펄스와 숏 펄스를 구별한 후 롱 펄스의 하강 에지에서는 점화를, 숏 펄스의 하강 에지에서는 연료 분사를 실시한다.

- 인터럽트 방식에 의한 제어 프로그램 : ATmega8535의 PD2 단자로 입력되는 CPS 신호를 받아 외부 인터럽트0(INT0)가 발생하고, 타이머/카운터0를 사용하여 오버플로 인터럽트를 발생시켜 연료 분사를 제어하도록 한다.

```
//연료 분사, 인터럽트 사용//
#include <mega8535.h>
unsigned int pulse_1, pulse_2, n=0;
interrupt[EXT_INT0]void external_int0(void)
{//4ms 연료 분사 제어
  n++;
  if(n==1){
        PORTC=0x01;//연료 분사 시작
        TIMSK=0x01;//타이머/카운터0 오버플로 인터럽트 인에이블
        TCNT0=256-63;//4ms 제어, 1count=64㎲, 4ms=63count
        //n=0;
        }
  else n=0;
}
interrupt[TIM0_OVF]void timer_int0(void)
{
  PORTC=0x00;//연료 분사 끝
  TIMSK=0x00;//타이머/카운터0 오버플로 인터럽트 디스에이블
```

```
  }
void main(void)
{
  DDRD=0x00;//PORTD 입력 설정
  DDRC=0xFF;//PORTC 출력 설정
  ;
  //외부 인터럽트 초기화, 하강 에지 감지
  //GICR=0b01000000;//외부 인터럽트0 인에이블
  MCUCR=0x02;//하강 에지 제어
  ;
  //타이머/카운터0 오버플로 인터럽트 초기화, 연료 분사 제어
  TIMSK=0x01;//타이머/카운터0 오버플로 인터럽트 인에이블
  TCCR0=0x05;//일반 모드, 프리스케일러 : 1024분주
  TCNT0=0x00;//타이머/카운터0 레지스터 초깃값
  SREG=0x80;//전역 인터럽트 인에이블 I 비트 셋
  ;
  //펄스 폭 계측
  while((PIND & 0x04)==0);
  TCNT0=0x00;
  while(PIND & 0x04);
  pulse_1=TCNT0;
  ;
  while((PIND & 0x04)==0);
  TCNT0=0x00;
  while(PIND & 0x04);
  pulse_2=TCNT0;
  ;
  if(pulse_1<pulse_2){//압축 상사점 판별, 다음 펄스는 배기 상사점 부근
                while((PIND & 0x04)==0);//배기 상사점 부근
                while(PIND & 0x04);//1회는 연료 분사 무시
            }
  //타이머/카운터0 연료 분사 반복 제어
  GICR=0b01000000;//외부 인터럽트0 인에이블
  while(1);//연료 분사 반복 실행
}
```

앞의 프로그램을 살펴보도록 하자.

그림 2-113은 인터럽트 방식에 의한 연료 분사 제어 과정을 그림으로 표시한 것이다. 연료 분사의 시작은 CPS 신호에 의한 외부 인터럽트에 의해 실행되고, 연료 분사의 종료는 타이머/카운터0 오버플로 인터럽트에 의해 실행된다.

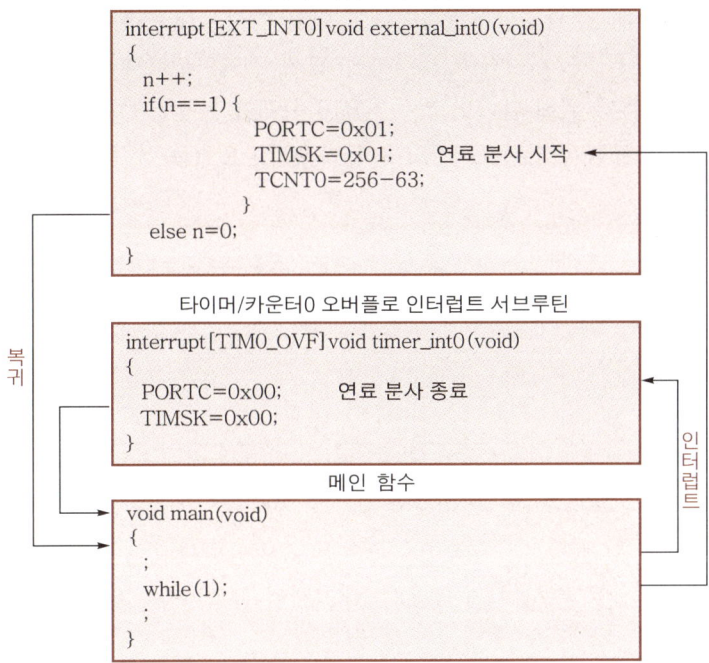

그림 2-113. 인터럽트 제어에 의한 연료 분사 제어도

그림 2-114는 타이머/카운터0 오버플로 인터럽트에 의한 연료 분사 제어 시의 PC0 단자의 출력 파형을 나타낸다.

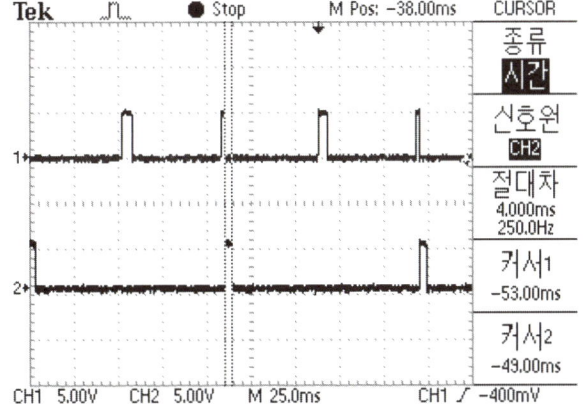

그림 2-114. 타이머/카운터0 오버플로 인터럽트에 의한 연료 분사 제어

② BTDC 10°에서 연료 분사 시작 제어

모든 조건에서 그림 2-115와 같이 연료 분사 시기를 BTDC 10°에 고정하고, 연료 분사 시간은 4ms로 고정되도록 타이머/카운터0(1024분주)를 이용하여 제어한다.

우선 입력되는 펄스 폭을 계측하여 압축 상사점을 판별하고, 엔진의 회전을 유지하기 위해 연료 분사 및 점화 제어를 실시한다. 이때 정확한 연료 분사 시기와 점화 시기를 계산하기 위해 360° 경과 시간을 계측하여 이를 바탕으로 엔진 회전수를 산출하여야 한다. 여기서는 연료 분사 시간을 제어하기 위해 타이머/카운터0(8비트)를 사용하고, 회전 속도를 계측하기 위해 타이머/카운터1(16비트)을 사용하도록 한다.

연료 분사 제어를 위한 인터럽트는 '타이머/카운터0 오버플로' 인터럽트를 사용한다.

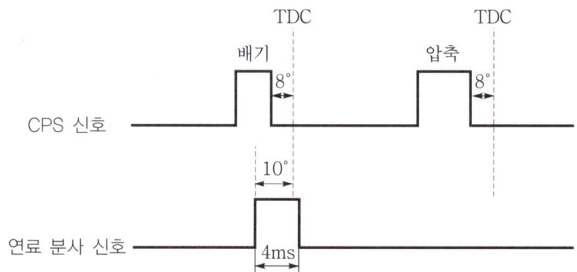

| 그림 2-115. 연료 분사 시기 및 연료 분사 시간 |

㉠ rpm을 적용한 연료 분사 시기(BTDC 10°) 제어 알고리즘

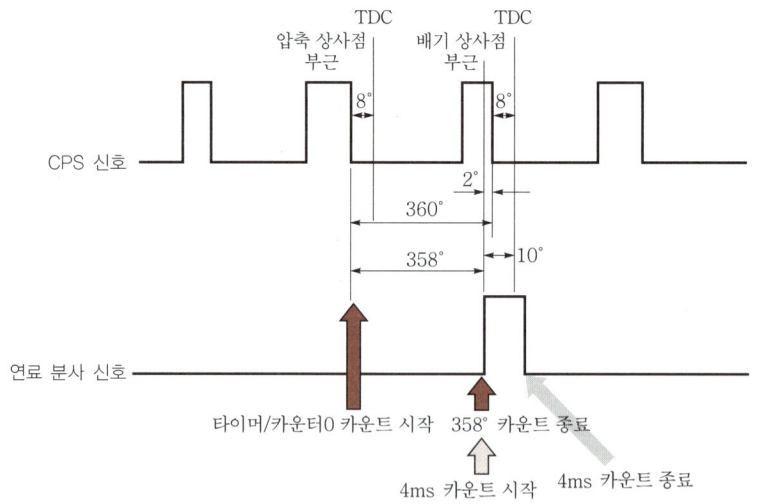

| 그림 2-116. 연료 분사 제어도 |

연료 분사 시기를 정확히 계산하기 위해서는 현재 엔진의 회전 속도를 알아야 한다. 엔진이 회전하는 동안 같은 $30°$를 회전하더라도 회전 속도가 빠르면 $30°$를 회전하는 데 경과되는 시간이 회전 속도가 느릴 때보다 짧아진다.

따라서 반드시 엔진의 회전 속도를 계측하여야만 현 엔진 상태에서 정확한 연료 분사 시기와 점화 시기를 산출할 수가 있다.

여기서는 $360°$마다 회전 속도를 계측하므로, 즉 $360°$ 경과 시간을 count하여 엔진의 회전 속도를 계산할 수 있으므로, 그림 2-116에서와 같이 BTDC $10°$에서 연료를 분사하기 위해서는 압축 상사점 부근 펄스의 하강 에지에서 $358°$ 경과 시의 count 수를 매 주기마다 계산한다.

$360°$ 경과 시간 ———— count 수

$358°$ 경과 시간 ———— x

$x(\text{count}) = 358 \times \text{count 수}/360$

$358°$에 해당되는 count 수가 구해지면, 이 count 수만큼 경과 후($358°$ 경과 후)에 연료 분사(4ms)를 시작하면 된다.

즉, 압축 상사점 부근 펄스의 하강 에지에서 $358°$ 경과 후에 연료 분사를 개시하고, 4ms 경과 후에 연료 분사를 종료하도록 한다.

이 연료 분사 제어 과정을 정리하면 다음과 같이 설명할 수 있다.

• 타이머/카운터1을 사용하여 1회전($360°$) 시의 count 수를 계측한다.
• $358°$ 경과 시간에 해당하는 count 수를 구한다.
• 롱 펄스의 하강 에지에서 타이머/카운터0를 사용하여 count를 시작하고, 먼저 구한 $358°$에 해당되는 count 수만큼의 시간이 경과한 후, 타이머/카운터0 오버플로 인터럽트가 발생하도록 한다.
• 타이머/카운터0 오버플로 인터럽트가 발생하면 오버플로 인터럽트 서브루틴으로 이동하고, 여기서 연료 분사를 개시한다. 물론, 연료 분사에서 사용하는 타이머/카운터0의 오버플로 인터럽트를 인에이블(허용)하고, 4ms에 해당되는 값을 TCNT0의 값으로 설정해 준 다음 서브루틴을 탈출한다.
• 연료 분사 시간(4ms)이 경과한 후에 타이머/카운터0 오버플로가 발생하여 오버플로 인터럽트가 발생하면 타이머/카운터0 오버플로 인터럽트 서브루틴으로 이동해 연료 분사를 스톱하게 된다.
• 위의 과정을 반복적으로 수행한다.

ⓒ 엔진 rpm을 고려한 연료 분사 시기(BTDC 10°) 제어 프로그램

```c
//연료 분사 제어, 인터럽트 사용//
#include <mega8535.h>
unsigned int pulse_1, pulse_2, n=0, rpm_count=100, k;

interrupt[EXT_INT0]void external_int0(void)
{//첫 번째 펄스(롱 펄스)의 하강 에지에서 연료 분사 전(358°) 제어 시작
 n++;
 if(n==1){
        TCNT1=0;
        TIMSK=0x01;//타이머/카운터0 오버플로 인터럽트 인에이블
        TCNT0=256-((358*rpm_count)/360);//연료 분사 전 358° 제어
        k=1;
         }
 else{
       n=0;
       rpm_count=TCNT1;
       }
 }

interrupt[TIM0_OVF]void timer_int0(void)
 {
 if(k==1){
        PORTC=0b00000001;
        TCNT0=256-63;//4ms 제어, 1count=64㎲, 4ms=63count
        k=0;
        }
 else{
      PORTC=0x00;//연료 분사 끝
      TIMSK=0x00;//타이머/카운터0 오버플로 인터럽트 디스에이블
     }
}

void main(void)
{
 DDRD=0x00;//PORTD 입력 설정
```

```
    DDRC=0xFF;//PORTC 출력 설정
    ;
    //외부 인터럽트 초기화, 하강 에지 감지
    //GICR=0b01000000;//외부 인터럽트0 인에이블
    MCUCR=0x02;//하강 에지 제어
    ;
    //타이머/카운터0 오버플로 인터럽트 초기화, 연료 분사 제어
    TIMSK=0x01;//타이머/카운터0 오버플로 인터럽트 인에이블
    TCCR0=0x05;//일반 모드, 프리스케일러 : 1024분주
    TCNT0=0x00;//타이머/카운터0 레지스터 초깃값
    SREG=0x80;//전역 인터럽트 인에이블 I 비트 셋
    ;
    //펄스 폭 계측
    while((PIND & 0x04)==0);
    TCNT0=0x00;
    while(PIND & 0x04);
    pulse_1=TCNT0;
    ;
    while((PIND & 0x04)==0);
    TCNT0=0x00;
    while(PIND & 0x04);
    pulse_2=TCNT0;
    ;
    if(pulse_1<pulse_2){//압축 상사점 판별, 다음 펄스는 배기 상사점 부근
                while((PIND & 0x04)==0);//배기 상사점 부근
                while(PIND & 0x04);//1회는 연료 분사 무시
            }

    //타이머/카운터0 연료 분사 반복 제어
    GICR=0b01000000;//외부 인터럽트0 인에이블
    while(1);//연료 분사 반복 실행
}
```

앞의 프로그램을 살펴보도록 하자.

그림 2-117은 엔진 회전수를 고려한 연료 분사 시기 제어도를 나타낸다.

제어 과정에서 main( ) 함수의 while(1)에서 대기 중에 CPS 신호에 의한 외부 인터럽트가 발생하면 외부 인터럽트 서브루틴으로 이동하여 rpm을 계측하게 되고, 연료 분사 전 358° 제어를 실행한다.

연료 분사 전 358°에 해당되는 count 시간이 경과하면, 타이머/카운터0 오버플로 인터럽트가 발생하여 타이머/카운터0 오버플로 인터럽트 서브루틴으로 이동하게 된다. 이때 여기서 연료 분사를 제어(연료 분사 시작, 연료 분사 시간 및 연료 분사 종료)하게 된다.

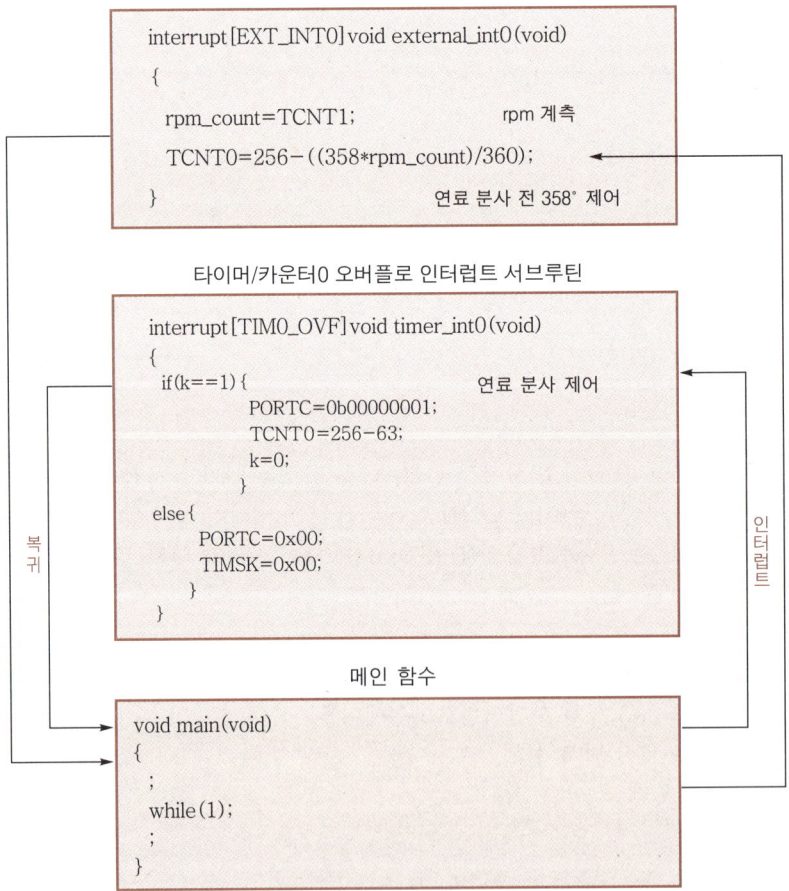

외부 인터럽트 서브루틴

```
interrupt[EXT_INT0] void external_int0(void)
{
  rpm_count=TCNT1;                        rpm 계측
  TCNT0=256-((358*rpm_count)/360);
}                                     연료 분사 전 358° 제어
```

타이머/카운터0 오버플로 인터럽트 서브루틴

```
interrupt[TIM0_OVF] void timer_int0(void)
{
  if(k==1){                             연료 분사 제어
          PORTC=0b00000001;
          TCNT0=256-63;
          k=0;
            }
  else{
      PORTC=0x00;
      TIMSK=0x00;
      }
}
```

복귀

인터럽트

메인 함수

```
void main(void)
{
  ;
  while(1);
  ;
}
```

|그림 2-117. rpm을 고려한 연료 분사 제어도|

(3) 점화 제어 프로그램

① 점화 제어도

그림 2-118에서 점화 제어 시 PD2 단자로 입력되는 CPS 신호를 이용하여 PC4 단자로 점화 제어 신호를 출력한다.

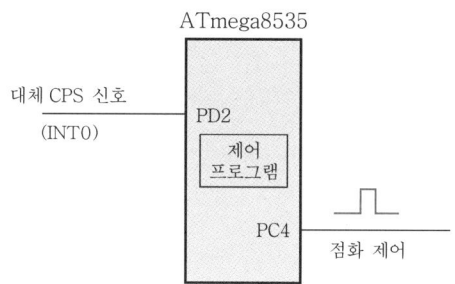

|그림 2-118. 점화 제어도|

② 롱 펄스 하강 에지(BTDC 8°)에서 점화 드웰 제어 프로그램

PC4에 점화 제어 인터페이스를 연결하지 않은 상태에서 별도의 대체 CPS 신호를 이용하여 PC4로 점화 제어 신호를 출력하도록 제어 프로그램을 설계한다.

그림 2-119에서와 같이 대체 CPS 신호의 압축 상사점 부근(롱 펄스의 하강 에지) BTDC 8°에서 점화 드웰각 신호를 ON하고 4ms 후에 OFF하도록 한다.

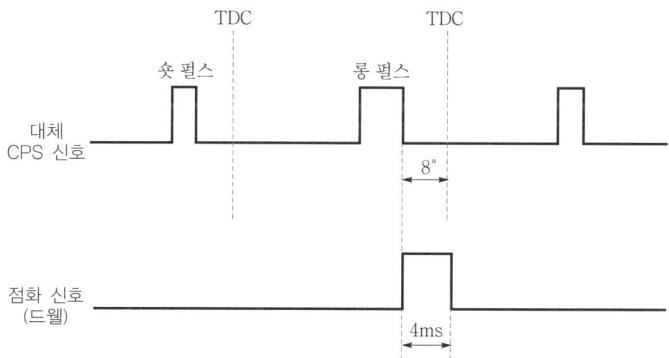

|그림 2-119. 점화 제어 타임차트|

```
//점화 제어 프로그램//
#include 〈mega8535.h〉
unsigned int pulse_1, pulse_2, n=0;

interrupt[EXT_INT0]void external_int0(void)
{//첫 번째 하강 에지에서 4ms 드웰각 제어
  n++;
```

```
if(n==1){
        PORTC=0x10;//드웰각 시작
        TIMSK=0x01;//타이머/카운터0 오버플로 인터럽트 인에이블
        TCNT0=256-63;//4ms 제어, 1count=64㎲, 4ms=63count
        n=0;
        }
}

interrupt[TIM0_OVF]void timer_int0(void)
{
  PORTC=0x00;//점화 끝
  TIMSK=0x00;
}

void main(void)
{
  DDRD=0x00;//PORTD 입력 설정
  DDRC=0xFF;//PORTC 출력 설정
  ;
  //외부 인터럽트 초기화, 하강 에지 감지
  //GICR=0b01000000;//외부 인터럽트0 인에이블
  MCUCR=0x02;//하강 에지 제어
  ;
  //타이머/카운터0 오버플로 인터럽트 초기화, 연료 분사 제어
  TIMSK=0x01;//타이머/카운터0 오버플로 인터럽트 인에이블
  TCCR0=0x05;//일반 모드, 프리스케일러 : 1024분주
  TCNT0=0x00;//타이머/카운터0 레지스터 초깃값
  SREG=0x80;//전역 인터럽트 인에이블 I 비트 셋
  ;
  //펄스 폭 계측
  while((PIND & 0x04)==0);
  TCNT0=0x00;
  while(PIND & 0x04);
  pulse_1=TCNT0;
  ;
  while((PIND & 0x04)==0);
  TCNT0=0x00;
  while(PIND & 0x04);
```

```
  pulse_2=TCNT0;
  ;
  if(pulse_1<pulse_2){//압축 상사점 판별, 다음 펄스는 배기 상사점 부근
                while((PIND & 0x04)==0);//배기 상사점 부근
                while(PIND & 0x04);//1회는 연료 분사 무시
                }
  //타이머/카운터0 점화 반복 제어
  GICR=0b01000000;//외부 인터럽트0 인에이블
  while(1);
}
```

위 프로그램에 대해 살펴보자.

그림 2-120은 점화 제어 과정을 한눈에 볼 수 있는 점화 제어도를 나타낸다.

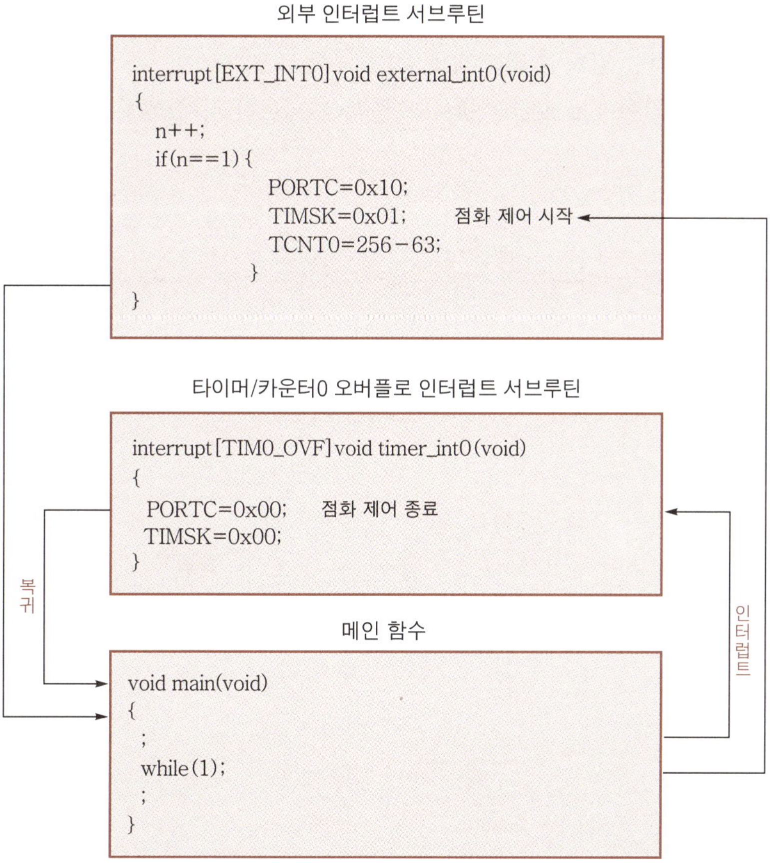

외부 인터럽트 서브루틴

```
interrupt[EXT_INT0]void external_int0(void)
{
  n++;
  if(n==1){
             PORTC=0x10;
             TIMSK=0x01;     점화 제어 시작
             TCNT0=256-63;
             }
}
```

타이머/카운터0 오버플로 인터럽트 서브루틴

```
interrupt[TIM0_OVF]void timer_int0(void)
{
  PORTC=0x00;     점화 제어 종료
  TIMSK=0x00;
}
```

메인 함수

복귀

인터럽트

```
void main(void)
{
  ;
  while(1);
  ;
}
```

| 그림 2-120. 점화 제어도 |

그림 2-121에서 보는 것처럼 점화 제어는 롱 펄스(압축 상사점 부근)의 하강 에지에서 제어하므로, pulse_1>pulse_2이면 바로 점화 제어를 실행하면 된다.

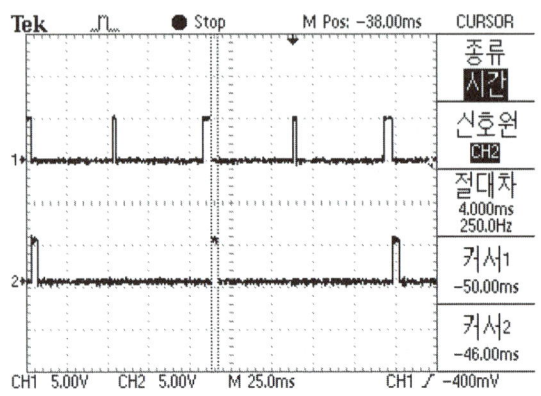

| 그림 2-121. 점화 제어 파형 |

③ 엔진 rpm을 고려한 점화 드웰(BTDC 10°) 제어 프로그램

그림 2-122와 같이 BTDC 10°에서 드웰각을 제어하고, 드웰각(시간)은 4ms로 제어하도록 설계한다.

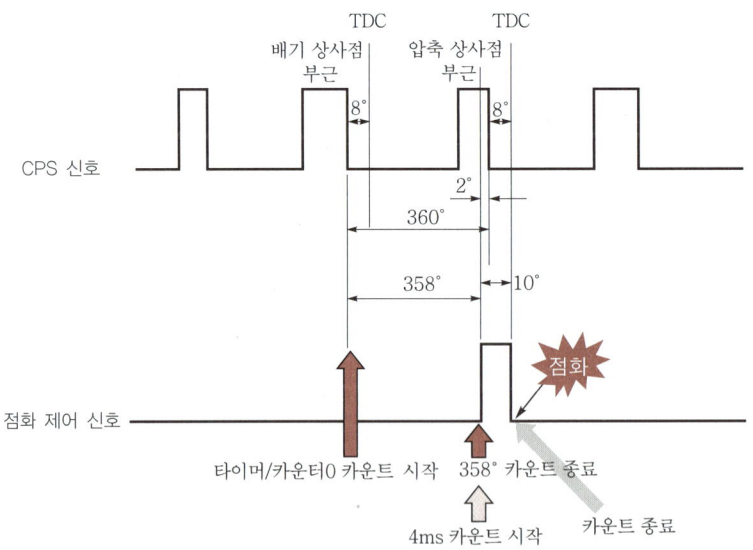

| 그림 2-122. 점화 제어도 |

```
//점화 제어, 인터럽트 사용//
#include <mega8535.h>
unsigned int pulse_1, pulse_2, n=0, rpm_count=100, k;


interrupt[EXT_INT0]void external_int0(void)
{//첫 번째 펄스(롱 펄스)의 하강 에지에서 점화 드웰 전(358°) 제어 시작
 n++;
 if(n==1){
         TCNT1=0;
         TIMSK=0x01;//타이머/카운터0 오버플로 인터럽트 인에이블
         TCNT0=256-((358*rpm_count)/360);//점화 드웰 전 358° 제어
         k=1;
          }
 else{
       n=0;
        rpm_count=TCNT1;
      }
}


interrupt[TIM0_OVF]void timer_int0(void)
 {
 if(k==1){
         PORTC=0b00010000;//점화 드웰 시작
         TCNT0=256-63;//4ms 제어, 1count=64µs, 4ms=63count
         k=0;
          }
 else{
      PORTC=0x00;//점화
      TIMSK=0x00;
     }
 }


void main(void)
{
 DDRD=0x00;//PORTD 입력 설정
 DDRC=0xFF;//PORTC 출력 설정
 ;
 //외부 인터럽트 초기화, 하강 에지 감지
 //GICR=0b01000000;//외부 인터럽트0 인에이블
```

```
    MCUCR=0x02;//하강 에지 제어
    ;
    //타이머/카운터0 오버플로 인터럽트 초기화, 연료 분사 제어
    TIMSK=0x01;//타이머/카운터0 오버플로 인터럽트 인에이블
    TCCR0=0x05;//일반 모드, 프리스케일러 : 1024분주
    TCNT0=0x00;//타이머/카운터0 레지스터 초깃값
    SREG=0x80;//전역 인터럽트 인에이블 I 비트 셋
    ;
    //펄스 폭 계측
    while((PIND & 0x04)==0);
    TCNT0=0x00;
    while(PIND & 0x04);
    pulse_1=TCNT0;
    ;
    while((PIND & 0x04)==0);
    TCNT0=0x00;
    while(PIND & 0x04);
    pulse_2=TCNT0;
    ;
    if(pulse_1<pulse_2){//압축 상사점 판별, 다음 펄스는 배기 상사점 부근
                while((PIND & 0x04)==0);//배기 상사점 부근
                while(PIND & 0x04);//1회는 연료 분사 무시
                }
    //타이머/카운터0 점화 반복 제어
    GICR=0b01000000;//외부 인터럽트0 인에이블
    while(1);//점화 제어 반복 실행
}
```

위 프로그램을 살펴보면 다음과 같다.

그림 2-123은 엔진 회전수를 고려한 점화 드웰 시간 제어도를 나타낸다.

제어 과정에서 main( ) 함수의 while(1)에서 대기 중에 CPS 신호에 의한 외부 인터럽트가 발생하면 외부 인터럽트 서브루틴으로 이동하여 rpm을 계측하게 되고, 점화 드웰 전 358° 제어를 실행한다.

점화 드웰 시간 전 358°에 해당되는 count 시간이 경과하면, 타이머/카운터0 오버플로 인터럽트가 발생하여 타이머/카운터0 오버플로 인터럽트 서브루틴으로 이동하게 된다. 이때 여기서 점화 드웰 시기를 제어(연료 분사 시작, 연료 분사 시간 및 연료 분사 종료)하게 된다.

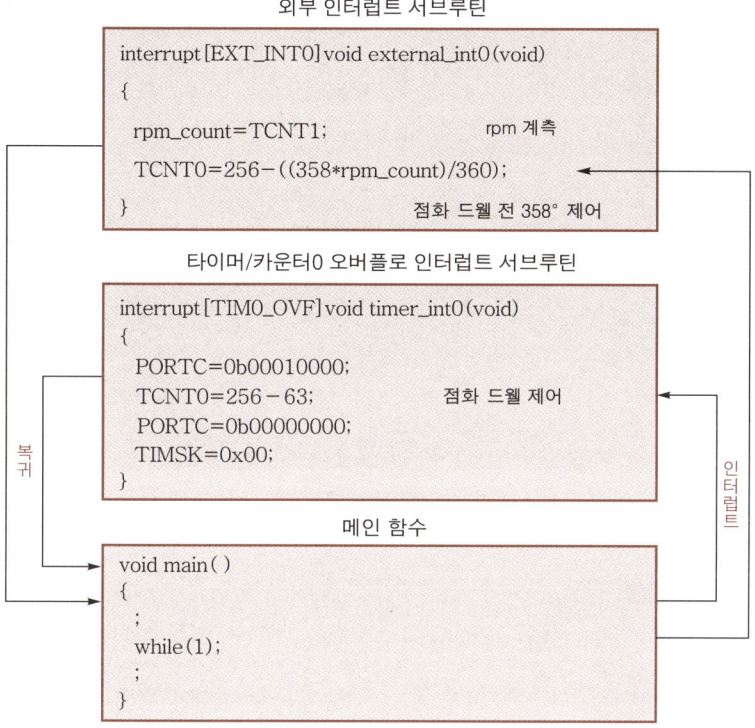

외부 인터럽트 서브루틴

```
interrupt[EXT_INT0]void external_int0(void)
{
    rpm_count=TCNT1;                    rpm 계측
    TCNT0=256-((358*rpm_count)/360);
}                                       점화 드웰 전 358° 제어
```

타이머/카운터0 오버플로 인터럽트 서브루틴

```
interrupt[TIM0_OVF]void timer_int0(void)
{
    PORTC=0b00010000;
    TCNT0=256-63;                       점화 드웰 제어
    PORTC=0b00000000;
    TIMSK=0x00;
}
```

메인 함수

```
void main()
{
    ;
    while(1);
    ;
}
```

복귀

인터럽트

| 그림 2-123. 점화 드웰 시간 제어도 |

(4) 인젝터 및 점화 플러그 단품 제어 프로그램

① 개요

그림 2-124와 같은 회로를 만능기판에 조립한 자작 ECU 회로에서 ATmega8535의 PD2 단자로 대체 CPS 신호를 입력받아 각각 한 개의 인젝터와 점화 코일을 동시에 제어하도록 하고, 그림 2-125와 그림 2-126에서 이들의 작동과 파형을 확인하도록 한다. 회로를 구성할 때 과열 방지를 위해 꼭 IRF540과 IGBT에 냉각핀을 부착하도록 한다.

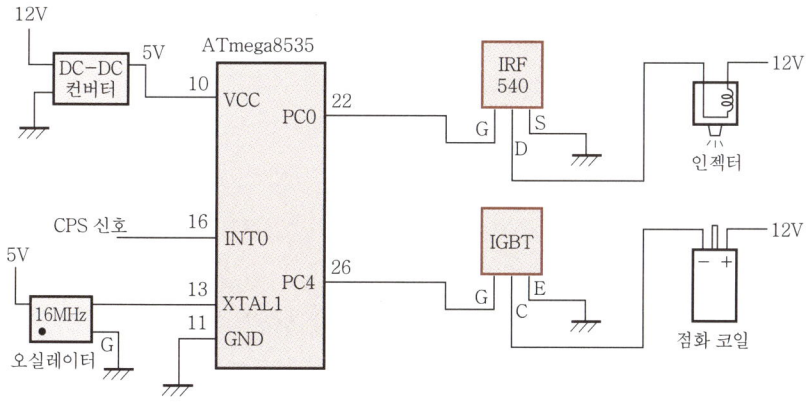

| 그림 2-124. 인젝터 및 점화 코일 제어 시스템 개략도 |

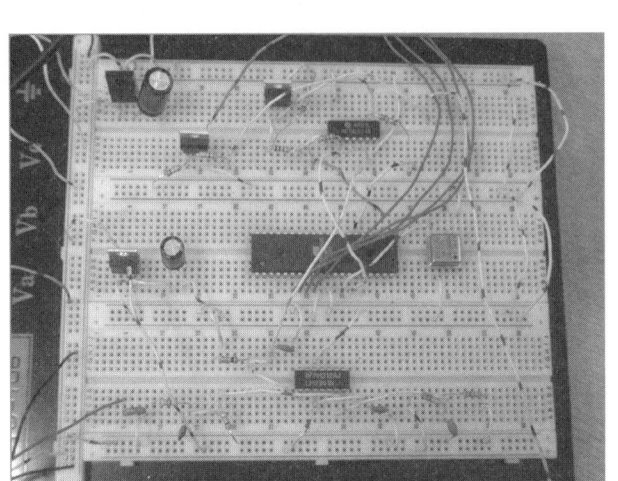

| 그림 2-125. 만능기판을 이용한 인젝터 및 점화 회로 제작 I |

| 그림 2-126. 만능기판을 이용한 인젝터 및 점화 회로 제작 Ⅱ |

입·출력 인터페이스는 기존 자작 ECU에서 만든 회로(아날로그 CPS 신호 입력 회로 및 관련 출력 인터페이스)를 그대로 사용한다.

② **실제와 유사한 제어 프로그램 및 출력 파형 재현**

연료 분사 및 점화를 rpm에 의해 가변적으로 제어하지 않고, 그림 2-127과 같이 CPS 하강 에지 신호 후 100count 후에 47count만큼 제어한다.

이때 엔진의 rpm과 관계없이 기계적으로 하강 에지 후 일정 시간이 경과한 뒤에 연료 분사나 점화 제어를 실시하며, 인터럽트 방식에 의해 하강 에지를 감지하지 않고 폴링 방식에 의해 하강 에지를 감지하도록 한다.

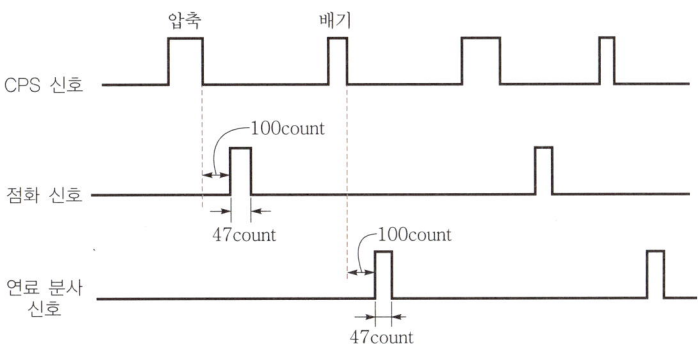

| 그림 2-129. 실제 제어에 가까운 연료 분사 및 점화 제어 |

```
//＊실제 제어에 가까운 연료 분사 및 점화 제어＊//
#include 〈mega8535.h〉
unsigned int n=0, pulse_1, pulse_2, p;
unsigned int count, rpm;

interrupt[TIM0_OVF]void timer_int0(void)
 {
   switch(p){
            case 1: PORTC=0b00000001;
                    TCNT0=256－47;
                    p=2;
                    break;
            case 2: PORTC=0b00000000;
                    TIMSK=0x00;
                    break;
            case 3: PORTC=0b00010000;
                    TCNT0=256－47;
                    p=4;
                    break;
            case 4: PORTC=0b00000000;
                    TIMSK=0x00;
                    break;
            }
   }
injection( )
 {//＊연료 분사 전 제어
     TIMSK=0x01;
     TCNT0=256－100;
     p=1;
 }
```

```
 spark( )
{//점화 드웰 전 제어
    TIMSK=0x01;
    TCNT0=256-100;
     p=3;
}
void main(void)
{
  DDRD=0x00;
  DDRC=0xFF;
  PORTC=0x00;
  ;
  //타이머/카운터0 초기화
  TIMSK=0x01;//타이머/카운터0 오버플로 인터럽트 인에이블
  TCCR0=0x05;//일반 모드, 프리스케일러=CLK/1024
  TCNT0=0x00;//타이머/카운터0 레지스터 초깃값
  SREG=0x80;//전역 인터럽트 인에이블
  ;
  do{//최초 크랭킹 시 5회의 펄스는 무시한다.
      while((PIND & 0x04)==0);//CPS 신호 입력
      while(PIND & 0x04);
      n++;
    }while(n<=5);
  ;
  //펄스 폭 계측
  while((PIND & 0x04)==0);//상승 에지 감지
  TCNT0=0x00;
  while(PIND & 0x04);//하강 에지 감지
  pulse_1=TCNT0;
  ;
  while((PIND & 0x04)==0);
  TCNT0=0x00;
  while(PIND & 0x04);
  pulse_2=TCNT0;
  ;
  if(pulse_1<pulse_2){//압축 상사점 판별, 다음 펄스는 배기 상사점 부근
                  while((PIND & 0x04)==0);//배기 상사점 부근
                  while(PIND & 0x04);
                }
  do{//폴링 방식에 의한 타이머/카운터0 점화 및 연료 분사 반복 제어
      while((PIND & 0x04)==0);//압축 상사점 부근
      while(PIND & 0x04);
```

```
    spark( );//점화 제어
    ;
    while((PIND & 0x04)==0);//배기 상사점 부근
    while(PIND & 0x04);
    injection( );//연료 분사 제어
  }while(1);
}
```

위 프로그램에 대해 살펴 보자.

㉠ 이 제어 프로그램은 크게 메인 함수, 타이머/카운터0 오버플로 인터럽트 서브루틴, spark( ) 함수, injection( ) 함수로 나누어진다.

㉡ 메인 함수에서는 크랭킹 시 제어, 펄스 폭 계측, 압축 상사점을 판별하고, do~while문에서 연료 분사와 점화 제어를 반복적으로 실행한다.

㉢ spark( ) 함수에서는 점화 드웰각 전 시간을 제어한다.

㉣ injection( ) 함수에서는 연료 분사 전 시간을 제어한다.

㉤ 타이머/카운터0 오버플로 인터럽트에서는 연료 분사 시간과 점화 드웰 시간을 제어한다.

그림 2-128은 인젝터와 점화 플러그 단품 제어를 위한 제어 과정을 나타낸다.

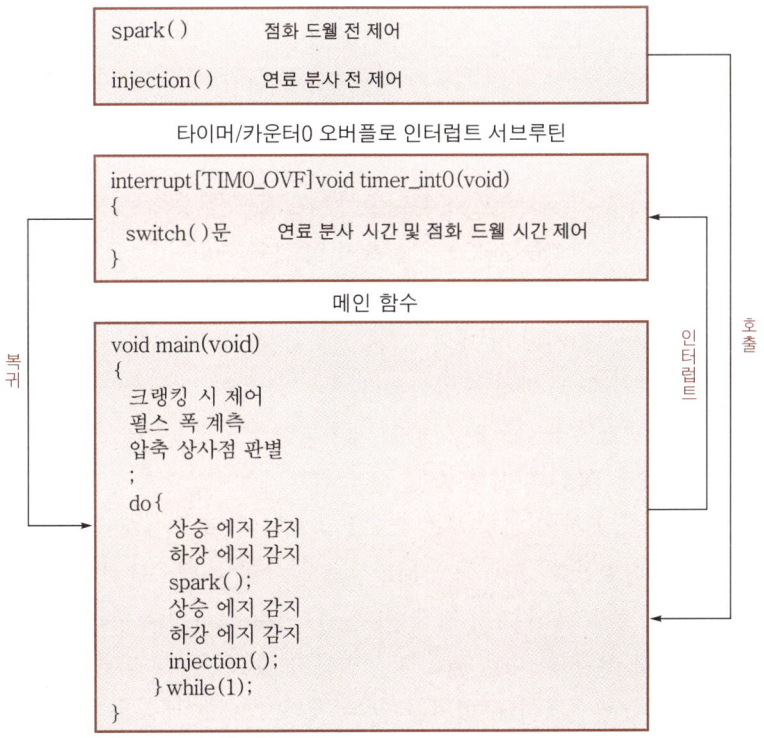

| 그림 2-128. 프로그램의 제어 과정 |

③ **자작 ECU 제작 후 응용 제어**

기판에 회로를 납땜하여 자작 ECU를 제작하고 이를 이용하여 위의 제어 프로그램에 의해 인젝터와 점화 코일을 제어하도록 한다.

이 프로그램에서는 rpm이 연료 분사와 점화 제어에 영향을 미치지 않도록 설계한다.

(5) 연료 분사 및 점화 응용 제어 프로그램
① **기본 개요**

실제 단기통 엔진에 사용되는 인젝터와 점화 코일, 입·출력 인터페이스를 연결하지 않은 상태에서 대체 10CPS 신호 출력 프로그램에서 출력되는 신호를 ATmega8535의 PD2 단자로 입력하고 연료 분사 및 점화 시기를 제어할 때, ATmega8535의 PC0와 PC4 단자로 출력되는 연료 분사 및 점화 제어 신호가 정상적인지 확인한다.

실제 자동차 엔진에 연결하여 확인하기가 어려울 경우, 그림 2-129와 같이 자동차 CPS 신호와 유사한 신호 발생 프로그램을 설계(엔진 1회전에 펄스 10개 출력)하여 연료 분사와 점화 제어에 이용하도록 한다.

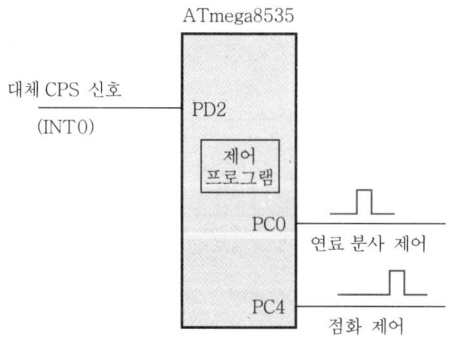

| 그림 2-129. 연료 분사 및 점화 제어도 |

엔진을 크랭킹하여 1회전에 10개의 CPS 신호를 출력하고, 이를 이용하여 점화 및 연료 분사를 제어하기 위한 과정을 알아본다.

㉠ 크랭킹 시 발생되는 노이즈의 영향을 제거한다.

㉡ 입력되는 파형을 통해 미싱 투스를 감지한다.

• 크랭크축 2회전 시의 미싱 투스 2개를 비교하여 그 중에서 압축 상사점 부근의 미싱 투스를 판별한다. 2개 중 1개는 압축 상사점 부근, 또 다른 1개는 배기 상사점 부근이므로 펄스 폭의 차가 발생한다. 즉, 압축 상사점 부근의 펄스 폭이 더 길다.

• 압축 상사점 부근의 미싱 투스를 구별하지 않고 제어한다면 단기통에서 압축 상사점과 배기 상사점이 구별되지 않는 것이므로, 크랭크축 2회전에 2회 점화(분

사) 신호를 출력하여 1회는 무효 점화(분사), 또 다른 1회는 유효 점화(분사)가 이루어지도록 한다.

ⓒ 점화 및 연료 분사 제어를 한다.

판별된 압축 상사점 부근의 미싱 투스(펄스 폭이 긴 것) 후 일정 시간이 경과한 다음 점화 및 연료 분사를 제어하도록 한다.

② 대체 10CPS 신호 출력 프로그램

실제 엔진에 가까운 CPS 출력 파형을 만들기 위해 그림 2-130과 같이 1회전 시 10개의 펄스와 2개의 미싱 투스로 설계(30° 간격으로 펄스 발생한다)하며, 엔진 회전수는 6,000 rpm으로 설계한다.

압축 상사점(TDC)의 위치는 미싱 투스 후 75°에 위치한다.

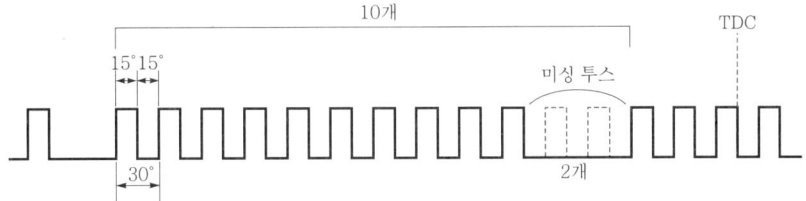

| 그림 2-130. 10펄스 발생 대체 10CPS 출력 신호 |

```
//CPS 신호 10개 출력 프로그램, 10pulse//
#include 〈mega8535.h〉
unsigncd int n-0, k-0;
interrupt[TIM0_OVF]void timer_int0(void)
{
  k=k+1;
  if(k〉=20){//미싱 투스 발생
          PORTC=0b00000000;
          TCNT0=256－35;//75° OFF(미싱 투스)
          k=0;
        }
  else{
      n=n+1;
      switch(n){
              case 1 : //ON 신호 발생
                      PORTC=0b00000001;
                      TCNT0=256－7;//15° ON
                      break;
              case 2 : //OFF 신호 발생
```

```
                        PORTC=0b00000000;
                        TCNT0=256-7;//15° OFF
                        n=0;
                        break;
                }
        }
 }
void main(void)
{
  DDRC=0xFF;//PORTC 출력 설정
  PORTC=0x00;

  //타이머/카운터0 오버플로 인터럽트 초기화
  TIMSK=0x01;//타이머/카운터0 오버플로 인터럽트 인에이블
  TCCR0=0x05;//일반 모드, 프리스케일러 : 1024분주
  TCNT0=0x00;//타이머/카운터0 레지스터 초깃값
  SREG=0x80;//전역 인터럽트 인에이블 I 비트 셋
  ;
  while(1);
}
```

위 프로그램을 살펴보자.

㉠ 15°를 타이머/카운터0로 제어 시 count 수 계산 : 엔진 회전수는 6,000rpm, 1024분주이므로 1count=64μs가 된다.

엔진이 6,000rpm으로 회전하는 것이므로 1분에 6,000회전하게 된다.

이 회전수를 회전 각도로 환산하면 다음과 같다.

1분(60초=60,000,000μs) —— 6,000회전(6,000×360°)

여기서 15°에 해당되는 시간을 구하면 다음과 같다.

60,000,000μs —— 6,000×360°

x —— 15°

따라서 x=417μs가 된다.

구하려고 하는 것은 15°에 해당되는 count 수이므로, 1count=64μs에서 417μs는 약 7count가 된다.

ⓛ 미싱 투스의 발생 : 그림 2-131을 참고로 하여 제어 프로그램을 설계해 보자.

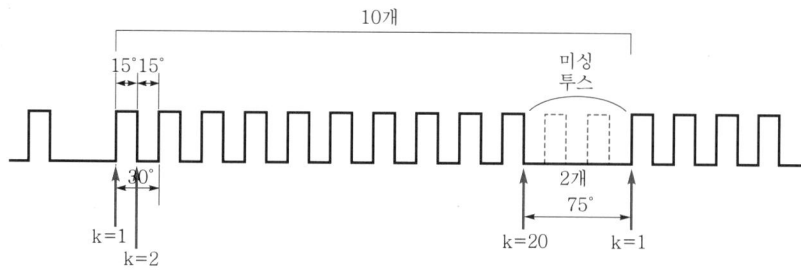

| 그림 2-131. 미싱 투스의 발생 |

```
if(k>=20){//미싱 투스 발생
        PORTC=0b00000000;
        TCNT0=256-35;//75° OFF(미싱 투스)
        k=0;
    }
```

위 프로그램에서 k=20에서 75° 각도(count 수로 환산하면 256-35=221count) 동안 PORTC=0이므로, 이 기간 동안 미싱 투스가 발생한다.

그림 2-132는 최종적으로 대체 10CPS 출력 프로그램을 실행하였을 때 발생되는 출력 파형을 나타낸다.

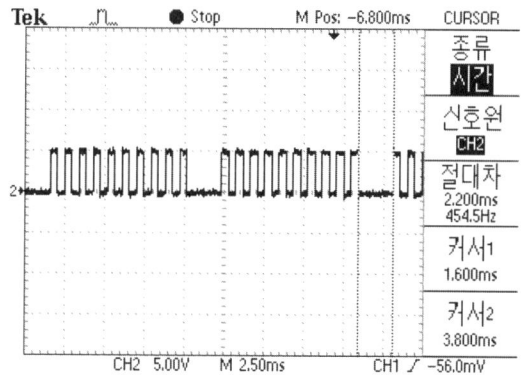

| 그림 2-132. 10개 펄스 발생 CPS 대체 파형 |

③ 연료 분사 및 점화 제어 프로그램

연료 분사 제어는 BTDC(배기 상사점) 60°에서 3ms 제어하고, 점화 드웰 제어는 BTDC(압축 상사점) 30°에서 점화하도록 드웰각 4ms로 제어하는 프로그램을 설계한다.

㉠ 제어 알고리즘
- 미싱 투스를 감지(하강 에지 신호를 받아 1주기 펄스 폭을 측정하고 전후 펄스 폭의 계측 시간을 비교하여 롱 펄스가 숏 펄스의 2배 이상이면 미싱 투스로 감지)
- 압축 상사점 판별(여기서는 최초로 입력되는 미싱 투스 부근)
- 연료 분사 및 점화 제어
  - 연료 분사는 압축 상사점 부근의 미싱 투스 후 BTDC 60°에서 제어를 시작한다(그림 2-133 참고).
  - 점화 제어는 배기 상사점 부근의 미싱 투스 후 4ms, 드웰각 제어 후 BTDC 30°에서 점화가 발생하도록 한다.
  - 각 펄스는 압축 상사점(점화 위치 부근)을 기준으로 n=1, 2,……, 20까지 카운트하고, 2회전(720°)이 되면 다시 카운트하는 방식으로 제어하도록 한다.

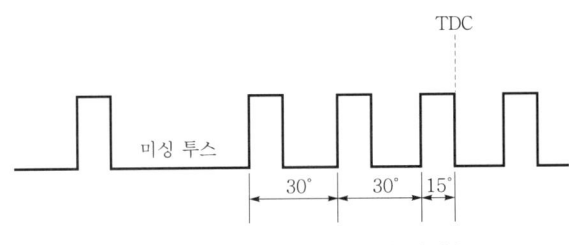

|그림 2-133. 상사점(TDC)의 위치|

㉡ 응용 프로그램
- ATmega8535의 PD2 단자로 입력되는 대체 10CPS 신호를 이용하여 연료 분사와 점화를 실제 단기통 엔진과 유사하게 그림 2-134와 같이 제어되도록 프로그램을 설계한다.

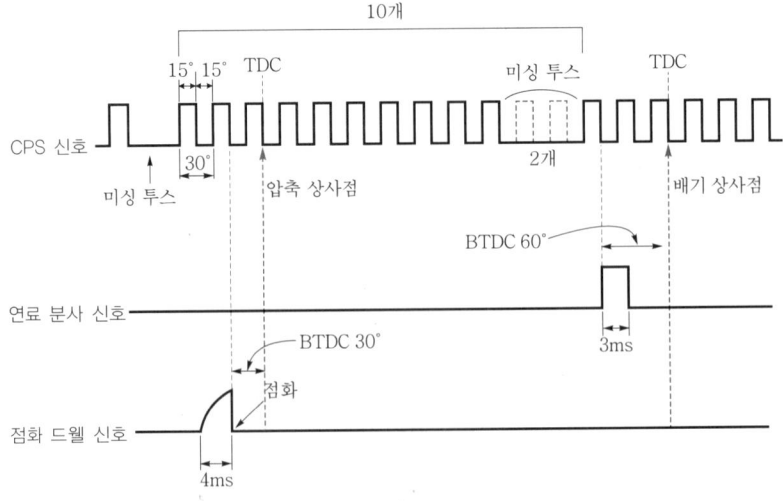

|그림 2-134. 연료 분사 및 점화 제어도|

- 대체 CPS 신호는 실제 엔진에서 출력되는 신호가 아니기 때문에 미싱 투스의 길이가 일정하므로, 최초 미싱 투스 판별 직후를 압축 상사점 부근으로 판단한다. 학습 과정에서 제어 프로그램 및 알고리즘을 쉽게 이해하기 위해 단계별로 구별하여 프로그램을 이해하도록 한다.

④ **연료 분사 제어 프로그램의 이해**

　㉠ 간단한 연료 분사 제어 프로그램 : 먼저 압축 상사점을 판별하지 않고 미싱 투스의 판별도 하지 않으며, 단순히 최초로 입력되는 CPS 신호를 받아 그림 2-135와 같이 2번째 상승 에지 신호에서 연료 분사를 시작하여 4번째 상승 에지에서 연료 분사를 완료하도록 하는 프로그램을 설계한다.

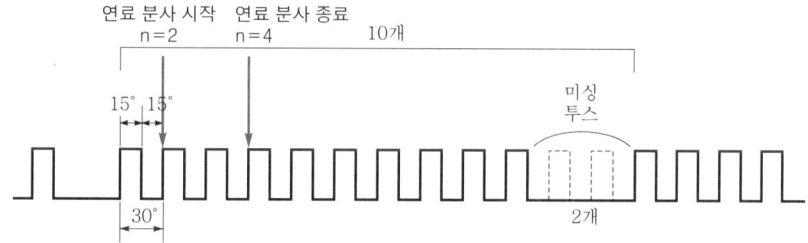

│그림 2-135. 연료 분사 시작과 연료 분사 종료 시점│

```
//대체 10CPS 신호에 의한 연료 분사 제어//
#include〈mega8535.h〉
unsigned int n=0;
interrupt[EXT_INT0]void external_int0(void)
{
 n=n+1;
 if(n==20)n=0;
}


void main(void)
{
 DDRD=0x00;//PORTD 입력 설정
 DDRC=0xFF;//PORTC 출력 설정
 ;
 //외부 인터럽트0 초기화, 상승 에지 감지
 MCUCR=0x03;//상승 에지 제어
 SREG=0x80;//전역 인터럽트 인에이블 I 비트 셋
 ;
 //외부 인터럽트0 인에이블
```

```
    GICR=0b01000000;//외부 인터럽트0 인에이블(허용)
  do{
      if(n==2)PORTC=0x01;//연료 분사 개시
      if(n==4)PORTC=0x00;//연료 분사 끝
    }while(1);
}
```

위 프로그램을 살펴보도록 한다.

PD2 단자로 입력되는 대체 CPS 신호에 의해 외부 인터럽트가 발생하고, n=20이 되면 다시 n=0로 복귀하여 20펄스마다 연료 분사를 제어하도록 하는 알고리즘과 제어 프로그램을 그림 2-136을 통해 이해하도록 한다.

타이머/카운터0 오버플로 인터럽트 서브루틴

```
interrupt[EXT_INT0]void external_int0(void)
{
  n=n+1;
  if(n==20)n=0;
}
```

메인 함수

```
void main(void)
{
  do{
      if(n==2)PORTC=0x01;//연료 분사 개시
      if(n==4)PORTC=0x00;//연료 분사 끝
    }while(1);
}
```

복귀

인터럽트

|그림 2-136. 간단한 연료 분사 제어도|

ⓒ 미싱 투스(missing tooth) 판별 프로그램 : ATmega8535의 PD2 단자로 입력되는 CPS 신호에 의해 미싱 투스를 감지하고 이를 확인하기 위해 일정 신호(2번째 상 승 에지에서 출력 시작하여 4번째 상승 에지에서 출력 종료)를 출력하는 제어 프로 그램을 설계한다.

```
//대체 10CPS 신호에 의한 미싱 투스 판별//
#include 〈mega8535.h〉
unsigned int n=0;
interrupt[EXT_INT0]void external_int0(void)
{
  n=n+1;
```

```
    if(n==20)n=0;
  }
void main(void)
{
  unsigned int p, pw_1=250, pw_2=20;

  DDRD=0x00;//PORTD 입력 설정
  DDRC=0xFF;//PORTC 출력 설정
  ;
  //외부 인터럽트 초기화, 상승 에지 감지
  MCUCR=0x03;//상승 에지 제어
  SREG=0x80;//전역 인터럽트 인에이블(허용)
  ;
  TCCR0=0x05;//일반 모드, 프리스케일러=CLK/1024
  TCNT0=0x00;//타이머/카운터0 레지스터 초깃값
  //미싱 투스 감지
  while((PIND & 0x04)==0);//상승 에지 감지
  while(PIND & 0x04);//하강 에지 감지
  TCNT0=0;
  ;
  do{
      while((PIND & 0x04)==0);//상승 에지 감지
      while(PIND & 0x04);//하강 에지 감지
      pw_2=pw_1;
      pw_1=TCNT0;
      TCNT0=0;
      if(pw_1>2*pw_2)p=2;//미싱 투스이면 탈출
      else p=1;
    }while(p==1);
   ;
  //외부 인터럽트0 인에이블(허용)
  GICR=0b01000000;//외부 인터럽트0 인에이블
  ;
  //펄스 출력 제어
  do{
      if(n==2)PORTC=0x01;
      if(n==4)PORTC=0x00;
    }while(1);
}
```

이 프로그램에서는 대체 10CPS 신호를 이용하여 프로그램을 제어하므로, 최초 미싱 투스를 찾아서(그것이 압축 상사점이든 배기 상사점이든 관계없이) 그것을 기준으로 연료 분사를 제어하도록 한다.

여기서는 현재의 미싱 투스가 압축 상사점 부근인지 배기 상사점 부근인지를 구별하지 않았다.

그러나 그림 2-137과 같이 미싱 투스를 판별한 때부터 GICR=0b01000000;에 의해 외부 인터럽트가 발생하고 n의 카운트가 시작된다.

- pw_2=pw_1;

  pw_1=TCNT0;

  먼저 pw_1에 기억된 값을 pw_2로 옮겨 놓는다.

  그리고 새로 측정한 펄스 폭(TCNT0의 count 값)을 pw_1의 값으로 기억한다.

- if(pw_1>2*pw_2)p=2;

  else p=1;

  현재 측정한 값(pw_1)이 이전 측정값(pw_2)의 2배 이상이면 미싱 투스로 판단한다. 이때 2배는 경험값으로서 엔진의 특성에 따라 달라진다.

  미싱 투스를 찾게 되면 p=2가 되므로 do~while문을 탈출하게 된다.

- do{

      if(n==2)PORTC=0x01;

      if(n==4)PORTC=0x00;

  }while(1);

  위 프로그램에서 n=2가 되면 연료를 분사하도록 한다.

그림 2-137의 파형은 위 프로그램을 수행할 때 나타나는 연료 분사 파형을 표시한다.

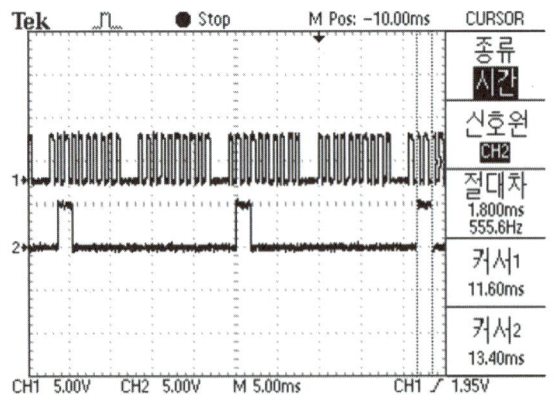

| 그림 2-137. 미싱 투스 판별 제어 파형 |

그림 2-138을 통해 미싱 투스 제어도를 이해하도록 한다.

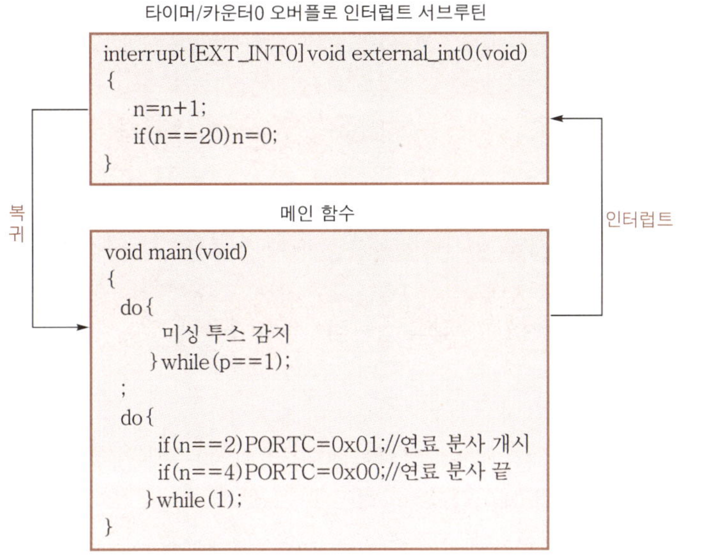

타이머/카운터0 오버플로 인터럽트 서브루틴

```
interrupt [EXT_INT0] void external_int0(void)
{
    n=n+1;
    if(n==20)n=0;
}
```

메인 함수

```
void main(void)
{
  do{
      미싱 투스 감지
      }while(p==1);
  ;
  do{
      if(n==2)PORTC=0x01;//연료 분사 개시
      if(n==4)PORTC=0x00;//연료 분사 끝
      }while(1);
}
```

복귀

인터럽트

| 그림 2-138. 미싱 투스 판별 제어도 |

ⓒ 압축 상사점 제어 프로그램 : 실제 단기통 엔진에서 CPS 신호를 받아 제어할 경우 다음과 같이 제어 프로그램을 설계할 수 있다. 여기서는 타이머/카운터1을 사용하여 꼭 필요한 제어 프로그램만 나타내었다.

```
void missing tooth_tdc( )
{
 do{/*미싱 투스 판별*/
     while(PIND & 0x04);/*하강 에지*/
     pw_2=pw_1;
     pw_1=TCNT1;
     set timer1( );//타이머/카운터1 초기화 함수
     ;
     if(pw_1>2*pw_2){/*압축 상사점 구별*/
             x++;/*미싱 투스 다음 펄스의 폭을 계측하여 압축 상사점
                     판별*/
             while((PIND & 0x08)==0);/*상승 에지 감지*/
             while(PIND & 0x08);/*하강 에지 감지*/
             pw_3=TCNT1;
             if(x==1)pw_a=pw_3;//첫 번째 미싱 투스 값을 pw_a를 저장
             else{
                     pw_b=pw_3;//두 번째 미싱 투스 값을 pw_b에 저장
                     if(pw_a < pw_b){
```

```
                                    COM_TDC=1;/*현재 압축 상태*/
                                    x=0;
                                      }
                                else pw_a=pw_b;/*현재 배기 상태*/
                               }
                         }
              while((PIND & 0x08)==0);/*상승 에지 감지*/

   }while(COM_TDC!=1);/*압축 상사점이면 탈출*/
 }
```

위와 같이 제어 프로그램을 실행하게 되면 압축과 배기 상사점 부근의 미싱 투스를
정확하게 구별하여 제어할 수 있다.

㉣ 연료 분사 제어 프로그램 : 그림 2-139에서와 같이 n=11(BTDC 60°)에서 연료 분
사를 시작하여 연료 분사를 3ms 동안 유지하도록 하는 프로그램을 설계한다.

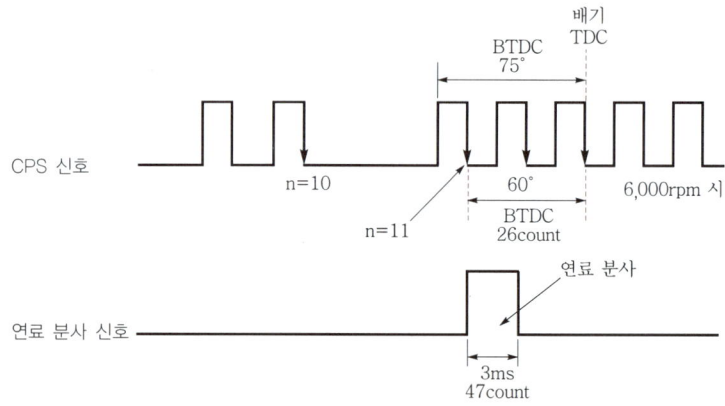

|그림 2-139. 연료 분사 제어도|

6,000rpm에서 3ms에 해당되는 count 수를 계산하고, 타이머/카운터0를 사용하
여 연료 분사 시간을 제어한다.

연료 분사 시간 3ms를 제어하기 위해 그 시간을 count 수로 환산하면, 1count=
64μs이므로 3ms(3,000μs)는 약 47count가 된다.

```
//대체 10CPS 신호에 의한 연료 분사 제어//
#include <mega8535.h>
unsigned int n=0;

interrupt[EXT_INT0]void external_int0(void)
{
 n=n+1;
 if(n==20)n=0;
 }
void inj( )
 {
 PORTC=0b00000001;//연료 분사 시작
 TCNT0=256-47;//연료 분사 시간 3ms
 }
interrupt[TIM0_OVF]void timer_int0(void)
{
 PORTC=0x00;//연료 분사 종료
 }
void main(void)
{
 unsigned int p, pw_1=250, pw_2=20;
 DDRD=0x00;//PORTD 입력 설정
 DDRC=0xFF;//PORTC 줄력 설정
 ;
 //외부 인터럽트 초기화, 하강 에지 감지
 MCUCR=0x02;//하강 에지 제어
 SREG=0x80;//전역 인터럽트 인에이블
 ;
 //타이머/카운터0 오버플로 인터럽트 초기화, 연료 분사 제어
 //TIMSK=0x01;//타이머/카운터0 오버플로 인터럽트 인에이블
 TCCR0=0x05;//일반 모드, 프리스케일러 : 1024분주
 TCNT0=0x00;//타이머/카운터0 레지스터 초깃값
 ;
 //미싱 투스 감지
 while((PIND & 0x04)==0);//상승 에지 감지
 while(PIND & 0x04);//하강 에지 감지
 TCNT0=0;
 ;
```

```
do{
    while((PIND & 0x04)==0);//상승 에지 감지
    while(PIND & 0x04);//하강 에지 감지
    pw_2=pw_1;
    pw_1=TCNT0;
    TCNT0=0;
    if(pw_1>2*pw_2)p=2;//미싱 투스이면 탈출
    else p=1;
  }while(p==1);
;
//외부 인터럽트0 인에이블
GICR=0b01000000;//외부 인터럽트0 인에이블(허용)
TIMSK=0x01;
;
//펄스 출력 제어
do{
    if(n==11)inj( );
  }while(1);
}
```

위 프로그램을 살펴보면 inj( ) 함수에서 연료 분사를 개시하고, 타이머/카운터0의 TCNT0의 값을 설정(연료 분사 시간)한다.

그리고 그림 2-140에서와 같이 타이머/카운터0 오버플로 인터럽트 서브루틴에서 연료 분사를 종료한다.

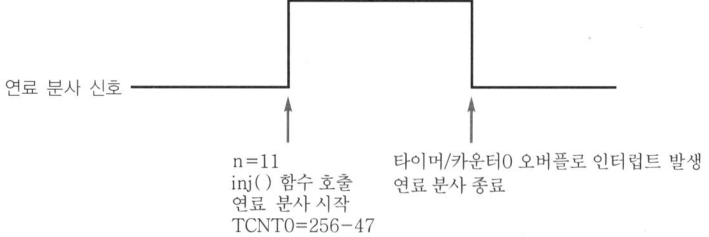

연료 분사 신호 _____

n=11
inj( ) 함수 호출
연료 분사 시작
TCNT0=256-47

타이머/카운터0 오버플로 인터럽트 발생
연료 분사 종료

|그림 2-140. 연료 분사 신호의 발생|

위 프로그램을 실행시키면 그림 2-141과 같은 연료 분사 제어 출력 파형을 얻을 수 있다.

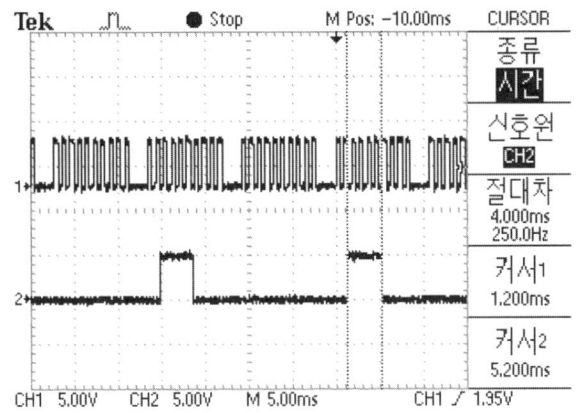

|그림 2-141. CPS 신호에 의한 연료 분사 제어|

⑤ **점화 제어 프로그램의 이해**

그림 2-142에서와 같이 점화 시기 BTDC 30°에서 점화를 제어하기 위해서는 그 이전에 드웰각 제어(4ms)를 실시하여야 한다. 따라서 충분한 드웰각을 확보하고 BTDC 30°에서 점화 제어를 하기 위해서는 BTDC 30°+4ms 이상의 시간이 확보되어야 한다.

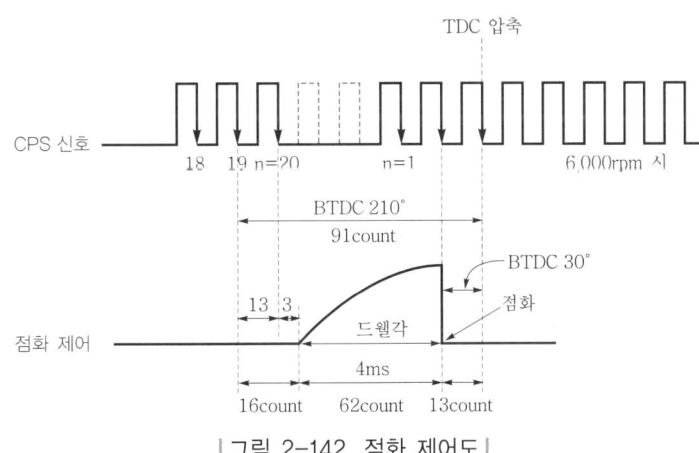

|그림 2-142. 점화 제어도|

이것을 제어하기 위해서는 우선 컴퓨터가 제어 가능한 count 수로 환산하여야 한다.

㉠ 카운트로 시간 환산(엔진 회전수와 관계없음) : 1count=64μs이다.

　　이것은 프리스케일러에 의한 분주와 오실레이터 주파수에 의해 결정된다(프리스케일러 1024분주).

㉡ 카운트로 각도 환산(엔진 회전수와 관계) : 먼저, 각도를 시간으로 환산한다.

　　엔진 회전수를 rpm, 제어 각도를 DEG라 하면, rpm의 회전 속도에서 DEG 각도 동안 회전하는 데 소요되는 시간을 구해 보면 다음과 같다.

$$\text{rpm} \times 360° \quad\text{────}\quad 1\text{분}(60s = 60 \times 10^6 \mu s)$$
$$\text{DEG} \quad\text{────}\quad x\mu s$$
$$x = (60 \times 10^6 \mu s) \times \text{DEG}/(\text{rpm} \times 360°)$$

따라서, 1count = 64μs이므로 xμs는 몇 count인지 계산해 보자.

$$1\text{count} \quad\text{────}\quad 64\mu s$$
$$\text{C} \quad\text{────}\quad (60 \times 10^6 \mu s) \times \text{DEG}/(\text{rpm} \times 360°)$$
$$\text{C} = 2604.16667 \times \text{DEG}/\text{rpm}$$

여기서, 엔진 회전수가 6,000rpm이면 30° 회전 시 소요되는 count 수를 위의 공식에 대입하여 구하면 다음과 같다.

$$\text{C(count)} = 2,604 \times 30/6,000$$
$$= \text{약 } 13 \text{ count}$$

그림에서 n = 19에서 제어를 시작하면 드웰각 전 제어는 16count, n = 20에서 제어를 시작하면 드웰각 전 제어는 3count 후에 드웰 제어(파워트랜지스터 베이스 ON 시작)를 시작하면 된다.

여기서는 n = 19에서 제어하도록 한다.

```
//대체 10CPS 신호에 의한 점화 제어//
#include <mega8535.h>
unsigned int n, k;
interrupt[EXT_INT0]void external_int0(void)
{
  if(n==20)n=0;//n=20번째 신호를 받고 n=0으로 해야 다음 펄스에서 n=1이 됨
  else n=n+1;
}

void spk( )
{
  TCNT0=256-8;//드웰 전 제어
  //TIMSK=0x01;
  k=1;
}

interrupt[TIM0_OVF]void timer_int0(void)
{
  if(k==1){
          PORTC=0b00010000;
```

```
            //TIMSK=0x01;
            TCNT0=256 - 62;//드웰각 제어
            k=2;
        }
    else{
        PORTC=0b00000000;//점화
        //TIMSK=0x00;
        }
}

void main(void)
{
  unsigned int p, pw_1=250, pw_2=20;

  DDRD=0x00;//PORTD 입력 설정
  DDRC=0xFF;//PORTC 출력 설정
  ;
  //외부 인터럽트 초기화, 하강 에지 감지
  MCUCR=0x02;//하강 에지 제어
  SREG=0x80;//전역 인터럽트 인에이블 I 비트 셋
  ;
  //타이머/카운터0 오버플로 인터럽트 초기화, 연료 분사 제어
  //TIMSK-0x01;//디이머/기운터0 오버플로 인터럽트 인에이블
  TCCR0=0x05;//일반 모드, 프리스케일러 : CLK/1024
  TCNT0=0x00;//타이머/카운터0 레지스터 초깃값
  ;
  //미싱 투스 감지
  while((PIND & 0x04)==0);//상승 에지 감지
  while(PIND & 0x04);//하강 에지 감지
  TCNT0=0;
  ;
  do{
      while((PIND & 0x04)==0);//상승 에지 감지
      while(PIND & 0x04);//하강 에지 감지
      pw_2=pw_1;
      pw_1=TCNT0;
      TCNT0=0;
      if(pw_1>2*pw_2)p=2;//미싱 투스이면 탈출
      else p=1;
```

```
     }while(p==1);
  n=2;
  ;
  //외부 인터럽트0 인에이블(허용)
  GICR=0b01000000;//외부 인터럽트0 인에이블
  TIMSK=0x01;
  ;
  //펄스 출력 제어
  do{
      if(n==19)spk( );
    }while(1);
}
```

위 프로그램에서 미싱 투스 판별 루프를 탈출할 때 n=2가 되는 것을 기억하도록 한다.
왜냐하면 미싱 투스를 판별하기 위해 타이머/카운터0 작동 시 n=1(하강 에지)까지 계
측하여 펄스 폭을 비교하므로, 다음에 받는 외부 인터럽트0 펄스의 하강 에지는 n=2
가 된다.

또, 외부 인터럽트를 받아 카운트 시 if(n==20)n=0;에서 n=20번째 신호를 받고 n=0
으로 해야 다음 펄스에서 n=n+1이 되어 첫 번째 펄스인 n=1이 된다.

그림 2-143은 드웰 전 점화 제어를 나타내고, 그림 2-144는 BTDC 30°에서의 점화
드웰 시간 제어를 나타낸다.

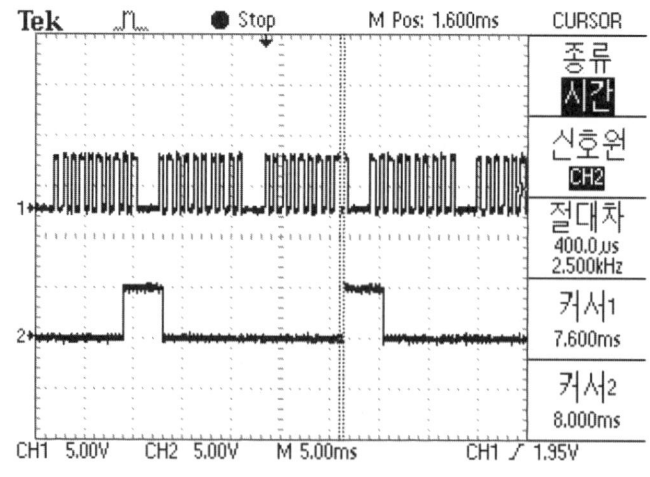

|그림 2-143. 점화 드웰 전 제어|

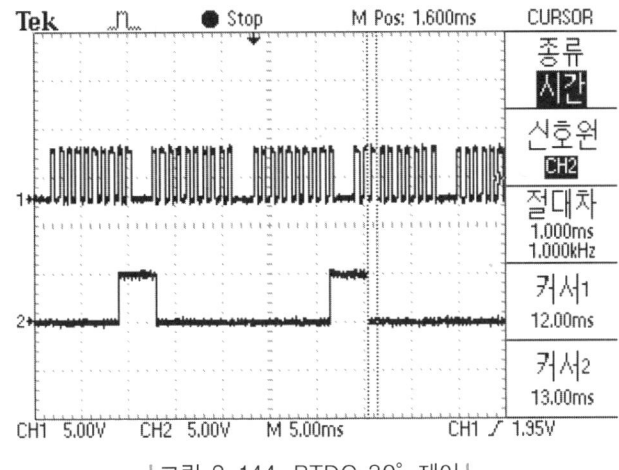

|그림 2-144. BTDC 30° 제어|

⑥ 연료 분사 및 점화 제어 프로그램의 이해

여기서는 우선 연료 분사는 n=2, 점화는 n=11에서 제어해 보도록 한다.

연료 분사 시간은 3ms, 점화 드웰 시간은 4ms이다.

```
//대체 CPS 신호에 의한 연료 분사 및 점화 제어//
#include <mega8535.h>
unsigned int n=0, k;
interrupt[EXT_INT0]void external_int0(void)
{
  if(n==20)n=0;//n=20번째 신호를 받고 n=0으로 해야 다음 펄스에서 n=1이 됨
  else n=n+1;
}
void inj( )
{
  PORTC=0b00000001;
  TCNT0=256 – 47;//연료 분사 시작
  k=1;
}
void spk( )
{
  TCNT0=256–16;//드웰 전 제어
  //TIMSK=0x01;
  k=2;
}
```

```
interrupt[TIM0_OVF]void timer_int0(void)
{
  switch(k){
            case 1 : //연료 분사 종료
                      PORTC=0x00;
                      k=0;
                      break;
            case 2 : //점화 드웰 시작
                      PORTC=0b00010000;
                      TCNT0=256 - 62;//드웰각 제어
                      k=3;
                      break;
            case 3 : //드웰 종료, 점화
                      PORTC=0b00000000;//점화
                      k=0;
                      break;
          }
  }
void main(void)
{
  unsigned int p, pw_1=250, pw_2=20;

  DDRD=0x00;//PORTD 입력 설정
  DDRC=0xFF;//PORTC 출력 설정
  ;
  //외부 인터럽트 초기화, 하강 에지 감지
  MCUCR=0x02;//하강 에지 제어
  SREG=0x80;//전역 인터럽트 인에이블 I 비트 셋
  ;
  //타이머/카운터0 오버플로 인터럽트 초기화, 연료 분사 제어
  //TIMSK=0x01;//타이머/카운터0 오버플로 인터럽트 인에이블
  TCCR0=0x05;//일반 모드, 프리스케일러=CLK/1024
  TCNT0=0x00;//타이머/카운터0 레지스터 초깃값
  ;
  //미싱 투스 감지
  while((PIND & 0x04)==0);//상승 에지 감지
  while(PIND & 0x04);//하강 에지 감지
  TCNT0=0;
  ;
```

```
do{
    while((PIND & 0x04)==0);//상승 에지 감지
    while(PIND & 0x04);//하강 에지 감지
    pw_2=pw_1;
    pw_1=TCNT0;
    TCNT0=0;
    if(pw_1>2*pw_2)p=2;//미싱 투스이면 탈출
    else p=1;
    }while(p==1);
;
//외부 인터럽트0 인에이블
GICR=0b01000000;//외부 인터럽트0 인에이블
TIMSK=0x01;
n=2;
;
//펄스 출력 제어
do{
    if(n==2)inj( );
    if(n==11)spk( );
    }while(1);
}
```

그림 2-145는 연료 분사 제어 파형을 나타내고, 그림 2-146은 점화 드웰 시간 파형을
나타낸다.

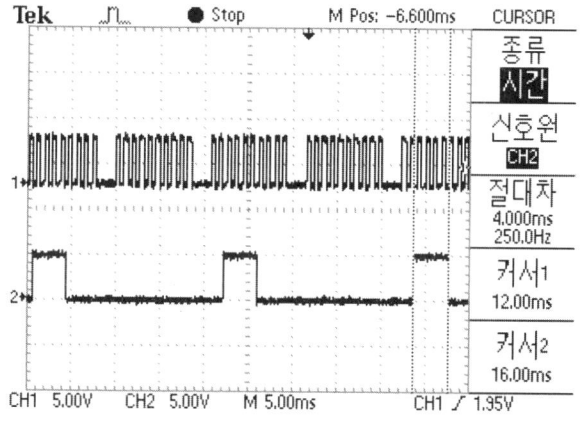

|그림 2-145. 대체 10CPS 신호와 연료 분사 파형|

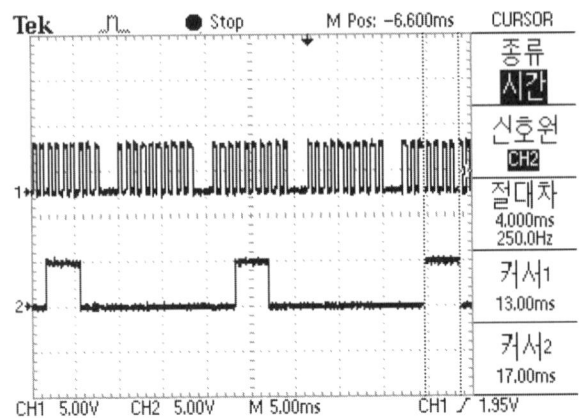

| 그림 2-146. 대체 10CPS 신호와 점화 제어 파형 |

그림 2-147은 연료 분사와 점화 동시 파형을 나타낸다.

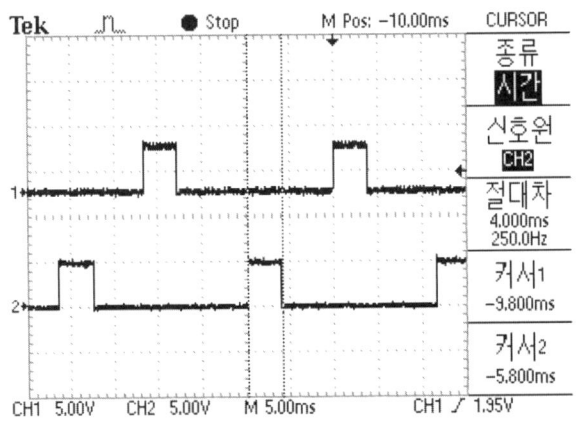

| 그림 2-147. 연료 분사(상)와 점화 제어 신호(하) |

만약 아래 연료 분사 및 점화 제어 프로그램에서 n의 값이 아래와 같다면, 연료 분사와 점화 드웰이 겹쳐져서 그림 2-148과 같이 신호가 출력되어 원하는 신호가 출력되지 않는다.

```
do{
    if(n==2)inj( );
    if(n==19)spk( );
    }while(1);
```

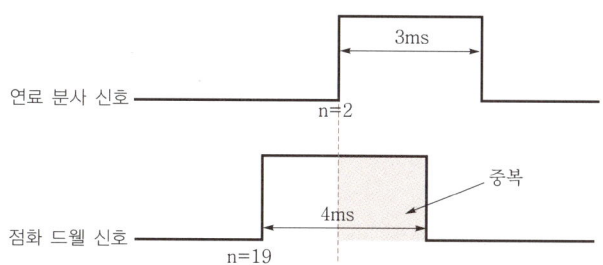

│그림 2-148. 연료 분사와 점화 신호가 중복될 경우의 출력 신호│

그림 2-149와 같이 연료 분사와 점화 신호가 중첩되면 현재의 제어 프로그램으로는 정확한 제어가 어렵다. 따라서 연료 분사와 점화를 정확하게 제어하기 위해 각각 분리해서 제어할 필요가 있다. 즉, 연료 분사 제어는 타이머/카운터0를 사용하고, 점화 제어는 타이머/카운터1을 사용하여 제어한다. 그림 2-150과 같이 연료 분사는 n=1, 점화제어는 n=19에서 제어한다.

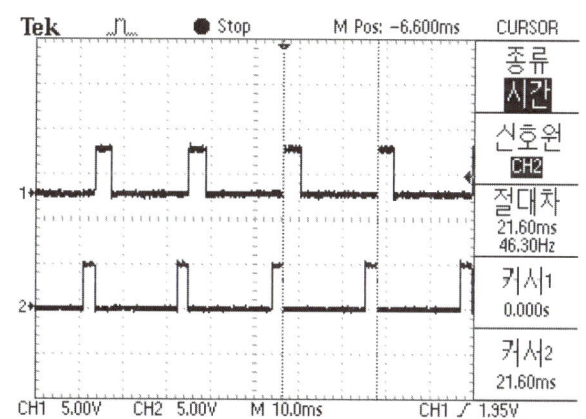

│그림 2-149. 연료 분사와 점화 드웰 신호의 중첩│

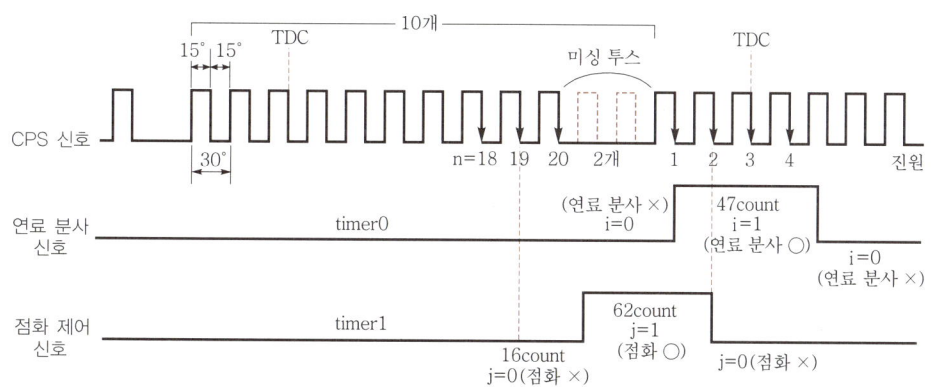

│그림 2-150. 대체 10CPS 신호와 연료 분사 및 점화 제어도│

```
//대체 10CPS 신호에 의한 연료 분사 및 점화 중복 신호 처리//
#include〈mega8535.h〉
unsigned int n=0, i, j;
interrupt[EXT_INT0]void external_int0(void)
{
  if(n==20)n=0;//n=20번째 신호를 받고 n=0으로 해야 다음 펄스에서 n=1이 됨
  else n=n+1;
}

void inj( )
{
  i=1;
  TCNT0=256－47;//연료 분사 시작
}

void spk( )
{
  j=0;
  TCNT1=65536－16;//드웰 전 제어
}

void act( )
{
  if((i==1) && (j==1))PORTC=0b00010001;
  else if((i==1) && (j==0))PORTC=0b00000001;
  else if((i==0) && (j==1))PORTC=0b00010000;
  else if((i==0) && (j==0))PORTC=0b00000000;
}

interrupt[TIM0_OVF]void timer_int0(void)//연료 분사
{
  i=0;
}

interrupt[TIM1_OVF]void timer_int1(void)//점화 제어
{
  if(j==0){
          TCNT1=65536－62;
          j=1;
```

```
            }
    else if(j==1){
                j=0;
                }
}

void main(void)
{
  unsigned int p, pw_1=250, pw_2=20;

  DDRD=0x00;//PORTD 입력 설정
  DDRC=0xFF;//PORTC 출력 설정
  ;
  //외부 인터럽트 초기화, 하강 에지 감지
  MCUCR=0x02;//하강 에지 제어
  SREG=0x80;//전역 인터럽트 인에이블 I 비트 셋
  ;
  //타이머/카운터0 오버플로 인터럽트 초기화, 연료 분사 제어
  //TIMSK=0x01;//타이머/카운터0 오버플로 인터럽트 인에이블
  TCCR0=0x05;//일반 모드, 프리스케일러 : CLK/1024
  TCNT0=0x00;//타이머/카운터0 레지스터 초깃값
  ;
  //타이머/키운터1 오버플로 인터럽트 초기화
  TCCR1A=0x00;
  TCCR1B=0x05;//1024분주
  TCNT1=0;

  //미싱 투스 감지
  while((PIND & 0x04)==0);//상승 에지 감지
  while(PIND & 0x04);//하강 에지 감지
  TCNT0=0;
  ;
  do{
      while((PIND & 0x04)==0);//상승 에지 감지
      while(PIND & 0x04);//하강 에지 감지
      pw_2=pw_1;
      pw_1=TCNT0;
      TCNT0=0;
      if(pw_1>2*pw_2)p=2;//미싱 투스이면 탈출
```

```
     else p=1;
   }while(p==1);
;


//외부 인터럽트0 인에이블
GICR=0b01000000;//외부 인터럽트 0 인에이블
TIMSK=0b00000101;//타이머/카운터0, 타이머/카운터1 인터럽트 인에이블
n=2;
;
//펄스 출력 제어
do{
   if(n==1)inj( );
   if(n==19)spk( );
   act( );
}while(1);
}
```

위 프로그램을 살펴보면 다음과 같다.

㉠ inj( ) 함수에서는 연료 분사 시간 설정과 연료 분사 개시 신호를 준다.

㉡ spk( ) 함수에서는 점화 드웰 시간 설정과 점화 신호를 준다.

㉢ act( ) 함수에서는 연료 분사와 점화 지시 신호를 주어 연료 분사와 점화가 실행되
  도록 한다.

그림 2-151은 CPS 신호에 의한 연료 분사 제어 파형을 나타낸다.

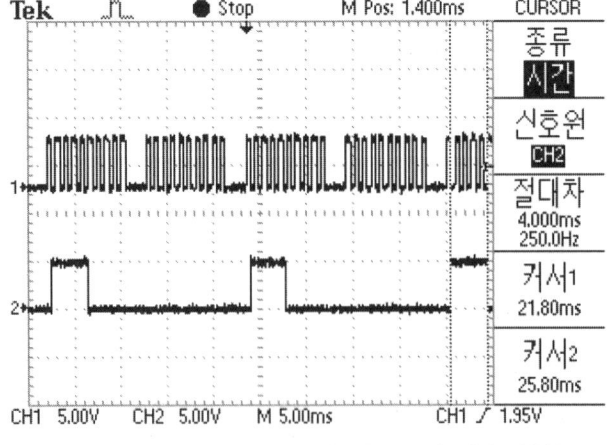

|그림 2-151. CPS 신호와 연료 분사 제어 파형|

그림 2-152는 CPS 신호에 의한 점화 제어 파형을 나타내고, 그림 2-153은 연료 분사와 점화 제어 동시 파형을 나타낸다.

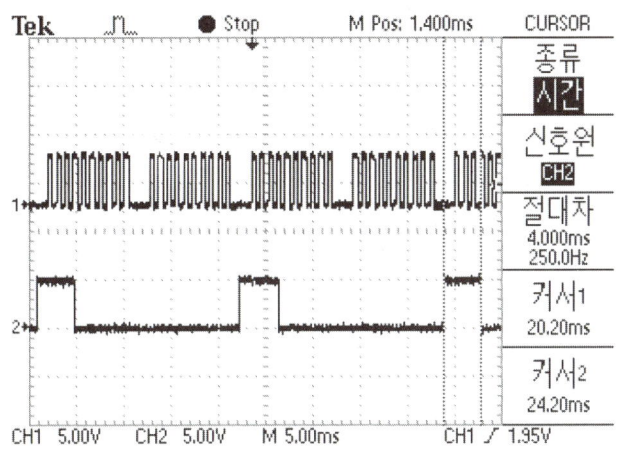

그림 2-152. CPS 신호와 점화 제어 파형

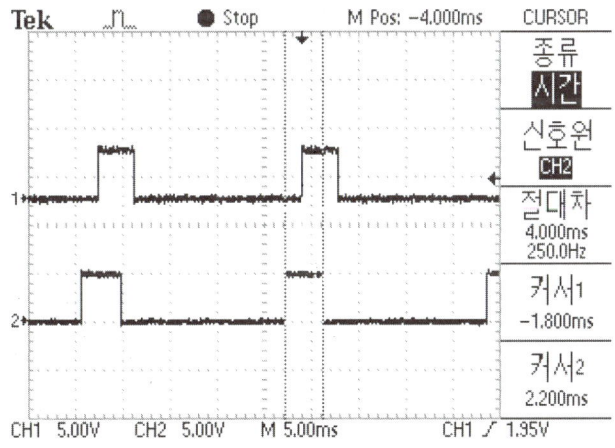

그림 2-153. 연료 분사와 점화 제어 파형

2.3.3 실제 가솔린 엔진 제어

(1) 플라이휠 로터의 투스(tooth)가 1개일 때 제어
① 시동 제어 과정

실제 차량에 응용하여 각기 다른 특성을 가진 엔진을 시동하기 위해서 다음과 같은 과정을 거친다.

㉠ 단기통 엔진(대림 VL125)을 선정한다.

㉡ 엔진이 정상적인 상태인지 확인한다.

㉢ 엔진에 알맞은 스탠드를 제작하여 엔진을 스탠드에 고정한다.

㉣ 해당 엔진의 전자제어 시스템을 분석한다.

　• CPS 신호 분석

　• 연료 분사 및 점화 제어 시스템 분석

㉤ 해당 엔진을 제어하기 위해 하드웨어(ECU)를 설계한다.

㉥ ECU가 제어할 엔진 프로그램을 작성한다.

㉦ 엔진을 자작 ECU로 시동을 건다.

② **엔진 제어 알고리즘 이해**

그림 2-154와 같이 4스트로크(stroke) 단기통 엔진 플라이휠 로터의 투스가 1개일 경우에 대해 알아본다.

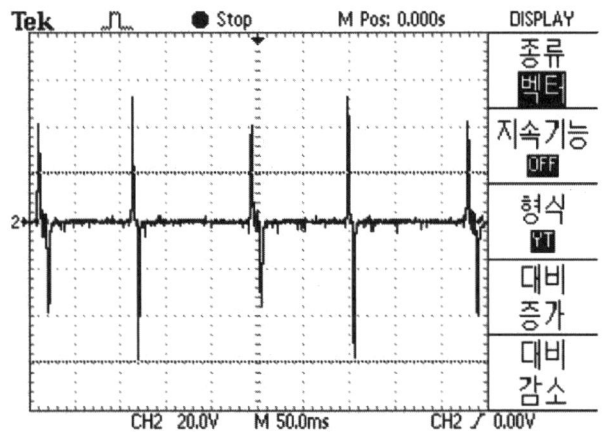

|그림 2-154. 엔진 크랭킹 시 발생되는 CPS 파형|

CPS 파형은 그림 2-155에서 보는 것처럼 1회전 시 1회 발생되며 CPS 신호 입력 인터페이스를 거쳐 CPU로 신호가 입력된다.

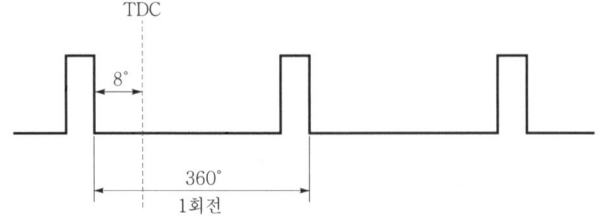

|그림 2-155. VL125 엔진의 압축 상사점 위치|

그림 2-154에서 보면 크랭킹 시 CPS 출력 파형이 주기적으로 크기가 다르게 반복되는 것을 볼 수 있다. 이것은 단기통의 경우 압축 시와 배기 시 피스톤의 평균 속도가 확연히 다르게 나타나기 때문이다.

즉, 압축 시에는 압축 압력의 영향으로 피스톤의 상승 속도가 느려서 $\frac{d\phi}{dt}$ 의 값이 작아 출력되는 기전력의 크기가 낮고, 배기 시에는 밸브가 열려 있어 비교적 압축 시보다 피스톤 상승 속도가 빨라져 $\frac{d\phi}{dt}$ 의 값이 커짐에 따라 발생되는 기전력의 크기가 크게 나타난다.

이것은 CPS에서 출력되는 기전력의 크기는 $E = -N_c \frac{d\phi}{dt}$ 에서 회전 각속도의 차에 의해 $\frac{d\phi}{dt}$ (시간에 따른 자속의 변화)가 변화되는데, 배기 시에는 $\frac{d\phi}{dt}$ 의 값이 압축 시보다 더 커지므로 역기전력 E의 값이 증가하게 된다.

③ 엔진 구조 변경

VL125(대림) 엔진을 시동할 때에는 우선 그림 2-156과 같이 비전자제어 엔진에서 연료 및 점화 시스템을 개조해야 한다.

이때 가장 중요한 것은 그림 2-157과 같은 CPS에 의한 신호의 입력이다.

단기통 엔진을 전자제어화하기 위해 가장 기본적으로 요구되는 것은 입력 신호를 받아 엔진의 현재 상태를 파악하는 데 필요한 입력 센서와 인터페이스이다.

| 그림 2-156. 시동을 위한 엔진의 개조 |

|그림 2-157. CPS 설치 위치|

㉠ 연료 시스템 개조 : 비전자제어 방식의 경우 전자제어 인젝터 방식으로 변경하여야 하므로 고압 연료를 공급하기 위한 연료 펌프(fuel pump)와 연료 필터(fuel filter), 인젝터(injector)를 설치하여야 한다.

연료 시스템은 연료 펌프, 연료 탱크, 연료 필터 및 연료 파이프 등으로 구성하여 인젝터에서 연료 분사가 가능하도록 그림 2-158과 같이 설치하고, 인젝터에 가해지는 연료 압력은 연료 압력 조절기를 사용하여 적절한 압력을 유지하도록 설계한다.

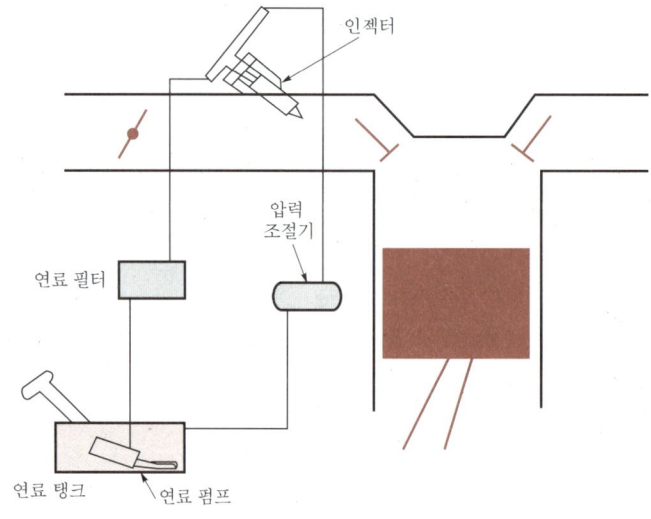

|그림 2-158. 연료 시스템 개조|

ⓒ 흡기 시스템 개조 : 단기통 엔진에 자작 ECU를 적용하기 위해 우선 간접 계측 방식
으로 흡입 공기량을 계측하는 맵 센서, 운전자의 의도를 감지하기 위한 TPS와 공전
속도를 제어하기 위한 ISCV가 포함된 스로틀바디를 흡기 통로에 그림 2-159와 같
이 설치할 수 있다.

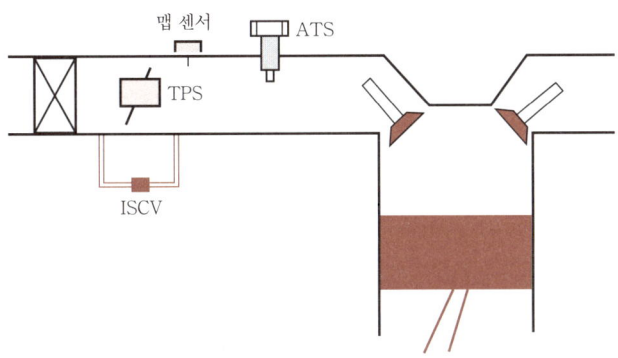

| 그림 2-159. 흡기 시스템 개조 |

ⓒ 점화 시스템 개조 : 기존 단기통 엔진의 점화 제어는 1개의 투스(tooth)에 의해
CPS로부터 크랭크축 1회전마다 출력되는 1개의 크랭크각 신호를 받아 그림 2-160
과 같은 별도의 CDI(Condenser Discharge Ignition) 유닛(unit)에 의해 점화 시
기를 제어하게 된다.

따라서 정확한 크랭크각 위치의 감지가 어려워 전자제어 엔진과 비교할 때 점화 제
어의 정확도가 떨어진다. 우리가 사용하려고 하는 점화 방식은 CDI 점화 방식이 아
닌 그림 2-161과 같은 풀 트랜지스터(full transistor) 점화 방식이다.

CDI 점화 방식의 경우 제어 회로가 좀 복잡하고 실습용으로 제작하기가 어려우며
사용되는 점화 코일에도 차이가 있다.

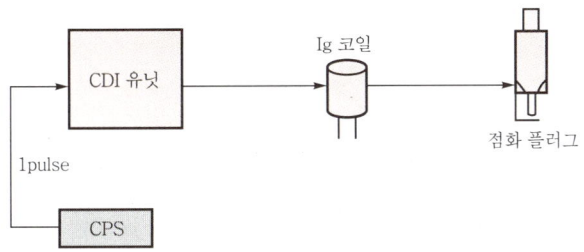

| 그림 2-160. 비전자제어 방식 점화 시스템 |

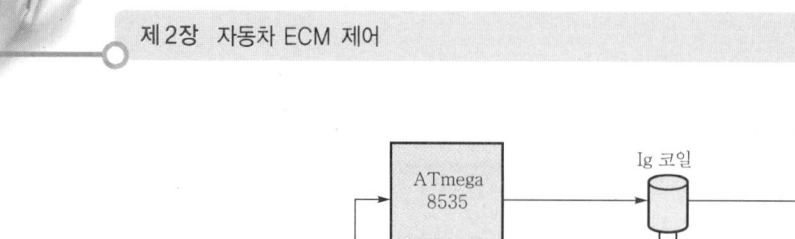

│그림 2-161. 전자제어 방식 개조│

그림 2-162는 CDI 점화 방식에 의한 자작 ECU를 나타낸다. 자동차에 응용하기 위해 점화 방식을 콘덴서 방전이 아닌 트랜지스터에 의해 제어되는 방식으로 바꾸도록 한다.

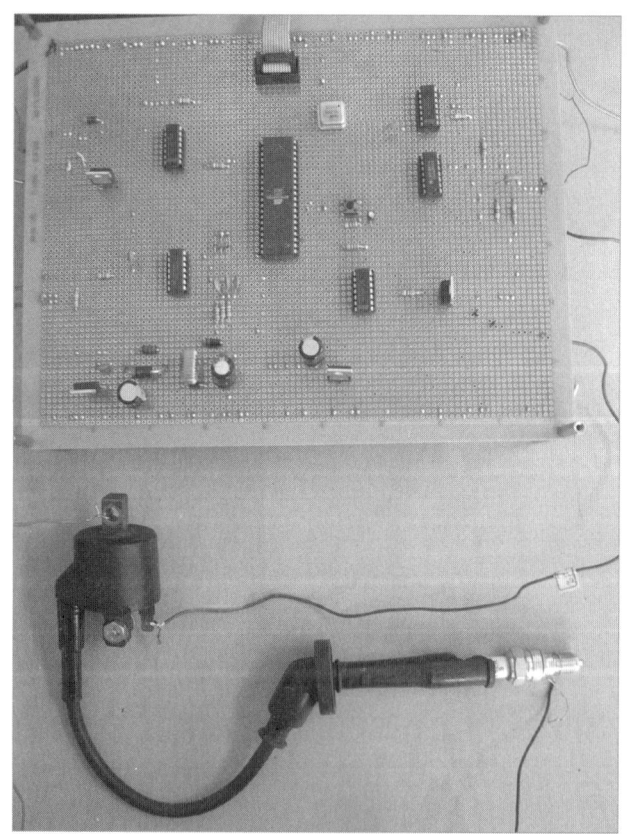

│그림 2-162. CDI 방식 단기통 엔진을 위한 자작 ECU│

④ 제어 회로도 이해

아날로그 CPS 신호, MAP 신호, TPS 신호를 입력받아 인젝터와 점화 코일을 제어하도록 한다. 이때 엔진의 가속 제어도 가능하도록 제어 프로그램을 설계한다.

12V→5V 변환은 DC-DC 컨버터를 이용하고, LM2902에 사용되는 10V의 전압은 7810을 사용하며, 점화는 IGBT에 의해 제어하도록 설계한다.

MAP과 TPS 신호는 아날로그 신호가 센서로부터 출력되므로 그림 2-163에서와 같이 A/D 컨버터(PA0~PA7)를 거쳐 제어하도록 한다. 자작 ECU 제작은 이미 배워 온 자료를 참고로 하여 다음 2.4절에서 완성하도록 한다.

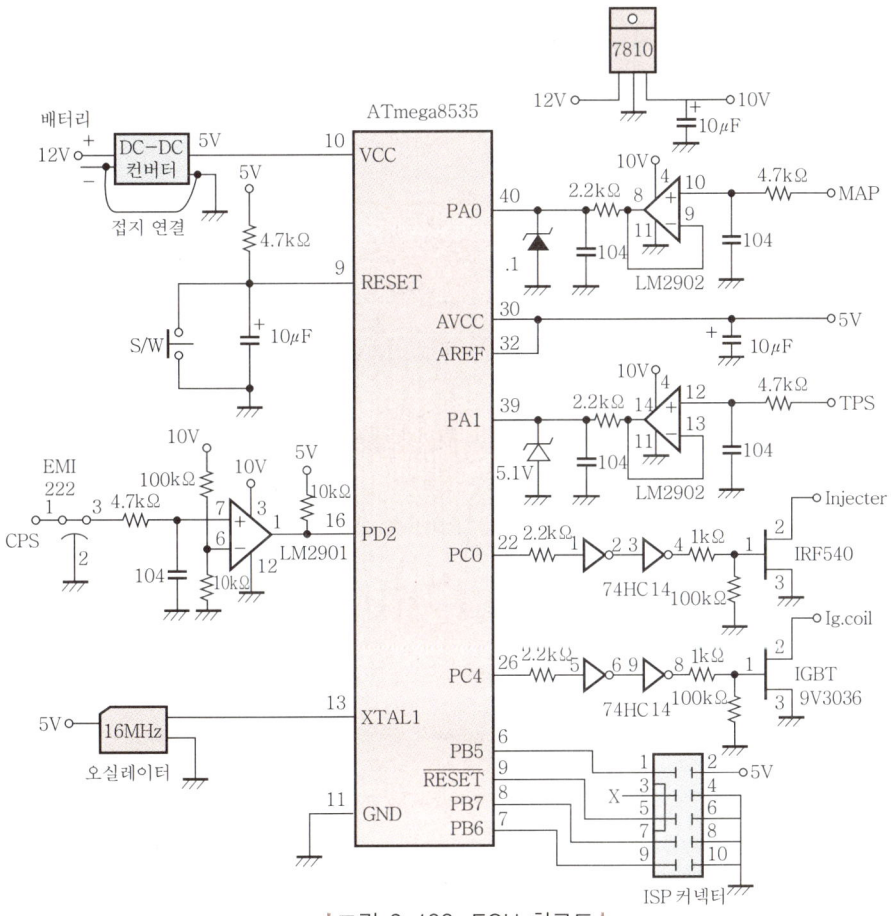

|그림 2-163. ECU 회로도|

⑤ 자작 ECU 이해

실제 단기통 기관이나 4기통 기관을 제어할 수 있도록 하기 위해 만능기판이 아닌 회로기판에 필요한 부품을 연결하고 납땜하여 엔진 제어용 자작 ECU를 제작할 수 있는 기본적인 지식을 이해한다. 현재는 단기통 제어용이지만 가솔린 4기통 제어를 위한 확장을 고려하여 연료 분사와 점화 제어 출력 인터페이스는 여유 있게 부품을 배치한다. 납땜 시 ATmega8535를 포함한 IC의 경우 IC 소켓을 이용하여 조립한다.

㉠ CPS 입력 인터페이스 회로 연결 및 출력 파형 이해 : 그림 2-164에서 아날로그 신

호인 CPS 출력 신호를 마이크로컨트롤러가 이해할 수 있는 파형으로 정형하기 위해 비교기를 사용하여 회로를 구성하고, Ⓐ에 PD2 단자가 연결되도록 한다.

그림 2-165는 파형이 정형되기 전 그림 2-164의 ①위치에서 CPS의 원시 파형을 나타낸다.

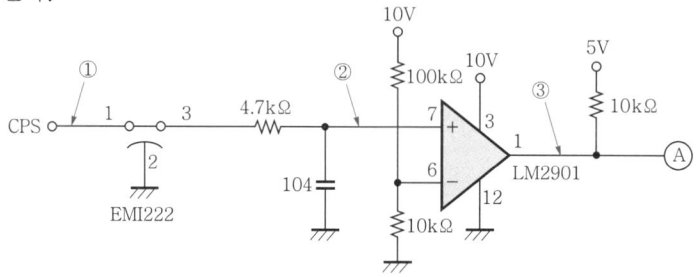

│그림 2-164. CPS 인터페이스 회로도│

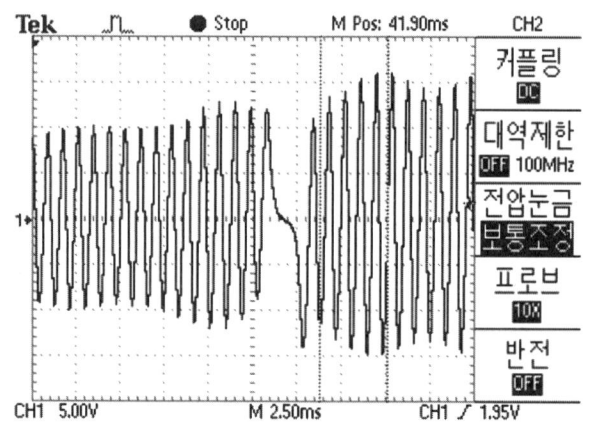

│그림 2-165. ①위치에서의 CPS 원시 파형│

그림 2-164의 ②위치에서는 그림 2-166과 같은 파형이 출력되는데, 이는 LM2901 7번 단자에서의 파형을 나타낸다.

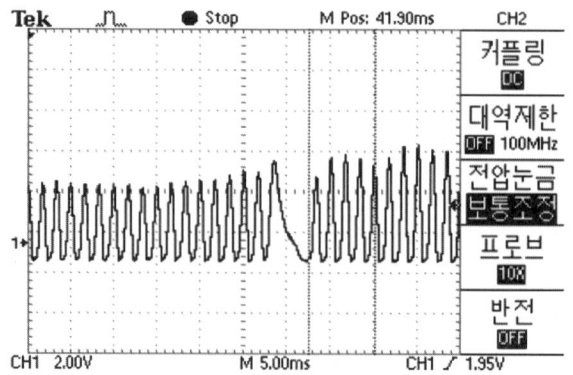

│그림 2-166. ②위치에서의 CPS 파형│

그림 2-167은 CPS 원시 파형과 ②의 위치에서의 파형을 나타낸 것이다. ②의 위치에서의 파형은 약간 변형된 모습으로 나타난다.

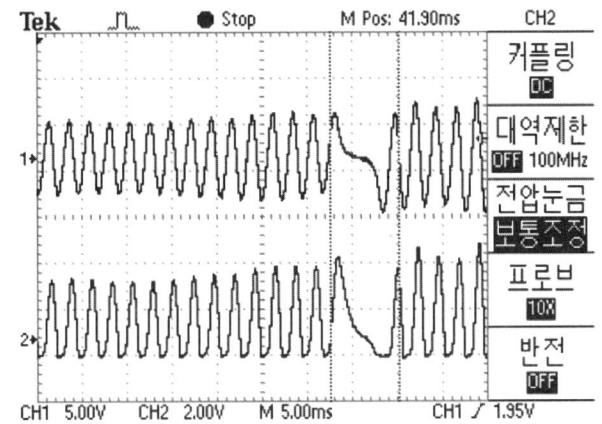

|그림 2-167. CPS 원시 파형과 LM2901 7번 단자에서의 파형 비교|

그림 2-168은 그림 2-164의 ③에서의 정형된 파형을 나타내며, 이 파형이 ATmega8535의 PD2(16번) 단자로 입력되고 크랭크각을 감지하여 연료 분사와 점화 제어에 사용된다.

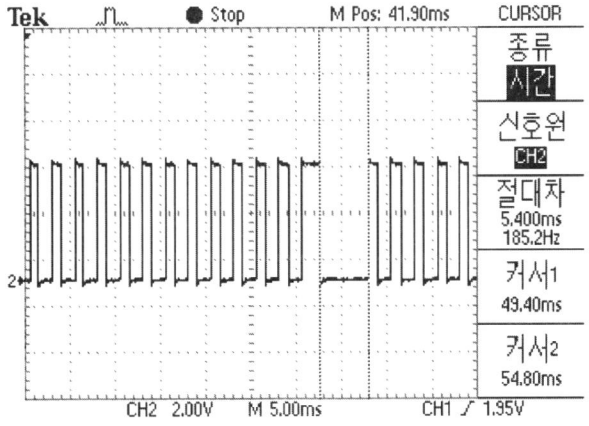

|그림 2-168. ③에서의 정형된 파형|

그림 2-169는 CPS의 원시 파형과 정형된 파형의 모습을 나타낸다.

투스(tooth)의 앞쪽을 기준으로 제어할 때는 그림 2-170과 같이 정형하여 엔진을 제어하기 위한 입력 파형으로 사용하면 편리하다.

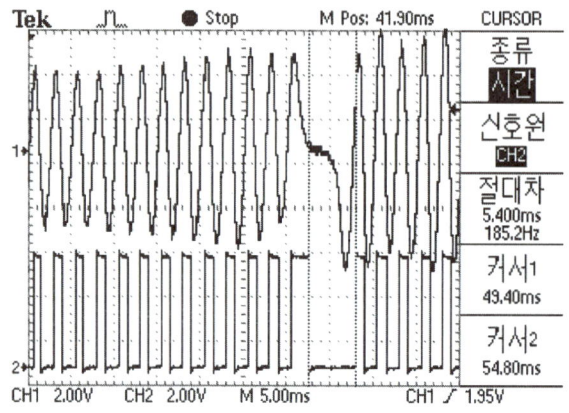

|그림 2-169. CPS 원시 파형과 정형된 파형의 비교|

그림 2-170은 단기통 VL125(대림 daystar) CPS의 두 단자 중에서 청색은 CPS 출력 단자로, 녹색은 접지로 하였을 경우 출력되는 파형을 나타낸다.

이러한 CPS 연결은 투스의 앞쪽을 기준으로 제어할 경우의 연결 구조이다.

그러나 우리가 사용하는 VL125 단기통 엔진의 경우 투스의 뒤쪽을 기준으로 제어하도록 설계되어 있으므로 CPS의 두 단자를 그림 2-170과 반대의 파형이 출력되도록 배선을 바꿔 연결하여야 한다.

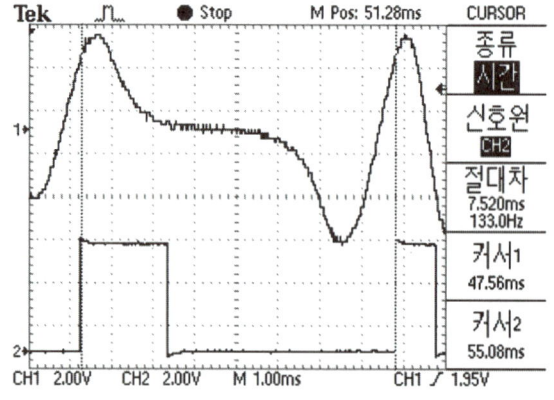

|그림 2-170. ③에서의 미싱 투스 부근 확대 파형|

그림 2-171은 CPS의 두 단자를 녹색은 출력 단자로, 청색은 접지로 하여 연결할 때의 파형을 나타낸다.

이 연결 방식은 투스의 뒤쪽을 기준으로 제어할 때의 연결 구조이다.

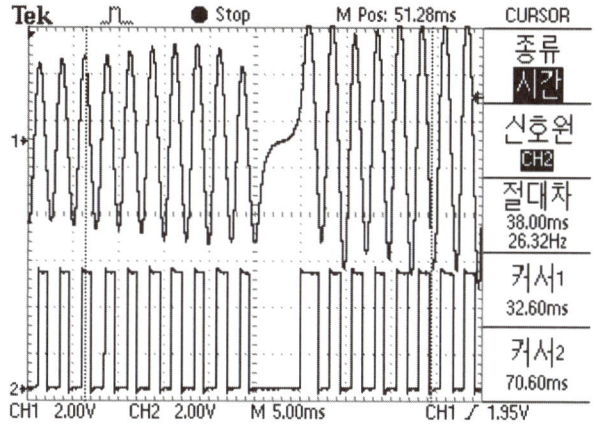

| 그림 2-171. CPS 단자를 바꿔 연결할 때의 파형 |

그림 2-172는 CPS 단자를 바꿔 연결할 때의 출력 파형을 확대한 것이다.

제어 알고리즘을 설계 할 때 그림 2-171과 같은 파형을 분석하여 제어 시점을 결정하면 좋다.

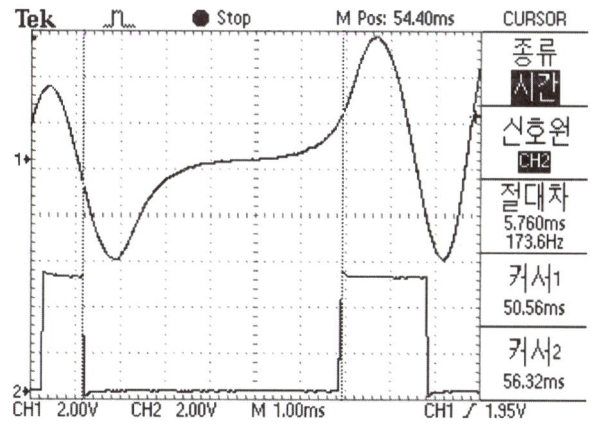

| 그림 2-172. CPS 단자 확대 파형 |

ⓛ Map과 TPS 신호 입력 인터페이스 회로 연결 및 파형 분석 : Map과 TPS 신호 입력 인터페이스 회로 연결은 그림 2-173과 같이 LM2902를 사용하여 안정된 신호를 CPU에 공급하며 LM2902의 전원은 10V를 사용한다. 이때 저항 2.2kΩ은 회로 여건에 맞춰 연결한다.

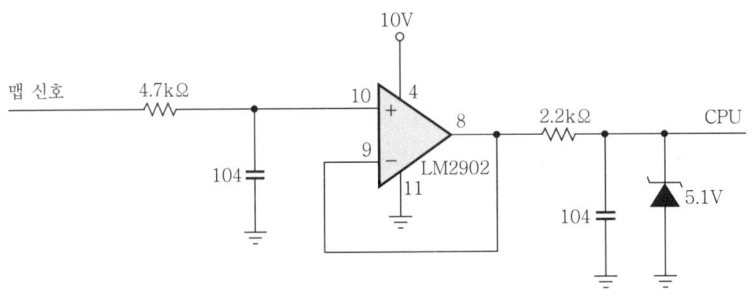

|그림 2-173. Map과 TPS 입력 인터페이스|

ⓒ 연료 분사 출력 인터페이스 회로 연결 : 그림 2-174는 연료 분사 출력 인터페이스 회로를 나타낸다.

IRF540의 냉각을 위해 냉각핀을 연결하여야 하는데, 이때 주의해야 할 사항은 그림 2-175와 같이 냉각핀 연결 부분(플랜지)이 Drain으로서 인젝터로 연결되므로 다른 실린더의 IRF540과 같은 냉각핀으로 연결하면 안 되고 별도의 냉각핀을 각각 연결하여야 한다는 점이다.

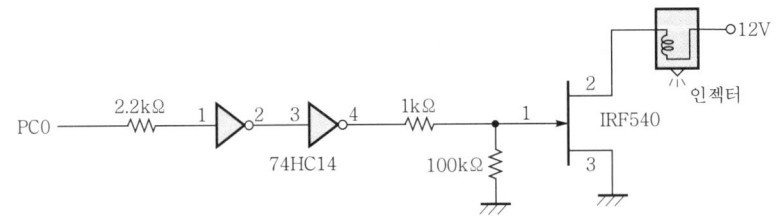

|그림 2-174. 연료 분사 출력 인터페이스 회로|

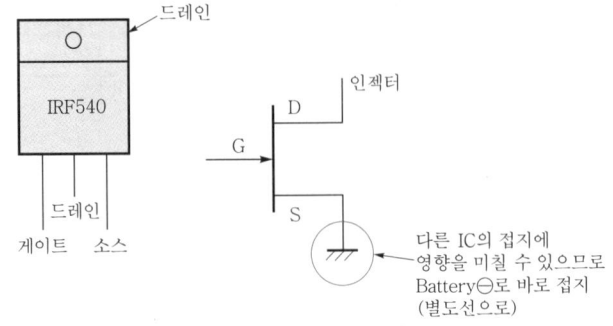

|그림 2-175. 인젝터와 IRF540의 연결|

ⓔ 점화 출력 인터페이스 회로 : 그림 2-176은 점화 제어 출력 인터페이스 회로를 나
타낸다. IGBT의 냉각을 위해 냉각핀을 연결하여야 하고, 이때 냉각핀 연결 부분(플
랜지)이 그림 2-177과 같이 컬렉터로서 인젝터로 연결되므로 다른 실린더의 IGBT
와 같은 냉각핀으로 연결하면 안 되고 별도의 냉각핀으로 각각 연결하여야 한다.

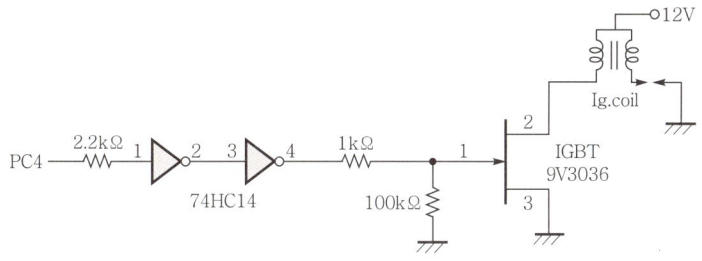

|그림 2-176. 점화 제어 출력 인터페이스 회로|

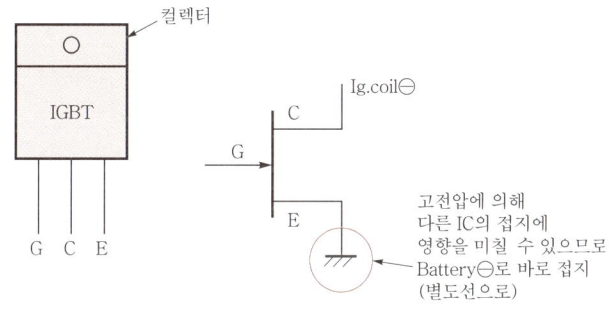

|그림 2-177. IGBT의 연결|

ⓜ 자작 ECU 작동 및 파형 확인 : 그림 2-178과 같이 직접 회로기판에 제작한 자작
ECU의 회로가 정상적으로 잘 연결되었는지를 확인하기 위해 그림 2-179와 같이

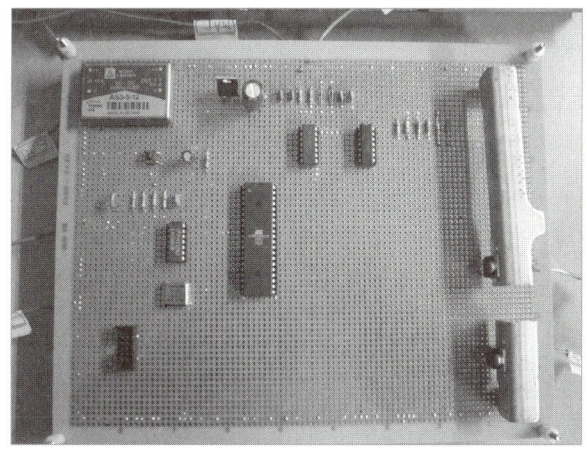

|그림 2-178. 단기통 엔진을 위해 제작한 자작 ECU|

인젝터와 점화 코일을 연결하여 아래 제어 프로그램을 구동해 인젝터와 점화 코일의 작동을 관찰하도록 한다.

연료 분사 시간이나 점화 시기는 daegi(30)의 값을 바꿔 제어하면 된다.

연료 분사를 위한 인젝터는 PC0에 연결하고, 점화 제어를 위한 점화 1차 코일은 PC4에 연결하여 제어하도록 한다.

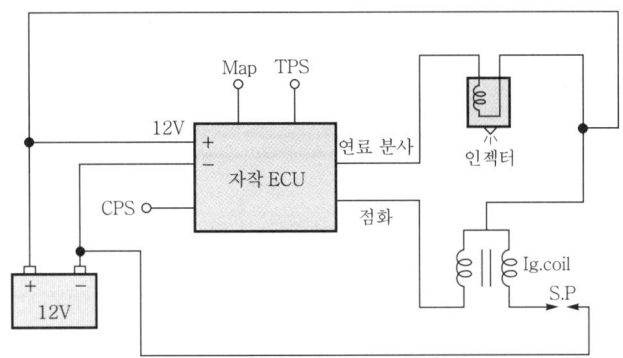

|그림 2-179. 인젝터 및 점화 코일 회로 연결도(우)|

```
//자작 ECU 작동 확인 프로그램//
#include <mega8535.h>

void main(void)
{
  DDRC=0xFF;//PORTC 출력 설정
  while(1){
          PORTC=0b00010001;//연료 분사 ON, 점화 드웰각 ON
          daegi(30);
          PORTC=0b00000000;//연료 분사 OFF, 점화
          daegi(30);
          }
}

void daegi(unsigned int count)
{
  unsigned int c, d;
  for(c=0; c<count; c++){
                      d=500000;
                      while(--d);
                      }
}
```

- 인젝터를 연결한 연료 분사 회로 및 파형 확인 : 그림 2-180은 인젝터를 자작 ECU에 연결한 상태를 나타내며, 그림 2-181은 이때 출력되는 인젝터 파형을 나타낸다.

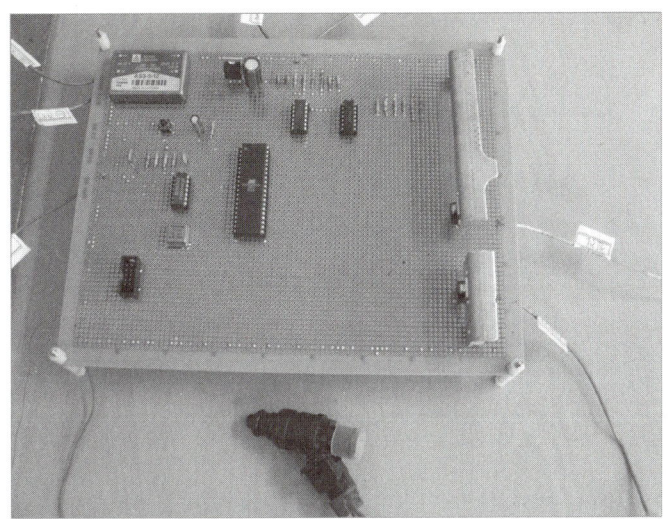

| 그림 2-180. 인젝터를 연결한 자작 ECU |

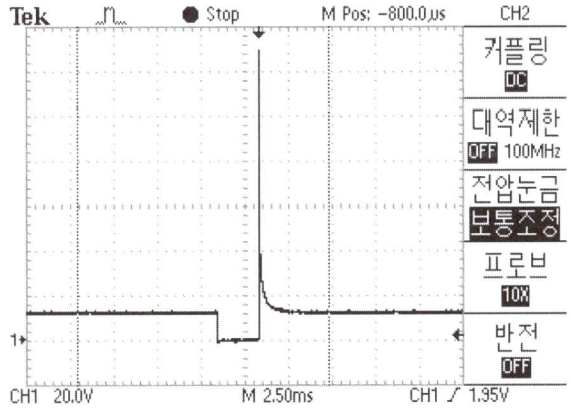

| 그림 2-181. 인젝터 파형 |

그림 2-182는 인젝터를 작동하기 위한 자작 ECU(PCO)에서 출력되는 인젝터 구동 파형과 인젝터 작동 파형을 나타낸다.

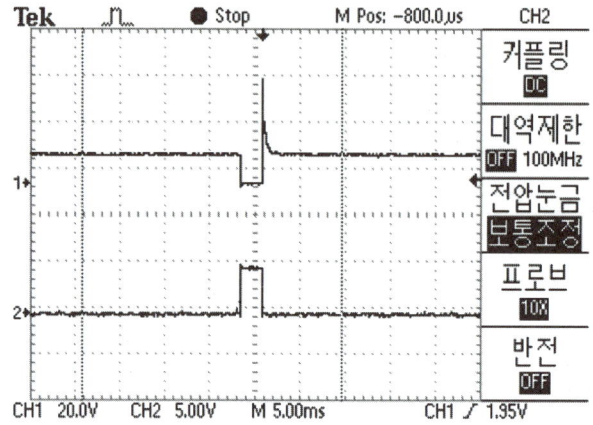

|그림 2-182. 인젝터 제어 출력 파형과 인젝터 작동 파형|

• 점화 코일을 연결한 점화 회로 및 파형 확인 : 그림 2-183은 실제 자동차용 점화 코일과 점화 플러그를 연결한 자작 ECU이다.

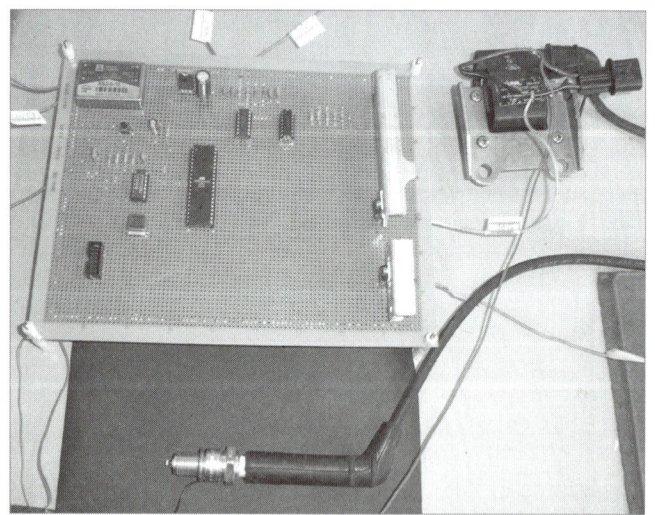

|그림 2-183. 자동차용 점화 코일과 점화 플러그를 연결한 자작 ECU|

그림 2-184는 자작 ECU에서 출력되는 점화 1차 파형을 나타낸다.

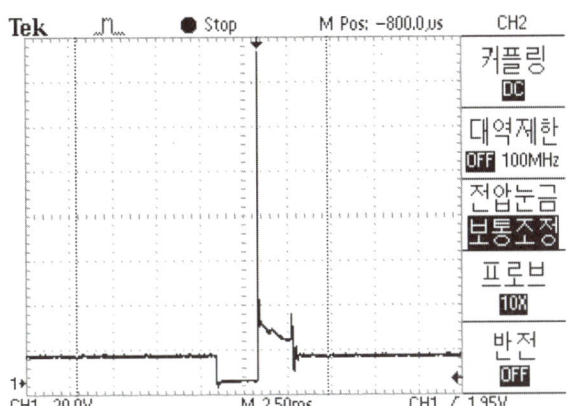

| 그림 2-184. 점화 1차 파형(자동차용 점화 코일과 점화 플러그 사용) |

그림 2-185는 자작 ECU의 PC4 단자에서 출력되는 점화 지시 신호와 점화 1차 파형을 나타낸다.

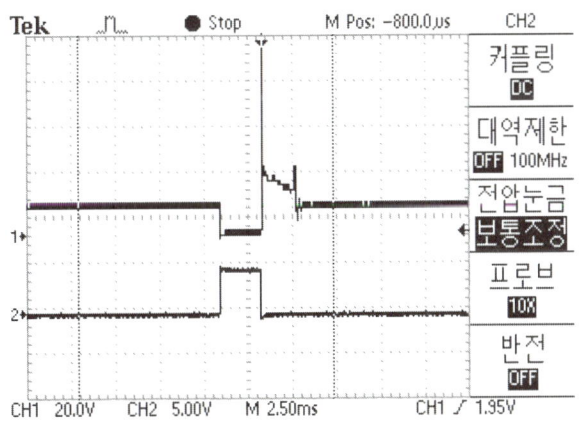

| 그림 2-185. 점화 지시 파형(드웰각)과 점화 1차 파형 |

- 연료 분사 및 점화 동시 제어 파형 확인 : 그림 2-186은 인젝터와 점화 코일을 동시에 자작 ECU에 연결한 것을 나타낸다.

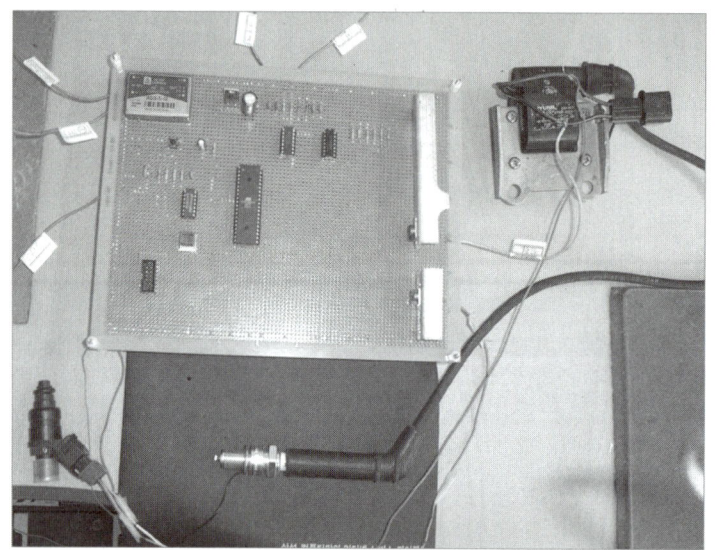

|그림 2-186. 인젝터와 점화 코일을 연결한 회로|

그림 2-187은 인젝터와 점화 1차 파형을 동시에 나타낸 것이다.

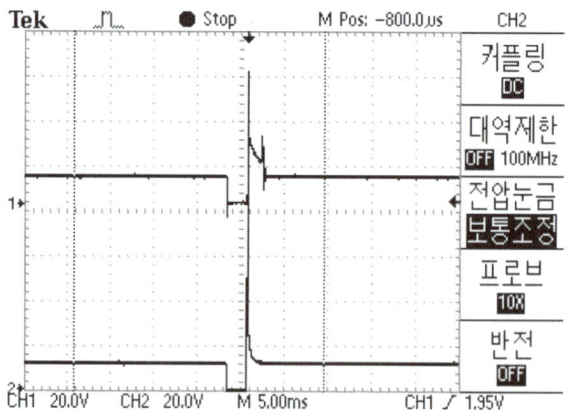

|그림 2-187. 인젝터와 점화 1차 동시 파형|

⑥ 제어 프로그램 설계

그림 2-188은 투스가 1개일 때 엔진을 제어할 경우 연료 분사 및 점화 제어 시기를 나타낸다.

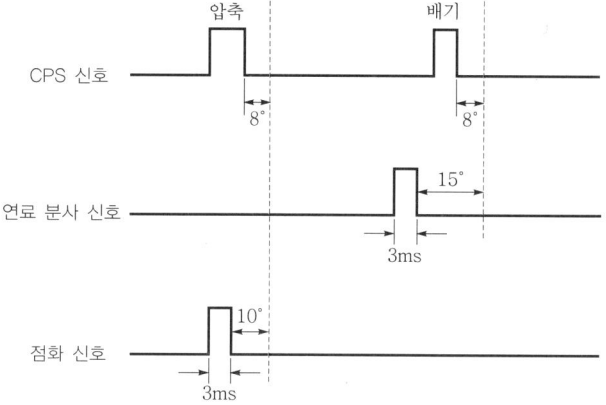

|그림 2-188. 투스 1개 신호에 의한 연료 분사 및 점화 제어|

여기서 제어 알고리즘을 이해해 보자.

㉠ 그림 2-189와 같이 연료 분사를 배기 상사점 전 15°에서 제어하기 위해 압축 상사점 이전 펄스의 하강 에지에서 타이머를 작동하여 카운트를 시작한다.

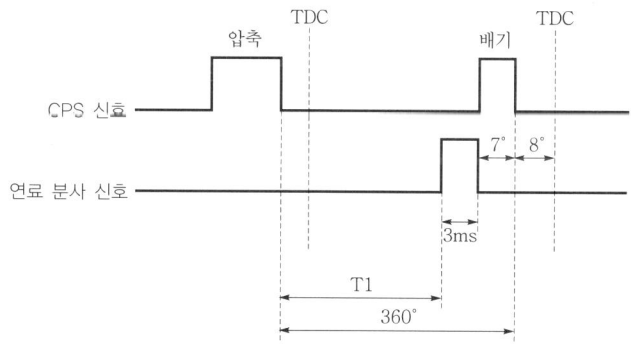

|그림 2-189. 연료 분사 제어|

㉡ 그림 2-190과 같이 점화를 압축 상사점 전 10°에서 제어하기 위해 배기 상사점 이전 펄스의 하강 에지에서 타이머를 작동하여 카운트를 시작한다.

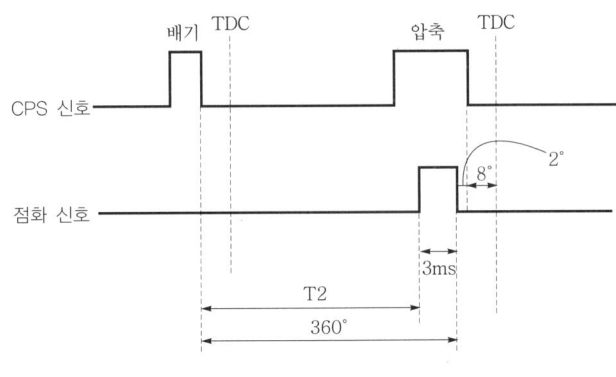

| 그림 2-190. 점화 제어 |

ⓒ rpm 계측은 타이머/카운터1, 연료 분사 및 점화 제어는 타이머/카운터0로 제어하도록 한다.

ⓔ 연료 분사 및 점화 제어 시 상승 및 하강 에지의 감지는 폴링 방식을 사용한다(그림 2-191 참고).

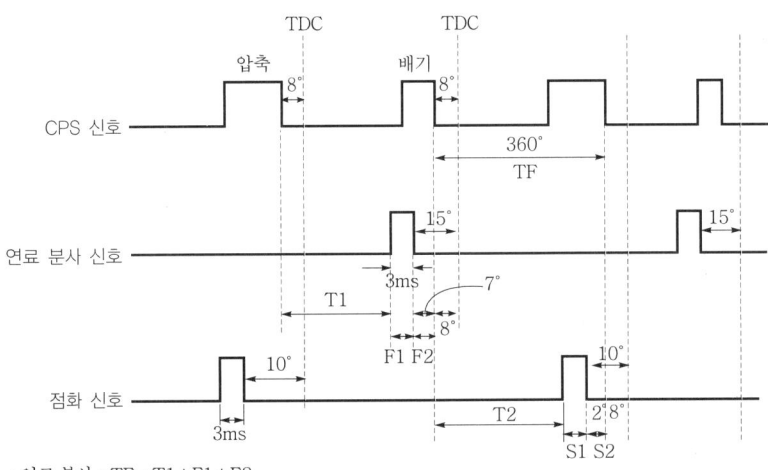

· 연료 분사 : TF = T1 + F1 + F2
· 점화 : TF = T2 + S1 + S2

| 그림 2-191. 연료 분사 및 점화 제어도 |

⑦ **연료 분사 및 점화 제어 프로그램의 설계**

ⓐ 연료 분사 제어 프로그램의 설계 : 이번 프로그램에서는 실제에 가깝게 연료 분사와 점화 제어를 할 수 있도록 설계하며, float에 의한 소수점 처리 방법도 함께 연습하도록 한다.

T1을 count로 환산하기 위해 다음과 같이 계산한다.

F_btdc : 연료 분사 시기(BTDC 15°)
T1 : 360°−(F_btdc−8°)−3ms, 시간
F_degree : 360°−(F_btdc−8°), 각도
F_ms : F_degree를 시간으로 환산한 값(ms)
T1_ms : T1 값을 시간으로 환산한 값(ms)
T1_count : T1 값을 count로 환산한 값(count)
F_time : 연료 분사 시간(3ms)

- T1=360°−(F_btdc−8°)−3ms

  여기서, F_btdc는 연료 분사 시기(BTDC 15°)가 되며 T1을 구하기 위해 각도를 시간으로, 그 다음에 시간을 count로 변환한다.

- 위 식에서 F_degree=360°−(F_btdc−8°)라 하고, 이를 시간(ms)으로 환산하여 F_ms라 할 때 이를 구하면 다음과 같다.

$$60 \times 10^3 \text{ (ms)} \text{ ────── } rpm \times 360°$$

$$F\_ms \text{ ────── } F\_degree$$

$$F\_ms=(60 \times 10^3 \times F\_degree)/(rpm \times 360°)$$

$$=(10^3/6) \times (float)F\_degree/(float)rpm$$

$$=166.7 \times (float)F\_degree/(float)rpm$$

- 이제 T1을 시간(ms)으로 나타낸 것을 T1_ms라 하면, T1_ms = F_ms − F_time 이 되며 이를 count로 환산하면 다음과 같다.

1count=64μs이므로

$$1 \text{ count} \text{ ────── } 64\mu s$$

$$T1\_count \text{ ────── } T1\_ms \times 1,000$$

$$\therefore \ T1\_count = (int)(T1\_ms \times 1,000/64)$$

- 이제 정해진 분사 시기 BTDC 15°에서 연료 분사를 제어하기 위해서는 다음과 같이 프로그램하여야 한다.

```
unsigned int F_btdc=15, F_degree, rpm, T1_count;
    float F_time=3., F_ms, T1_ms;
    ;
    F_degree=360-(F_btdc-8);
    F_ms=166.7*(float)(F_degree/rpm);
    T1_ms=F_ms - F_time;
    T1_count=(int)T1_ms*1000/64;
    ;
    TCNT0=256 - T1_count;//T1_count 후에 연료 분사 시작
```

위 프로그램에서는 연료 분사 시기와 연료 분사량이 변화되었을 경우 F_btdc와 F_time의 값을 변화시키면 된다.

ⓛ 점화 제어 프로그램의 설계 : 점화 제어를 위해 이전 CPS 신호(배기 상사점 부근)를 기준으로 하강 에지에서 T2만큼 경과 후 3ms 동안 드웰각을 제어하면 된다.

T2를 count로 환산하기 위해 다음과 같이 계산한다.

> S_btdc : 점화 시기(BTDC 10°)
>
> T2 : 360° - (S_btdc-8°) - 3ms, 시간
>
> S_degree : 360° - (S_btdc-8°), 각도
>
> S_ms : S_degree를 시간으로 환산한 값(ms)
>
> T2_ms : T2 값을 시간으로 환산한 값(ms)
>
> T2_count : T2 값을 count로 환산한 값(count)
>
> S_time : 연료 분사 시간(3ms)

연료 분사 제어 시와 같은 방식으로 프로그램을 만들어 본다.

```
unsigned int S_btdc=10, S_degree, rpm, T2_count;
    float S_time=3., S_ms, T2_ms;
    ;
    S_degree=360 - (S_btdc-8);
    S_ms=166.7*(float)(S_degree/rpm);
    T2_ms=S_ms - S_time;
    T2_count=(int)T2_ms*1000/64;
    ;
    TCNT0=256 - T2_count;//T2_count 후에 연료 분사 시작
```

ⓒ 연료 및 점화 제어 프로그램 : 1회전 시 1펄스가 발생하는 CPS 신호를 입력할 때의 연료 분사 및 점화 제어 프로그램을 설계한다.

단기통 엔진의 경우 압축일 때와 흡기 초, 배기 말일 때의 회전 속도가 확연히 차이가 난다. 이를 이용하여 압축 상사점과 배기 상사점을 구별하여 제어한다.

연료 분사와 점화 제어를 위한 rpm 계측은 이전 펄스에서 rpm을 계측하여 다음 제어에 적용하므로 엄밀히 따져보면 현시점의 회전수와는 차이가 날 수 있다.

＊ 타이머/카운터0의 경우 최대 16,384μs(약 16ms, 256카운트×64μs)까지만 제어가 가능하므로 이보다 큰 값의 제어의 경우 아래 프로그램과 같은 방법으로 제어할 수 있다.

아래 motorcycle 프로그램에서 연료 분사 시기 F_btdc, 점화 시기 S_btdc, 연료 분사량 F_time=3., 점화 드웰각 S_time=3.을 임의로 바꾸어 쉽게 제어값을 적용할 수 있다.

```
//＊motorcycle＊//
#include〈mega8535.h〉
unsigned int n=0, pulse_1, pulse_2, p, i=0, k;
unsigned int count, rpm;
unsigned int F_btdc=15, S_btdc=10, F_degree, S_degree, T1_count, T2_count;
float  F_time=3., S_time=3., F_ms, S_ms, T1_ms, T2_ms;

jung( )
{
  switch(p){//연료 분사량 및 점화 드웰각
            case 1 : PORTC=0b00000001;
                    TCNT0=256 - 47;
                    p=2;
                    break;
            case 2 : PORTC=0b00000000;
                    break;
            case 3 : PORTC=0b00010000;
                    TCNT0=256 - 47;
                    p=4;
                    break;
            case 4 : PORTC=0b00000000;
                    break;
        }
 }
interrupt[TIM0_OVF]void timer_int0(void)
{
 if(k==0)jung( );//연료 분사량 및 점화 드웰각 제어
 if(k==1){
        i=i+1;
        if(i==1)TCNT0=0;//256카운트
        else{
            jung( );
          }
        }
```

```
    if(k==2){
            i=i+1;
            if(i==1)TCNT0=0;//256카운트
            else if(i==2)TCNT0=0;//256카운트
            else{
                jung( );
                }
        }
  if(k==3){
            i=i+1;
            if(i==1)TCNT0=0;//256카운트
            else if(i==2)TCNT0=0;//256카운트
            else{//연료 분사량 및 점화 드웰각 제어
                jung( );
                }
        }
}


injection( )
{
 //*연료 분사 제어
 F_degree=360 - (F_btdc - 8);
 F_ms=166.7*(float)F_degree/(float)rpm;
 T1_ms=F_ms - F_time;
 T1_count=(int)(T1_ms*1000/64);
 //254카운트 이상일 경우 타이머0 제어를 위해
 if(T1_count<=256)k=0;
 else if(T1_count<=512)k=1;
 else if(T1_count<=768)k=2;
 else k=3;
 TCNT0=256 - (T1_count - 256*k);//T1_count 후에 연료 분사 시작
 p=1;
 i=0;
}

spark( )
{
 //점화 제어
 S_degree=360 - (S_btdc - 8);
```

```
  S_ms=166.7*(float)S_degree/(float)rpm;
  T2_ms=S_ms - S_time;
  T2_count=(int)(T2_ms*1000/64);

  //254카운트 이상일 경우 타이머0 제어를 위해
  if(T2_count<=256)k=0;
  else if(T2_count<=512)k=1;
  else if(T2_count<=768)k=2;
  else k=3;
  TCNT0=256 - (T2_count - 256*k);//T1_count 후에 연료 분사 시작
  p=3;
  i=0;
}

void main(void)
{
  DDRD=0x00;
  DDRC=0xFF;
  PORTC=0x00;
  ;
  //타이머0 초기화(연료 분사 제어)
  TIMSK=0x01;//타이머0 오버플로 인터럽트 인에이블
  TCCR0-0x05;//일반 모드 프리스케일러=CLK/1024
  TCNT0=0x00;//타이머/카운터 레지스터 초깃값
  SREG=0x80;//전역 인터럽터 인에이블 I 비트 셋
  ;
  //타이머1 초기화(rpm 계측)
  TCCR1A=0x00;//일반 모드
  TCCR1B=0x05;//CLK/1024
  ;
  do{//최초 크랭킹 시 5회의 펄스는 무시한다.
      while((PIND & 0x04)==0);//CPS 신호 입력
      while(PIND & 0x04);
      n++;
    }while(n<=5);
  ;
  //펄스 폭 계측
  while((PIND & 0x04)==0);//상승 에지 감지
```

```
TCNT0=0x00;
while(PIND & 0x04);//하강 에지 감지
pulse_1=TCNT0;
;
while((PIND & 0x04)==0);
TCNT0=0x00;
while(PIND & 0x04);
pulse_2=TCNT0;
;
if(pulse_1<pulse_2){//압축 상사점 판별, 다음 펄스는 배기 상사점 부근
                while((PIND & 0x04)==0);//배기 상사점 부근
                while(PIND & 0x04);
            }

do{//폴링에 의한 타이머0 점화 및 연료 분사 반복 제어
    while((PIND & 0x04)==0);//압축 상사점 부근
    while(PIND & 0x04);
    TCNT1=0;//타이머1 계측 시작
    injection( );//연료 분사 제어
    ;
    while((PIND & 0x04)==0);//배기 상사점 부근
    while(PIND & 0x04);
    count=TCNT1;//타이머1 계측 종료
    rpm=937500/count;//360도 경과 시간을 기준으로 rpm 계측
    spark( );//점화 제어
}while(1);
}
```

위 프로그램이 정확하게 제어되는 것을 그림 2-192, 그림 2-193, 그림 2-194와 같이 오실로스코프로부터 확인할 수 있다.

위 프로그램은 단기통 모터사이클 엔진을 실험적으로 제어하기 위한 것이므로 실제 엔진에 적용하여 제어하기 위해서는 프로그램의 보완이 필요하다.

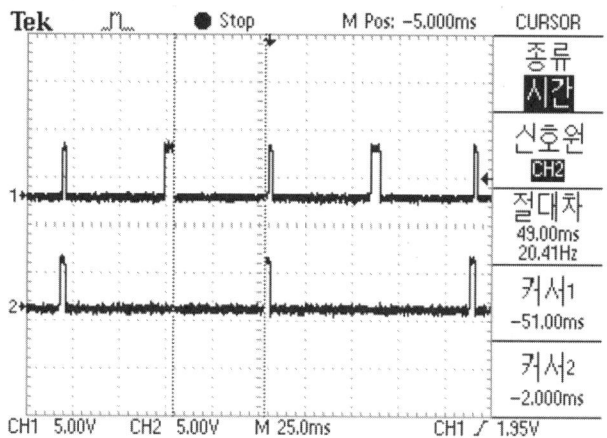

|그림 2-192. CPS 신호(상)와 연료 분사 파형(하)|

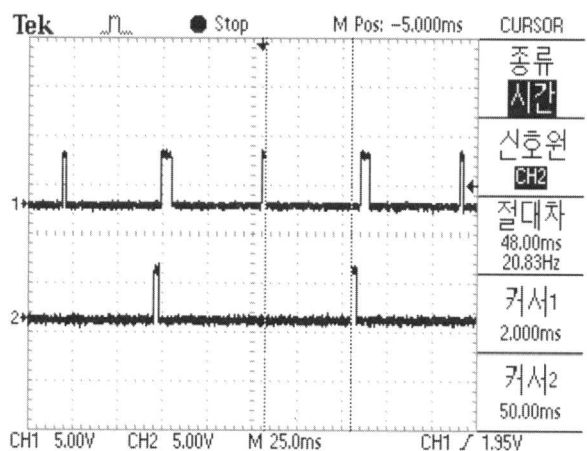

|그림 2-193. CPS 신호(상)와 점화 제어 파형(하)|

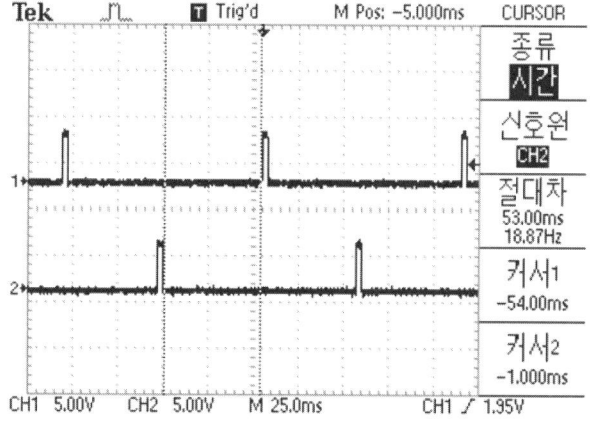

|그림 2-194. 연료 분사(상)와 점화 제어 파형(하)|

⑧ 단기통 엔진 시동(대체 CPS 신호 입력)

자작 ECU로 실제 단기통 엔진에서 발생되는 투스 1개의 CPS 입력 신호에 의한 제어에 앞서 대체 CPS 신호에 의한 연료 분사, 점화 제어 알고리즘을 개발하고 파형을 분석한다.

연료 분사 제어를 위해 이전 CPS 신호(압축 상사점 부근)를 기준으로 하강 에지에서 T1만큼 경과 후 3ms 동안 분사를 실시하면 된다.

이때 타이머/카운터0로 시간을 제어하기 위해서는 count 값으로 환산하여야 한다. 즉, 현재의 rpm을 기준으로 count 값을 계산하여 제어하여야 한다.

직접 단기통(VL125) 엔진에 연결하기 전, 제어 프로그램의 작동을 확인하기 위해 단기통용 인젝터와 점화 코일을 연결하고 작동 확인용 제어 프로그램을 사용하여 인젝터와 점화 코일의 출력 파형을 점검해 본다.

그러나 실제 엔진에 적용했을 때 다음과 같은 문제점이 발생할 수 있다.

㉠ 부적당한 7404 사용 시 약간의 인젝터 오작동이 발생할 수 있다.

신호를 주지 않았는데 제멋대로 신호가 발생하여 인젝터의 작동이 불안정할 수 있고, 자작 ECU 근처에 손을 가까이하거나 물체를 가까이하면 노이즈가 발생하여 인젝터가 제멋대로 작동할 수도 있다.

㉡ 자작 ECU를 연결하여 작동할 때 인젝터만을 연결해서 작동할 때는 잘 작동하나 점화 코일을 단품으로 연결하거나 엔진에 연결 시 인젝터와 점화 코일 제어 신호가 ATmega8535 출력 단자에서부터 변형되어 발생할 수도 있다.

이것은 CPS 입력선으로 점화 코일에서 발생되는 고전압에 의한 노이즈가 입력되어 발생되는 것으로, 노이즈 필터를 거쳐 입력되도록 설계하여야 한다.

㉢ 점화 1차 코일에 전류가 계속 흘러 점화 코일이 과열되어 파손되는 경우가 발생할 수 있다.

이것은 실습 과정에서 점화 1차 전류를 차단하지 못해서 발생하는 현상으로서, ECU 출력 단자로 계속 신호가 출력되어 발생하므로 ECU 출력 단자(PC4)의 신호를 확인하도록 한다.

다음 파형들은 단품으로 인젝터와 점화 코일(자동차용)을 실제 차량과 같은 조건으로 부품을 연결하여 작동할 때 출력되는 파형을 나타낸다.

이때 CPS 신호는 엔진 회전 시 발생되는 파형이 아닌 그림 2-195와 같은 별도의 파형(2.3절 CPS 신호 대체 파형 발생 프로그램)을 입력하였다.

이 프로그램에 의해 파형이 정상적으로 출력되면 하드웨어에는 이상이 없는 것으로 판단해도 된다.

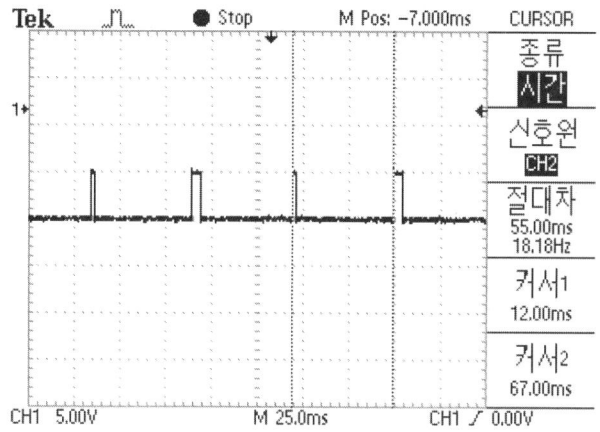

|그림 2-195. CPS 대체 입력 신호|

그림 2-196은 인젝터를 제어하기 위한 출력 파형을 나타낸다.

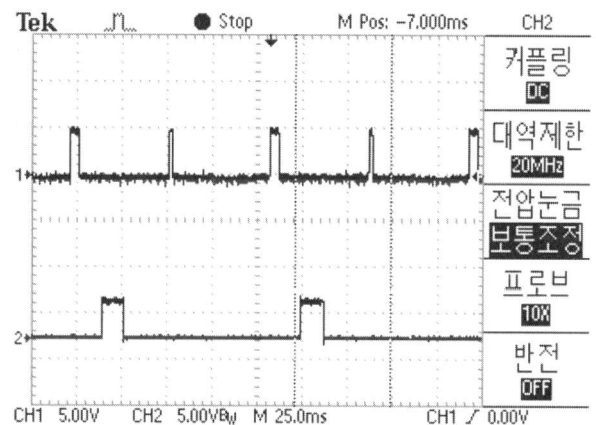

|그림 2-196. CPS 신호와 인젝터 제어 출력 파형|

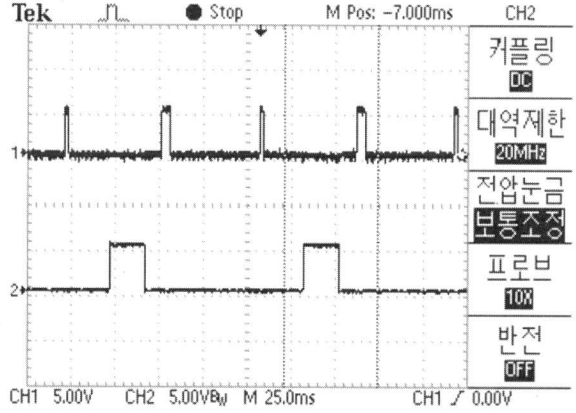

|그림 2-197. CPS 신호와 드웰 제어 출력 파형|

그림 2-197은 점화를 제어하기 위한 드웰각 제어 출력 파형을 나타낸다.

오실로스코프를 통해 파형을 확인하기 위해서는 그림 2-163의 회로에서 인젝터 제어 파형은 PC0 단자, 점화 드웰 제어 파형은 PC4 단자에 연결하면 된다.

그림 2-198은 인젝터 파형을 나타내며, 그림 2-199 위치에서 파형을 확인할 수 있다.

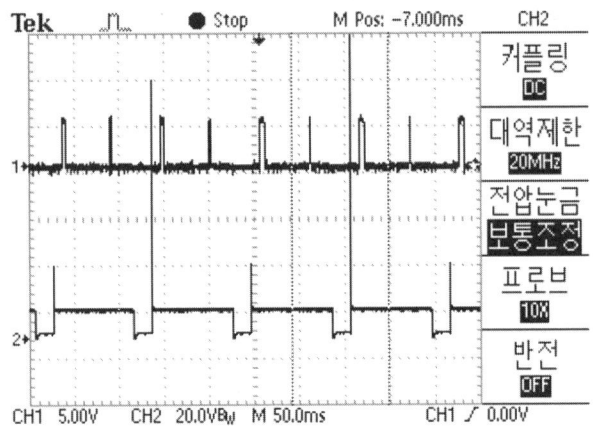

|그림 2-198. CPS 신호와 인젝터 파형|

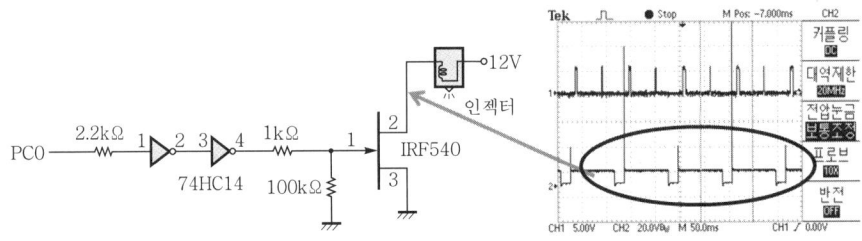

|그림 2-199. 인젝터 파형의 검출 위치|

그림 2-200은 점화 1차 파형이고, 그림 2-201 위치에서 파형을 확인할 수 있다.

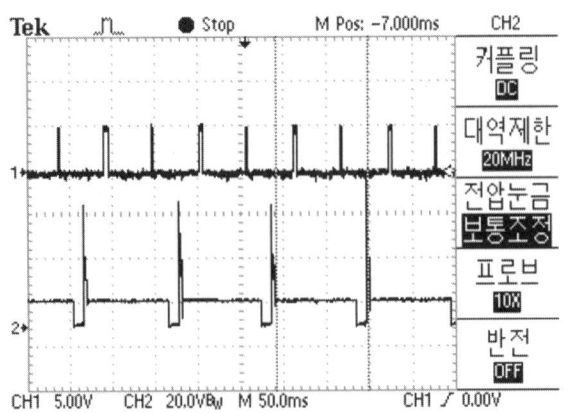

|그림 2-200. CPS 신호와 점화 코일 1차 파형|

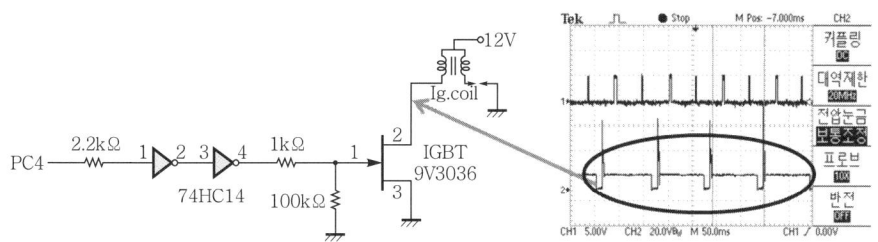

|그림 2-201. 점화 1차 파형의 검출 위치|

그림 2-202는 드웰각 제어와 점화 1차 파형을 나타낸다. 이 파형들은 그림 2-203과 같은 위치에서 검출할 수 있다.

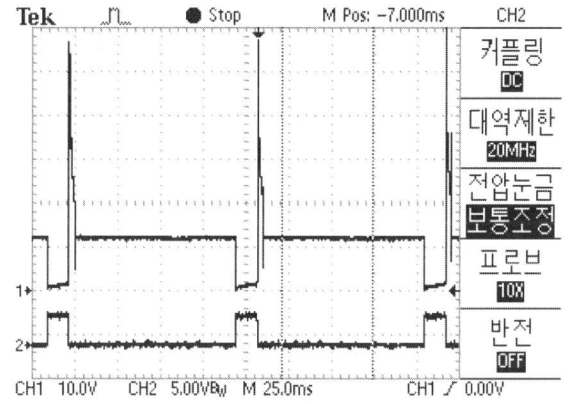

|그림 2-202. 드웰 신호(아래)와 점화 1차 파형(위)|

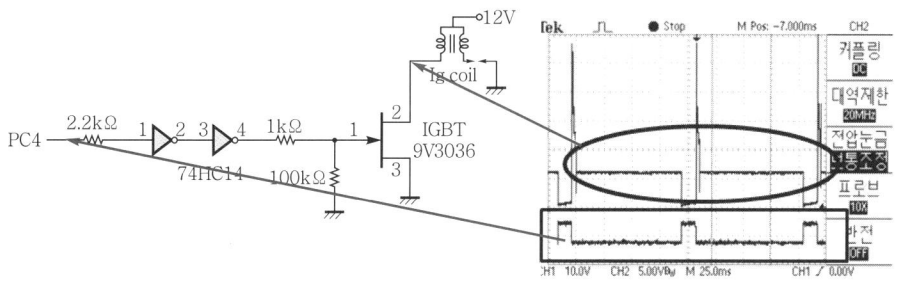

|그림 2-203. 드웰 신호와 점화 1차 파형의 검출 위치|

그림 2-204는 인젝터와 점화 코일 1차 파형을 나타낸다.

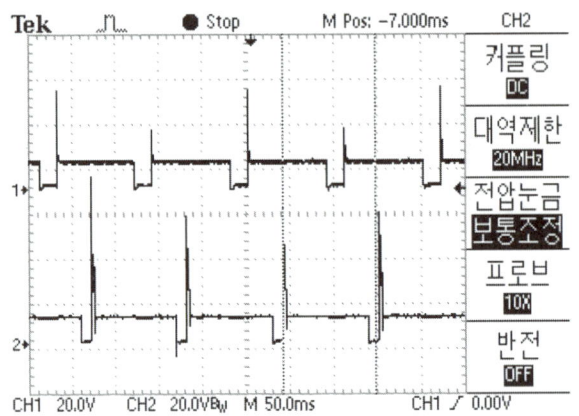

|그림 2-204. 인젝터(위)와 점화 코일 1차(아래) 파형|

그림 2-205는 연료 분사와 점화 드웰각 제어 파형을 나타내며, 그림 2-206은 그 파형의 검출 위치를 나타낸다.

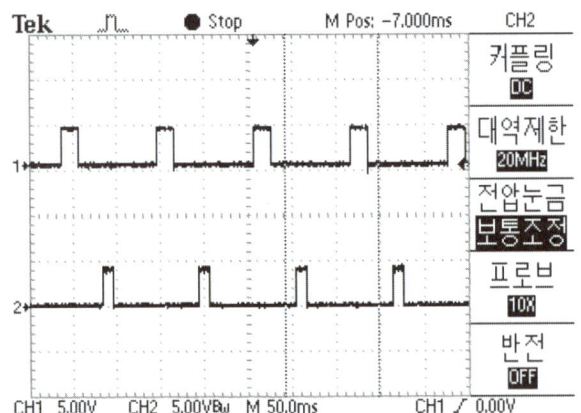

|그림 2-205. 연료 분사(위)와 점화 드웰각 제어(아래) 파형|

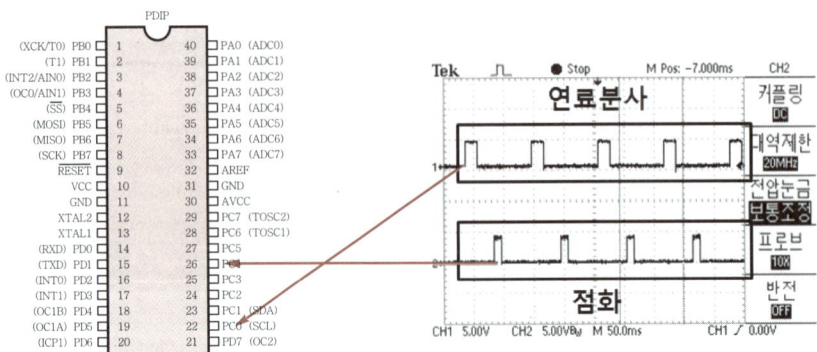

|그림 2-206. 연료 분사 제어 및 점화 드웰각 신호 검출 위치|

⑨ 엔진 시동

　㉠ 자작 ECU를 연결하여 엔진에 부착되어 있는 CPS로부터 ECU로 출력되는 신호가 감지되는지 확인한다.

　㉡ CPS 신호가 확인되면 CPS 입력 인터페이스를 거쳐 아날로그 파형이 디지털 파형으로 정확하게 정형되는지를 확인한다.

　㉢ 크랭킹 시 부정확한 낮은 초기 신호 및 노이즈를 제거한다.

　㉣ CPS 정형 신호를 이용하여 연료 분사 신호와 점화 제어 신호를 제어한다. 연료 분사 신호와 점화 신호는 엔진 2회전에 1회 출력하도록 프로그램을 설계한다.

　㉤ 먼저, rpm 계산 없이 정해진 시기(펄스의 하강 에지)에 연료 분사(배기 상사점 전 8°)와 점화(압축 상사점 전 8°)를 하도록 제어한다. 이때 크랭킹 되기 전에 전원이 입력되었을 때나 엔진 정지 후에 인젝터 ON 신호가 출력되어 연료 분사가 계속되는 일이 없도록 프로그램을 주의 깊게 설계한다.

　㉥ rpm을 계측하여 연료 분사 시기와 점화 시기를 변화시켜 본다.

|그림 2-207. 자작 ECU를 단기통 엔진에 연결한 모습|

그림 2-207은 자작 ECU를 단기통 엔진에 연결한 상태를 나타낸다.

단기통 시동용 엔진의 점화 장치는 CDI(콘덴서 방전 점화) 방식이 아닌 풀트랜지스터식 점화 장치와 점화 코일을 사용하도록 한다.

＊ ECU의 접지선들은 가능하면 점화 2차 고전압의 영향을 받지 않도록 연결한다. 특히 IGBT의 접지선은 고압이 연결되어 있으므로 ECU의 다른 접지선과 간섭이 발생하지 않도록 스파크플러그의 접지와 최대한 가깝게 연결한다. 단기통 엔진에서 엔진 제어 프로그램을 이용하여 인젝터와 점화 코일을 제어하면 아래와 같은 파형이 출력된다.

그림 2-207에서와 같이 자작 ECU를 연결한 상태에서 실제 엔진에서 크랭킹을 하여 발생되는 CPS와 분사 지시 파형을 나타내면 그림 2-208과 같다.

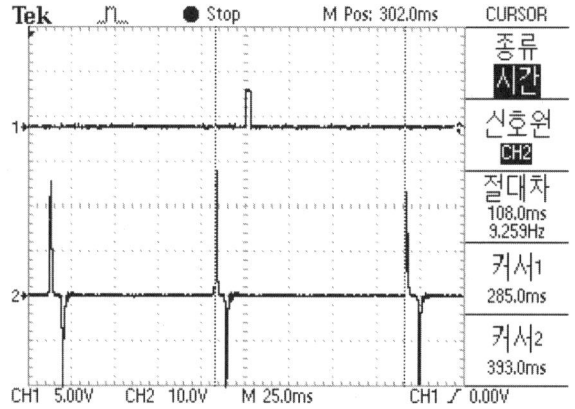

| 그림 2-208. CPS 신호(아래)와 연료 분사 지시 신호(위) |

그림 2-209는 CPS와 인젝터 파형을 나타낸다.

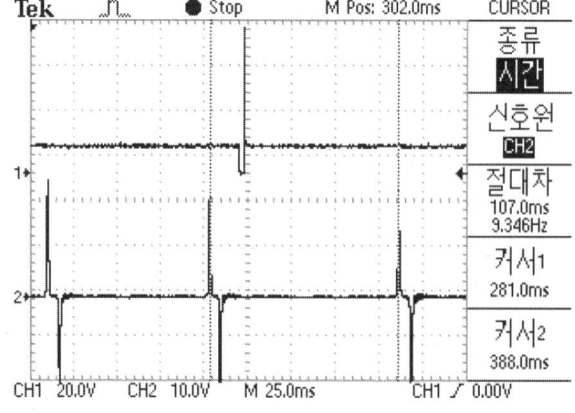

| 그림 2-209. CPS 신호와 인젝터 출력 파형 |

그림 2-210은 CPS 신호와 점화 지시 파형을 나타내고, 그림 2-211은 CPS 신호와 점화 1차 파형을 나타낸다.

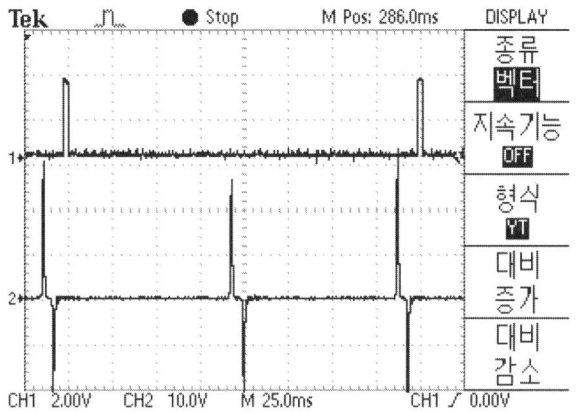

|그림 2-210. CPS 신호(아래)와 점화 지시 파형(위)|

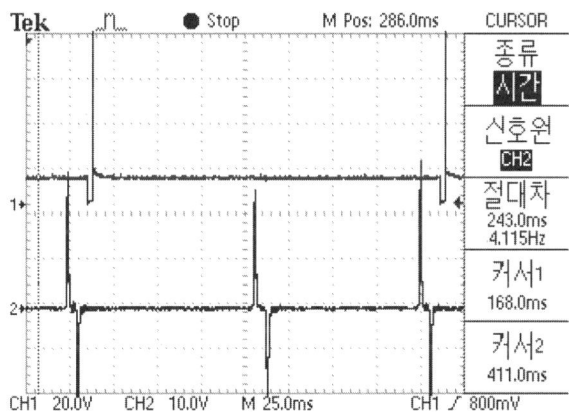

|그림 2-211. CPS 신호(아래)와 점화 1차 파형(위)|

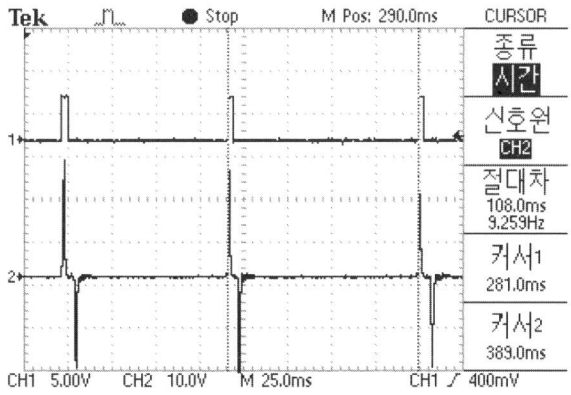

|그림 2-212. CPS 신호(아래)와 정형 파형(위)|

그림 2-212는 CPS 원시 파형과 정형 파형을 나타내고, 그림 2-213은 CPS 신호와 인젝터 파형을 확대한 것이다.

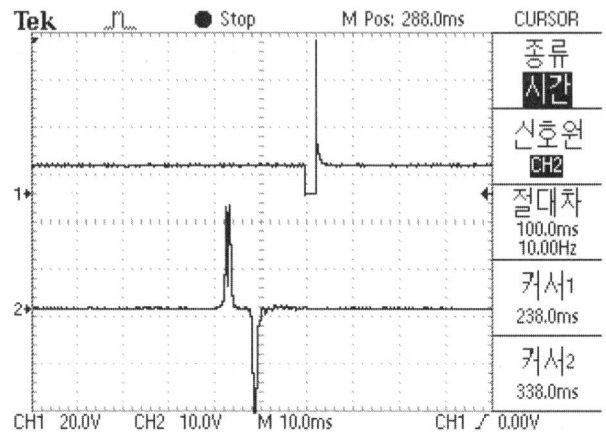

|그림 2-213. CPS 신호와 인젝터 파형 확대|

그림 2-214는 CPS 신호와 점화 1차 파형을 확대한 것이다.

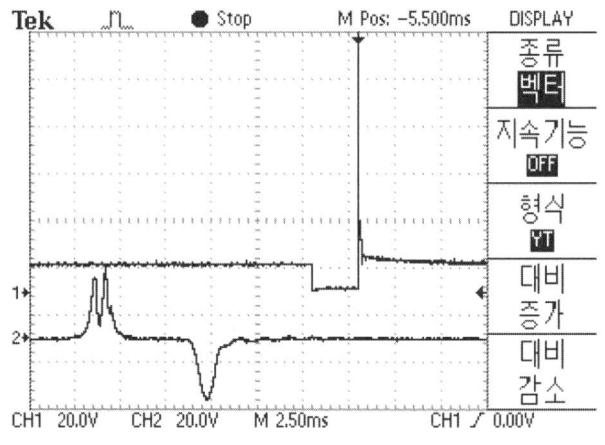

|그림 2-214. CPS 신호와 점화 1차 파형 확대|

다음 프로그램은 단기통 엔진 시동을 위한 간단한 프로그램이다.

시동 제어 프로그램은 시동을 원활하게 하기 위해 엔진 2회전마다 1번 연료 분사와 점화를 하도록 제어하며, 프로그램을 간단하게 하여 시동 가능성만 확인하기 위해 rpm 계측이나 압축 상사점 판별은 하지 않는다.

그러나 압축 상사점을 구별할 수 없으므로 점화 시기가 맞을 확률은 50%이다.

연료 분사 시기나 점화 시기 제어는 delay( ) 함수에 의해 제어되도록 설계하였다.

```
//엔진 시동 제어//
#include 〈mega8535.h〉
void delay(unsigned int cnt)
{
 unsigned int i, j;
 for(i=0;i<cnt;i++){
                     j=4500;
                     while(--j);
                 }
}

void main(void)
{
  DDRD=0x00;//PORTD 입력 설정
  DDRC=0xFF;//PORTC 출력 설정

 do{
     while((PIND & 0x04)==0);//상승 에지 감지
     while(PIND & 0x04);//하강 에지 감지
     //delay(1);
     PORTC=0b00010000;//점화 제어
     delay(3);
     PORTC=0b00000000;
     ;
     while((PIND & 0x04)==0);//상승 에지 감지
     while(PIND & 0x04);//하강 에지 감지
     //delay(1);
     PORTC=0b00000001;//연료 분사
     delay(6);
     PORTC=0b00000000;
   }while(1);
}
```

delay( ) 함수를 적절히 조절하면 부드러운 시동을 얻을 수 있다.

ECU가 최초로 감지하는 CPS 파형이 압축 상사점이 될 수도 있고 배기 상사점이 될 수도 있으므로 시동이 될 확률은 50%이다.

시동이 불발되면 리셋 스위치를 눌러 다시 작동하도록 한다.

그림 2-215, 216, 217은 단기통 엔진 투스가 위치한 로터를 나타낸다.

|그림 2-215. 로터 조립|

|그림 2-216. 로터에 위치한 투스|

| 그림 2-217. 로터와 투스의 조립 형상 |

(2) 크랭크앵글 신호 변경 제어(투스 10개 제어)

① 투스의 설계

그림 2-218, 그림 2-219를 기초로 하여 실제 단기통 엔진의 플라이휠 로터에 투스 10개를 그림 2-220과 같이 설치하여 엔진을 정밀하게 제어한다.

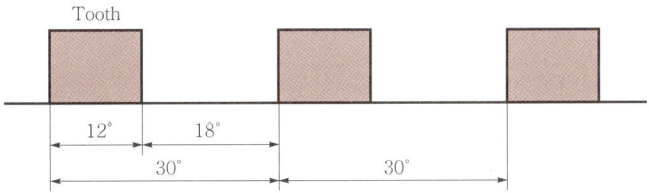

| 그림 2-218. 엔진 정밀 제어를 위한 투스 디자인 |

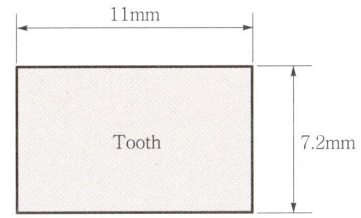

| 그림 2-219. 투스의 길이와 폭 |

|그림 2-220. 10개의 투스를 설치한 모습|

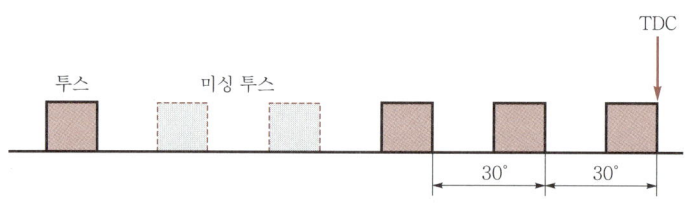

|그림 2-221. 미싱 투스의 설계|

그림 2-222는 크랭킹 시 그림 2-221과 같은 투스를 가진 톤 휠과 CPS에 의해 출력되는 원시 파형을 나타낸다.

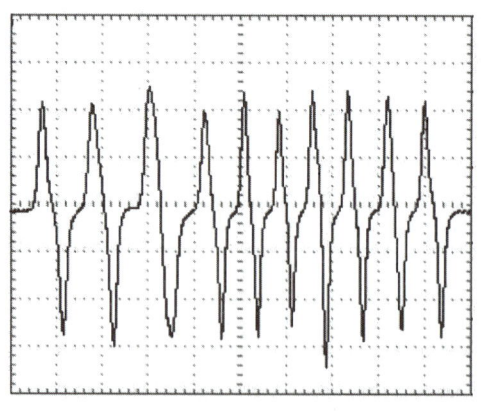

|그림 2-222. 엔진 크랭킹 시 CPS 출력|

그림 2-223은 50ms(1div.)의 CPS 출력 파형을 나타내고 물결 모양은 크랭크각의 위상에 따라 CPS에서 출력되는 전압의 크기를 말하는데, 이것은 각각의 크랭크각 위치

에 따라 각속도가 달라져 출력되는 전압의 크기가 달라지기 때문에 물결 모양으로 나타난다. 즉, 단기통의 경우 흡입·압축·폭발 및 배기의 4행정 과정에서 피스톤의 위상에 따라 피스톤 이동 속도가 크게 달라지므로, 이에 따라 각 위상에서 단위 시간에 따른 자력선의 변화가 달라져 발생되는 현상으로 이 특성을 이용하여 압축 상사점을 구별하게 되고 나아가 엔진 2회전마다 1회 점화와 연료 분사를 수행할 수가 있다.

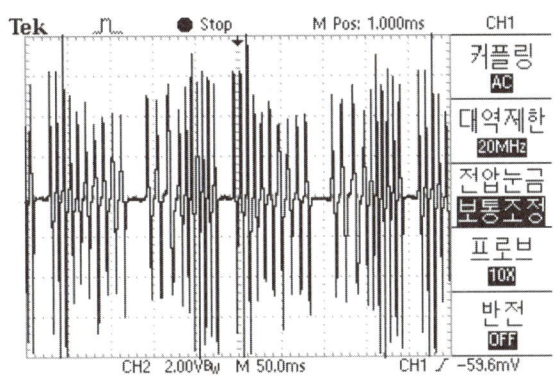

|그림 2-223. CPS 출력 파형|

그림 2-224는 최종적으로 CPS의 정형된 파형을 나타낸다.

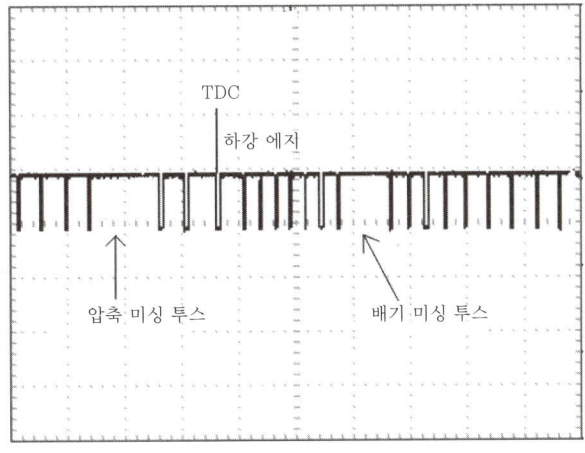

|그림 2-224. 10개의 투스에서 발생되는 정형 파형|

② CPS 출력 파형의 분석

그림 2-225는 실제 전자제어 엔진을 위해 제작한 10개의 투스에 의해 발생되는 출력 파형을 나타낸다. 실제 단기통 엔진 제어에서는 이 파형을 카운트하고 최적의 연료 분사 시기와 점화 시기를 결정하여 제어하도록 설계한다.

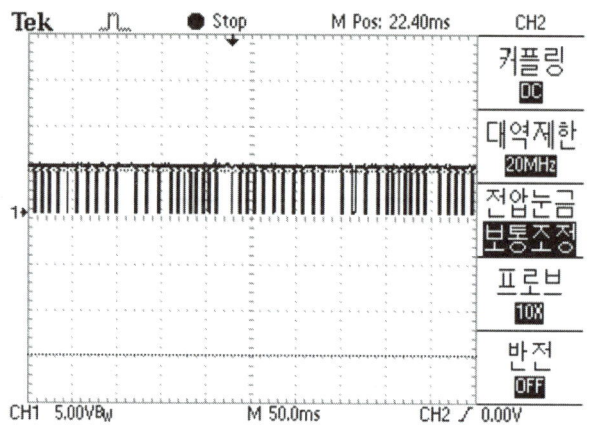

|그림 2-225. 10개의 투스를 가진 CPS 출력 파형|

③ rpm 계산

다른 명령어는 편의상 생략하고, rpm 계산과 관련된 프로그램만 나타내면 다음과 같다.

```
interrupt[EXT_INT0]void external_int0(void)
{
   n++;
   if(irpm>1200) {//엔진 시동 후 제어              360° 마다 rpm 계측
              if(n==1) {/*360° 마다 회전수 계측*/
                      irpm_count=TCNT1;
                      TCNT1=0;
                  }
              ;
              if(n==11) {/*360° 마다 회전수 계측*/
                      irpm_count=TCNT1;
                      TCNT1=0;
                  }
              else if(n==20)n=0;
          }
}
void main(void)
{
 do{
      irpm=(937500/irpm_count);   ⬅ rpm 계산
    }while(1);
}
```

㉠ ATmega8535의 PD2(INT0) 단자로 입력되는 CPS 신호에 의해 외부 인터럽트가 발생한다.

㉡ 엔진 시동이 걸리면(rpm〉1,200) 엔진 1회전에 한 번씩 rpm을 계측한다.

㉢ 외부 인터럽트 서브루틴에서 rpm을 계산하기 위한 count 값을 기억한다.

㉣ 메인 함수에서 rpm을 계산한다.

㉤ 937500/irpm_count는 이전 절의 rpm 계산을 참고로 한다.

그림 2-226은 아날로그 CPS 파형을 디지털 파형으로 정형한 것을 나타낸다.

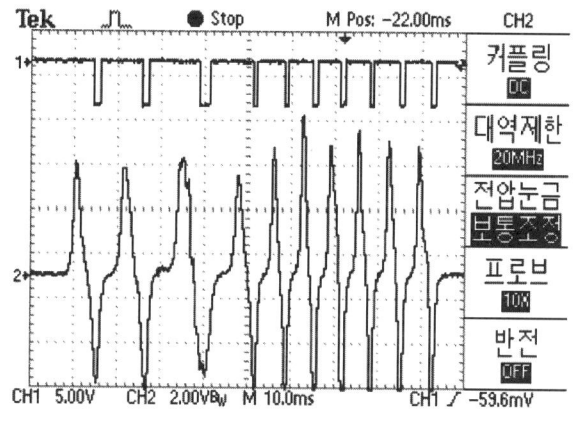

|그림 2-226. CPS 파형의 정형|

그림 2-227에서 여러 가시 엔신의 여건을 고려하여 n의 위치를 설정한다.

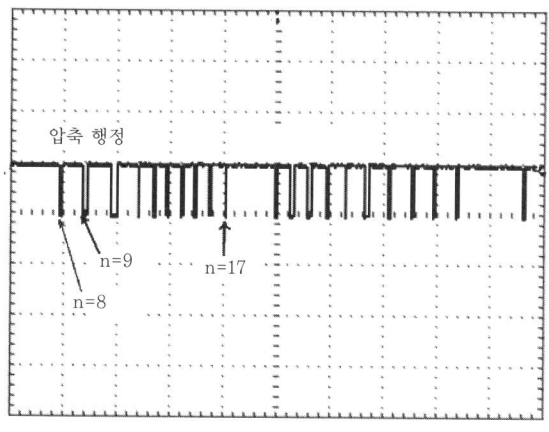

|그림 2-227. CPS 정형 파형에서의 n값 설정|

현재에는 배기 미싱 투스 후에 n=20이 TDC가 된다.

또한, 기본 분사량의 계산이나 기본 점화 제어에 이용하기 위한 엔진 회전수의 배열값은 최고 10,000rpm으로 보고, 10등분하여 결정하도록 한다.

irpm=937500/irpm_count;

irpm_n=irpm/1000;에서 irpm_n=0~9까지의 값으로 정해진다.

④ 압축 상사점 판별

엔진 1회전마다 1번씩 발생하는 미싱 투스를 이용하여 2회전 시 발생되는 2개의 미싱 투스 중에서 압축 상사점 부근의 미싱 투스(롱 미싱 투스)를 판별하도록 한다. 편의상 미싱 투스와 압축 상사점 판별에 관련이 없는 문장은 생략하였다.

CPS 신호는 ATmega8535의 PD2 단자로 정형 회로를 거쳐 입력된다.

그림 2-228은 10개의 투스에 의해 발생되는 각 파형의 폭을 타이머/카운터1을 사용하여 계측하는 것을 나타낸다.

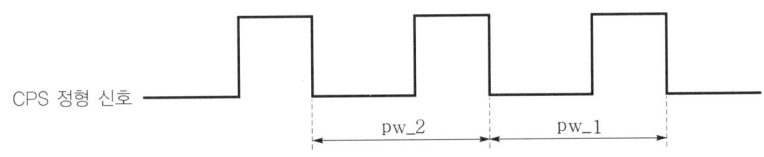

|그림 2-228. 압축 상사점의 판별|

```
//*미싱 투스와 압축 상사점 판별*//
unsigned char COM_TDC=0;//전역 변수 선언//
void missing tooth_tdc( )
{
  do{/*미싱 투스 판별*/
      while(PIND & 0x04);/*하강 에지*/
      pw_2=pw_1;
      pw_1=TCNT1;
      TCNT1=0;
      ;
      if(pw_1>2*pw_2){/*압축 상사점 구별*/
                x++;/*미싱 투스 다음 펄스의 폭을 계측하여 압축 상사점
                     판별*/
                while((PIND & 0x04)==0);/*상승 에지 감지*/
                while(PIND & 0x04);/*하강 에지 감지*/
                pw_3=TCNT1;
                if(x==1)pw_a=pw_3;
                else{
                     pw_b=pw_3;
```

```
                    if(pw_a < pw_b){
                              COM_TDC=1;/*현재 압축 상태*/
                              x=0;
                              }
                         else pw_a=pw_b;/*현재 배기 상태*/
                    }
               }
    while((PIND & 0x04)==0);/*상승 에지 감지*/
    }while(COM_TDC!=1);/*압축 상사점이면 탈출*/
}


void main(void)
{
  ;
  do{
     ;
     missing tooth_tdc( );//미싱 투스와 압축 상사점을 감지하기 위해 호출
     ;
   }while(1);
}
```

위 프로그램을 살펴보자.

㉠ 미싱 투스의 판별 : 그림 2-229와 같이 펄스 폭을 계측하여 비교해 봄으로써 미싱 투스를 판별하게 된다.

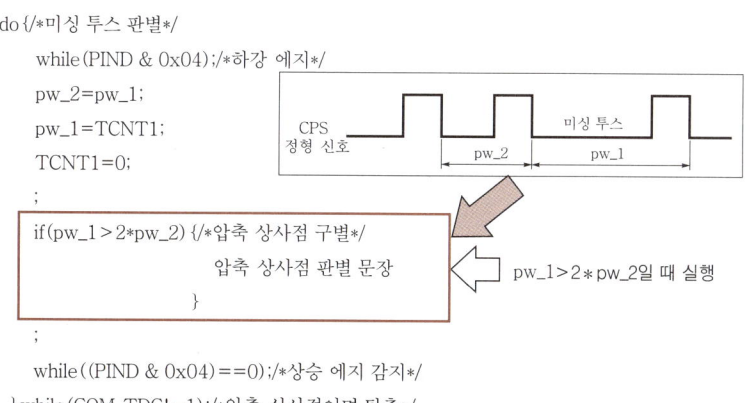

| 그림 2-229. 미싱 투스의 판별 |

ⓛ 압축 상사점의 판별 : 그림 2-230에서 압축 상사점은 2개의 미싱 투스(pw_a와 pw_b)를 기억하고 있다가 이들 펄스 폭을 비교하여 판별하게 된다.

펄스 폭이 큰 쪽이 압축 상사점 부근의 미싱 투스가 된다.

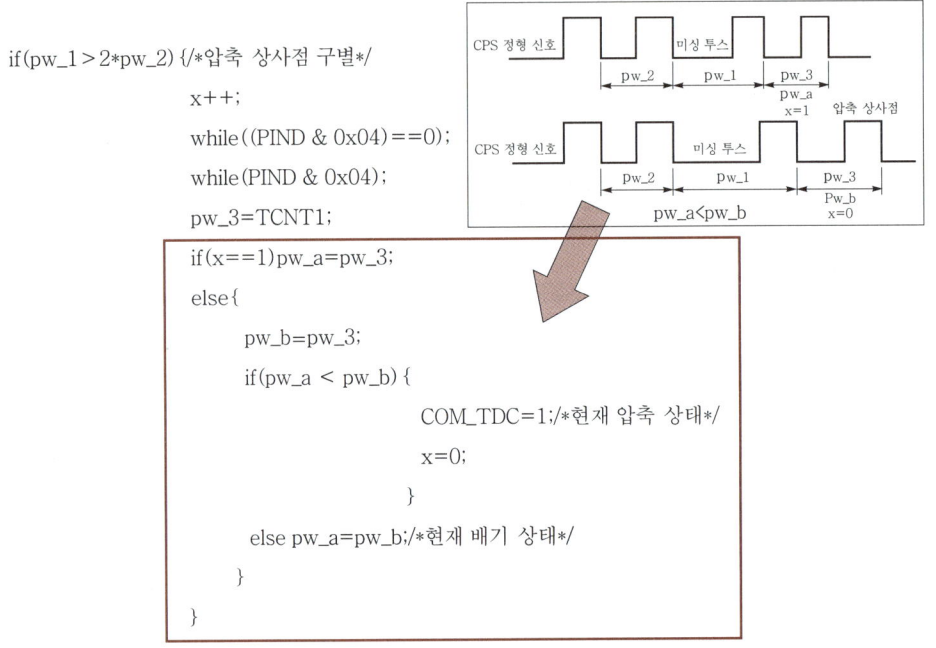

```
if(pw_1 > 2*pw_2) {/*압축 상사점 구별*/
        x++;
        while((PIND & 0x04)==0);
        while(PIND & 0x04);
        pw_3=TCNT1;
        if(x==1)pw_a=pw_3;
        else{
            pw_b=pw_3;
            if(pw_a < pw_b) {
                        COM_TDC=1;/*현재 압축 상태*/
                        x=0;
                        }
            else pw_a=pw_b;/*현재 배기 상태*/
        }
}
```

| 그림 2-230. 압축 상사점의 판별 |

ⓒ do~while문의 탈출 : pw_a<pw_b이면 COM_TDC=1;이 되어 do~while (COM_TDC !=1);을 탈출한다.

⑤ **흡입 공기량 계측**

흡입 공기량은 Map 센서를 이용한 간접 계측 방식으로 측정하도록 한다.

이때 Map 센서에서 출력되는 신호는 아날로그 신호로서, 이를 엔진 제어에 이용하기 위해서는 그림 2-231에 위치한 ADC를 거쳐 디지털 신호로 변환시켜 주어야 한다.

Map 센서의 단자는 3개이며, 전원(5V), 접지, 출력 단자로 구성되어 있다.

따라서 Map 센서의 출력 단자를 ADC가 내장된 ATmega8535의 PA0~PA7의 한 단자에 연결하여 사용하게 된다.

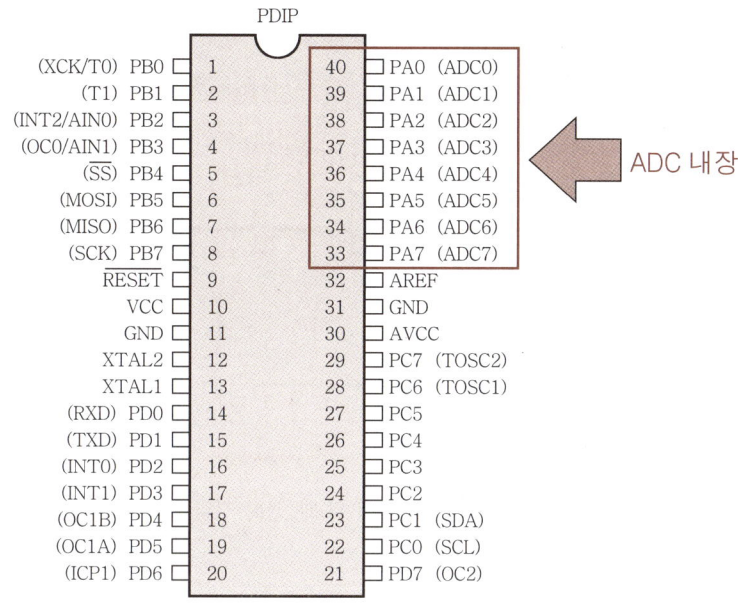

PDIP

(XCK/T0) PB0	1	40	PA0 (ADC0)	
(T1) PB1	2	39	PA1 (ADC1)	
(INT2/AIN0) PB2	3	38	PA2 (ADC2)	
(OC0/AIN1) PB3	4	37	PA3 (ADC3)	
($\overline{SS}$) PB4	5	36	PA4 (ADC4)	
(MOSI) PB5	6	35	PA5 (ADC5)	
(MISO) PB6	7	34	PA6 (ADC6)	
(SCK) PB7	8	33	PA7 (ADC7)	
RESET	9	32	AREF	
VCC	10	31	GND	
GND	11	30	AVCC	
XTAL2	12	29	PC7 (TOSC2)	
XTAL1	13	28	PC6 (TOSC1)	
(RXD) PD0	14	27	PC5	
(TXD) PD1	15	26	PC4	
(INT0) PD2	16	25	PC3	
(INT1) PD3	17	24	PC2	
(OC1B) PD4	18	23	PC1 (SDA)	
(OC1A) PD5	19	22	PC0 (SCL)	
(ICP1) PD6	20	21	PD7 (OC2)	

ADC 내장

|그림 2-231. ADC 내장 PORTA 단자의 위치|

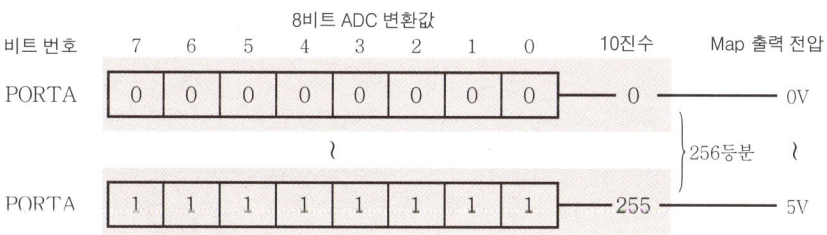

|그림 2-232. ADC의 변환 구조|

그림 2-232는 Map 센서 출력값의 변환 구조를 나타낸다.
엔진을 제어하기 위한 프로그램을 설계해 보면 다음과 같다.

```
ADCSRA |=0x40;//ADC 시작
delay(0xFF);//샘플링 기간
;
ADCSRA |=0x10;//클리어 ADIF
while((ADCSRA & 0x10)==0x00);//ADIF=1일 때까지 지연
;
l=ADCL;
h=ADCH;
if(h<100)map_n=0;
if(h>=100 && h<200)map_n=1;
```

```
        else if(h>=200 && h<300)map_n=2;
        else if(h>=300 && h<400)map_n=3;
        else if(h>=400 && h<500)map_n=4;
        else if(h>=500 && h<600)map_n=5;
        else if(h>=600 && h<700)map_n=6;
        else if(h>=700 && h<800)map_n=7;
        else if(h>=800 && h<900)map_n=8;
        else map_n=9;
```

위의 프로그램을 간단하게 하면 다음과 같이 설정할 수 있다.

```
 l=ADCL;
 h=ADCH;
 map_n=h/100;
```

제어 프로그램에서 ADC 초기화에서 ADC의 10비트 변환값 중 하위 2비트는 버리고 상위 8비트만 사용하는 것으로 설정한다면 10진수로 1024까지 변환시킬 수 있다.

Map 센서의 ADC 출력값을 10등분으로 하고 배열을 사용하여 제어한다면 1등분은 약 100간격이 된다.

⑥ **기본 분사 및 점화 제어**

흡입 공기량 신호와 rpm 신호에 의해 미리 계산되어 있는 값으로 제어한다.

㉠ 기본 분사량 제어 알고리즘 및 프로그램

 • 맵핑(mapping) 값 설정 : 엔진 회전수(rpm)와 Map 센서 값에 의해 기본 분사량을 결정한다고 하면 다음과 같이 배열을 구성하면 된다.

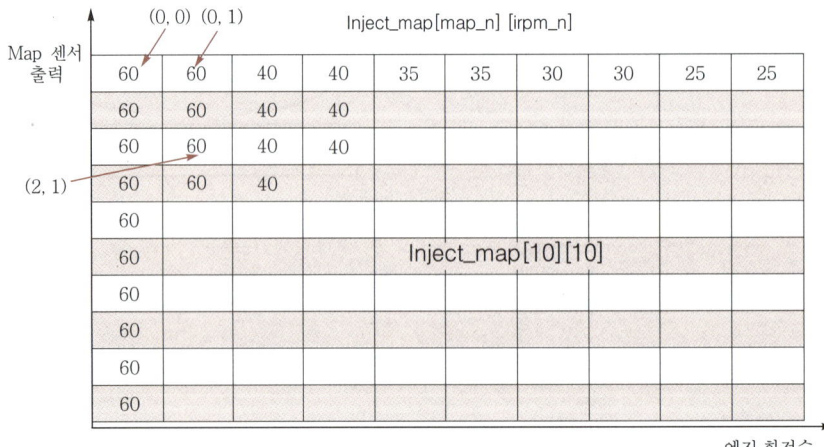

| 그림 2-233. 연료 분사 시간 맵핑 |

만약 map_n=2, irpm_n=3이라면, inject_map[2][3]이므로 그림 2-233에서 (2, 3)의 값, 즉 40을 얻게 된다.

기억된 맵핑 값은 연료 분사 시간으로 '실제 연료 분사 시간=기억된 값/10'이 된다. 즉, 40/10＝4.0ms가 제어해야 할 연료 분사량이 된다. 여기서 엔진 회전수는 1,000rpm 단위로 10,000rpm까지 실험에 의해 그 값을 구해 그림 2-233과 같이 기록하였다.

- 연료 분사 제어

   – 보간법의 이용 : 선형 보간법은 주어진 두 점 사이의 값을 추정하는 데 많이 사용된다.

    이것은 주로 두 점 사이의 관계가 선형이며, 추정된 값의 오차가 중요하지 않다는 가정하에 아래 그림 2-234와 같은 삼각형을 이용하여 값을 구한다.

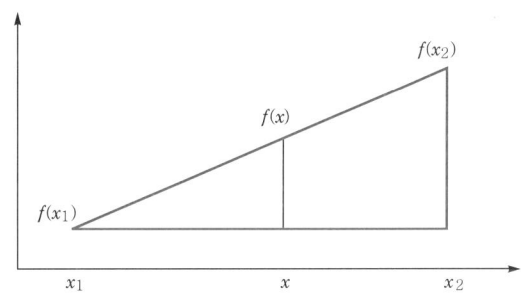

│그림 2-234. 삼각형을 이용한 보간법의 적용│

    그림 2-234의 삼각형에서

$$\frac{f(x)-f(x_1)}{x-x_1}=\frac{f(x_2)-f(x_1)}{x_2-x_1}$$

가 되고, 두 점 $(x_1,\ f(x_1))$과 $(x_2,\ f(x_2))$ 사이의 점 x에 대한 함수값 $f(x)$를 구하면 다음과 같이 나타낼 수 있다.

$$f(x)=\frac{x-x_1}{x_2-x_1}\ (f(x_2)-f(x_1))+f(x_1)$$

   – 보간법의 응용 : 연료 분사 시기는 n＝17로 한다.

    다른 명령어는 편의상 생략하고, 연료 분사 제어와 관련된 프로그램만을 나타내면 다음과 같다. irpm은 현재의 rpm을 나타낸다.

```
void inj( )//inj( ) 함수
{
  TCNT0=256-iinject_count;//연료 분사 시간(량) 계산
  PORTC=0b00000001;//연료 분사 시작
  ;
}
interrupt[TIM0_OVF]void timer_int0(void)//타이머0 오버플로 인터럽트
{
  PORTC=0x00;//연료 분사 끝
}
interrupt[EXT_INT0]void external_int0(void)//외부 인터럽트0 서브루틴
{
  n++;
  if(n==17)inj( );//n=17이면 inj( ) 함수 호출하여 정해진 분사량만큼 분사 시작
  ;
}
void main(void)
{
  ;
  do{
      irpm_n=irpm/1000;//10,000rpm까지를 10등분
      ;
      inj_time_1=(float)inject_map[map_n][irpm_n]/10.0;//ms 단위
      inj_time_2=(float)inject_map[map_n+1][irpm_n+1]/10.0;//ms 단위
      finject_time=inj_time_1+((inj_time_2-inj_time_1)/1000)*(float)(irpm-
              irpm_n*1000);//보간법에 의해 irpm일 때의 연료 분사 시간 계산
      iinject_count=(unsigned int)(finject_time/0.000064);//1count= 64㎲
      ;
    }while(1);
}
```

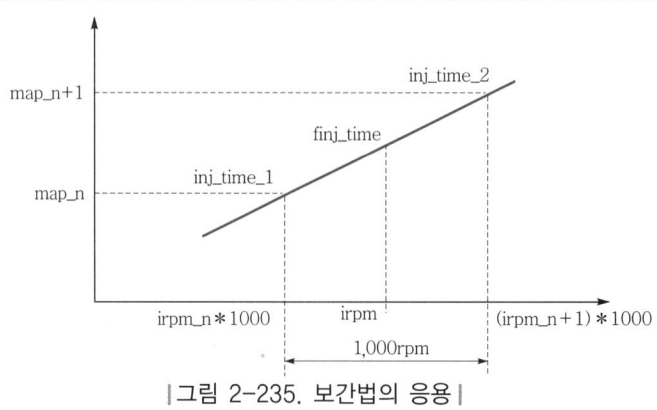

|그림 2-235. 보간법의 응용|

보간법을 적용하면 그림 2-235와 같이 표시할 수 있다.

이해를 쉽게 하기 위해 그림 2-236과 같이 직접 값을 넣어 계산해 보도록 한다.

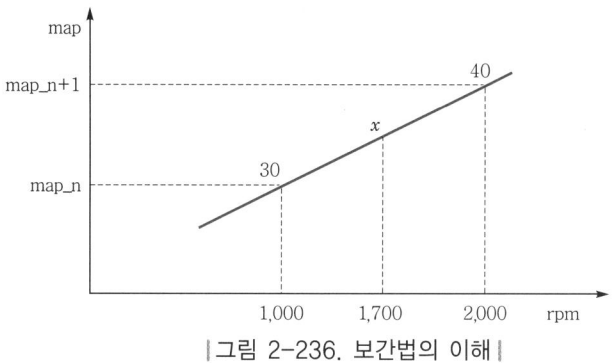

|그림 2-236. 보간법의 이해|

$$x = \frac{1,700-1,000}{2,000-1,000} \times (40-30) + 30$$

$$= \frac{700}{1,000} \times 10 + 30$$

$$= 37$$

a. ATmega8535의 PD2(INT0) 단자로 입력되는 CPS 신호에 의해 외부 인터럽 트가 발생한다.

b. n 값을 +1씩 증가시켜 연료 분사 시기를 확인한다. 연료 분사 시기이면 inj( ) 함수를 호출하여 연료 분사를 시작한다.

c. main( ) 함수에서 연료 분사를 위한 count 값을 계산한다.

d. 연료 분사 종료는 타이머/카운터0 오버플로 서브루틴에서 실시한다.

실제 제어 프로그램에서는 다음과 같이 적용할 수 있다.

```
unsigned int inj_map[10][10]={{60, 60, 40, 40, 40, 40, 40, 40, 40, 35},
                              {60, 60, 40, 40, 40, 40, 40, 40, 40, 42},
                              {60, 60, 40, 40, 40, 40, 41, 41, 41, 44},
                              {60, 60, 40, 40, 40, 40, 41, 41, 41, 44},
                              {60, 60, 40, 40, 41, 41, 41, 42, 42, 46},
                              {60, 60, 41, 41, 42, 43, 44, 42, 42, 46},
                              {60, 60, 44, 44, 45, 48, 49, 51, 47, 54},
                              {60, 60, 48, 48, 49, 51, 52, 51, 51, 55},
                              {60, 60, 49, 49, 49, 50, 45, 45, 40, 40},
                              {60, 60, 52, 52, 53, 54, 55, 60, 62, 64}};
```

이제 n=14에서 연료 분사를 개시하고, 연료 분사량이 4ms일 경우의 제어 파 형은 그림 2-237과 같다.

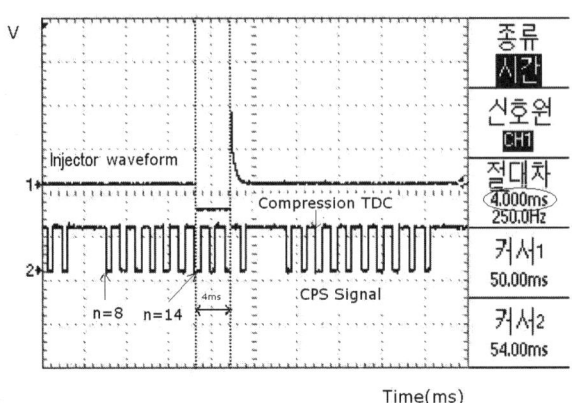

| 그림 2-237. 연료 분사 시간이 3ms, n=14일 때의 연료 분사 제어 파형 |

ⓛ 기본 점화 시기 제어 알고리즘 및 프로그램

• 맵핑 값 설정 : 엔진 회전수(rpm)와 Map 센서의 값에 의해 기본 점화 시기를 결정한다고 하면, 다음과 같이 배열을 구성하면 된다.

만약 map_n=2, irpm_n=3이라면, spark_dwell[2][3]이므로 그림 2-238에서 (2, 3)의 값, 즉 40을 얻게 된다.

기억된 맵핑 값은 점화 드웰 시간으로 '실제 점화 드웰 시간=기억된 값/10'이 된다. 즉, 40/10=4.0ms가 제어해야 할 점화 드웰 값이 된다. 여기서 엔진 회전수는 1,000rpm 단위로 10,000rpm까지 실험에 의해 그 값을 구해 그림 2-238과 같이 기록하였다.

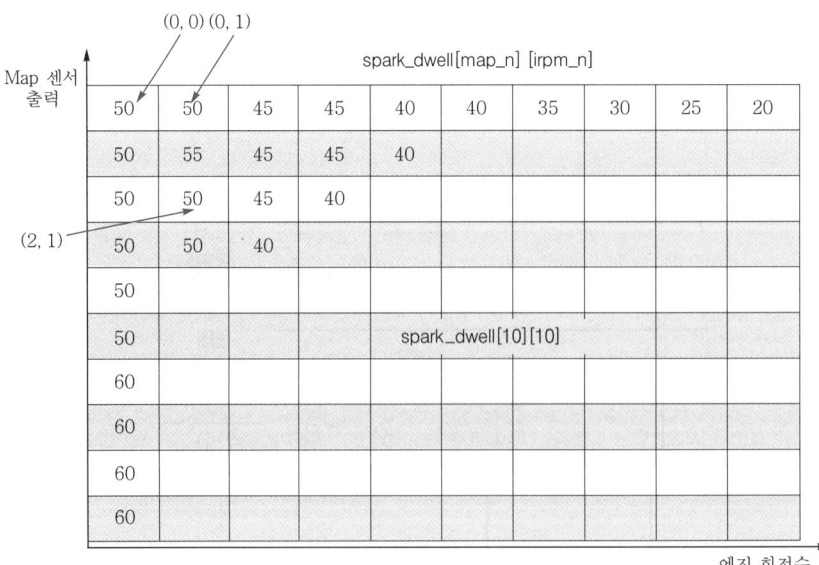

| 그림 2-238. 점화 드웰 시간 맵 |

실제 제어 프로그램에서는 다음과 같이 프로그램을 설계한다.

```
unsigned int spk_dwell[10][10]={{60, 60, 40, 40, 40, 40, 40, 40, 40, 35},
                                {60, 60, 40, 40, 40, 40, 40, 40, 40, 42},
                                {60, 60, 40, 40, 40, 40, 41, 41, 41, 44},
                                {60, 60, 40, 40, 40, 40, 41, 41, 41, 44},
                                {60, 60, 40, 40, 41, 41, 41, 42, 42, 46},
                                {60, 60, 41, 41, 42, 43, 44, 42, 42, 46},
                                {60, 60, 44, 44, 45, 48, 49, 51, 47, 54},
                                {60, 60, 48, 48, 49, 51, 52, 51, 51, 55},
                                {60, 60, 49, 49, 49, 50, 45, 45, 40, 40},
                                {60, 60, 52, 52, 53, 54, 55, 60, 62, 64}};
```

- 점화 드웰 시간 제어 : 점화 드웰 시기는 n=9로 한다.

다른 명령어는 편의상 생략하고, 점화 제어와 관련된 프로그램만을 나타내면 다음과 같다.

```
void spk( )
{
  TCNT0=256 - ispk_count;
  PORTC=0b00010000;//점화 드웰 시작
  ;
}
interrupt[TIM0_OVF]void timer_int0(void)
{
  PORTC=0x00;//점화 제어 끝
}

interrupt[EXT_INT0]void external_int0(void)
{
  n++;
  if(n==2)spk( );
  ;
}

void main(void)
{
  ;
```

```
do{
    irpm_n=irpm*1000;//10,000rpm을 10등분
    ;
    spk_dwell_1=(float)spk_dwell[map_n][irpm_n]/10.0;//ms 단위
    spk_dwell_2=(float)spk_dwell[map_n+1][irpm_n+1]/10.0;//ms 단위
    fspk_time=spk_dwell_1+((spk_dwell_2-spk_dwell_1)/1,000)*(float)(irpm-
            irpm_n*1,000);//보간법에 의해 irpm일 때의 점화 드웰 시간을 계산
    ispk_count=(unsigned int)(fspk_time/0.000064);//1count=64μs
    ;
}while(1);
}
```

위 프로그램에 대해 살펴보자.

- ATmega8535의 PD2(INT0) 단자로 입력되는 CPS 신호에 의해 외부 인터럽트가 발생한다.
- 외부 인터럽트 서브루틴에서 n의 값을 +1씩 증가시켜 점화 시기(n=2)를 확인한다. 점화 시기이면 spk( ) 함수를 호출하여 점화 드웰 시간을 제어한다.
- main( ) 함수에서 점화를 위한 ispk_count 값을 보간법에 의해 계산한다.
- 점화 종료는 타이머/카운터0 오버플로 서브루틴에서 실시한다.

⑦ 초기 시동 시 제어

연료 분사 시기는 n=17, 점화 드웰 시기는 n=9로 한다.

다른 명령어는 편의상 생략하고, 초기 시동 시의 연료 분사와 점화 제어와 관련된 프로그램만을 나타내면 다음과 같다.

```
void inj( )
{
  TCNT0=256 - iinject_count;
  PORTC=0b00000001;//연료 분사 시작
  ;
}
void spk( )
{
  TCNT0=256-ispk_count;
  PORTC=0b00010000;//점화 드웰 시작
  ;
}
```

```
interrupt[TIM0_OVF]void timer_int0(void)
{
  PORTC=0x00;//연료 분사 끝, 점화
}

interrupt[EXT_INT0]void external_int0(void)
{
 n++;
 if(n==9)spk( );
 if(n==17)inj( );
 ;
}
void main( )
{
;
do{
    if(irpm<1200){//시동 시 제어
                  ;
                  iinject_count=100;//6.4ms 연료 분사 시간 고정
                  ispk_count=100;//6.4ms 점화 드웰 시간 고정
                  }
    else{//시동 후 제어
          제어 프로그램
        }
  }while(1);
}
```

ㄱ ATmega8535의 PD2(INT0) 단자로 입력되는 CPS 신호에 의해 외부 인터럽트가 발생한다.

ㄴ 외부 인터럽트 서브루틴에서 n의 값을 +1씩 증가시켜 초기 시동 시의 연료 분사 시기(n=17)와 점화 시기(n=9)를 확인한다. 연료 분사 시기이면 inj( ) 함수, 점화 시기이면 spk( ) 함수를 호출하여 연료 분사나 점화 제어를 실행한다.

ㄷ main( ) 함수에서 연료 분사와 점화를 위한 count 값을 계산한다.

ㄹ 연료 분사와 점화 종료는 타이머/카운터0 오버플로 서브루틴에서 실시한다.

⑧ 가·감속 제어

TPS를 연결하여 가속 시 연료 분사 및 점화 제어가 가능하도록 한다.

또한, 급가속 시와 급감속 시에도 제어가 가능하도록 제어 프로그램을 설계한다.

⊙ 급가속 시 제어

- 제어 알고리즘 : TPS 출력값을 비교하여 급가속으로 판단되면 연료 분사량을 증량한다.
- 제어 프로그램 : 여기서는 급가속 시 연료 분사량만 증량 보정하고 점화 시기는 보정 제어하지 않는다.

  다른 명령어는 편의상 생략하고, 급가속 시의 연료 분사와 관련된 프로그램만을 나타내면 다음과 같다.

```
void inj( )
{
  TCNT0=256 - iinject_count;
  PORTC=0b00000001;//연료 분사 시작
  ;
}
interrupt[TIM0_OVF]void timer_int0(void)
{
  PORTC=0x00;//연료 분사 끝
}

interrupt[EXT_INT0]void external_int0(void)
{
  n++;
  if(n==17)inj( );
  ;
}
void main(void)
{
  do{
    //ADC 변환
    ADCSRA |=0x40;//ADC 시작
    delay(0xFF);//샘플링 기간
    ;
    ADCSRA |=0x10;//클리어 ADIF
    while((ADCSRA & 0x10)==0x00);//ADIF=1일 때까지 지연
    ;
    l=ADCL;
    h=ADCH;
    ;
```

```
        if(k==1){//급가속 판단
                tps_1=h;
                k=0;
                }
        else{
            tps_2=h;
            k=1;
            }
        //*급가속 판단*//
        if((tps_2-tps_1)>100) inject_tps=3.;//tps 가속 전·후 값 비교하여 분사량 보정
        else inject_tps=0;
        ;
        //*분사량 보정*//
        finject_time=finject_time+inject_tps;//기본 분사량+tps 보정 분사량
        iinject_count=(unsigned int)(finject_time/0.000064);
        ;
    }while(1);
}
```

- if((tps_2-tps_1)>100) inject_tps=3.;에서 100은 임의로 정한 값이다.
  실제로 엔진에 적용할 때는 몇 번의 실험을 거쳐 적정한 실험 데이터를 확보해
  야 하며, 정밀한 제어를 위해 앞으로 보다 좋은 제어 알고리즘을 개발해야 한다.
- 급가속할 때 연료 분사만 증량하고 점화 시기는 제어하지 않는다.

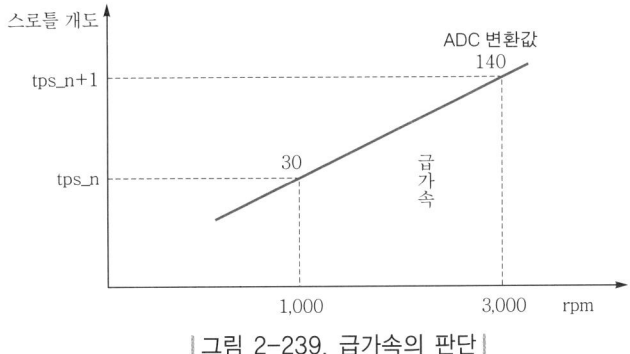

| 그림 2-239. 급가속의 판단 |

그림 2-239에서와 같이 일정 주기 동안에 변화된 ADC 값의 변화를 비교하여 급
가속을 판단하게 된다.

ⓛ 급감속 시 제어
- 제어 알고리즘 : TPS 출력값을 비교하여 급감속으로 판단되면 연료 분사량을 감량하거나 fuel-cut(급감속 시 일정 회전수까지 연료 분사를 중단)하게 된다.
- 제어 프로그램 : 급감속 시는 연료 분사량만 보정하고 점화 시기는 보정 제어하지 않는다.

다른 명령어는 편의상 생략하고, 급감속 시의 연료 분사와 관련된 프로그램만을 나타내면 다음과 같다.

```
void main(void)
{
  do{
      //ADC 변환
      ADCSRA |=0x40;//ADC 시작
      delay(0xFF);//샘플링 기간
      ;
      ADCSRA |=0x10;//클리어 ADIF
      while((ADCSRA & 0x10)==0x00);//ADIF=1일 때까지 지연
      ;
      l=ADCL;
      h=ADCH;
      ;
      if(k==1){//급감속 판단
              tps_1=h;
              k=0;
            }
      else{
          tps_2=h;
          k=1;
        }

      //*급감속 판단*//
      if((tps_1-tps_2)>100) {
                          if(irpm>1200){//1,200rpm 이상이면 fuel-cut
                                  finject_time=0;
                                  inject_tps=0;
                              }
```

```
                else inject_tps=0;//1,200rpm 이하면 연료 분사 재개
                }
        ;
        //*분사량 보정*//
        finject_time=finject_time+inject_tps;//기본 분사량+tps 보정 분사량
        iinject_count=(unsigned int)(finject_time/0.000064);
        ;
    }while(1);
}
```

그림 2-240에서와 같이 일정 주기 동안에 변화된 ADC 값의 변화를 비교하여 급감속을 판단하게 된다.

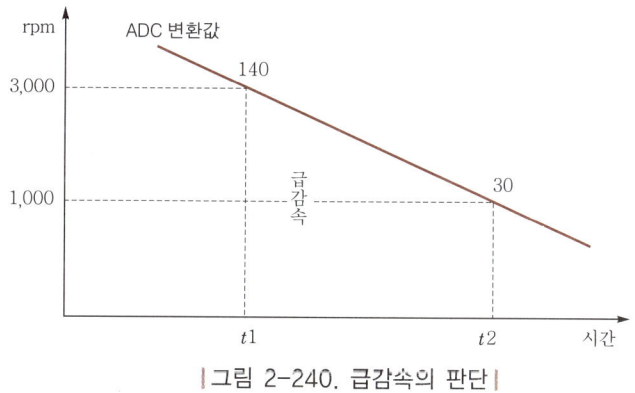

| 그림 2-240. 급감속의 판단 |

차량에서 제어 시 $t2-t1=dt$, ADC1 − ADC2=dADC라 할 때, 급감속의 판단은 dADC/dt의 값이 얼마 이상인 때를 급감속으로 판단할 것인가를 결정하면 된다.
그림 2-241에서처럼 개인의 성향, 경험값 등을 고려하여 일정 시간(dt) 동안에 ADC의 변화량(dADC)을 비교하여 결정하도록 한다.

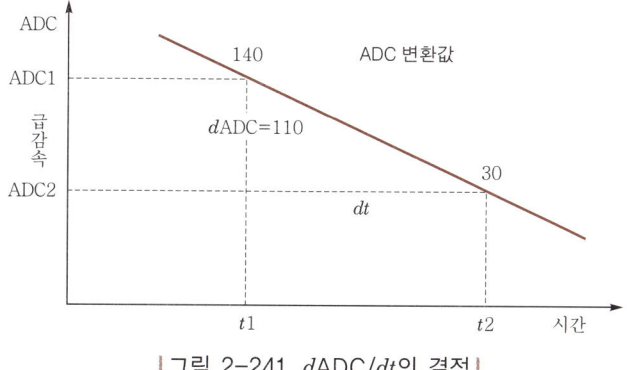

| 그림 2-241. dADC/dt의 결정 |

⑨ 연료 분사 시기의 변동

주변의 상황에 따라 연속적으로 변화하는 엔진 상태에 연동하여 연료 분사 시기를 가변적으로 제어한다.

```c
void inj( )
{
  TCNT0=256 - iinject_count;
  PORTC=0b00000001;//연료 분사 시작
  ;
}
interrupt[TIM0_OVF]void timer_int0(void)
{
  PORTC=0x00;//연료 분사 끝
}
interrupt[EXT_INT0]void external_int0(void)
{
  n++;
  if(n==k)inj( );
  ;
}
void main(void)
{
  ;
    do{
      if(irpm<1200){//시동 시 제어 프로그램
                k=17;
                ;
                }
      else{//시동 후 정상 회전 시 프로그램
          k=12;
          ;
          }
      }while(1);
}
```

엔진 상태에 알맞은 k값을 main( ) 함수에서 계산하여 if(n==k)inj( );에 적용해 연료 분사량을 가변적으로 제어하도록 한다.

⑩ 점화 시기의 산출

ㄱ 500rpm 이하 : 4°로 고정

ㄴ 4,250rpm 이상 : 28°로 고정

ㄷ 500~4,250rpm : 1rpm 증감에 따라 0.0064°씩 증감

따라서, 점화 시기 계산＝(현재 rpm － 500)×0.0064＋4가 된다.

2,000rpm에서의 점화 시기를 계산하면 다음과 같다.

점화 시기＝(2,000－500)×0.0064＋4

＝13.6°

점화 시기값을 변동시키면서 제어하면 그림 2-242와 같은 파형을 얻을 수 있다.

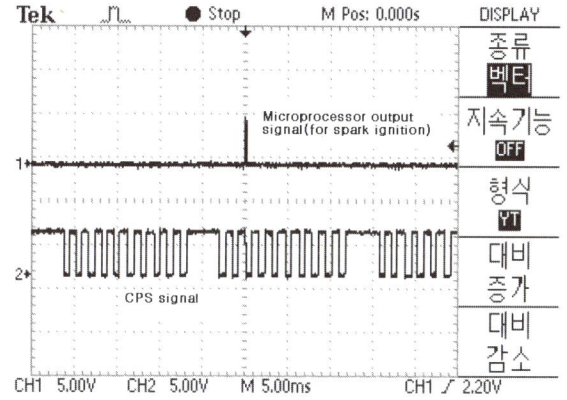

| 그림 2-242. CPS 신호와 점화 지시 신호 |

2.4.1 자작 ECU 제작

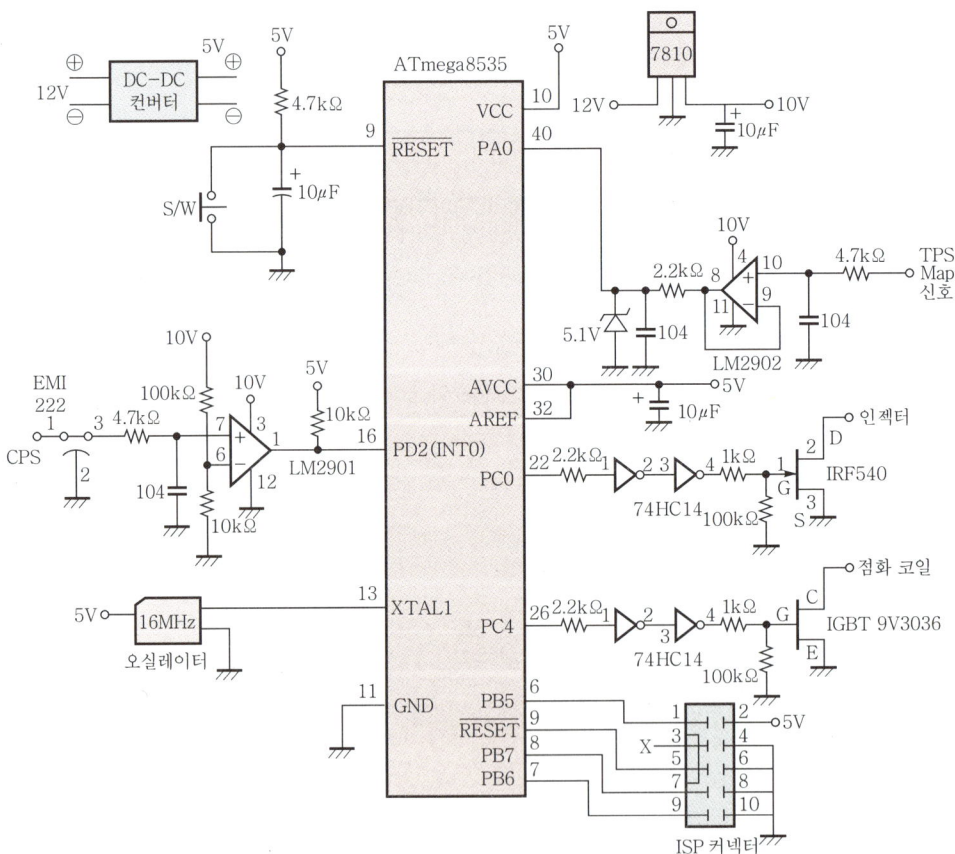

| 그림 2-243. 자작 ECU 회로도 |

그림 2-243은 엔진의 작동을 위해 기본적인 센서와 액추에이터를 연결하기 위한 회로도를 나타내며, 이 회로를 기초로 자작 ECU를 제작하게 된다.

PC0와 PC4에 연결된 74HC14 2개는 인젝터나 점화 코일 작동 시 유입될 수도 있는 역기전력을 차단하기 위한 것이다.

우리는 그림 2-243의 회로도를 이용해 회로기판에 부품을 배치하고 납땜을 하여 자작 ECU를 만들어서 이를 이용하여 엔진을 제어하도록 한다.

(1) 자작 ECU에 의한 연료 분사 및 점화 제어 파형(투스 1개일 때)

그림 2-244는 CPS 신호와 점화 제어 신호를 나타낸다. 제어 프로그램의 작동 확인과 알고리즘 개발을 위해 압축과 배기 상사점을 구별하지 않고 제어하였다.

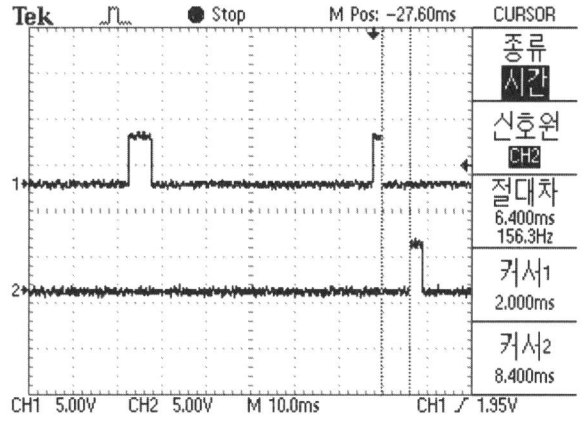

| 그림 2-244. CPS 신호와 점화 제어 신호 |

그림 2-245는 점화 코일을 연결하지 않고 인젝터만 연결한 상태에서 측정한 연료 분사 제어 파형으로, 점화 코일에 의한 노이즈 간섭이 없는 상태의 파형을 나타낸다. 그림 2-246에서 압축 상사점 부근에서 연료 분사가 이루어지는 것을 확인할 수 있다.

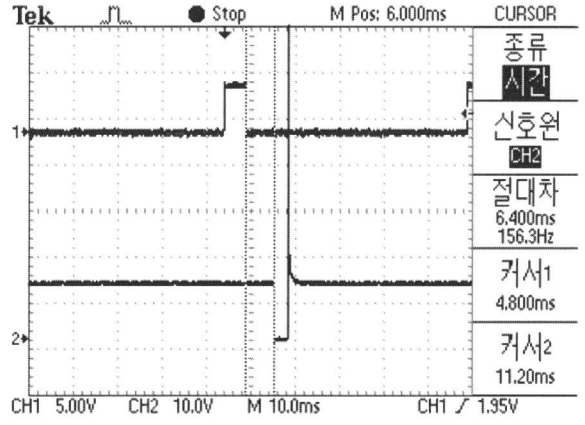

| 그림 2-245. CPS 신호와 연료 분사 파형(인젝터만 연결 시) |

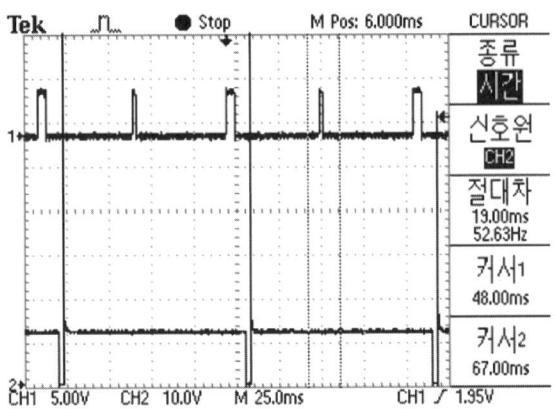

|그림 2-246. CPS 신호와 인젝터 작동 주기 확인|

그림 2-247은 점화 코일을 연결한 상태에서 노이즈에 의한 불량 연료 분사 파형을 나타낸다.

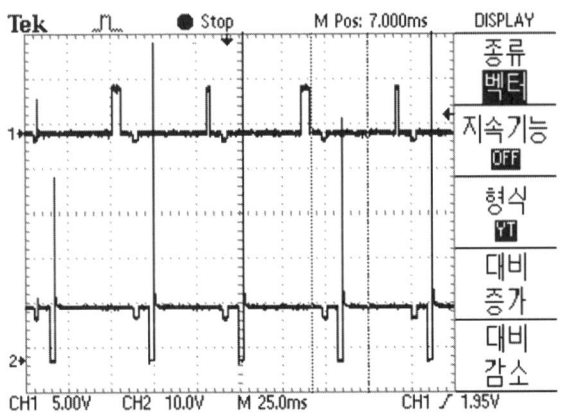

|그림 2-247. 점화 코일을 연결한 상태에서 노이즈에 의한 불량 연료 분사 파형|

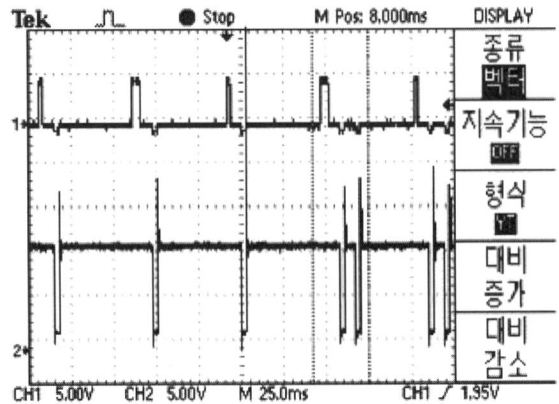

|그림 2-248. 점화 코일을 연결한 상태에서 노이즈에 의한 불량 점화 1차 파형|

342

인젝터와 점화 코일 단품을 자작 ECU에 연결할 때 불안정한 작동에 의해 점화 1·2차 전압이 그대로 CPS 입력 회로에 노이즈로 작용하여 그림 2-248과 같이 간섭을 일으켜 오작동을 할 수도 있다.

(2) 자작 ECU에 의한 연료 분사 및 점화 제어 파형 분석(투스 10개일 때)

그림 2-249는 BTDC 8°의 ATmega8535 PC0(22번) 단자에서 출력되는 연료 분사 지시 파형을 나타낸다.

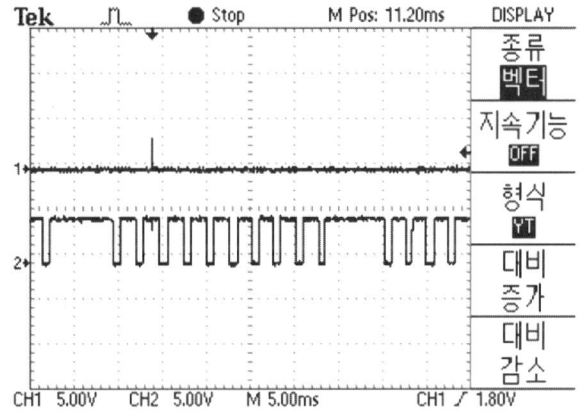

|그림 2-249. BTDC 8°에서의 연료 분사 지시 파형|

그림 2-250은 BTDC 5.5°의 ATmega8535 PC4(26번) 단자에서 출력되는 점화 지시 파형을 나타낸다.

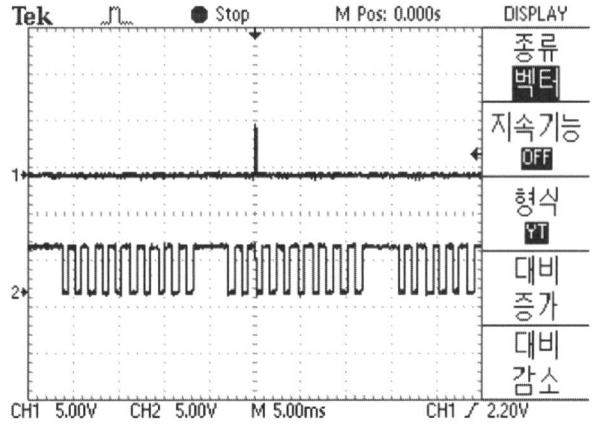

|그림 2-250. BTDC 5.5°에서의 점화 지시 파형|

좀 더 다양하게 점화를 제어하기 위해 점화 드웰 시간만 충분히 확보된다면 그림 2-251 과 같이 다중 점화도 가능하다.

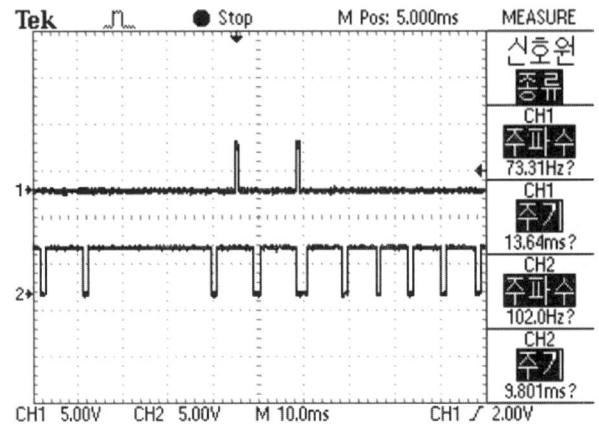

|그림 2-251. 다중 점화를 위한 점화 지시 파형|

(3) 자작 ECU 제작

그림 2-252는 7805 정전압 IC와 CDI(콘덴서 방전식) 점화 회로를 사용한 자작 ECU이 다. CDI 점화 방식의 점화 파형은 그림 2-253과 그림 2-254와 같다.

|그림 2-252. 자작 ECU Ⅰ|

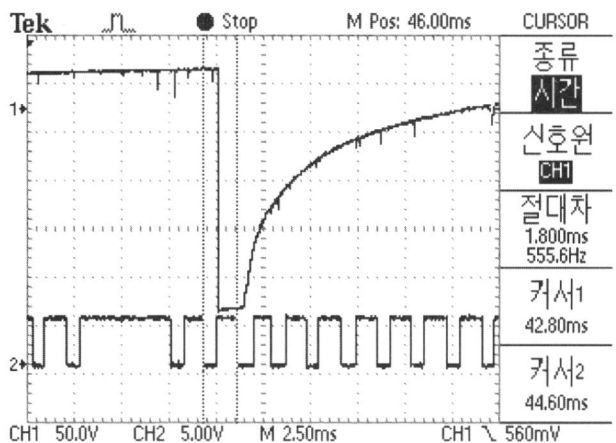

| 그림 2-253. CDI 방식의 점화 파형과 CPS 신호 |

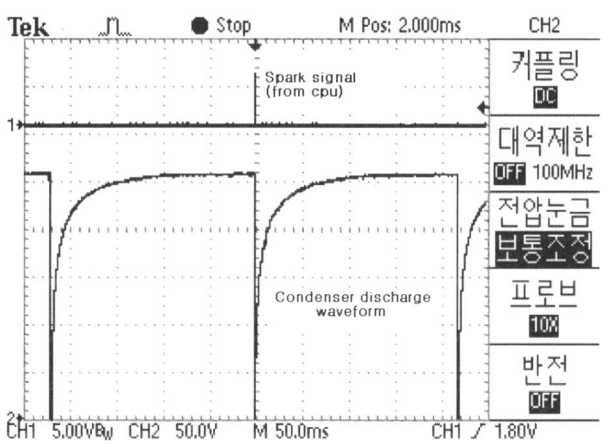

| 그림 2-254. 점화 지시 파형과 CDI 방전 파형 |

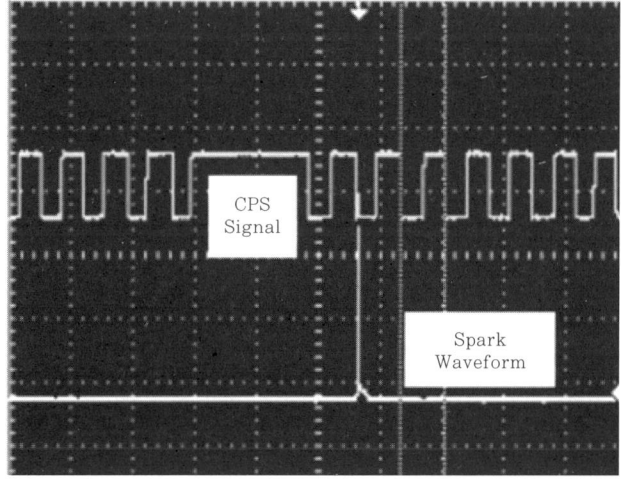

| 그림 2-255. CPS 신호와 점화 1차 파형 |

그림 2-255는 CDI 방식의 점화 회로를 사용한 점화 1차 파형을 나타낸다.

CDI 점화 방식은 고속형 엔진에 주로 사용하고, 단기통 엔진의 점화 회로로 많이 사용되고 있으나 회로가 비교적 복잡하여 제작에 어려움이 있다.

자동차에는 점화 코일 자기 유도 방식이 주로 사용된다.

|그림 2-256. 자작 ECU Ⅱ|

그림 2-256은 DC-DC 컨버터와 트랜지스터를 사용한 자기 유도 점화 방식을 사용한 자작 ECU이다. 자작 ECU 회로에서는 자동차에 많이 사용되고 회로도 비교적 간단한 이 방식을 적용하도록 한다.

Chapter

자동차 네트워크 시스템 제어

Section
3.1 자동차용 LAN 네트워크

3.1.1 ▷ 네트워크 프로토콜

네트워크 프로토콜(protocol)은 '네트워크상에서 필요한 데이터를 주고받을 때 약속과 절차를 미리 정해 둔 통신규약'을 말한다.

자동차가 점차 안전성과 편의성을 추구함에 따라 자동차의 기술은 전자제어화되고 그 기능은 점점 다양하고 복잡해지고 있으며, 자동차에 적용되는 전기·전자 장치 및 각종 센서들도 빠르게 증가하고 있다.

현재 자동차에 적용되고 있는 전기·전자 장치에는 0.5km 정도의 전기 배선으로 서로 연결되어 전기·전자 제어 시스템이 매우 복잡하게 되고, 이에 따라 차량의 무게는 물론 연료 소모량이 증가하며, 복잡한 배선들로 인해 발생되는 자동차 고장도 증가하고 있다.

자동차 네트워크는 이러한 문제점을 개선하기 위해 자동차 파워윈도우 제어 등에 적용되는 복잡한 배선들을 몇 개의 통신 라인으로 대체한 것으로, 각 전자제어 시스템에서 필요한 정보를 수집하여 서로 데이터를 공유하기 위해 자동차 내의 전자제어 시스템간에 형성된 네트워크를 말한다.

> **참고**
>
> 자동차에서 Data 통신을 위한 구성 요소
> ① 송·수신기 : ECU, 액추에이터, 센서
> ② 전송 매체 : 광케이블, 동축 케이블 등
> ③ 소프트웨어와 통신기기 상호간의 통신규약(protocol)

3.1.2 컴퓨터 네트워킹 방식

(1) 이더넷의 의미

이더넷(Ethernet)은 컴퓨터 네트워킹의 한 방식으로서, 컴퓨터간의 통신을 위한 약속으로 약 90% 이상이 현재 이 방식을 사용하고 있다.

이더넷의 가장 큰 특징은 CSMA/CD(Carrier Sense Multiple Access/Collision Detection) 약속을 사용하는 것으로서, 전송 속도는 현재 10~1,000Mbps(bit per second) 까지 다양하다.

 참고

CSMA/CD(Carrier Sense Multiple Access/Collision Detection) 동작
① 버스선상에 이미 다른 신호(carrier)가 있는지 감지(sense)한다.
② 버스선이 사용 중이면 잠시 기다린다.
③ 버스선이 사용 가능하면(idle 상태이면) 데이터를 전송한다(multiple access).
④ 만약 수신 컴퓨터가 응답이 없거나 다른 신호와 충돌(collision)이 발생하면 일정 시간 동안 대기 후 다시 시도한다.

(2) 데이터의 송·수신

① 데이터의 송신

컴퓨터 본체의 뒷면을 보면 대부분 이더넷 포트(혹은 랜 포트)가 설치되어 있는데, 이더넷(Ethernet)을 통해 네트워크를 구성하기 위해선 그림 3-1과 같은 네트워크 인터페이스 카드(NIC) 또는 랜 카드(lan card)나 이더넷 카드를 설치해야 한다. 이 랜 카드의 역할은 원하는 데이터를 네트워크상에 송신하는 것이다.

|그림 3-1. 이더넷 카드|

|그림 3-2. 이더넷 포트|

컴퓨터 케이스 후면을 보면 대부분 그림 3-2와 같이 이더넷 포트(혹은 랜 포트)가 설치되어 있다.

그림 3-3과 같이 컴퓨터가 네트워크로 연결되어 서로 통신을 하려고 한다.

이때 각 컴퓨터에는 각기 랜 카드가 설치되어야 하고, 그 랜 카드에 붙어 있는 고유한 이름을 가리켜 맥(MAC ; Media Access Control) 주소라 한다.

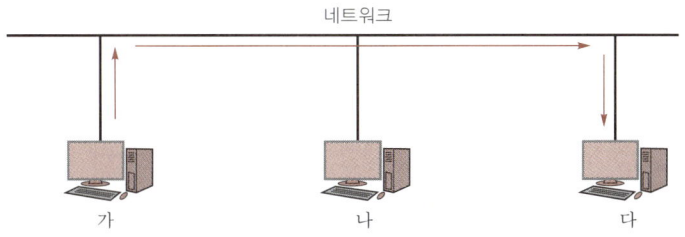

네트워크

|그림 3-3. 컴퓨터 통신|

지금, '가' 컴퓨터에서 '다' 컴퓨터로 데이터를 전송('다' 컴퓨터의 IP 주소는 알고 있다)하려고 한다면 다음과 같은 과정을 거치게 된다.

㉠ 우선, 보내려고 하는 데이터와 '다' 컴퓨터의 IP 주소 등을 랜 카드가 이해할 수 있는 물리적인 주소인 맥 주소로 변환한다.

㉡ '가' 컴퓨터의 랜 카드에서 '다' 컴퓨터의 랜 카드로 전달할 패킷(네트워크 회선상에 돌아다니는 데이터를 말한다)을 네트워크 회선상에 올린다.

㉢ 네트워크에 연결된 모든 컴퓨터가 이 신호를 받게 된다.

② 데이터의 수신

'다' 컴퓨터가 네트워크 회선상의 데이터를 받게 되면, 먼저 맥 주소를 확인하고 자신의 IP 주소('가' 컴퓨터가 찾는 IP 주소)와 동일하면 해당 데이터를 열어 데이터를 분석하게 된다. 이후 랜 카드는 시스템에 인터럽트를 요청하여 CPU가 최우선적으로 데이터를 처리할 수 있도록 한다.

3.1.3 ▷ 통신의 종류

(1) 직렬과 병렬 통신

① 직렬 통신

컴퓨터간에 또는 컴퓨터와 주변 장치 간에 한 번에 한 비트(bit)씩 전송하는 통신 방식을 말한다(그림 3-4 참고).

② 병렬 통신

컴퓨터간에 보내고자 하는 신호를 몇 개의 선으로 나누어 여러 개의 데이터 비트(data bit)를 동시에 전송하는 방식을 말한다(그림 3-4 참고).

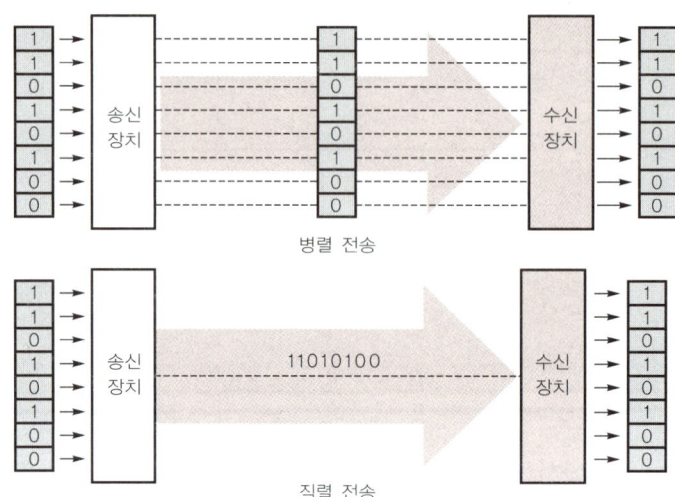

|그림 3-4. 병렬 통신과 직렬 통신|

(2) 동기와 비동기 통신

① 동기 통신

한 문자 단위가 아닌 미리 정해진 수만큼의 문자열을 한 묶음으로 하여 한 번에 전송하는 방식을 말한다. 이것은 데이터와는 별도로 송신과 수신측의 시간적 지연을 방지하기 위해 하나의 기준 클록(SCK선)으로 동기 신호를 맞추어 3선식으로 동작한다.

3선 동기 통신 중 가장 중요한 신호는 SCK(Serial Clock)선으로, 이 클록선에 문제가 발생되면 데이터가 출력되어도 시스템이 작동하지 않는다.

그러나 TX나 RX선에 이상이 발생하면 해당되는 기능만 작동하지 않는다.

② 비동기 통신

비동기 통신은 데이터를 보낼 때 한 번에 한 문자씩 전송되는 방식이다.

즉, 그림 3-5와 같이 매 문자마다 스타트 비트(start bit)와 스톱 비트(stop bit)를 부가해 정확한 데이터를 전송한다(CAN 통신). 비동기식 전송은 스타트 비트와 스톱 비트 사이의 간격이 가변적이므로 불규칙적인 전송에 적합하다.

비동기 통신은 통신선의 단선이나 단락으로 인해 시스템이 작동되지 않는 것을 방지하기 위해 2선으로 되어 있으므로, 한 선에 이상이 생겨도 또 다른 선에 의해 작동된다.

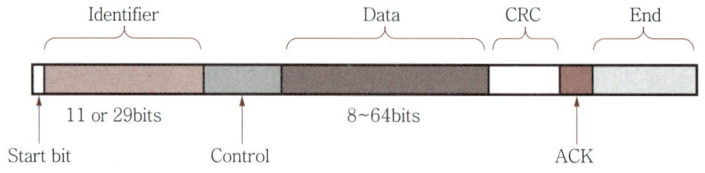

|그림 3-5. 비동기 통신의 프로토콜 구성|

(3) 단방향과 양방향 통신

통신선상에서 전송되는 데이터가 어느 방향으로 전송되는가에 따라 구분한다.

① 단방향 통신

데이터를 주는 ECU와 데이터를 받아 실행만 하는 ECU의 통신 방식이다.

자동차에 적용되는 사례로는 먹스(MUX) 통신과 PWM 방식 등이 있다.

② 양방향 통신

양방향 통신은 ECU들이 서로 데이터를 주고 받는 통신 방식으로, 서로 데이터를 주거나 받을 수 있다(CAN 통신).

3.1.4 자동차 네트워크 시스템 적용

그림 3-6은 자동차에 적용되고 있는 네트워크 프로토콜을 분류한 것으로서, 그림 3-7과 같이 다양한 시스템 제어에 사용되고 있다.

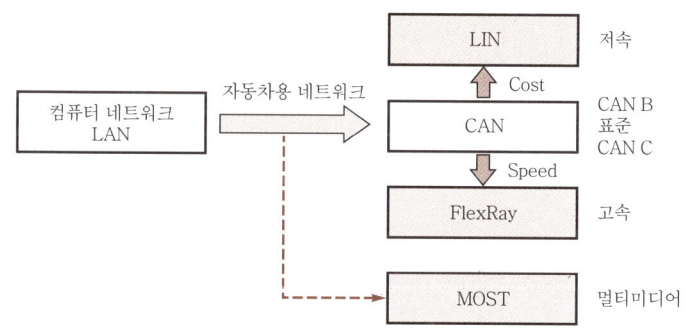

│그림 3-6. 자동차 네트워크 시스템 분류│

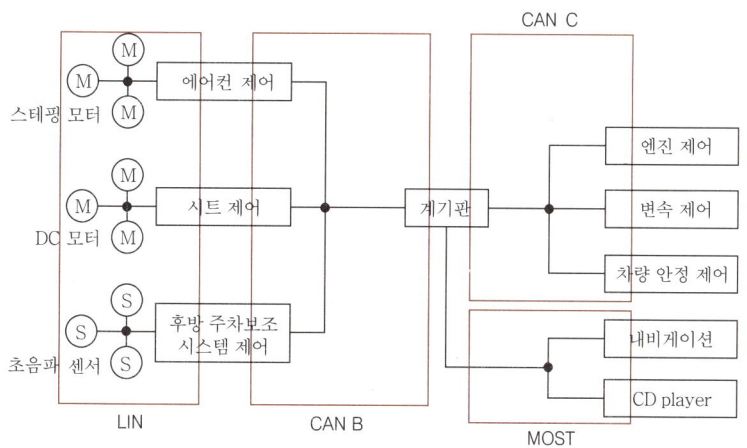

│그림 3-7. 자동차 네트워크 아키텍쳐│

표 3-1은 자동차에 적용되고 있는 주요 네트워크 프로토콜을 비교한 것이다.

| 표 3-1. 주요 네트워크의 프로토콜 비교 |

프로토콜	CAN 2.0	LIN	FlexRay
적용 분야	제어 시스템(파워트레인), 고장 진단	바디계	X-By-Wire, 안전 시스템 제어
전달 매체	2선식 (트위스트 페어케이블)	1선식	2선식(트위스트 페어 케이블), 광섬유
액세서 방식	이벤트 방식 (멀티마스터)	타임 트리거 (마스터/슬레이브)	타임 트리거
ID 길이	11비트(CAN2.0A) 29비트(CAN2.0B)	8비트	11비트
데이터 길이	0~8바이트	8바이트	0~254바이트
최대 전송 속도	CAN C(고속, 500kbps~1Mbps) CAN B(저속, 125kbps 내외)	1~20kbps	10Mbps
최대 버스 길이	지정 안 함(평균 40m)	40m	24m
최대 노드수	지정 안 함(평균 3개)	16개	22개
하드웨어	있음	없음	있음

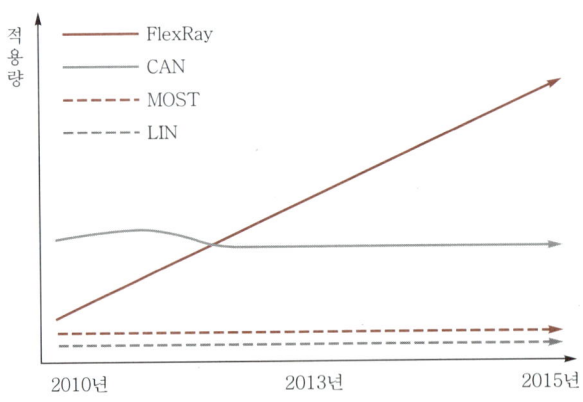

| 그림 3-8. 자동차용 프로토콜 사용량 추세 |

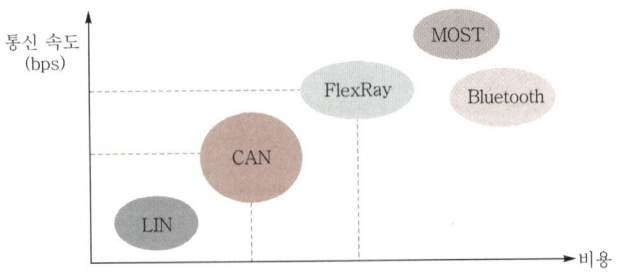

| 그림 3-9. 자동차용 네트워크 프로토콜의 특징 |

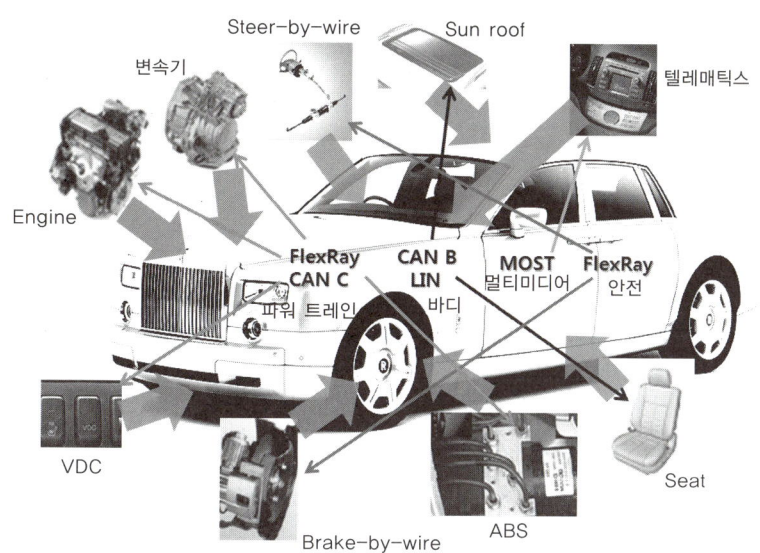

| 그림 3-10. 자동차에 적용되는 네트워크 시스템 |

현재 자동차용 네트워크 프로토콜의 적용은 점차 증가하고 있으며, 향후에는 자동차의 높은 안전성을 추구하게 되어 그림 3-8, 그림 3-9와 같이 속도가 빠른 FlexRay의 적용이 급증할 것으로 예상된다.

최근에는 그림 3-10과 같이 70개 이상의 ECU를 탑재한 차종들이 경쟁적으로 출시되고 있어 서로 다른 버스 시스템을 연결하기 위한 '게이트웨이 기능'이 도입되고 있다.

현재 고속 CAN인 CAN C가 도입되고 상당한 시간이 흘렀지만 자동차의 고성능화·고안전화로 다음과 같은 문제점들이 나타나고 있다.

① 서로 다른 통신 시스템의 증가에 따른 게이트웨이의 증가

② 네트워크 통신 데이터 양의 증가

③ 애플리케이션 증가와 상호 호환성 확보의 어려움

④ 네트워크 토플로지(형상)의 복잡

이러한 난제들로 인해 현재 주류인 CAN에서, 미래에는 FlexRay로 대체될 것으로 예상되고 있다.

그림 3-11은 게이트웨이의 기능을 그림으로 나타낸 것이다.

＊ 게이트웨이(gateway) : 서로 다른 네트워크간에 통로 역할을 하는 장치를 말한다.

그림 3-12는 향후 자동차 시스템의 발전 동향을 그래프로 나타낸 것이다.

그림을 참고로 하면 미래의 자동차는 자율 주행 제어를 넘어 통신에 의한 통합 정보 제어로 발전할 것으로 예측된다.

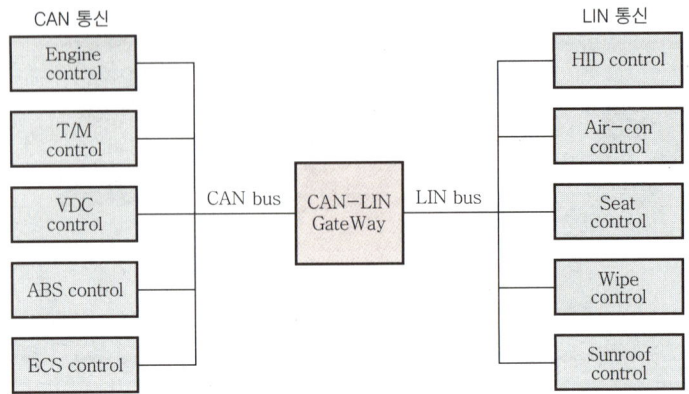

|그림 3-11. CAN-LIN 게이트웨이|

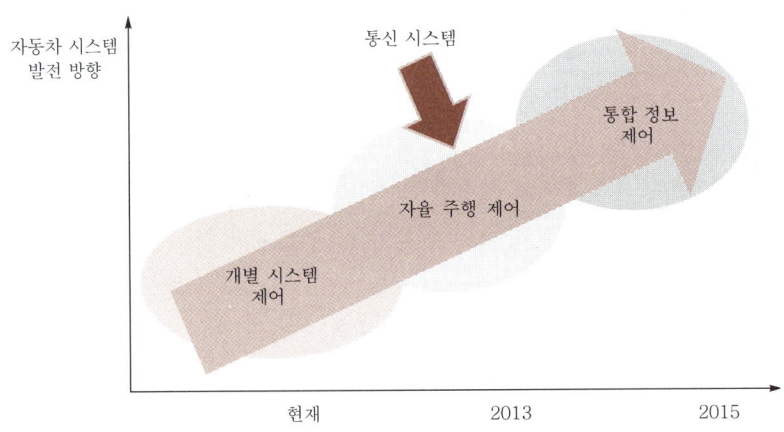

|그림 3-12. 자동차 시스템의 발전 동향|

3.2.1 CAN 프로토콜의 이해

(1) CAN 프로토콜의 개요

① CAN 프로토콜의 변천 과정

ㄱ 자동차용 네트워크의 표준이라고 할 수 있는 CAN(Controller Area Network)은 1986년 2월 SAE(Society of Automotive Engineers ; 자동차 기술자 협회)에서 독일의 로버트 보쉬사가 제안

ㄴ 1988년 Bosch와 Intel에서 차량용 네트워크 시스템 개발

ㄷ 1991년 CAN 프로토콜 2.0 발표

ㄹ 1992년 메르세데스 벤츠사가 CAN을 채택한 자동차 출시

ㅁ 1993년 11월 ISO 국세표준규격으로 'ISO 11898' 공개

② CAN 통신은 마이크로컨트롤러들 간의 통신을 위해 설계된 시리얼 네트워크 통신 방식으로, 여러 개의 CAN 디바이스(device)가 서로 통신할 수 있는 경제적이며 안정적인 네트워크(network)를 제공한다.

단 하나의 CAN 인터페이스(interface)로 여러 개의 ECU(Electronic Control Units)를 제어함으로써 자동차의 전체 비용(cost)과 중량을 줄일 수 있고 시스템 제어 속도와 안전성을 향상시킬 수 있다. 또한, 각 디바이스마다 CAN 컨트롤러 칩이 있어서 효율적으로 각 시스템을 제어할 수 있다.

ㄱ CAN은 ISO(International Standards Organization)와 SAE(Society Automotive Engineers)의 표준 프로토콜이다.

ㄴ 멀티 마스터 통신을 한다(CAN 컨트롤러들은 모두가 master 역할을 하므로 원할 때 사용이 가능하다).

ㄷ 사용되는 전선의 길이가 짧다(2선만을 사용하기 때문에 많은 컨트롤러들이 버스를 공유하더라도 추가되는 선의 양이 거의 없다).

  ㉣ 각 시스템의 고장 진단을 위한 자기 진단이 간편하다(모든 시스템이 CAN 통신 방식으로 진단이 가능함에 따라 자기 진단 커넥터에 전원 12V, 접지, CAN High, CAN Low 4개 라인만 있으면 모든 시스템의 진단이 가능해 자동차의 자기 진단 라인도 매우 간단해 진다).

  ㉤ Plug & Play를 제공한다(간편하게 CAN 컨트롤러를 버스에 연결하고 끊을 수가 있다).

  ㉥ 우선순위가 있다.

  ㉦ ECU의 분산 제어 적용이 용이하다.

  ㉧ 설정된 ID만 골라 수신할 수 있다.

  ㉨ 다른 통신에 비해 장거리 통신이 가능하다(1km 정도).

(2) CAN 프로토콜의 필요성

① 차량 적용 센서(sense)의 공용화 요구

② ECU간 정보 공유의 필요성

③ 노이즈의 영향을 작게 받는 통신의 필요성

④ 차량의 중량 감소 및 신속한 제어의 필요성

(3) CAN 프로토콜의 장점

① 다량의 정보 전달이 가능하다.

② 생산 원가가 낮고 정비성이 우수하다.

③ 스캐너를 통해 송·수신 데이터의 확인과 고장 진단이 가능하다.

④ 시스템의 신뢰성과 확장성이 우수하다.

⑤ 노이즈에 매우 강하다(twist pair 2선을 사용한 전기적 differential 통신).

⑥ 통신 속도가 비교적 빠르다(CAN C, 고속 CAN 전송 속도 500kbps~1Mbps).

(4) CAN 프로토콜의 특성

① 여러 개의 ECU를 병렬로 연결하여 데이터를 주고받는 통신 방법이다.

② 2가닥의 꼬임선(twist pair wire)으로 연결되어 있다.

③ CAN bus는 그림 3-13과 같이 직렬 통신 프로토콜이다.

④ 주소가 아닌 ID(identifier)에 의해 메시지 내용과 우선순위가 결정된다.

⑤ 모든 노드(node)는 공통 보 레이트(baud rate)를 사용한다.

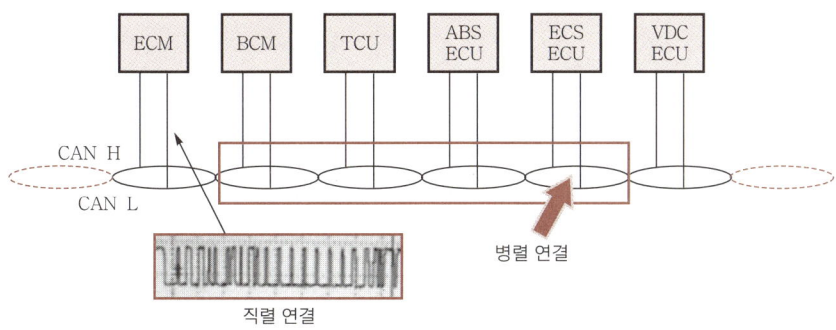

| 그림 3-13. CAN 프로토콜의 특성 |

참고

노드와 보 레이트

① 노드(node) : 일반적으로 네트워크 시스템에서는 연결점을 노드로 나타내는데, 데이터 송·수신의 끝점을 말하기도 한다. 컴퓨터 통신 제어에서는 사용되는 컴퓨터를 노드라 하는데, 자동차 통신 제어에서는 각 버스 라인에 연결된 ECU를 나타낸다.

② 보 레이트(baud rate) : 마이크로컨트롤러에서 데이터 통신 속도를 나타내는 단위로서, 1초간에 전송할 수 있는 정보의 비트(bit) 수를 표시한다. 예를 들어 1,600보 레이트는 8비트(=1byte) 단위로 데이터를 전송한다면 200개의 1byte 묶음으로 1초 만에 전송할 수 있다는 것을 나타낸다. bps(bit per sec)는 1초에 몇 비트의 데이터를 전송할 수 있는가를 나타낸다.

3.2.2 CAN 프로토콜의 구조

(1) CAN 통신 매체

CAN 프로토콜은 그림 3-14와 같이 Twist pair wire로서 각각의 끝에는 120Ω의 저항이 연결되어 있다. 각각의 선에는 서로 다른 반전된 신호를 사용하며 수신기에서 2개의 신호를 합해 복원된다.

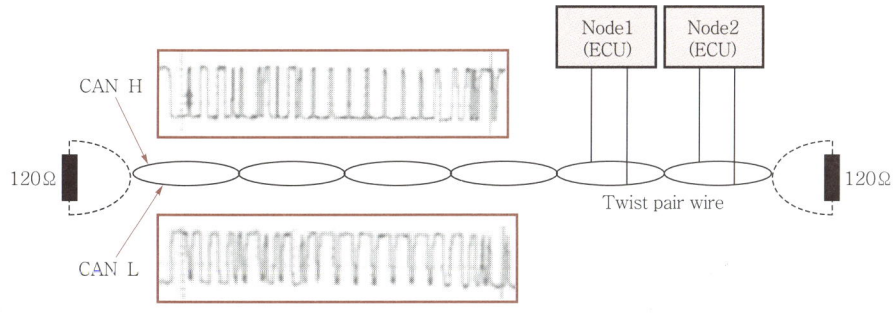

| 그림 3-14. CAN 프로토콜의 구조 |

> **참고**
>
> CAN 저항(120Ω)
> ECU간 통신에서 적당한 전압을 유지하기 위해 CAN 버스 라인에 연결한 저항을 말한다. 우리가 산에서 소리를 지르면 메아리가 되어 돌아오는 것과 같이, CAN 통신선에서도 만약 한쪽 끝이 개방되어 있으면 그 끝에서 신호가 반사되어 돌아온다. 이때 원래 신호와 반사 신호가 서로 간섭을 하게 되어 신호의 왜곡 현상이 발생하게 된다. 이런 현상을 없애기 위해 통신선 끝에 종단 저항을 설치하여 임피던스 매칭을 시켜주게 된다. 이때 종단 저항값은 CAN 통신선의 특성에 따라 달라지는데 동축선인지 트위스터 페어 와이어인지에 따라 특성 임피던스가 다르고 그 값에 매칭하여 종단 저항값을 결정하게 된다. 즉, CAN 저항으로 120Ω을 연결한 것은 특성 임피던스 값이 120Ω이기 때문이다.

(2) Twist pair wire의 특성

전자파가 Twist pair wire에 부딪히면 2개 버스 라인은 동일한 영향을 받게 된다. 이때 그림 3-15와 같이 CAN H와 CAN L의 차에 의해 EMI(전자파)에 영향을 받지 않는 Differential signal을 구한다.

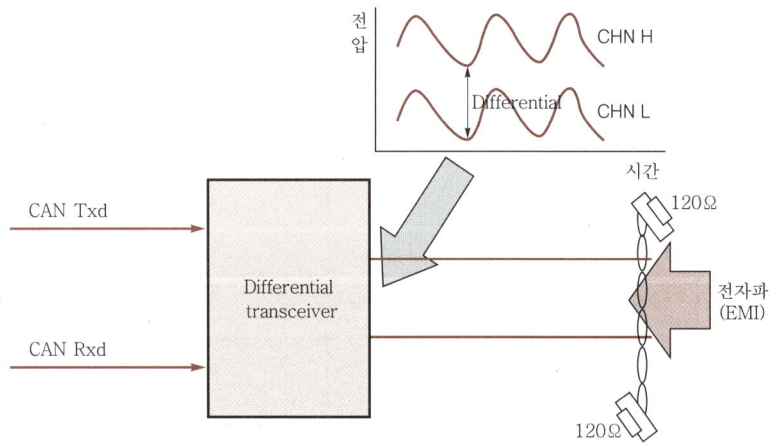

|그림 3-15. Twist pair wire의 특성|

(3) CAN 통신 방식

CAN 프로토콜은 그림 3-16과 같이 다중 통신 방식으로 각 ECU와 통신을 하게 된다.

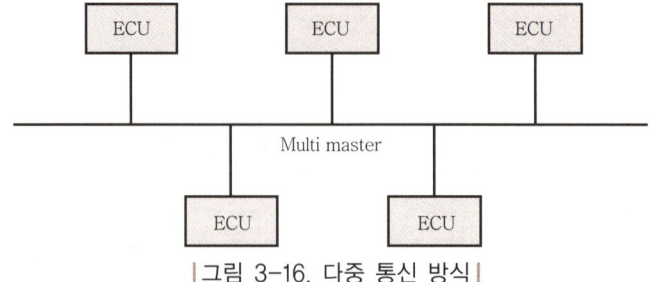

|그림 3-16. 다중 통신 방식|

3.2.3 CAN 프로토콜의 작동 원리

각각의 노드(ECU)가 CAN 버스에 흘러 다니는 데이터를 읽거나 쓰기 위해 액세스 (access)할 때 전체 노드를 제어하는 마스터(master)가 없다.

각 노드에서 데이터를 전송할 준비가 되면 먼저 전송 준비가 되었는지를 버스에 확인하고 그 후 CAN 프레임을 네트워크에 전송하는데, 전송되는 CAN 프레임은 전송이나 수신 노드 중 어느 노드의 주소도 포함하고 있지 않으며, 대신 고유한 ID를 통해 프레임을 분류하여 데이터를 인식하게 된다.

각 노드들이 동시에 메시지를 CAN 버스로 전송하려는 경우 최우선 순위를 가진 노드(가장 낮은 중재 ID)가 자동적으로 버스에 액세스된다.

CAN 통신을 통해 데이터를 액세스하는 과정을 살펴보면 다음과 같다.

① 먼저 CAN 버스 라인이 사용 중인지를 확인한다.

② CAN 버스 라인이 사용 중이 아니면 CAN 버스상에 메시지를 올린다.

③ CAN 네트워크상의 모든 노드(ECU)는 메시지를 수신하여 자신에게 필요한 메시지인지를 식별자를 통해 확인한다.

④ 자신에게 필요한 메시지일 경우 입력받아 데이터를 분석하고, 불필요한 메시지는 무시한다.

⑤ 여러 노드의 데이터가 동시에 자신의 노드로 유입되는 경우 식별자의 숫자를 비교하여 먼저 취할 메시지의 우선순위를 정한다.

식별자의 숫자가 낮은 것이 우선순위가 가장 높다.

⑥ 각각의 CAN 메시지는 11비트의 식별자(CAN 2.0A) 또는 29비트의 식별자(CAN 2.0B)를 가지며 CAN 메시지의 맨 처음 시작 부분에 위치한다.

⑦ CAN 프레임의 식별자(ID)는 메시지의 내용을 식별시켜 주는 역할과 메시지의 우선순위를 부여하는 역할을 한다.

⑧ 각 노드로부터 출력되는 데이터 메시지는 송신측이나 수신측의 주소를 가지고 있지 않다. 대신 각 노드(ECU)를 식별할 수 있도록 각 노드마다 고유한 식별자를 가지고 있다.

> **참고**
>
> **CSMA/CD-CR**
> ① CS(Carrier Sense) : 모든 노드(node)들은 메시지를 전송하기 전에 Bus 라인 상태가 사용 중인지를 필히 확인한다.
> ② MA(Multiple Access) : Bus 사용 중인 상태를 확인한 후에는 모든 노드들이 메시지 전송에 동등한 기회를 가진다.

③ CD(Collision Detection) : 2개 이상의 노드가 동시에 메시지 전송을 하는 경우에는 충돌이 발생하게 되며 이를 감지하게 된다.

④ CR(Collision Resolution) : Non-destructive bitwise arbitration으로 충돌을 해결한다.

    ㉠ 충돌 후에도 메시지의 내용은 그대로 보존되어야 한다.

    ㉡ 중재 과정에서 우선순위에 의해 전송되지 못한 메시지는 다음 Bus idle 상태에서 재전송된다.

3.2.4 CAN 프레임의 구성

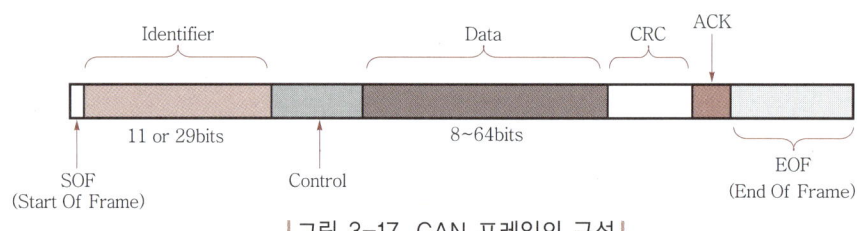

|그림 3-17. CAN 프레임의 구성|

프레임(frame)은 하나의 Message를 이루는 Field 또는 Bit들의 집합을 말하고, Bus idle은 버스 라인에 어떤 프레임도 떠있지 않은 전송이 가능한 상태를 말한다.

그림 3-17은 CAN 프레임의 구성을 나타낸다.

① SOF(Start Of Frame) : 프레임의 시작을 나타낸다.

② ID(Identifier) : 식별자로서 메시지의 내용을 식별하고 메시지의 우선순위를 부여한다. 표준형(11비트, CAN 2.0A)과 확장형(29비트, CAN 2.0B)이 있다.

③ Control : 데이터의 길이(DLC)를 나타낸다.

④ Data : 전달하고자 하는 내용을 나타낸다.

⑤ CRC : 프레임의 송신 에러를 검사한다.

⑥ ACK(ACKnowledge) : 전달한 내용을 잘 받고, 에러가 없을 때를 표시한다.

⑦ EOF(End Of Frame) : 프레임의 끝을 나타내고 종료한다.

3.2.5 CAN 메시지 송·수신

(1) 메시지 송신

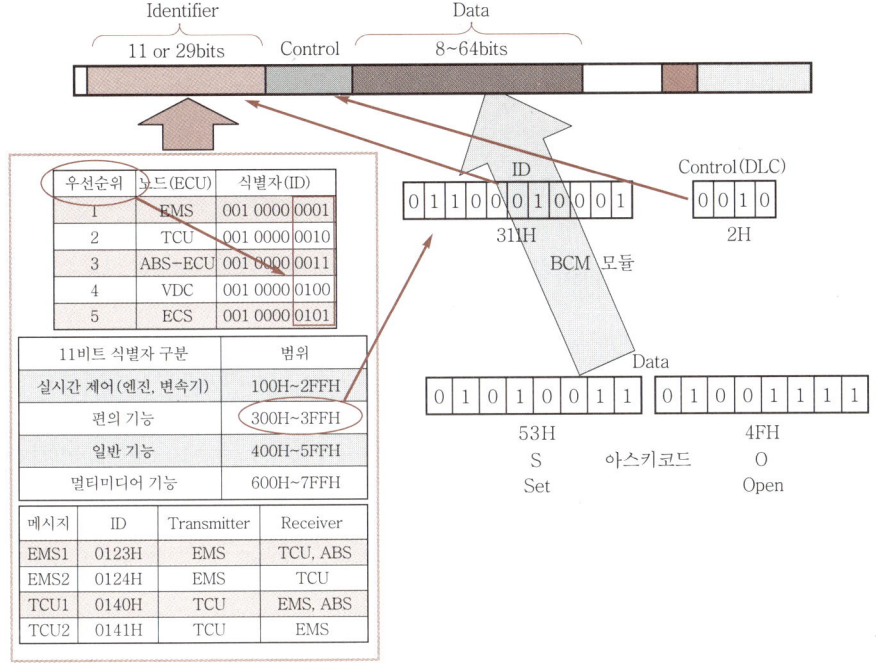

|그림 3-18. CAN 메시지 송신|

그림 3-18은 CAN 프로토콜의 메시지 송신 데이터의 의미를 설명한 것이다.

먼저 편의 장치인 파워윈도우의 제어 과정을 설명해 보자.

① BCM 모듈(노드)에서 메시지 신호를 보내기 전에 먼저 버스 라인이 Idle인지 확인한다.

② Idle일 경우 BCM에서 그림 3-19와 같은 송신 데이터를 버스 라인에 띄운다.

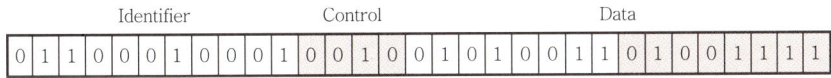

|그림 3-19. 파워윈도우를 제어하기 위한 송신 메시지|

③ 이때 식별자(ID)의 내용에는 전달자(transmitter)는 BCM이고, 받는자(receiver)는 파워윈도우 모듈(노드)이라는 것도 포함하고 있다.

(2) 메시지의 수신

① CAN 버스 라인에 연결된 모든 ECU들은 이 메시지를 수신하여 자신이 원하는 데이터 인지 식별자(identifier)를 확인한다.

② 파워윈도우 모듈도 이 메시지를 수신하여 식별자(ID)를 확인하게 되는데(자신의 식별자인 311H를 확인) ID 값의 확인은 Filter에서 수행한다.

③ 자신의 식별자가 맞으면 메시지를 받아들이고, 원하는 ID 값이면 Data field 값을 저장한다.

④ 메시지를 정확하게 전달받으면 받은 자(receiver)는 'ACKnowledge' 신호를 생성하여 버스 라인에 보낸다.

⑤ CPU에 인터럽트를 요청하여 데이터(data)의 내용을 분석하고 파워윈도우를 OPEN하게 된다.

3.2.6 하드웨어 구조

(1) CAN의 기본적 시스템 구성

CAN 통신 시스템은 그림 3-20과 같이 기본적으로 Twist pair wire, CAN 드라이버, CAN 컨트롤러, 마이크로컨트롤러로 구성되어 있다.

종단 저항은 120Ω으로 60Ω씩 2개가 직렬로 연결되어 있으며, 주로 ECU 내부에 설치되어 있다.

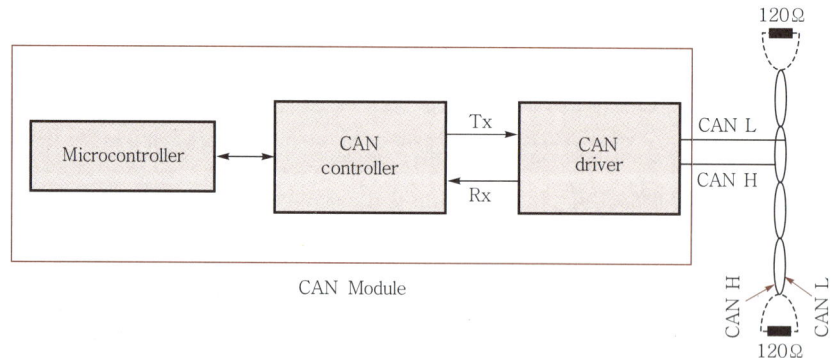

|그림 3-20. CAN 시스템의 구성|

(2) CAN 모듈의 기능

① CAN driver

　㉠ CAN H, CAN L 신호를 차동 제어하고, Rx를 통해 마이크로컨트롤러로 전달한다.

　㉡ Tx를 통해 받은 전송 신호를 CAN H, CAN L로 전달한다.

그림 3-21에서와 같이 CAN H와 CAN L을 차동 비교하여 노이즈를 제거한 후 Rx를
통하여 CAN controller로 메시지를 전달한다.

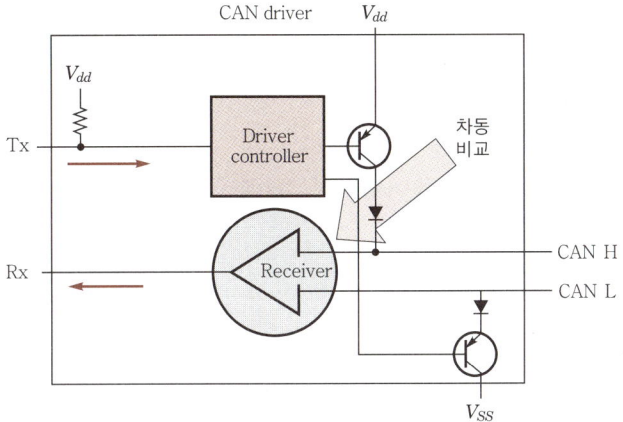

|그림 3-21. CAN driver에 의한 차동 비교|

그림 3-22에서와 같은 회로에 의해 CAN H와 CAN L은 역상이 되며, 이를 로직화하
면 그림 3-23과 같이 나타낼 수 있다.

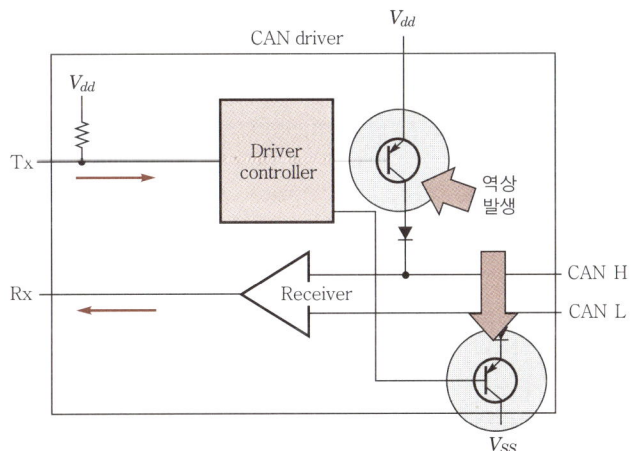

|그림 3-22. CAN H와 CAN L이 역상인 이유|

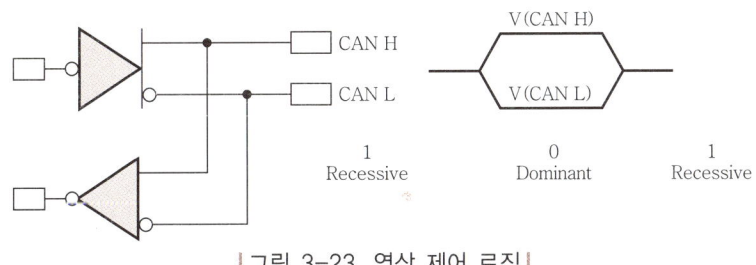

|그림 3-23. 역상 제어 로직|

② CAN controller

　㉠ 식별자(ID)를 비교하여 메시지 내용을 분석하고 우선순위를 결정한다.

　㉡ Data 영역(field)의 데이터를 기억하여 데이터 분석을 위해 마이크로컨트롤러로 전송한다.

　㉢ 마이크로컨트롤러의 전송 신호를 Tx를 통해 CAN 드라이버로 전송한다.

(3) CAN controller에서의 데이터 처리 과정

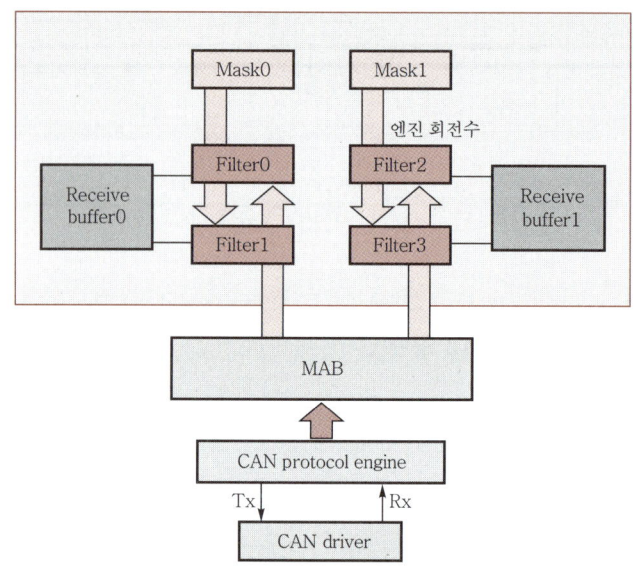

|그림 3-24. CAN controller의 데이터 처리 과정 I|

① 그림 3-24를 참고로 하여 데이터 처리 과정을 알아본다.

　㉠ CAN controller의 Rx로 전달된 메시지는 MAB(Massage Assembly Buffer)에 기억된다.

　㉡ 수신된 메시지는 Filter에서 ID의 내용을 비교하여 처리 여부가 결정된다.
　　Filter에는 우선순위, Transmitter와 Receiver, 데이터 값의 명칭(예를 들어 엔진 회전수, 변속 단수, 엔진 수온 등)이 소프트웨어적으로 설정되어 기억되어 있다.

　㉢ 수신된 메시지는 모든 Filter와 비교된다.

　㉣ Mask에서는 Filter에서 비교할 범위를 설정해 준다.
　　즉, 정해진 데이터만 받을 것인가 아니면 좀 더 범위를 넓혀서 받을 것인가를 비트 값을 변화시켜 제어할 수 있다.

　㉤ 어떤 Filter에서 매치(일치)가 된다면 그림 3-25와 같이 MAB의 내용이 Receive buffer로 이동한다.

즉, 엔진 ECU에서 엔진 회전수가 2,000rpm이라는 정보를 띄웠을 경우 Filter2에 기억되어 있는 '엔진 회전수'와 ID의 내용이 일치하면 MAB에 임시 기억되어 있던 rpm(예를 들어 2,000)이 Receive buffer로 이동시켜 기억된다.

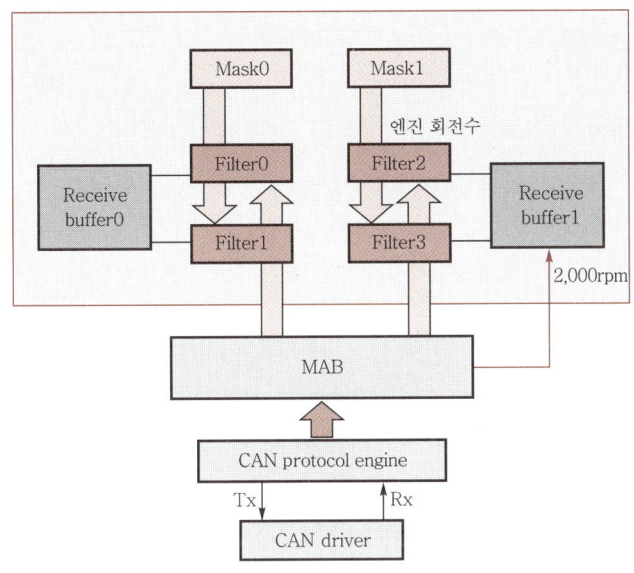

| 그림 3-25. CAN controller의 데이터 처리 과정 Ⅱ |

② 이제 이해를 돕기 위해 CAN controller의 데이터 처리 과정(CAN 버스 데이터를 받아서 mask와 filter에서 처리 과정)을 좀 더 자세히 설명하도록 한다.

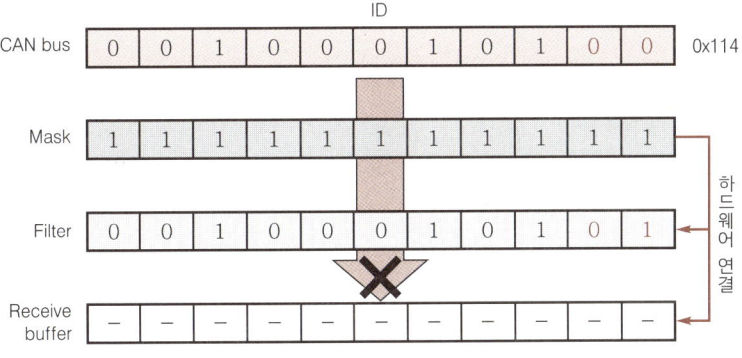

| 그림 3-26. CAN controller의 데이터 처리 플로 Ⅰ |

㉠ CAN 버스 값으로 0x114가 입력되었을 경우 그림 3-26을 참고로 하고 그 처리 과정은 다음과 같다.

- Mask 값이 '11111111111'이면 정해진 값만 받게 된다.

  즉, CAN 버스의 값이 Filter 값(00100010101)과 일치하여야 리시브 버퍼에 CAN 버스 값이 전송된다.

- 현재 CAN 버스 값(00100010100)과 Filter 값(00100010101)이 다르므로 CAN 버스 값이 리시브 버퍼에 전송되지 않는다.

ⓒ CAN 버스 값으로 0x115가 입력되었을 경우 그림 3-27을 참고로 하고 그 처리 과정은 다음과 같다.

- Mask 값이 '11111111111'이면 정해진 값만 받게 된다. 즉, CAN 버스의 값이 Filter 값(00100010101)과 일치해야 리시브 버퍼에 CAN 버스 값이 전송된다.

- 현재 CAN 버스 값(00100010101)과 Filter 값(00100010101)이 동일하므로 CAN 버스 값이 리시브 버퍼에 전송되어 저장(00100010101)된다.

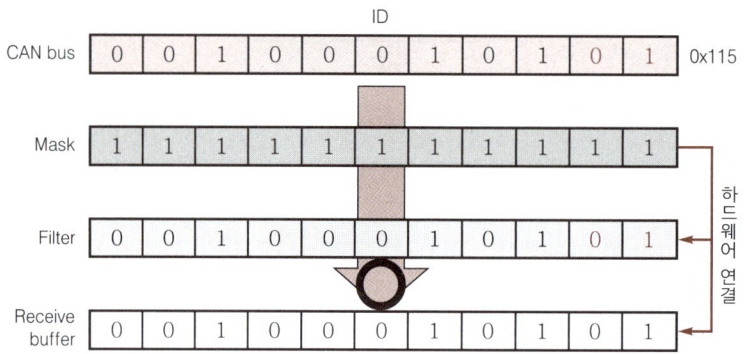

|그림 3-27. CAN controller의 데이터 처리 플로 Ⅱ|

ⓒ CAN 버스 값으로 0x115가 입력되었을 경우에 그림 3-28을 참고로 하고 그 처리 과정은 다음과 같다.

- Mask 값이 '11111110101'이면 정해진 값이 아니라 보다 범위를 넓혀서 여러 개의 신호를 입력받게 된다.

- Mask에서 오른쪽에서 2번째와 4번째 비트가 '0'이므로 Filter의 값은 2번째와 4번째 값은 무시(0010001x1x1)하고 CAN 버스 값과 비교하게 된다. 즉, CAN 버스 값이 Filter 값(0010001x1x1)과 일치해야 리시브 버퍼에 CAN 버스 값이 전송된다.

- 현재 CAN 버스 값(00100010101)과 Filter 값(0010001x1x1)이 동일하므로 CAN 버스 값이 리시브 버퍼에 전송되어 저장(00100010101)된다.

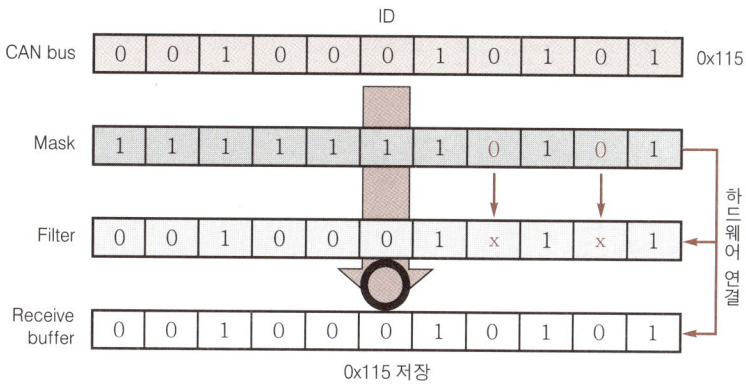

ID

| CAN bus | 0 | 0 | 1 | 0 | 0 | 0 | 1 | 0 | 1 | 0 | 1 | 0x115 |

| Mask | 1 | 1 | 1 | 1 | 1 | 1 | 1 | 0 | 1 | 0 | 1 | |

| Filter | 0 | 0 | 1 | 0 | 0 | 0 | 1 | x | 1 | x | 1 | |

하드웨어 연결

| Receive buffer | 0 | 0 | 1 | 0 | 0 | 0 | 1 | 0 | 1 | 0 | 1 | |

0x115 저장

|그림 3-28. CAN controller의 데이터 처리 플로 Ⅲ|

Mask 값이 '11111110101'이면 다음과 같은 CAN 버스 데이터도 리시브 버퍼에 전송되어 입력받게 된다. 그림 3-29를 참고로 하여 받을 수 있는 값을 확인해 보면, 0x115, 0x117, 0x11D, 0x11F가 있다.

| Mask | 1 | 1 | 1 | 1 | 1 | 1 | 1 | 0 | 1 | 0 | 1 | |

| Filter | 0 | 0 | 1 | 0 | 0 | 0 | 1 | x | 1 | x | 1 | |

CAN bus	0	0	1	0	0	0	1	0	1	0	1	0x115
	0	0	1	0	0	0	1	0	1	1	1	0x117
	0	0	1	0	0	0	1	1	1	0	1	0x11D
	0	0	1	0	0	0	1	1	1	1	1	0x11F

|그림 3-29. CAN controller의 데이터 처리 플로 Ⅳ|

Filter 값이 '0010001x1x0'일 경우에도 그림 3-30과 같은 데이터들을 입력받게 된다.

| Mask | 1 | 1 | 1 | 1 | 1 | 1 | 1 | 0 | 1 | 0 | 1 | |

| Filter | 0 | 0 | 1 | 0 | 0 | 0 | 1 | x | 1 | x | 0 | |

CAN bus	0	0	1	0	0	0	1	0	1	0	0	0x114
	0	0	1	0	0	0	1	0	1	1	0	0x116
	0	0	1	0	0	0	1	1	1	0	0	0x11C
	0	0	1	0	0	0	1	1	1	1	0	0x11E

|그림 3-30. CAN controller의 데이터 처리 플로 Ⅴ|

3.2.7 ◁ CAN 메시지 송·수신 파형 구성

그림 3-31은 CAN 메시지의 송·수신 파형을 위치별로 나타내었다.

CAN H와 CAN L 파형은 자동차의 자기 진단 커넥터 단자에서 측정할 수 있으며, μs단위로 측정을 하여야 한다.

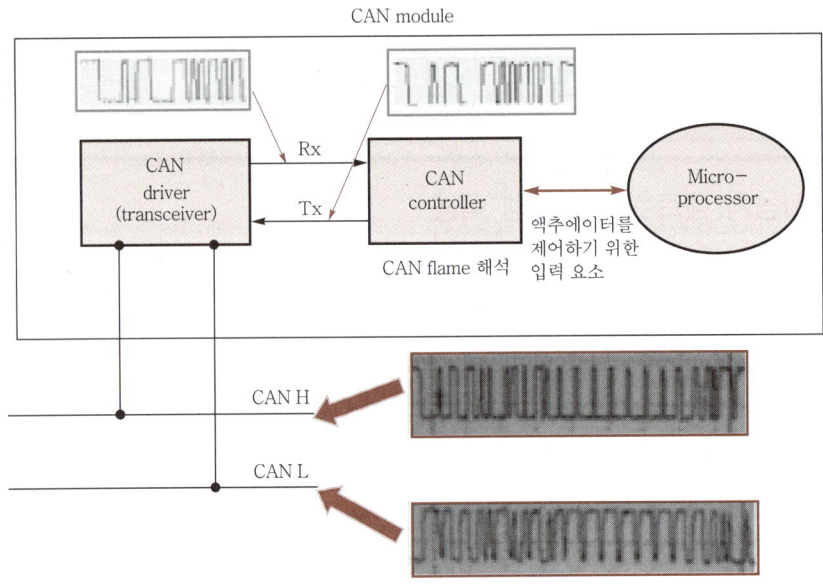

| 그림 3-31. CAN 메시지 파형 |

그림 3-32는 차동 전압 제어를 나타낸다.

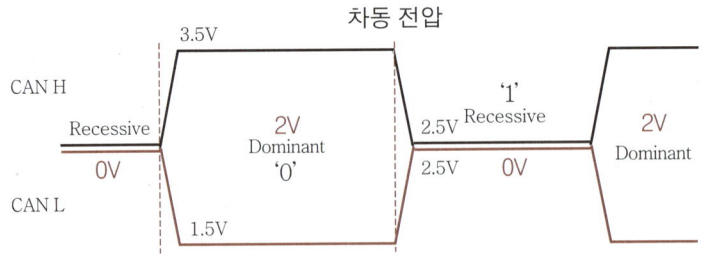

| 그림 3-32. CAN 통신의 차동 전압 제어 |

그림 3-33과 그림 3-34는 실차에서 측정한 CAN 통신(NF 소나타) 파형을 나타내고, 그림 3-35는 실차에서의 통신 파형 측정을 나타낸다.

실차에서 CAN 통신 파형을 측정하기 위해서는 그림 3-36과 같이 자기 진단 커넥터에 프로브(probe)를 연결하여 측정할 수 있다.

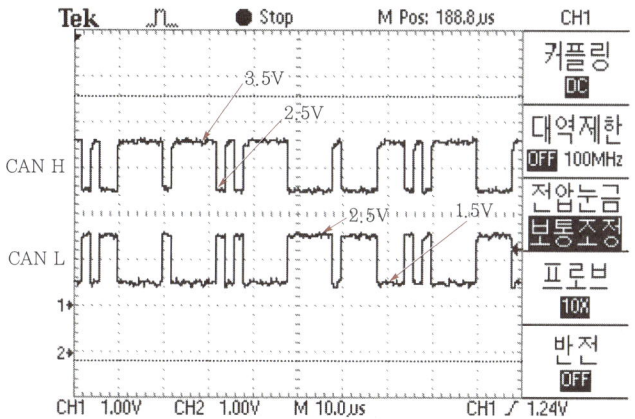

|그림 3-33. CAN H와 CAN L 파형의 측정(NF 소나타)|

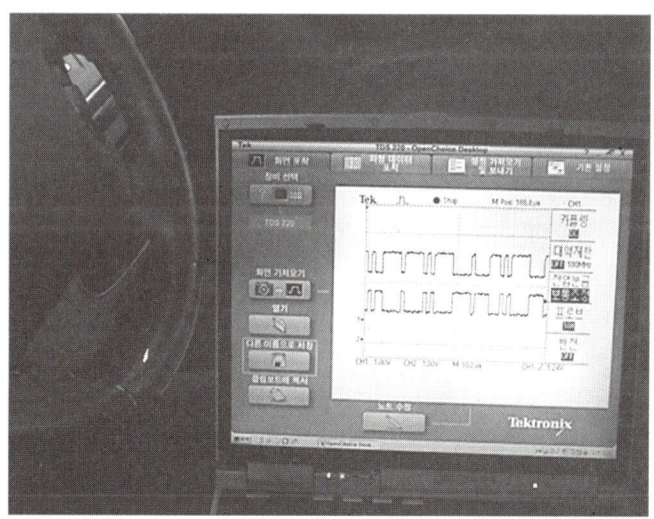

|그림 3-34. 실차에서 측정한 CAN 통신 파형(NF 소나타)|

그림 3-35. 실시간으로 실차에서 CAN 통신 파형 측정

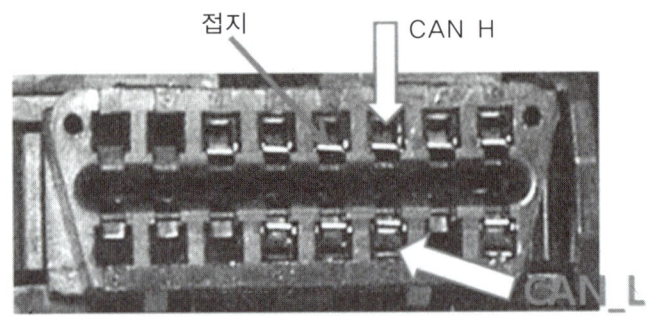

NF 소나타 자기 진단 커넥터(운전석쪽)

그림 3-36. CAN 통신 파형을 측정하기 위한 자기 진단 커넥터 단자 위치

3.2.8 실차에서의 CAN 통신 적용

(1) 입·출력 요소 분석

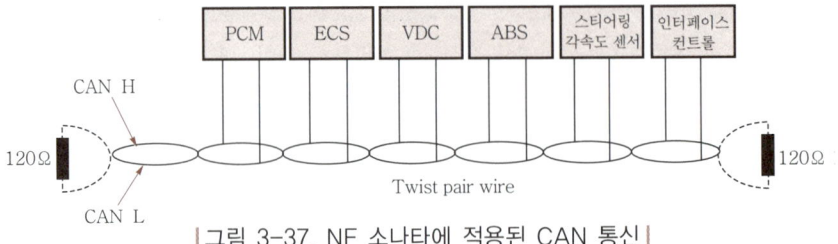

그림 3-37. NF 소나타에 적용된 CAN 통신

실차(NF 소나타)에서 그림 3-37과 같이 PCM, ECS 모듈, VDC 모듈, ABS 모듈, 인터페이스 컨트롤 모듈, 스티어링 각속도 센서 등이 CAN bus를 통해 서로 정보를 교류하고 있다. CAN 버스 라인에 실려지는 데이터를 살펴보면 다음과 같다.

① PCM의 경우

  ㉠ 출력 요소

  - rpm 신호 : 자동변속기 슬립량을 계산하여 댐퍼클러치를 제어
  - TPS 신호 : 자동변속기 변속단 제어 신호
  - 흡입 공기량 신호 : 자동변속기에서 엔진 부하를 계산
  - 수온 신호 : 자동변속기에서 배기가스를 저감하기 위해 수온이 35℃ 이하일 때, 100초간 저단 영역을 확보하여 냉각수 온도 상승을 촉진함으로써 촉매의 활성화를 유도

  ㉡ 입력 요소

  - 차속 신호 : 연료 분사 및 점화 보정 제어
  - 엔진 토크 신호 : TCS로부터 엔진 토크 저감 요구 신호를 받음
  - 연료 차단 실린더 수신호 : TCS로부터 받음

② TCU의 경우

  ㉠ 출력 요소

  - 기어 위치 : TCS로 보냄
  - 토크 저감 요구 신호 : ECU로 보냄
  - 댐퍼클러치 작동 유무

  ㉡ 입력 요소

  - 흡입 공기량 신호 : 자동변속기에서 엔진 부하를 계산
  - rpm 신호 : 원활한 치합을 위해 변속기 다판 클러치를 제어하여 엔진 부하를 계산
  - TPS 신호 : 엔진 부하를 감지 변속 시점 제어
  - 엔진 토크(A/N) : 원활한 변속을 위함
  - 차속 신호 : 입·출력 속도 센서의 고장을 판단하기 위함
  - 수온 신호 : 자동변속기에서 배기가스를 저감하기 위해 수온이 35℃ 이하일 때, 100초간 저단 영역을 확보하여 냉각수 온도 상승을 촉진해 촉매 활성화를 유도

③ VDC의 경우

  ㉠ 출력 요소

  - TCS 작동 신호 : 현재 변속단을 유지하도록 TCS에 신호
  - 차속 신호 : ABS 모듈에서 차속 신호를 출력하여 자동변속기의 입·출력 속도 센서의 고장을 판정
  - 연료 차단 실린더 수신호 : TCS에서 ECU로 보냄

- 요구 엔진 토크 신호 : TCS에서 ECU로 보냄
ⓛ 입력 요소
- 엔진 토크 신호 : TCS 제어를 위해서 엔진 토크를 저하시켜 출발 시 타이어 슬립 방지
- 변속단 신호 : TCU로부터 받음
- 엔진 형식 신호 : VDC 제어를 극대화

(2) 고장 진단 시 문제점

① CAN 통신 특성상의 문제

CAN 통신은 멀티 마스터 방식으로 우선순위에 의해 전송 순위가 결정된다.

일반적으로 자동차 CAN 통신의 메시지 전송은 안전 시스템과 관련된 ECU의 우선순위가 높게 설정되어 있다. 따라서 우선순위가 낮은 ECU에서 메시지를 전송하려고 해도 우선순위가 높은 ECU에서 장시간 버스 라인을 사용하게 되면 스캐너에서는 우선순위가 낮은 ECU에서 전송하는 메시지를 받아 볼 수가 없으므로, 실제 고장이 아니더라도 고장으로 인식하여 고장 코드를 출력할 수가 있다.

실제 스캐너에 나타난 고장 코드가 진짜 고장에 의해 발생된 것인지, 아니면 CAN 통신의 특성에 의해 발생된 문제인지 판단하기 어려운 경우가 발생할 수 있다.

따라서 현재 CAN 프로토콜이 사용하고 있는 CSMA(Carrier Sense Multiple Access) 방식인 우선순위에 의해 데이터를 전송할 때 충돌을 방지하는 시스템으로는 메시지가 버스상에 있는 시간을 예측하기가 불가능하다.

이를 보완할 수 있는 FlexRay 프로토콜은 TDMA(Time Division Multiple Access) 방식에 의해 메시지를 독점적인 액세스를 갖는 고정된 시간 슬롯에 할당하는 방식으로, 메시지가 버스상에 있는 시간을 정확하게 예측할 수 있어 자동차 통신은 FlexRay 프로토콜 방식으로 진화하고 있다.

② 진단 장비의 진단 한계

자동차 CAN 통신은 매우 빠른 속도(μs 이상)로 데이터를 주고받는다.

따라서 진단 장비의 진단 속도가 느리다면 올바른 진단을 하기가 어렵다.

현재 현장에서 많이 사용하고 있는 스캐너나 진단 장비로는 CAN 통신 등의 고장을 진단하고 데이터를 분석하는 데 한계가 있다.

③ CAN 출력 파형에 의한 고장 진단

스캐너로 고장을 진단할 때 고장 코드가 출력되면 ECU가 불량인지 아니면 버스 라인의 이상인지를 확인해야 한다.

이를 위해서 CAN 통신 파형을 측정하여 전압을 확인해야 한다.

㉠ 버스 라인(CAN H)이 단락(접지)되었을 때 : CAN 버스 라인(CAN H)이 단락(접지)되면 그림 3-38과 같이 CAN L 파형은 정상적으로 출력되나 CAN H 파형은 출력되지 않는다.

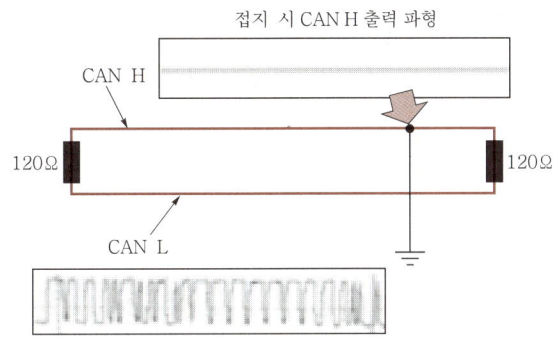

|그림 3-38. 버스 라인(CAN H)이 단락일 때의 출력 파형|

㉡ 버스 라인(CAN H)이 단선되었을 때 : CAN 버스 라인(CAN H)이 단선되면 그림 3-39와 같이 CAN L 파형은 정상적으로 출력되나 CAN H 파형은 정상보다 높은 전압으로 출력된다.

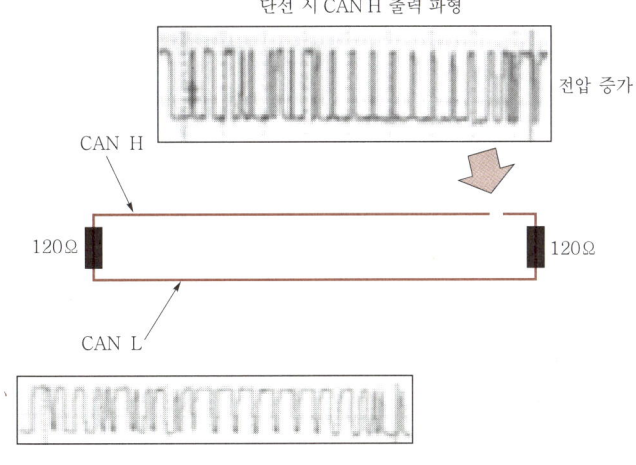

|그림 3-39. 버스 라인(CAN H)이 단선일 때의 출력 파형|

그림 3-40과 그림 3-41은 종단 저항의 연결을 나타내며, 주로 60Ω 저항 2개를 직렬로 연결하여 사용한다.

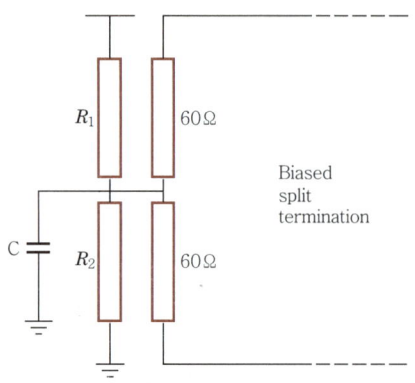

|그림 3-40. 종단 저항의 연결 Ⅰ|

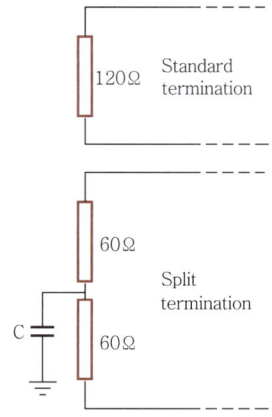

|그림 3-41. 종단 저항의 연결 Ⅱ|

Section 3.3 LIN 통신

3.3.1 ▷ LIN의 소개

① 그림 3-42와 같이 적용되는 자동차용 저비용 직렬 통신 프로토콜이다.

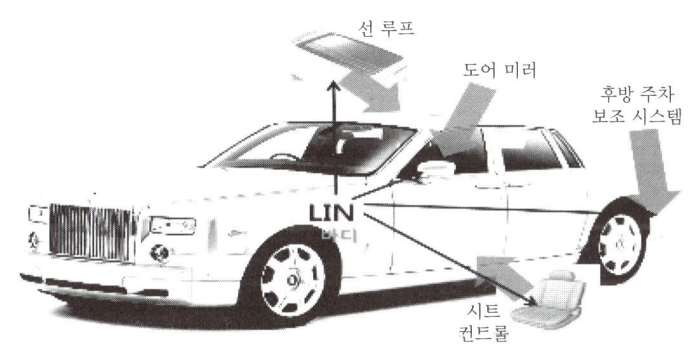

| 그림 3-42. LIN 통신의 적용 |

② 일반적으로 CAN 프로토콜과 함께 사용된다.

③ 그림 3-43과 같은 LIN-CAN gateway를 통하여 서브 시스템이 CAN 네트워크에 연결된다.

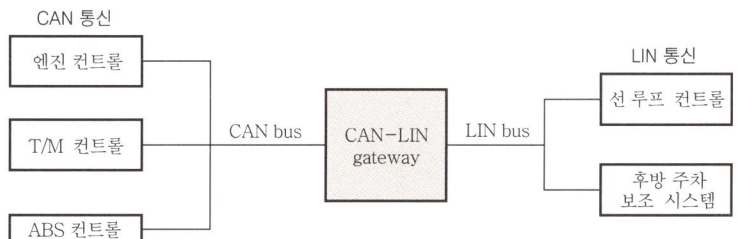

| 그림 3-43. CAN-LIN gateway |

④ LIN은 CAN에서 익숙한 차동 신호(differential signal) 전송을 하지 않으며, 따라서

노이즈 내성을 확보하기 위해 버스 레벨을 위한 기준 전압으로 ECU의 공급 전원과 접지를 사용한다.

⑤ LIN 노드는 LIN 통신을 제어하기 위해 하나의 Master task를 갖는다.

3.3.2 LIN의 특성

① 자동차 내 분산 시스템을 위한 저비용 통신 시스템이다.

② 저비용의 Single-wire이다.

③ 최대 속도가 20kbps이다.

④ Single master, Multiple slave 노드이다.

LIN 프로토콜은 그림 3-44와 같이 하나의 Master node와 여러 개의 Slave node(최대 15개)로 구성된다.

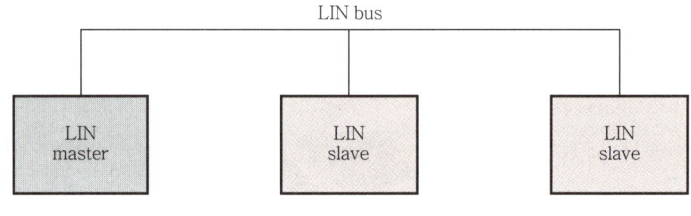

|그림 3-44. LIN 통신의 구성|

⑤ LIN 버스를 통해 동기화하므로 오실레이터가 필요없다.

3.3.3 LIN의 구성

① Master node는 그림 3-45와 같이 Master transmit task와 Slave communication task로 구성된다.

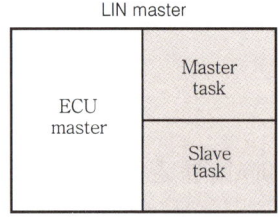
|그림 3-45. LIN master의 구성|

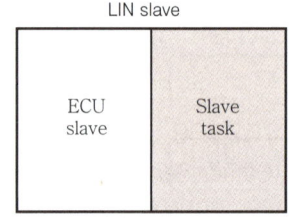
|그림 3-46. LIN slave의 구성|

② Slave node는 그림 3-46과 같이 Slave communication task만으로 구성된다.

③ Slave communication task는 Transmit task와 Receive task로 구성된다.

LIN Master와 Slave의 통신 구조는 그림 3-47과 같다.

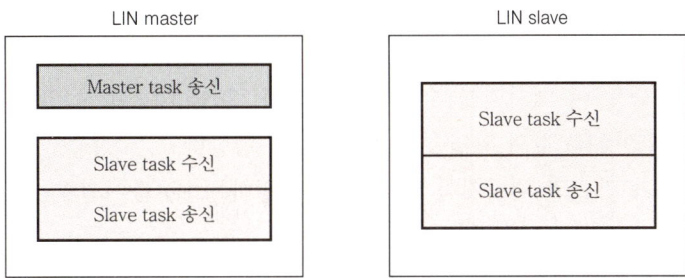

|그림 3-47. LIN Master와 Slave의 통신 구조|

④ 전체 구성

실제 자동차에서는 그림 3-48과 같은 구조로 제어되고 있다.

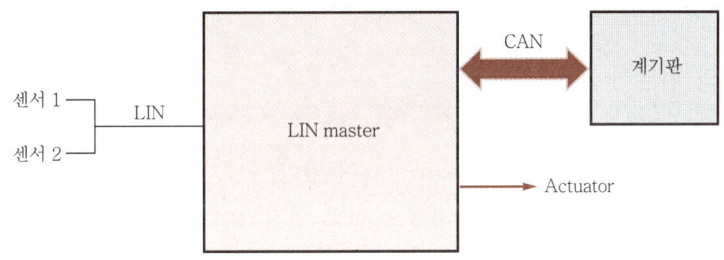

|그림 3-48. LIN의 구성|

3.3.4 LIN의 기능

Master node에서 LIN 네트워크를 관리한다.

① LIN 프로토콜 통신은 Master task에 의해 초기화된다.

② Master task는 그림 3-49와 같이 LIN 버스상에 어떤 노드가 데이터를 전송할지를 결정한다.

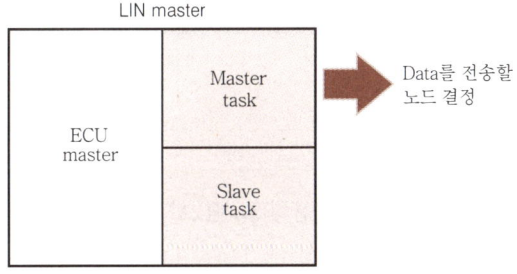

|그림 3-49. Master task의 기능|

③ Slave task는 그림 3-50과 같이 Master task에서 요청한 데이터 전송을 수행한다. 즉, 각 프레임으로 전송할 데이터를 준비한다.

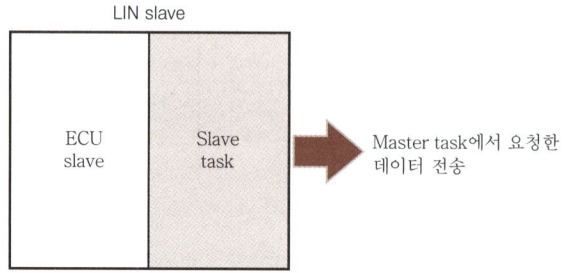

| 그림 3-50. Slave task의 기능 |

3.3.5 ▷ LIN 프로토콜의 구조

① LIN 프로토콜 프레임(frame)은 Header와 Response로 구성된다.

그림 3-51과 같이 프레임은 Master task에서 출력되는 Header와 Slave task에서 출력되는 Response로 이루어진다.

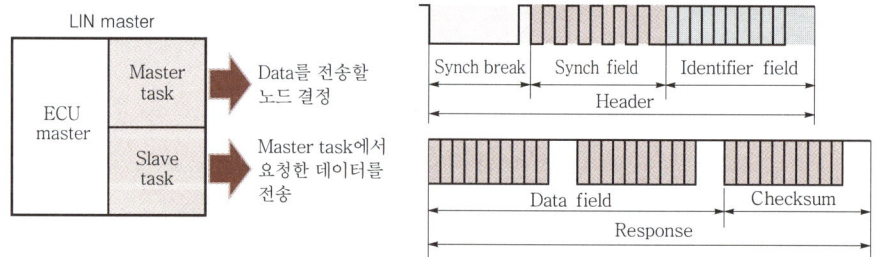

| 그림 3-51. Header와 Response |

② Master의 Header는 그림 3-52와 같이 Synch break, Synch field, Identifier field로 구성되어 있다.

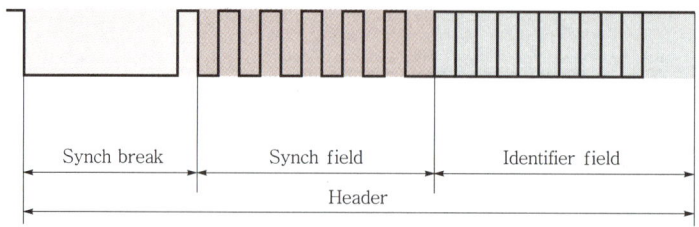

| 그림 3-52. Header의 구성 |

㉠ Synch break : 새 프레임의 개시 신호로 사용된다.

㉡ Synch field : 오실레이터 없이 모든 노드를 동기화한다.

㉢ Identifier field : Master가 데이터를 받기 위해 필요한 노드의 주소를 기억한다.

③ Response는 그림 3-53과 같이 Data byte와 Checksum byte로 구성된다.

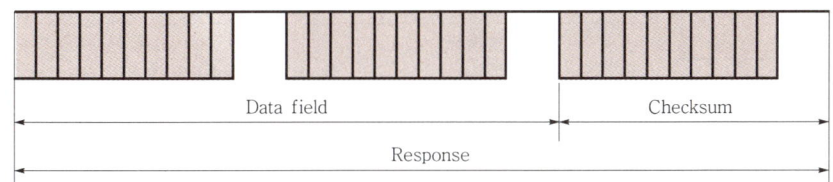

|그림 3-53. Response의 구성|

㉠ Data byte(field) : 자신의 고유한 주소와 일치하면 Identifier field+Break 다음에 Data를 전송한다.

㉡ Checksum : 에러를 검출하는 영역이다.

데이터 통신에서 에러를 검출하는 방법은 다음과 같다.

송신하는 데이터의 합계를 미리 계산하여 이 값을 데이터와 함께 송신하고, 수신측에서는 받은 데이터의 합을 계산하여 송신측에서 보내온 합계와 비교해 두 값이 일치하지 않으면 에러가 검출된다.

④ LIN 통신 순서

㉠ Header는 LIN slave들을 동기하고 Response에 보내는 이와 받는 이를 할당한다.

㉡ LIN master는 모든 LIN slave들이 전송이 시작됨을 알 수 있도록 먼저 Synch break를 전송한다.

3.3.6 LIN 전체 구조 및 제어도

LIN master에서 그림 3-54에서와 같이 데이터를 전송할 노드를 결정하여 Master task를 통해 Master header로 실어 보내면, LIN slave에서 자신의 고유한 주소와 일치할 경우 Identifier field+Break 다음에 Master에서 필요한 Data를 LIN response를 통해 전송한다.

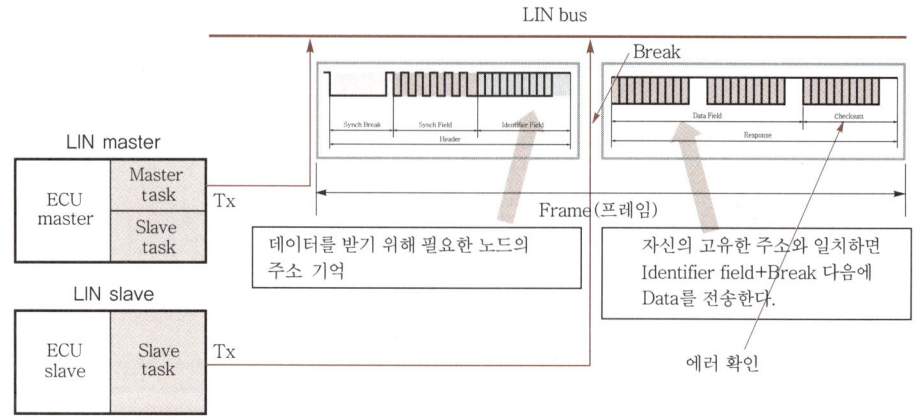

│그림 3-54. LIN 전체 구조도│

3.3.7 ▷ LIN 통신

(1) 마스터와 슬레이브 간 통신

그림 3-55는 마스터의 Header 송신과 슬레이브의 Response 송신을 나타낸다.

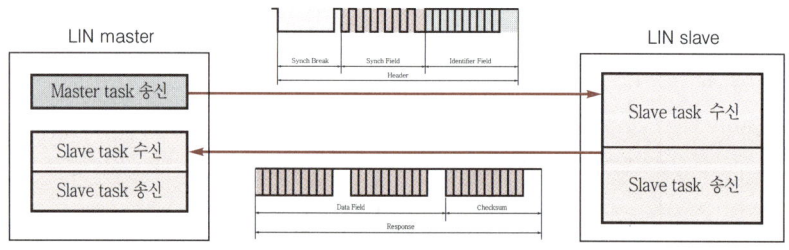

│그림 3-55. 마스터와 슬레이브 송·수신 Ⅰ│

그림 3-56은 마스터의 Header 송신과 슬레이브의 Response 수신을 나타낸다.

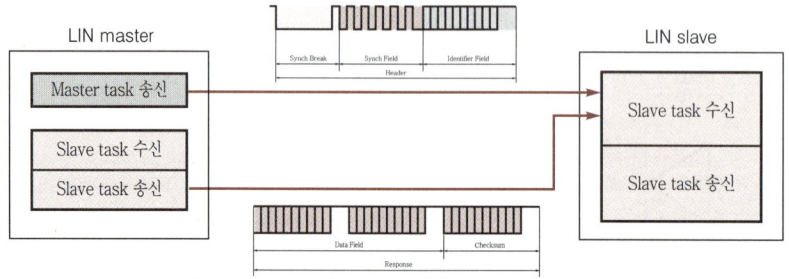

│그림 3-56. 마스터와 슬레이브 송·수신 Ⅱ│

(2) 슬레이브간의 통신

그림 3-57은 마스터의 Header 송신에 의해 슬레이브간의 Response 송·수신을 나타낸 것이다.

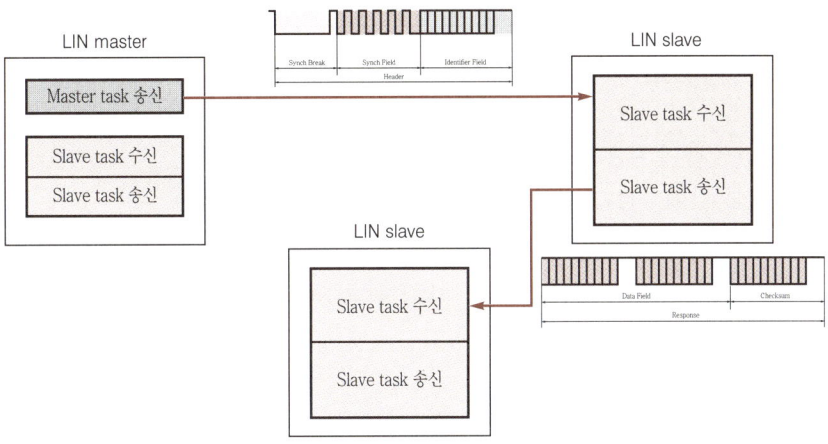

|그림 3-57. 슬레이브간의 통신|

(3) LIN bus 메시지 프레임

그림 3-58과 같이 Header와 Response를 구별하기 위한 Response space가 존재하며, Frame과 Frame을 구별하기 위해서 Interframe space를 두고 있다.

마스터가 헤드를 전송하면 Response space라는 짧은 정지 구간 후에 슬레이브는 Response를 전송한다.

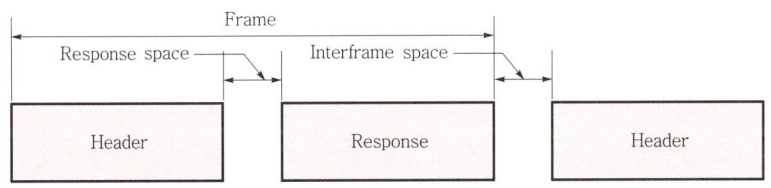

|그림 3-58. LIN 버스 메시지의 프레임 구조|

3.3.8 자동차 적용

그림 3-59에서와 같이 LIN master와 LIN slave의 통신을 통해 LIN slave로부터 받은 각종 센서의 정보를 LIN master에서 분석하게 되는데, 이때 계기판에서는 버저 작동, 물체와의 거리, 좌·우측 표시 등의 신호를 CAN 통신으로 받아 계기판을 통해 현재의 상황을 운전자에게 알려준다.

따라서 계기판을 통해 많은 데이터를 받아 다양한 정보를 운전자에게 알려주어야 하므로 여러 가지 정보를 받기 위해서는 많은 배선이 계기판으로 복잡하게 연결되어야 하고 이를 줄여주기 위해 LIN 통신을 적용하게 된다.

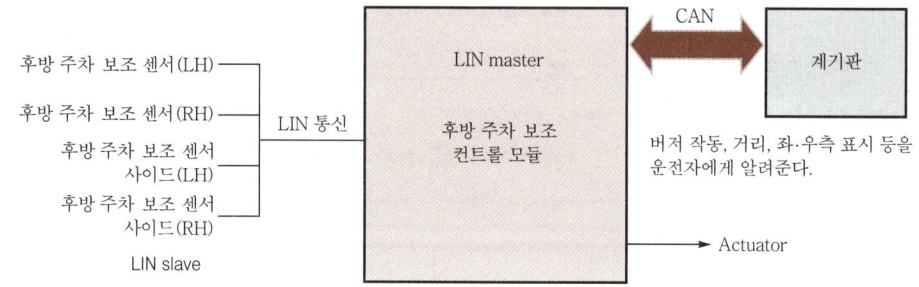

|그림 3-59. 후방 주차 시스템의 적용|

Section
3.4 FlexRay 통신

3.4.1 FlexRay 통신의 개요

자동차에 안전과 편의 기능이 증가되고 이에 따라 ECU의 수도 계속 증가하고 있다. 따라서 ECU의 동작을 CAN 버스와 조합하는 일이 점점 더 어려워져 자동차 전자제어 기술 발전에 장애가 되고 있다.

이런 복잡성은 ECU의 수를 줄여서 해결할 수 있으나, 그 대신 적용된 ECU는 많은 기능과 높은 성능을 유지해야 하는 과제가 있다. 또한, 다른 ECU들과 자주 통신을 해야 하므로 더 넓은 대역폭을 요구하게 된다.

CAN 프로토콜은 CSMA(Carrier Sense Multiple Access) 방식에 따라 작동한다. 각 ECU들은 버스가 아이들(idle) 상태인지를 관찰하다가 아이들 상태가 되면 바로 데이터를 전송하게 되며, 충돌은 우선순위에 의해 방지된다. 보통 CAN 프로토콜은 각 ECU들이 시간을 할당하여 사용하지 않으므로, 메시지가 버스상에 있는 시간을 예측하기란 불가능하며, 버스 접속은 비확정적(non-deterministic)이다.

FlexRay 프로토콜은 TDMA(Time Division Multiple Access : 시분할 다중) 방식에 따라 작동하며, 각 ECU가 보내는 메시지들은 독립적인 액세스(access)를 갖는 고정된 시간 슬롯(time slot, 시간 창)에 할당되어 반복적으로 작동된다. FlexRay 프로토콜은 각 ECU가 시간을 분할해서 사용하므로, 메시지가 버스상에 있는 시간을 정확히 예측할 수 있으며, 버스 접속은 확정적(deterministic)이다. FlexRay 버스선은 경량 구리 케이블을 사용한다.

3.4.2 FlexRay 통신의 특성

① 최고 10Mbit/s의 고속 통신의 표준으로 가장 신뢰성이 높다.
② 2개의 채널을 사용한다.
③ 실시간(real time) 제어 시스템(X-By-Wire)에 적용한다.

④ 멀티 마스터(multi-master) 제어이다.

⑤ TDMA(시간 분할 다중)/FTDMA(주파수/시간 분할 다중) 방식을 사용한다.

⑥ 다수의 네트워크 토폴로지 적용이 가능하다.

3.4.3 하드웨어 구조

FlexRay의 하드웨어는 그림 3-60과 같이 호스트 마이크로컨트롤러(host microcon-troller), 플렉스레이 통신 컨트롤러(FlexRay communication controller), 버스 가디언(bus guardian : 버스 보호자), 버스 드라이버(bus driver) 등으로 구성되어 있다.

① **호스트 마이크로컨트롤러**

데이터를 공급하고 처리한다. 호스트 마이크로컨트롤러는 버스 보호자에게 어떤 시간 슬롯(time slot)을 할당하였는지를 알려준다.

② **플렉스레이 통신 컨트롤러**

호스트 마이크로컨트롤러로부터 전달받은 데이터를 전송한다.

③ **버스 보호자**

버스에 대한 엑세스를 감시하여 데이터 전송 시 손실되거나 변조되지 않도록 한다. FlexRay는 10Mbit/s의 데이터 속도이지만 2개의 채널로 동작하는데, 2개의 채널은 서로 다른 메시지의 전송에 사용된다.

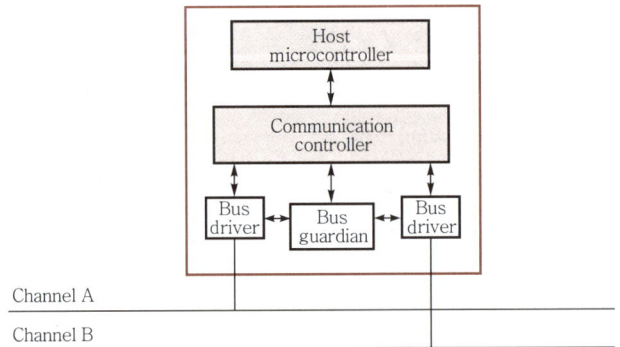

| 그림 3-60. FlexRay 하드웨어의 구조 |

3.4.4 FlexRay 프로토콜 프레임 형식

그림 3-61은 FlexRay 프로토콜 프레임 형식을 나타낸다.

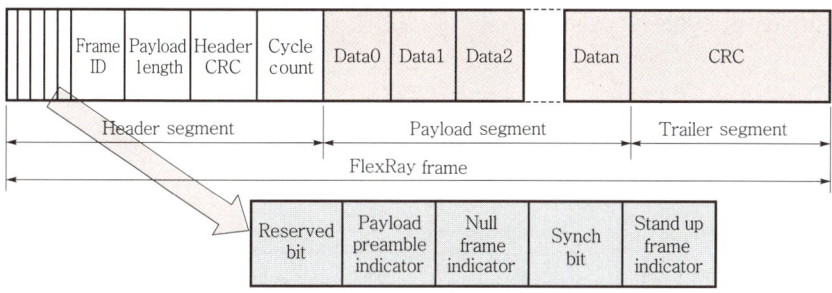

| 그림 3-61. FlexRay 프로토콜 프레임 형식 |

3.4.5 통신 주기

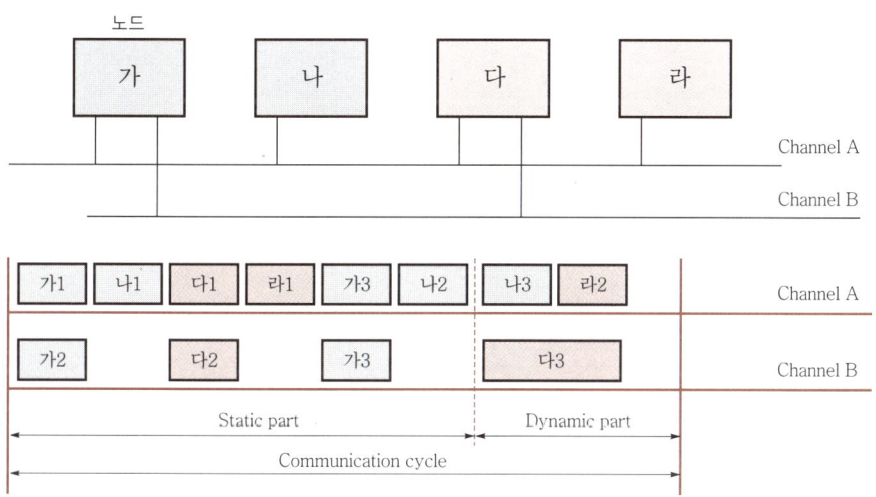

| 그림 3-62. FlexRay 프로토콜 통신 주기 |

그림 3-62에서 4개의 노드가 FlexRay 버스선에 연결되어 있다.

노드 '가'와 노드 '다'는 2개의 리던던트(redundant) 채널로 연결되어 있고, 노드 '나'와 노드 '라'는 채널 A에만 연결되어 있는데 어떤 노드에서 전송할 데이터가 없으면 그 노드에 할당된 시간은 사용하지 않고 지나가 버린다. 그러나 이런 시스템의 단점은 어떤 노드가 타임 슬롯(time-slot)에 정해진 것보다 더 많은 데이터를 전송해야 할 경우, 그 노드는 자신의 순서가 올 때까지 대기하고 있어야 한다는 것이다.

따라서 FlexRay는 이러한 문제점을 극복하기 위해 정적인 부분(static part)과 동적인 부분(dynamic part)으로 통신 사이클을 분리하여 사용하도록 설계되어 있다.

정적 파트(static part)에는 고정 타임 슬롯(time-slot)이 할당되고, 동적 파트(dynamic part)에는 짧지만 타임 슬롯이 역동적으로 할당되는데, 제한된 짧은 시간(mini-slot) 동안만 인에이블(허용)된다.

Communication cycle을 좀 더 세부적으로 나누면 그림 3-63과 같이 나타낼 수 있다. FlexRay 네트워크의 가장 작은 시간 단위는 마이크로틱(microtick, 1μs)이다.

＊대역폭(bandwidth) : 특정 기능을 수행할 수 있는 주파수의 범위(Hz)

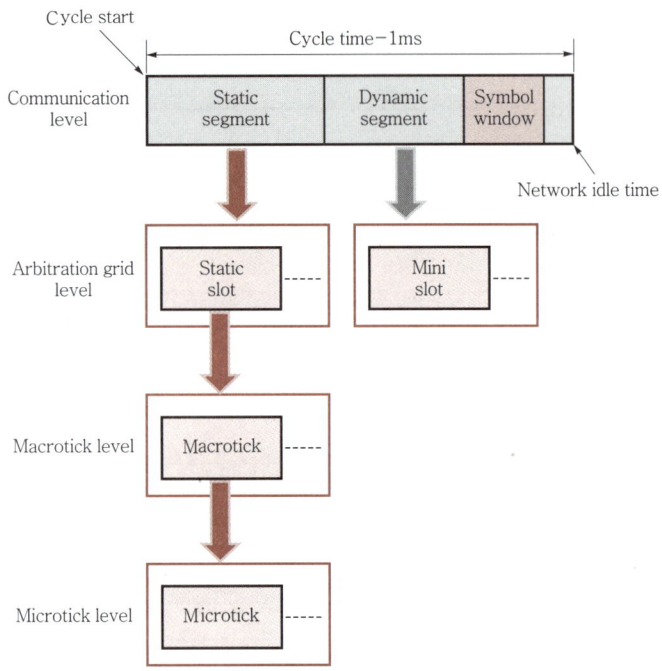

|그림 3-63. Communication cycle 타이밍 구조|

일반적으로 통신 주기(communication cycle)는 1~5ms 정도이며, 그림 3-64와 같이 4개의 주요 부분으로 구성된다.

① **정적 세그먼트(static segment)** : 정해진 기간에 도착되는 고정 타임 슬롯이 할당된다.

② **동적 세그먼트(dynamic segment)** : CAN과 유사한 방식으로 동작된다.

③ **심볼 윈도우(symbol window)** : 네트워크의 유지와 시작을 위한 신호로 사용된다.

④ **네트워크 아이들 타임(network idle time)** : 노드 클록간의 동기화를 유지하는 데 사용된다.

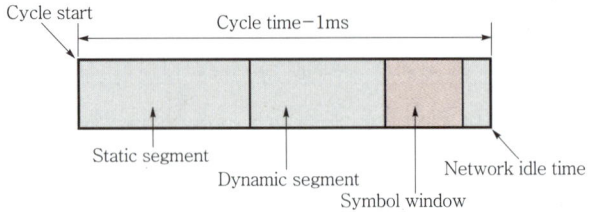

|그림 3-64. FlexRay communication level 세부 사항|

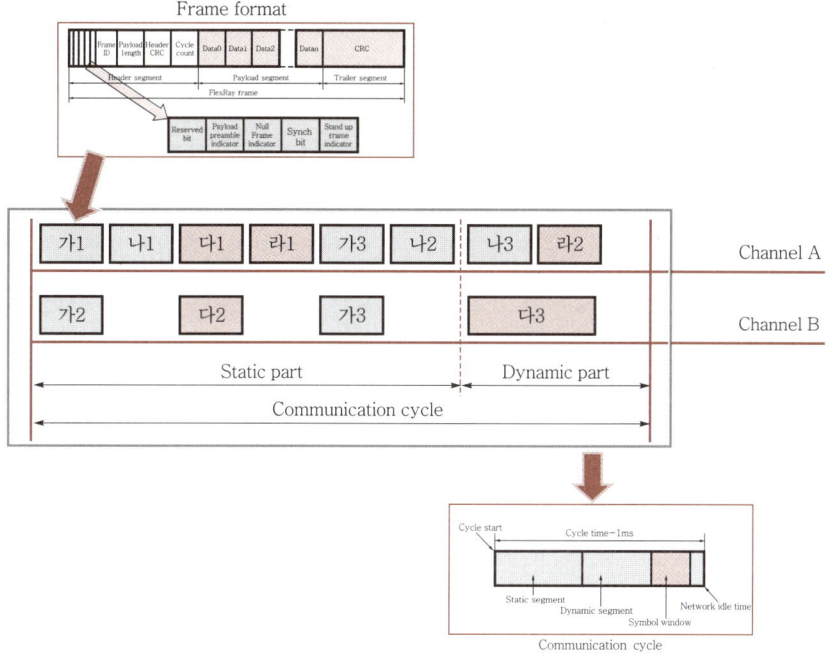

|그림 3-65. FlexRay의 제어 구조 이해|

그림 3-65에서 FlexRay의 제어 구조를 이해하기 쉽게 나타내고 있다.

임베디드 시스템(embedded system)의 기술 발전으로 현재 LIN, CAN을 거쳐 주행 제어 시스템인 FlexRay 프로토콜로 진화하고 있으며, 향후에는 정보계 통신 시스템인 MOST로 발전될 것으로 전망된다.

3.4.6 FlexRay 네트워크 토폴로지

(1) Passive bus
그림 3-66은 Passive channel bus의 한 방식을 나타내고 있다.

＊토폴로지(topology) : 네트워크의 배열이나 구성을 개념적인 그림으로 표현한 것(예를 들면, 성형, 버스형, 환형 등)

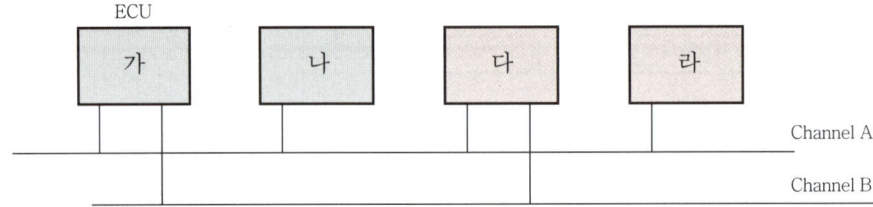

| 그림 3-66. Dual channel bus |

(2) Active star

그림 3-67은 Active star의 한 방식으로, 2channel single star topology를 나타낸다.

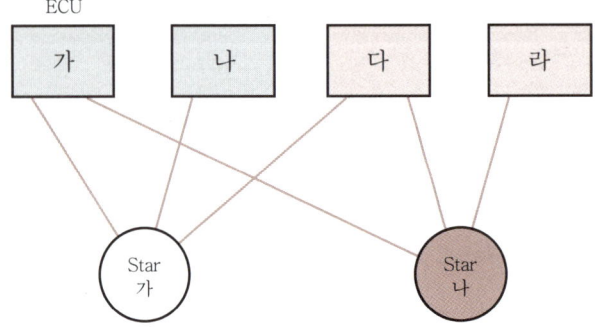

| 그림 3-67. Single star 2channel |

그림 3-68은 또 다른 방식을 나타낸다.

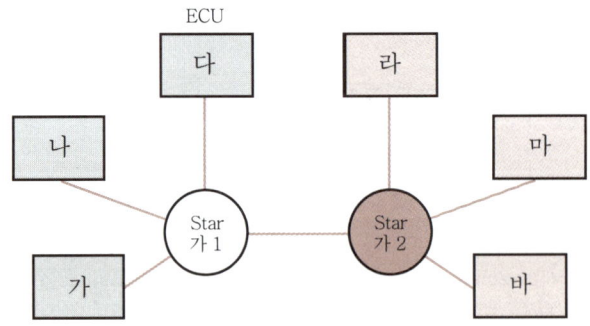

| 그림 3-68. Single channel cascaded star |

자동차 미케닉을 위한

자동차 전자제어 시스템

2011. 7. 1. 초 판 1쇄 발행
2014. 4. 15. 초 판 2쇄 발행
2017. 9. 1. 초 판 3쇄 발행
2019. 2. 28. 초 판 4쇄 발행

지은이 │ 정태균
펴낸이 │ 이종춘
펴낸곳 │ BM (주)도서출판 **성안당**

주소 │ 04032 서울시 마포구 양화로 127 첨단빌딩 5층(출판기획 R&D 센터)
     │ 10881 경기도 파주시 문발로 112 출판문화정보산업단지(제작 및 물류)

전화 │ 02) 3142-0036
     │ 031) 950-6300

팩스 │ 031) 955-0510
등록 │ 1973. 2. 1. 제406-2005-000046호
출판사 홈페이지 │ **www.cyber.co.kr**
ISBN │ 978-89-315-3521-1 (13550)
정가 │ 28,000원

이 책을 만든 사람들
기획 │ 최옥현
진행 │ 박경희
교정·교열 │ 김혜린
전산편집 │ 김인환
표지 디자인 │ 박원석
홍보 │ 정가현
국제부 │ 이선민, 조혜란, 김혜숙
마케팅 │ 구본철, 차정욱, 나진호, 이동후, 강호묵
제작 │ 김유석

www.**cyber**.co.kr
성안당 Web 사이트